SCHÄFFER
POESCHEL

Joana Krizanits/Martina Eissing/Kurt Stettler

Reinventing Leadership Development

Führungstheorien – Leitkonzepte – radikal neue Praxis

2017
Schäffer-Poeschel Verlag Stuttgart

Reihe Systemisches Management

MIX
Papier aus verantwortungsvollen Quellen
FSC www.fsc.org
FSC® C019821

Bibliografische Information der Deutschen Nationalbibliothek
Die Deutsche Nationalbibliothek verzeichnet diese Publikation in der Deutschen Nationalbibliografie; detaillierte bibliografische Daten sind im Internet über < http://dnb.d-nb.de > abrufbar.

Gedruckt auf chlorfrei gebleichtem,
säurefreiem und alterungsbeständigem Papier

Print: ISBN 978-3-7910-3844-5 Bestell-Nr. 10201-0001
ePDF: ISBN 978-3-7910-3845-2 Bestell-Nr. 10201-0150

Verlag für Wirtschaft · Steuern · Recht GmbH
www.schaeffer-poeschel.de
service@schaeffer-poeschel.de

Umschlagentwurf: Goldener Westen, Berlin
Umschlaggestaltung: Kienle gestaltet, Stuttgart
Lektorat: Elke Schindler, Spabrücken
Satz: kühn & weyh Software GmbH, Satz und Medien, Freiburg
Druck und Bindung: C.H. Beck, Nördlingen

Printed in Germany
März 2017

Schäffer-Poeschel Verlag Stuttgart
Ein Tochterunternehmen der Haufe Gruppe

You can't use an old map to see a new land.
Gary Hamel

Vorwort

Dieses Buch will Sie als Leser und Leserin in dreifacher Hinsicht beflügeln: Es gibt Ihnen einen profunden Überblick über die Materie Führung und Organisation als professionelle Grundlage, es entfaltet das Professionsfeld Leadership Development zur professionellen Verortung, und es stellt Ihnen – zur professionellen Inspiration – ein von Praktikern entwickeltes Modell für ein innovatives, integriertes Leadership Development vor.

Der erste Teil dieses Buches legt die praxisrelevanten theoretischen Grundlagen und vermittelt Ihnen das Big Picture von Management und Leadership. HR-Profis, die mit Aufgaben der Leadership-Entwicklung betraut sind, finden hier einen wissenschaftlich fundierten Denkrahmen, einen gemeinsamen Sprachvorrat, der sie untereinander anschlussfähig sowie Auftraggebern und Führungskräften gegenüber auskunftsfähig macht.

Welche Definitionen gibt es für Management und Leadership? Mit welchen Herausforderungen und Entwicklungen in Gesellschaft, Wirtschaft, Organisationen hängen sie zusammen? Welche Gurus, welche Standardwerke der Managementliteratur haben das jeweilige Verständnis von Leadership und Führung in einem gegebenen zeitgeistigen Kontext geprägt? Konkret: Wie unterscheiden sich Leadership und Führung im Industriezeitalter, im Konsumzeitalter und im Change-Zeitalter? Was ist der allgemeingültige, kontextübergreifende Kern von Leadership? Welche überkommenen Konzepte stellen die Weichen für das Verständnis von Führung und Organisationen zurück in die Vergangenheit? Was ist im Leadership Development heute Ballast, was unnötiges Gepäck, und was sollte geschultert werden?

Der zweite Teil des Buches legt die Grundlagen für ein zeitgemäßes Leadership Development. Ausgehend von der Prämisse, dass sich Wirtschaft und Organisationen in der Emergenzphase eines tief greifenden Wandels befinden, die auch die Funktion Führung in eine Grauzone zwischen Nicht-mehr und Noch-nicht verweist, werden die Herausforderungen für Leadership und das Leadership Development benannt: Welche neuen Skills und Kompetenzen sind für die Wegstrecke vom Heute zum Morgen gefragt? Wie verändern sich klassische Gestaltungsfelder wie Mitarbeiterführung und Selbstführung? Welche zusätzlichen Aufgabenfelder ergeben sich, weil die Organisation mit ihrer Verfasstheit und ihren Capabilities mehr denn je ein kritischer Wettbewerbsfaktor sein wird? Was bedeutet der Appell zum postheroischen, verbindenden Management konkret, wie kommt man in Sachen Leadership vom einsamen Wolf zum starken Rudel? Wie lässt sich der genetische Code im Management umschreiben, wie lassen sich Management-Innovationen hervorbringen, um die Basis für nachhaltige Wettbewerbsvorteile zu legen? Und – auch wenn niemand weiß, wie ein Management 2.0 aussehen wird – was lässt sich tun, um erste Schritte von der Utopie in die Praxis zu tun?

Wie die Funktion Führung, so hat auch die Funktion des Leadership Development ihr Selbstverständnis in den vergangenen 25 Jahren immer wieder tief greifend verändert: vom Seminaranbieter nach dem Modell der Managementinstitute zur Corporate Academy, von der Führungskräfteentwicklung mit dickem Seminarkalender zur Verantwortung für die Ausdifferenzierung und Wartung einer Leadership Brand. Seit Jahren wachsen die Professionsfelder der Personalentwicklung und der Organisationsentwicklung zusammen; in der Service- und Governance-Funktion für ein starkes Leadership Development finden sie einen gemeinsamen Aufgabenkern, in dem sie auf neue Art kollaborieren. Dies bildet einen allgemeinen, empirisch belegten Trend in den Human Relations ab, der die businessrelevanten Erfolgsfaktoren in den Kompetenzfeldern des (Organizational) Capability Buildings und der Integration von HR-Praxisfeldern verortet.

Wie aber kann sich das Professionsfeld des Leadership Development professionell ausrichten angesichts der Ungewissheit und Volatilität in den Umwelten der Organisation, die sich im Aufgabenbereich Leadership niederschlagen? Was soll das Leadership Development tun, wie sollen die Verantwortlichen dort vorgehen, um Führung zwischen Nicht-mehr und Noch-nicht zu entwickeln? Das zweite Kapitel trägt einige anerkannte Fixsterne zusammen, die Profis sich ins Pflichtenheft schreiben können: Führung als Profession, Führung als Funktion bzw. Führungspersonen als Entscheidungsprogramme im Luhmann'schen Sinn, den Mindset-Ansatz, das Modell der Leadership Pipeline, das Modell der Community of Practice und die emergierenden Praktiken zum Aufbau einer Leadership Brand. Damit lässt sich ein Baukasten zusammenstellen für ein *Corporate Leadership tbd* – to be defined: für die nächste Wegstrecke der eigenen Organisation; ein Leadership, das, wie jede Marke, laufend beobachtet und ›gepflegt‹ werden muss.

Was sind nun die Gestaltungsfelder für ein zukunftgerichtetes Leadership Development? Zum einen wird es nach wie vor um die Qualifizierung und Sozialisation von Führungspersonen auf ihre Rollen in ihrer Organisation gehen. Um aber ein postheroisches, verbindendes Leadership zu entwickeln, soll Leadership als Wirkung überall und hierarchieunabhängig in der Organisation effektiv sein. Wesentliche weitere Handlungsfelder eines Leadership Development bestehen also in der Förderung der Leadership-Wirkung von Teams und in der Gestaltung von Entwicklungsräumen und Sprachanschlüssen für eine Leadership Community im Unternehmen, die in Schwingung zu versetzen ist. Vorgeschaltet ist ein normativer Rahmen zu setzen, was die zu entwickelnden Schlüsselkompetenzen für Leadership im abzusteckenden Entwicklungsfenster sein sollen. Zugeschaltet ist ein Prozess zu organisieren, der die Pflege und Weiterentwicklung der Corporate Leadership Brand leisten kann.

Der dritte Teil des Buches stellt das Modell der *Fünf Wetten auf eine Leadership Brand* vor, das Martina Eissing und Kurt Stettler in Zusammenarbeit mit vielen Führungsverantwortlichen, Kollegen und Experten entwickelt haben, als sie 2014 den Auftrag zu einem Neudesign der Swisscom AG Leadership Academy bekamen. Ganz bewusst ist – auch im Diskurs der Führungskräfte untereinander – von Wetten die Rede, wenn es um Zukunft geht, nicht von Thesen. Denn bei einer Wette ist man sich – anders als bei einer These – bei aller Überzeugung doch einer Rest-Ungewissheit bewusst. Je mehr man auf eine Wette setzt, mit desto größerer Spannung wird man die Entwicklungen verfolgen und den Ausgang der Wette überprüfen.

Der dritte Teil des Buches stellt Ihnen das methodische Vorgehen zur Entwicklung eines integrierten Leadership-Development-Systems vor: Wie sich auf der Ebene der Mysterien ein normativer Rahmen und ein Führungsverständnis explizieren lassen, wie sich auf Ebene der Heuristiken programmatische Vorgehensweisen ableiten lassen, und wie sich auf Ebene der Algorithmen die Stellgrößen für die Umsetzung in konkrete Angebotsportfolien, Lernmixes und Spielregeln definieren lassen.

Dann werden die fünf Wetten einzeln vorgestellt, jeweils mit ihren Funktionen für ein integriertes Leadership Development, ihrem Beitrag zur Bildung einer Leadership Brand, mit ihren konstitutiven Bausteinen und Portfolien und mit den sie unterstützenden Workbooks und Arbeitstemplates.

Die *erste Wette* betrifft das Verständnis von Leadership als einer spezifischen Verantwortung, für die es im gegenwärtigen Entwicklungsfenster der Organisation spezifische Schlüsselfähigkeiten benötigt. Diese werden im Leadership Canvas formalisiert und legen die normative Basis für alle Aktivitäten des Leadership Development.

Die *zweite Wette* betrifft den Lern- und Erfahrungsraum des Personal Lab, mit seinen Entwicklungsangeboten – Basisausbildung, Evergreens und Transformationsthemen – für die Führungsperson. Die Prinzipien der Eigenverantwortung und des offenen Zugangs manifestieren sich u. a. in Selbstlernangeboten durch E-Learning-Angebote, Workbooks usw. Peer-to-Peer-Lernen und der Ansatz des Leaders develop Leaders sollen im Tun die Weichen für ein neues Führungsverständnis neu stellen.

Die *dritte Wette* geht davon aus, dass ein wirkungsorientiertes Leadership Development die Führungs-Kraft von Teams unterschiedlichster Provenienz gezielt stärken wird. Im Team Lab werden neben Evergreens der Teamentwicklung Transformationsthemen – das sind Themen, die Ziele, Rollen, Skills, Kommunikations- und Zusammenarbeitsmuster von Teams verändern –, und längere Team-Begleitungsprozesse angeboten. Der Team Space gibt Teams Entwicklungsraum im wörtlichen Sinn und hält Ressourcen für einen Push-Ansatz bereit, wenn das Unternehmen Top-down Teams in standardisierten Formaten erreichen will.

Die *vierte Wette* zielt auf die Entwicklung einer Leadership Community durch das Community Lab ab. Es geht hier um Experimentier- und Laborsituationen, in denen Führung sich mit sich selbst und mit entwicklungskritischen Fragen der Organisation beschäftigt. In geeigneten Kommunikationsräumen werden Praxiserfahrungen ausgetauscht, die gelebte Führungspraxis expliziert und reflektiert und frühzeitig Impulse aus der Managementwelt eingespielt und gesoundet. Ziele des Community Labs sind, eine gemeinsame Leadership-Sprache nach innen und außen zu finden, erfolgskritische Aspekte der Leadership Brand zu benennen, Foren für wechselseitige Sozialisation auf die Profession Führung zu bieten und vor allem: eine Gemeinschaft, ins Schwingen zu bringen, die sich für Führung in Verantwortung sieht.

Die *fünfte Wette* hat das Ziel, den Leadership Evolution Process selbst in Gang zu halten. Zum einen geht es in einem klassischen Evaluierungsansatz darum, einzuschätzen, wie wirksam die einzelnen Leadership-Development-Maßnahmen sind. Zum anderen geht es darum, das Portfolio der angebotenen Entwicklungsimpulse dem State of the Art im Management und den Notwendigkeiten der Führungspraxis in der Organisation anzupassen; Auch die normative Grundlage der Corporate Leadership Brand, die im Leadership Canvas formalisiert ist, ist immer wieder zu validieren: Was sind aus gegenwärtiger Sicht die Schlüsselkompetenzen im Corporate Leadership? Wesentlicher Bestandteil des Leadership Evolution Process ist ein Lern-Eco-System, in dem Vertreter aus den Umwelten des Leadership Development zusammenkommen, denen Führung am Herzen liegt.

Angesichts der vielen Parallelen zwischen dem Praxismodell der Fünf Wetten und der in den ersten beiden Teilen zusammengetragenen Theorie, ist hier explizit zu betonen, dass das tatsächliche Vorgehen zum Redesign der Leadership Academy keine geradlinige Ableitung der Theorie war. Vielmehr handelte es sich in der Praxis um einen Weg durch eine Landschaft von Theorie-Puzzlesteinen, die Martina Eissing und Kurt Stettler im Austausch mit vielen Menschen innerhalb und außerhalb des Unternehmens jeweils zentral für die jeweils nächsten Schritte schienen. Sie haben über ein Jahr Tagebuch geführt über diesen Entwicklungsprozess, der sich als emergent und mäandernd darstellt und immer wieder zwischen operativer Ausarbeitung, Klärung von Grundsatzfragen und Entwicklung von Konzepten oszilliert.

Das Fünf-Wetten-Modell für ein integriertes Leadership Development ist neu und gegen den Strich der gängigen, gelebten Praxis im Professionsfeld gebürstet. Dort wird zwar generell appelliert an ein zeitgemäßes Führungsverständnis im Sinn des Mintzberg'schen postheroischen, verbindenden Managements; die Entwicklungsmaßnahmen adressieren praktisch aber ausschließlich wenige nominierte Personen als Rollenträger der Hierarchie, dies meist in Form von klassischen Curricula.

Dieses Buch will Ihnen als HR-Profi oder -Berater Anregungen geben, wenn Sie mit einer ähnlichen Aufgabenstellung betreut werden, die meist mit dem Auftrag beginnt, den Wildwuchs von – über die Zeit in unterschiedlichen Unternehmensbereichen entstandenen – Leadership-Development-Maßnahmen zu bereinigen. Der geschilderte Theorierahmen in den Teilen 1 und 2 sowie die geschilderte Praxis in Teil 3 mögen Ihnen Orientierung und Reflexionshilfe geben, wenn Sie vor der Herausforderung stehen, mit der schieren Komplexität der Aufgaben, den vielen Widrigkeiten des Alltags, dem Wissensgefälle zu ihren Auftraggebern und Peers, der Beharrlichkeit gewohnter Erwartungshaltungen bei Kunden und Lieferanten sowie mit Ihrer eigenen Unsicherheit, was jetzt die konkreten nächsten To dos sind, zurande zu kommen. Sie finden hier Anregungen und Mut, sich Verbündete zu suchen, die Ihre Inspiration teilen.

Joana Krizanits, Wien, im August 2016

Danksagung

Das Fünf-Wetten-Modell ist nicht am Schreibtisch entstanden, sondern in unzähligen sozialen Begegnungen. Viele Menschen aus verschiedenen Professionen in unterschiedlichen Rollen haben mit uns mitgedacht, mitgestaltet, mitgesteuert und umgesetzt. Sie haben uns inspiriert, bereichert und beschenkt. Wir danken (jeweils in alphabetischer Reihenfolge):

... für die Beauftragung, die gewährten Freiräume, die Unterstützung und Mitsteuerung des Projektes Neudesign der Leadership Academy: Adrian Bucher, Esther Kühne, Hans C. Werner.

... für ihre Inputs, Feedbacks und ihr Engagement bei der Entwicklung von Konzepten und Testen von Prototypen: den Führungsverantwortlichen aus den Bereichen, die sich in der Fokusgruppe engagiert haben, den vielen Führungsverantwortlichen, die sich als Pilotteilnehmer, Ko-Kreateure oder in einer Funktion als Leader develop Leaders engagiert haben – in den vielen Workshops, spontanen Mails, unzähligen ungeplanten ›Bilas‹ am Gang, Zurufen beim Mittagessen ...

... für die Gestaltung und Umsetzung des Personal Lab: Bernadette Birchler mit ihrem Team: Roland Brunner, Matthias Forster, Suzana Gavrilova, Ursula Geu, Nicole Goetschi, Margrit Maag, Natalia Winterberger-Tannò, Anne-Marie Wittwer, Francesco Zoppi.

... für die Gestaltung und Umsetzung des Team Lab: Franziska Espinoza mit ihrem Team: Michele Casserini, Stefanie Gfeller, Anja Heggli, Oswald König, Daniel Sigrist.

... für die aktive Mitgestaltung und Umsetzung in unterschiedlichen Rollen: Bettina Aebischer, Nicole Aeschbacher, Stefanie Brüning, Michael Bürgi, Ingrid Dohme, Jöri Engel, Petra Ewald, Tobias Furrer, Charlotte Grob, Danjela Hüsam, Milijana Mrsic, Phillipe Nicod, Jonas Schweizer, Emmerich Stoffel, Andreas Wecker, Regina Wittwer.

... für die Erstellung aller Filme für eLearnings und Promotion: dem Filmteam der Lernenden der Swisscom AG.

... unseren Lead-Partnern für ihr Einbringen von Modellen und Konzepten und ihre Mitgestaltung von Angeboten: UPGRADE.SWISS Organisationsentwicklungspartner: Dr. Jens-Peter Abresch, Fabian Berg, Clemens Frowein, Andrea Griesinger. ZHAW Zürich, Institut für angewandte Psychologie: Andrea Chlopczik, Christoph Gütersloh, Christoph Hoffmann, Marion Jonassen, Urs Jörg, Thomas Klink, Andres Pfister, Elisa Streuli.

... unseren weiteren Kooperationspartnern für ihre Mitgestaltung des Entwicklungsprozesses: Prof. Dr. Heiko Roehl, dem Team von euforia, dem Team der ghostbuster, Bernhard Sterchi von Palladio Trusted Advisors, Diane Van den Berge und Jens Goder von grey to green sowie anderen externen Partnern, die bei der Konzeption und der Implementierung von Angeboten mitgewirkt haben.

Im dritten Teil dieses Buches geben wir unsere Erfahrungen und unser Wissen an die Professional Community weiter. Dazu haben wir unsere Konzepte so ausgearbeitet und verallgemeinert, dass auch Profis im Leadership Development in anderen Unternehmen profitieren können.

Martina Eissing, Kurt Stettler, Bern, im August 2016

Wir wünschen Ihnen eine anregende Lektüre ...
Wir würden uns freuen, wenn Sie als Profis im Leadership Development in diesem Buch eine Wissensbasis und eine professionelle Verortung finden, die Sie bei Ihren fachlichen Herausforderungen ankert und Ihnen eine gemeinsame Sprache und einen gemeinsamen Bezugsrahmen geben kann. Mögen Ihnen das Fünf-Wetten-Modell und die in diesem Buch beschriebenen Gedanken und Erfahrungen Anregung und Mut geben, über ihr Vorgehen im Leadership Development nachzudenken und Sie dadurch unterstützt werden, auch ihre Profession für die Zukunftsfähigkeit ihres Unternehmens neu zu erfinden.

Martina Eissing, Joana Krizanits, Kurt Stettler, Zürich, im August 2016

Inhaltsverzeichnis

Abbildungsverzeichnis

Teil 1

Leadership gestern, heute, morgen – Praxistheorie für Profis

Donau bei Wien

Dieser Teil trägt im ersten Kapitel zusammen, wie sich das Selbstverständnis von Führung in den vergangenen hundert Jahren verändert hat. Dabei werden folgende Einflusskreise für das Selbstverständnis von Führung beleuchtet:

- Wirtschaft und Gesellschaft als Rahmen setzende Systeme
- das Gestaltungsfeld Organisation
- die Art der Arbeit und die Gestaltung der Beziehung von Führungspersonen zu Mitarbeitenden
- Managementkonzepte, die über Gurus, Bestseller-Literatur und Consulting Reichweite fanden

Im geschichtlichen Rückblick auf diese Einflusskreise lassen sich paradigmatisch unterschiedliche Verständniszugänge für Management und Leadership erkennen. Konkret wird im Folgenden unterschieden zwischen Führen im Industriezeitalter, Führen im Konsumzeitalter und Führen im Change-Zeitalter.

Paradigmen sind grundsätzliche, gesellschaftlich tradierte Wirklichkeitszugänge, die den Verständnisrahmen dafür setzen, was als Problem gesehen wird und mit welchem Problemlösungszugang diesem zu begegnen sei. Führen im Industriezeitalter, Führen im Konsumzeitalter und Führen im Change-Zeitalter – in jedem dieser Paradigmen lassen sich Entwicklungen nachzeichnen, die den jeweiligen Problemlösungszugang ausdifferenzieren, verfeinern und optimieren, bis schließlich inhärente Probleme – Systemiker sprechen von Turbulenzen – spürbar werden und der ausgeblendete Gegenpol des jeweiligen Problemlösungszugangs in den Blick gerät.

So fokussiert Kapitel 1, Führung im Industriezeitalter, das Problem der Produktivität; man geht vom Prinzip der Arbeitsteilung aus, das in fortschreitender Rationalisierung perfektioniert wird, um schließlich zu erkennen, welche Beiträge der Human-Relations-Ansatz zur Steigerung der Produktivität bereithält. Kapitel 2, Führen im Konsumzeitalter, fokussiert die Probleme der veränderten Absatzmärkte und der Kundenorientierung; man geht von methodisch zu planenden Entscheidungsprozessen nach dem Modell des Operation Research, Managementsystemen wie Management by Objectives (MbO) und Unternehmensfunktionen – allen voran Marketing inklusive Strategie und Innovation – aus, die immer weiter verfeinert werden, bis schließlich die Faszination mit dem charismatischen Leader als Garant für Zukunft und Entwicklung Platz greift. Kapitel 3, Führen im Change-Zeitalter, zeigt eine atemlose Rennstrecke um den Erdball auf, an deren Ende ein stilles Nachdenken über Systemwechsel und Nachhaltigkeit zu stehen scheint.

Diese Selbstverständnisse von Führung wirken heute in einem Amalgam von mentalen Bildern über Leadership zusammen. ›Gute Führung‹, das wird noch immer normativ und appellativ gehandelt – im Rückgriff auf nicht näher definierte Prämissen. Ziel dieses Kapitels ist es, das jeweilige Selbstverständnis von Führung zu explizieren und an seinen Zeitgeist – im Zusammenwirken der o. a. Einflusskreise – zurückzubinden.

Eine Anmerkung vorab: Wir verwenden die Begriffe Führungskräfteentwicklung, Führungsentwicklung, Management Development und Leadership Development im Folgenden weitgehend synonym. Wir gleichen uns damit pragmatisch der gelebten Praxis an, die all diese Begriffe verwendet, um HR-Vorgehensweisen zu beschreiben, die die vitale Unternehmensfunktion Führung bewusst fördern, stärken und weiterentwickeln. Auch die Begriffe Unternehmen und Organisation verwenden wir weitgehend synonym.

1. Kapitel: Führen im Industriezeitalter

Vom Beginn des Industriezeitalters bis in die 1960er-Jahre verlief die Leitdifferenz im Selbstverständnis von Führung entlang der Dichotomie ingenieurwissenschaftliche Rationalisierung versus Vermenschlichung der Arbeitswelt. In diesem Zeitraum wurde die Gesellschaft zunehmend durch das System Wirtschaft geprägt und es entstanden Organisationen, die bis heute das Rückgrat unserer Gesellschaft bilden.

1.1 Der ingenieurtechnische Ansatz

1832 veröffentlichte Charles Babbage (1791–1871) sein Buch *On the Economy of Machinery and Manufactures*, in dem er unter anderem die Aufspaltung eines Arbeitsprozesses in Teile mit unterschiedlichen Qualifikationsansprüchen empfahl, um den maximal möglichen Output des Teils mit dem höchsten Qualifikationserfordernis als Basis für die Konfiguration der anderen Arbeitsbeiträge zu setzen. Durch dieses *Babbage-Prinzip* lassen sich Lohnkosten senken bzw. die Produktivität erhöhen. Seinen Ausführungen vorangegangen war die gesellschaftliche Innovation der Manufaktur, in der Menschen in Einheit von Zeit und Ort Waren fertigten.

Das Prinzip des Arbeitsvollzugs in Einheit von Zeit und Raum führte, in Verbindung mit zunehmender Mechanisierung und maschineller Kraftübertragung, zur Frage, wie durch rationale Aufteilung und Gestaltung des Arbeitsvollzugs Produktivitätsvorteile erzielt werden könnten. Darin bestand im Industriezeitalter das Kernproblem für Führung; der ingenieurtechnische Ansatz lieferte den Lösungszugang: die immer weitergehende Optimierung der mechanischen Arbeitsabläufe nach rationalen Kriterien.

1.1.1 Management als System statt Born Captains of Industry

Das Babbage-Prinzip betrifft einen Kernaspekt der Arbeitsteilung, die Frederick Winslow Taylor (1856–1915) achtzig Jahre später in seinem *Scientific Management* (1911) weiter ausbaute. Analyse und Optimierung von Arbeitsabläufen waren für ihn die Grundlage, um den Arbeitsprozess in kleinste Abschnitte gleichförmiger Verrichtungen zu teilen und für einen gegebenen Arbeitsplatz das »Pensum« und den »Stücklohn« zu ermitteln. Bekannt ist Taylor für eine weitere Art der Arbeitsteilung, die er einführte: die Trennung von Hand- und Kopfarbeit. Den auf bestimmte Arbeitsfunktionen spezialisierten White-Collar-Angestellten wurden Planung, Disposition und Kontrolle über die Arbeitsprozesse übertragen und den Blue-Collar-Arbeitern die Ausführung derselben.

Taylor nahm in Anspruch, nicht nur mit Scientific Management die Produktivität der Arbeit auf Shopfloor-Ebene, d. h. in der Fabrikhalle, zu steigern, sondern ein »Management als System« entwickelt zu haben, das die unberechenbaren autokratischen »Born Captains of Industry« ablösen würde. Die Debatte um Führung als Persönlichkeitsmerkmal und die Frage, ob dieses angeboren oder erlernbar sei, sei damit hinfällig. Aufgabe des Managements sei die Gestaltung der Arbeitsbedingungen, die Standardisierung von Arbeitsmethoden und die Durchsetzung verstärkter Kooperation, um Effizienz zu erreichen. Taylors Managementsystem umfasste auch die Prinzipien der gezielten Personalauswahl und Personalentwicklung nach einem Job-Anforderungsprofil. Taylor prägte die neue Funktion des *Industrial Engineering*, das Selbstverständnis von Management als technokratischer Ingenieurwissenschaft und die Sicht auf Organisationen als triviale, berechenbare Maschinen.

1.1.2 Henry Ford und Alfred Sloan – Rollenmodelle für den Central Executive Officer

Den Sprung vom Scientific Management zur Massenproduktion erzielte Henry Ford (1883–1947) mit der Einführung der Fließbandproduktion, die der Praxis in den Chicagoer Schlachthöfen abgeschaut war. Sein Verständnis von Management und Organisationen in der Gesellschaft wird noch heute Fordismus genannt. Für die Managementtheorie schuf Henry Ford die ›*Vision*‹, den Zukunftsentwurf für den Zweck einer Organisation, die weit über deren Grenzen in die Gesellschaft hineinreicht. Die im Proletariat lebenden Arbeitermassen sollten mit dem Automobil aus dem Elend der Städte ins Grüne fahren und sich daran erfreuen können. Dazu war es notwendig, dass sie sich ein Automobil leisten konnten; umgekehrt war durch Massenkonsum auch die Massenproduktion gewährleistet. Das Standardmodell T kam 1908 auf den Markt; in den nächsten 15 Jahren wurden 15 Millionen davon verkauft. Ford zahlte seinen Arbeitern überdurchschnittlich hohe Löhne und führte den Achtstundentag ein. Er gab einen Teil der durch Economies of Scale erzielten Gewinnmarge an seine Arbeiter weiter, sodass der Preis für das Modell T schließlich ca. 7.000 US Dollar auf Wertbasis 2008 betrug.

Alfred Sloan (1875–1966), von 1920 bis 1937 Vorstand von General Motors, übertrug den ingenieurtechnischen Ansatz von der Gestaltung der Produktionsabläufe auf die Optimierung von Prozessen und Strukturen der Gesamtorganisation. So führte er die Dezentralisierung von Unternehmensbereichen ein, die Spartenorganisation, sowie die Spezialisierung in verschiedene Verantwortungsbereiche – Technik, Administration, Verkauf – auf Managementebene.

Auch Ford und Sloan waren Ingenieure; sie wurden zum Inbegriff erfolgreichen US-amerikanischen Managements und zu Rollenmodellen für Führung im Industriezeitalter. Durch ihre Geschäftstüchtigkeit, klare Entscheidungen und ihren Einfluss als öffentliche Personen führten sie ihre Unternehmen in immer größere Profitabilität.

1.1.3 Erste Schritte auf dem Weg zu einer allgemeinen Managementlehre

Schon 1916 hatte der französische Bergbauingenieur Henri Fayol (1841–1915) mit seinem Werk *Administration Industrielle et Générale* eine allgemeine Managementlehre vorgestellt, die Gültigkeit für die ›Administration‹ jeder Organisation beanspruchte, unabhängig von deren konkreten Zweck. Danach hat das Management fünf Funktionen zu erfüllen: Vorschau und Planung, Organisation des Aufgabenvollzugs, Koordination, Kontrolle und die Leitung. Ein Unternehmen sollte nach vierzehn Prinzipien geführt werden, darunter die Prinzipien der Arbeitsteilung, der angemessenen Mischung von Zentralisation und Dezentralisation, der unternehmerischen Initiative u. a. m. Die von Fayol vorgestellten Funktionen des Managements wurden später von Luther Gulick (1892–1993) zum ›*POSDCoRB-Modell*‹ ausgearbeitet; danach bestehen die wesentlichen Aufgaben des Managements im Planen, Organisieren, Directing/Anleiten, Koordinieren/Coordinating, Reporting und Budgetieren.

1938 veröffentlichte Chester Barnard (1886–1961) – selbst CEO bei AT&T – mit *The Functions of the Executive* erstmals eine integrierte Organisations- und Managementtheorie. Barnard verstand Organisationen als Kooperationssysteme menschlichen Handelns, die nur überleben können, wenn sie effektiv ihre Zielsetzungen verwirklichen und wenn sie effizient die Motivation ihrer Mitarbeitenden erschließen. Damit Kooperation entsteht, müssen Führungskräfte den Sinn und Zweck der Organisation und ihre Ziele formulieren, diese den Menschen vermitteln und dafür sorgen, dass sie sich dafür engagieren.

Die wesentliche Führungsaufgabe bestehe darin, für effektive Kommunikation zu sorgen, d. h. für klare Kommunikationskanäle, auf die jede/r Zugriff hat und für kurze, direkte Kommunikationswege. Eine Führungskraft habe nur dann Autorität und Durchsetzungsvermögen, wenn ihr dies von den Mitarbeitenden zugeschrieben wird, und dies geschehe nur, wenn Führungskräfte sie kompetent und mit Respekt behandeln. Schließlich müssen Führungskräfte ihre Mitarbeitenden motivieren – z. B. durch Überzeugung und durch Anreize materieller oder nicht materieller Art, wie der Möglichkeit, sich hervorzutun, Stolz auf Erreichtes zu verspüren, Teil eines größeren Ganzen und mit anderen verbunden zu sein.

1.2 Der Human-Relations-Ansatz

Barnards Führungs- und Organisationstheorie ist eine frühe Formulierung des damals im Entstehen befindlichen Human-Relations-Ansatzes; er greift dabei viel umfassender aus als die späteren Human-Relations-Konzepte, die hauptsächlich auf die soziale Beziehungsgestaltung zwischen Führungskraft und Mitarbeitenden abstellen.

Als Ausgangspunkt der Entwicklung zum *Human-Relations-Ansatz* gelten die Beleuchtungsstudien; die Theorie X und Y und Maslows Bedürfnispyramide markieren die Eckpfeiler dieses Ansatzes, der 1960 im Bestseller *The Human Side of Enterprise* von Douglas McGregor erstmals publiziert wurde. Er wurde zur Grundlage für eine aus der Psychologie abgeleitete Organisationstheorie, für die neue Disziplin der Organisationsentwicklung und für die beginnende Managementausbildung.

1.2.1 Gruppennormen und soziale Beziehungen als leistungsbestimmende Einflüsse

Die Beleuchtungsstudien in den Hawthorne-Werken, die ab Mitte der 1920er-Jahre in klassischer Ingenieurtradition die Einflüsse technischer Arbeitsplatzausstattungen auf die Produktivität messen sollten, hatten Anfang der 1930er-Jahre zu einer Erleuchtung ganz anderer Art geführt: Als leistungsbestimmende Faktoren erwiesen sich soziale Beziehungen, informelle Gruppennormen und die wohlwollende Aufmerksamkeit, die Führungskräfte ihren Mitarbeitenden entgegengebrachten. Der letzte Faktor, der sogenannte Hawthorne-Effekt, bewirkte auch eine anhaltende Motivationssteigerung der Mitarbeitenden und deren loyale Bindung an das Unternehmen.

1939 veröffentlicht der in die USA emigrierte Kurt Lewin (1890–1947) gemeinsam mit Ralph White und Ronald Lippit seine Studien über die Auswirkungen eines demokratischen und eines autoritären sozialen Klimas auf die Arbeit und Leistung von Gruppen[1]. Dies markiert den Ausgangspunkt für drei große Innovationen Lewins, die bis heute grundlegend für das Verständnis von Führung und Beratung sind: die Gruppendynamik als neue wissenschaftliche Disziplin, die Methode des Action Research, und Lewins Change-Modell.

1945 wurde am Massachusetts Institute of Technology (MIT) das Research Center for Group Dynamics[2] gegründet, um Grundlagenforschung zur *Gruppendynamik* in sechs Programmbereichen zu betreiben: Gruppenproduktivität, Kommunikation und Einflussverbreitung, Gruppenmitgliedschaft und soziale Wahrnehmung, Intergroup-Beziehungen, Gruppenmitgliedschaft und Anpassungsverhalten sowie Training von Führungskräften und Verbesserung von Gruppenprozessen mit dem speziellen Fokus auf der Einführung von Veränderungen und dem Umgang mit Widerständen.

Der letzte Programmbereich führte 1946 zur Gründung der National Training Laboratories (NTL), wo Ausbilder und Führungskräfte mit der T-Gruppen-Methode für erfahrungsbasiertes Lernen trainiert wurden, um typische Prozesse, Strukturen und Dynamiken in Kleingruppen zu verstehen. Die Leistung einer demokratisch interagierenden Gruppe beim Lösen komplexer Aufgaben liegt bei entsprechender Führung höher als die beste Einzelleistung ihrer Mitglieder. Bis Kleingruppen diesen Gruppenvorteil erreichen können, durchlaufen sie typische Reifungsphasen mit spezifischen Zusammenarbeitsmustern, die Bruce W. Tuckman 1965 Forming, Storming, Norming und Performing nannte.

Der Methode der Gruppendynamik ist die Entdeckung von Feedback zu verdanken. Zufällig beobachtete man, dass Teilnehmende auf Aussagen, die ihr eigenes Verhalten betrafen, wie auf einen »gewaltigen elektrischen Stromstoß«[3] reagierten. Feedback auf und Selbstbewertungen von Verhalten wurden bald als eigene Intervention in den Gruppendynamik-Trainings eingerichtet – mit dem Ergebnis, dass die Teilnehmenden durch Feedback und Reflexion ihrem eigenen Verhalten gegenüber sensibler und veränderungsbereiter wurden.

Lewins Methode des *Action Research* verortete sich im symbolischen Interaktionismus der Chicagoer Soziologieschule, der besagt, dass Menschen mit ihren Handlungen nicht auf die Dinge selbst, sondern auf die Bedeutungen reagieren, die sie den Dingen zuschreiben. Diese Bedeutungs-Zuschreibungen entstehen in einem interpretativen Prozess in sozialen Interaktionen. Action Research ist ein methodisches Vorgehen, um die Muster sozialer Handlungen zu untersuchen, um zu neuen, angemesseneren Handlungsoptionen zu finden. Dies ist in der Regel umso wirkungsvoller, je mehr die Betroffenen in die Problemdefinition und -Lösungsfindung einbezogen sind.

1946 erhielt Kurt Lewin einen Auftrag, wirksame Methoden für die Bekämpfung religiöser und rassistischer Vorurteile zu finden. Sein daraus entwickeltes *Change-Modell* – seither die Grundlage für die Gestaltung von geplantem Wandel – geht von einem dreistufigen Prozess[4] aus: In der »Unfreezing-Phase« geht es darum, Trägheit und Widerstand zu überwinden und das bestehende »Mindset«[5] zu explizieren. Die »Move-Phase« ist eine Transition: Bestehende Handlungsmuster lösen sich auf, ohne dass noch klar ist, welche neuen Muster an ihre Stelle treten werden. Letztere kristallisieren sich erst in der »Freeze-Phase« heraus, in der sich ein neues Mindset festigt. Lewin hat mit seiner »Hockeyschläger-Kurve«[6] den für Change typischen Abfall in der Systemleistung beschrieben, dem erst später ein Anstieg der Systemleistung über das Ausgangsniveau folgt. Diese Kurve ist bis heute die – meist unzitierte – Grundlage der meisten Change-Konzepte.

Der Erkenntnis, dass soziale Beziehungen, Einstellungen und Gruppennormen leistungsbestimmende Faktoren sind, folgte also bald das Unterfangen, mithilfe des Dreigestirns von Action Research, Change-Modell und Gruppendynamik solche Normen, Einstellungen und sozialen Handlungsmuster zu verstehen und gezielt zu verändern.

1943 publizierte Abraham Maslow (1908–1970) seine Theorie der Bedürfnishierarchie, die von der Prämisse ausgeht, dass Menschen durch ein angeborenes Wachstumspotenzial angetrieben sind, ihr höchstes Ziel, Selbstverwirklichung, zu erreichen – vorausgesetzt, tiefere Bedürfnisebenen wie physiologische Bedürfnisse z. B. nach Nahrung, Schutz vor Kälte usw. sowie Sicherheitsbedürfnisse und darauf folgend soziale Bedürfnisse nach Zugehörigkeit und Austausch sind erfüllt[7]. Ab 1954 übertrug Douglas McGregor (1906–1964), selbst Gruppendynamiker aus dem Kreis um Kurt Lewin, Maslows Bedürfnistheorie auf die Arbeitswelt.

Auf Basis all dieser Einflüsse und Forschungen differenzierte sich Anfang der 1950er-Jahre der *Human-Relations-Ansatz* aus, der Organisationen als Orte beziehungsbasierten sozialen Handelns in Gruppen versteht und die Erfolgsfaktoren von Führung in der Befriedigung menschlicher Bedürfnisse nach Individualität, sozialer Zugehörigkeit und Arbeitszufriedenheit durch Selbstverwirklichung sieht – alles zu erreichen durch einen angemessenen Führungsstil, auf den Führungskräfte in eigenen Schulungen trainiert werden können.

1.2.2 Theorie X, Y, Z ...

Vor dem Hintergrund der damals bewegenden Frage, was der ›richtige‹ Führungsstil sei, wurde aus McGregors 1960 erschienenem Buch *The Human Side of Enterprise* vor allem die Unterscheidung der Menschenbilder über Mitarbeitende, die Theorie X und die Theorie Y, rezipiert. Tatsächlich wollte McGregor allerdings gar nicht die Theorie Y als *die* ethisch-moralisch überlegene propagieren, sondern darauf hinweisen, wie eng das Menschenbild, das eine Führungskraft über ›den‹ Mitarbeitenden hat, sein Führungsverhalten prägt, was in der Folge wieder zu einer Bestätigung des Menschenbildes und zu einem rekursiven Kreislauf zwischen Annahmen und sich selbst erfüllenden Prophezeiungen führt.

McGregors »*Theorie X*« übernimmt die Annahmen des Taylorismus[8] und geht davon aus, dass der Mensch eine angeborene Abneigung gegen Arbeit hat und Leistung verweigert. Er ziehe Routineaufgaben vor, scheue sich vor Verantwortung, entwickle keinen Ehrgeiz bezüglich der Ergebnisse seiner Arbeit. Die Führung eines solchen Mitarbeitenden setze die detaillierte Vorgabe und nachgehende Kontrolle jedes seiner Handlungsschritte voraus; ohne Zwang, Regeln und Sanktionierung durch den Vorgesetzten werde der oder die Mitarbeitende keine effiziente Arbeitsleistung bringen. Die »*Theory Y*« übernimmt die Prämissen des Maslow'schen Bedürfnismodells. Menschen seien von Natur aus leistungswillig, sie besäßen Kreativität, Arbeit sei eine Quelle für soziale Zugehörigkeit, die Befriedigung von Ich-Bedürfnissen und das Streben nach Selbstverwirklichung. Angemessene Führung setze Ziele und sorge für eine Arbeit, die Herausforderungen berge, eigenständige Gestaltungsmöglichkeiten und einen hohen Grad an Eigeninitiative und Selbstbestimmung des oder der Mitarbeitenden ermögliche.

McGregor wurde kritisiert, dass die Theory Y eine unrealistische normative Vorgabe sei. 1964 schlug er deshalb eine Synthese in Form der »*Theorie Z*« vor, die William Ouchi (1943–2011) im Jahr 1981 aufgriff, um darin den damals hippen japanischen Managementstil zu verpacken: Mitarbeitende wollen Teil eines Kollektivs und an Entscheidungen beteiligt sein, dann seien sie hoch motiviert und hoch produktiv. Gute Führung sorge für intakte soziale Beziehungsgefüge, verzichte auf formale Regelungen und zeige Interesse durch Management by Wandering Around.

Edgar Schein (geb. 1928) nahm die ursprüngliche Absicht McGregors auf und stellte nach der historischen Entwicklung vier Sets von »managerial assumptions about humans« jeweils entsprechenden Konsequenzen für Führung und Organisation gegenüber. Demnach wurde das Bild des »rational economic man«, das weitgehend deckungsgleich mit dem der Theorie X war, vom Bild des »social man« abgelöst, das dem Human-Relations-Ansatz entsprach. Darauf folgte das Konzept des »self-actualizing man«, das weitgehend mit dem der Theorie Y übereinstimmte, und schließlich das des »complex man«[9]. Letzteres besagt, dass Menschen vielfältige, situationsabhängige und miteinander interagierende Motive besitzen und je nach Lebenssituation andere Motivlagen aufweisen können. Der »psychomaterielle Kontrakt« zwischen Organisation und Mitarbeitenden solle deshalb herausfordernde Aufgaben zu Beginn der Organisationszugehörigkeit vorsehen und in späten Lebensabschnitten einen Tausch von Loyalität gegen Fürsorge anbieten. Grundsätzlich solle Arbeit so gestaltet sein, dass sie für die Mitarbeitenden eine Entwicklungsstrecke bietet, in der auch neue Fähigkeiten entwickelt und ausgebaut werden können.

1.2.3 Die Führungsstilforschung

Neben der grundsätzlichen Dichotomie zwischen Theorie X und Y gab es zur Zeit des Human-Relations-Ansatzes eine Reihe von Modellen, die zwar letztlich ein klares Votum für den bestmöglichen Führungsstil abgaben, aber konzedierten, dass dieser auf dem Weg dahin an die Umstände angepasst werden könne.

Ein Beispiel dafür ist das *»Führungskontinuum«* von Robert Tannenbaum und Warren H. Schmidt, das 1958 sieben Führungsstile unterscheidet: autoritäre, patriarchalische, beratende, konsultative, partizipative, delegative und demokratische Führung. Führungskräfte sollten je nach Art des Problems oder der Situation und abhängig von Kompetenz und Engagement der Mitarbeitenden sowie von ihrem eigenen Vertrauen wählen.

1964 stellten Robert Blake und Jane Mouton ihr *Managerial Grid: The Key to Leadership Excellence* vor. Im »Managerial Grid«, das sie auf der Basis wissenschaftlicher Forschungen für ein Führungstraining entwickelt hatten, kombinierten sie insgesamt neun Ausprägungen von Sachorientierung mit neun Ausprägungen von Personenorientierung zu unterschiedlichen Führungsstilen. Führungsstil 1,1 »Überlebensmanagement« galt als der schlechteste, der weder auf die Mitarbeitenden noch auf die Ergebnisse Wert legt, Stil 1,9 »Glacéhandschuh-Methode« verfolgt freundliche zwischenmenschliche Beziehungen, vernachlässigt dabei die Ziele, Stil 9,9 »Teammanagement« sollte als bester Führungsstil immer angestrebt werden. Einfluss auf die Wahl eines Führungsstils haben die Situation und die Organisation, in der sich die Mitarbeitenden befinden und die Persönlichkeit und Werthaltungen der Führungskraft. Deshalb brauche es eine Einschulung auf den Führungsstil 9,9.

Einen ähnlichen Zugang wie das Managerial Grid boten Paul Hersey und Kenneth Blanchard 1969 mit ihrem Modell des »situativen Führens«, in dem sie je nach »Reifegrad« des Mitarbeitenden – eine Resultante aus Motivation und Fähigkeit – eine Mischung zwischen Sach- und Personenorientierung anboten, die sie mit den idealtypischen Führungsoptionen Dirigieren, Überzeugen, Partizipieren und Delegieren beschrieben.

1.2.4 Das Verständnis von Organisationen im Human-Relations-Ansatz

So wie im ingenieurtechnischen Ansatz des Scientific Management das Verständnis von Management als technokratische Ingenieurwissenschaft eng mit dem von Organisationen als triviale, berechenbare Maschinen verbunden war, so transportiert auch der *Human-Relations-Ansatz* mit seinem Verständnis von Führung, die durch Humanisierung der Arbeitswelt menschliche Bedürfnisse erfüllen soll, ein ganz bestimmtes Verständnis von Organisationen.

Diese Organisationstheorie wurde Ende der 1960er-Jahre von Richard Beckhard[10] formuliert. Sie überträgt Konzepte aus der Individualpsychologie und Psychiatrie auf Organisationen und versteht sich als präskriptiv bzw. normativ. Danach sind Gruppen die Bausteine von Organisationen; ihre Prozesse und Dynamiken bestimmen das Verhalten der Organisationsmitglieder. Entwicklungsziele für eine gesunde Organisation sind offene Kommunikation, gegenseitiges Vertrauen und Selbstvertrauen innerhalb und zwischen den Hierarchiestufen, Abbau von Konkurrenz, Aufbau von Kooperation. Entscheidungen sollten von denjenigen getroffen werden, die im Besitz der Information sind – nicht von einem bestimmten Rollenträger oder einer bestimmten Hierarchiestufe. Organisationen, Organisationseinheiten und Individuen richten ihr Verhalten immer an Zielen aus. Kontrolle diene der Messung zwischendurch; sie dürfe nicht die Grundlage für Führungsstrategien sein. Menschen unterstützen die Lösungen, die sie mitentwickelt haben, sie sollten deshalb als Betroffene bei Veränderungen beteiligt werden.

Organisationen mit »geistiger Gesundheit« weisen nach Warren Bennis[11] folgende Merkmale auf: Identität, indem die Organisationsziele von den Mitarbeitenden verstanden und geteilt werden, Anpassungsfähigkeit, indem sie durch Erfahrungslernen und Problemlösung ihre Umgebung meistern und Realitätsorientierung als Fähigkeit, die eigene Lage in der Welt korrekt wahrzunehmen. Das Merkmal der Realitätsorientierung setze einen effektiven Austausch mit der Umwelt voraus, bei dem erfolgreiche Organisationen ähnlich vorgehen wie Wissenschaftler: Sie zeigen Forschergeist, reflektieren über Probleme, sind bereit zu experimentieren und Ideen zu testen und teilen eine Kultur, die »Rationalität, Vielseitigkeit, Individualität, Gemeinsamkeitsgrad und Selbstlosigkeit« pflege und keine Autorität als eine wissenschaftliche anerkenne.

1.3 Rahmenbedingungen für Organisationen und Führung im Industriezeitalter

Rahmensetzend für Führung im Industriezeitalter waren die spezifischen Verhältnisse in Wirtschaft und Gesellschaft in diesem Zeitraum. Scientific Management und Human-Relations-Ansatz teilen diesbezüglich viele Prämissen und können als zwei Seiten ein und derselben Medaille betrachtet werden. Das folgende Kapitel beleuchtet diese Zusammenhänge. Darauf folgen einige Überlegungen zur Frage, warum sich das Führungsverständnis des Industriezeitalters bis heute in unserem Grundverständnis von Führung und Organisationen perpetuiert. Der ingenieurtechnische Rationalisierungsansatz ist noch immer Grundlage der Software von Organisationen; die Zugänge und Praktiken des Scientific Management werden bis heute von einflussreichen Verbänden weitergeschrieben. Der Human-Relations-Ansatz bildet bis heute den zentralen Zugang und den Großteil aller Veröffentlichungen zum Thema Führung, auch wenn die meisten Publikationen aus der Feder der sehr kleinen Szene der damaligen Gruppendynamiker um Kurt Lewin stammen. Zudem stehen die Funktionen der Human Relations (HR) und Organisationsentwicklung (OE) selbst unmittelbar in der Tradition dieses Ansatzes, sodass sie vielfach eine Art nicht reflektierten Professionsfilter für ein bestimmtes Führungsverständnis ausgebildet haben. In Fortführung dieser Ausführungen hinterfragt dann das vierte Unterkapitel, wie zeitgemäß das Führungsverständnis des Industriezeitalters heute ist und wie es zur gegenwärtigen Erfahrungswelt von Führungskräften passt.

1.3.1 Gesellschaftliche und wirtschaftliche Prämissen von Organisationen und Führung im Industriezeitalter

Das Verständnis von Führung und Organisation im Industriezeitalter – von der Jahrhundertwende bis in die 1960er-Jahre – oszilliert zwischen der These des Scientific Management und der Antithese des Human-Relations-Ansatzes. Bei allen vordergründigen inhaltlichen Unterschieden teilen beide Zugänge viele Annahmen und Prämissen; es handelt sich eher um zwei Seiten einer Münze als um Gegensätze.

So plädieren die Vertreter des Scientific Management wie die des Human-Relations-Ansatzes z. B. gleichermaßen dafür, dass sich die Interessen von Arbeitnehmern und Arbeitgebern zur Deckung bringen lassen, und zwar genau durch die produktivitätssteigernde – ingenieurwissenschaftliche bzw. menschliche – Gestaltung von Arbeit. Sie setzen dabei auf ein und dasselbe Wirtschafts- bzw. Gesellschaftsmodell: den sozialen Wohlfahrtsstaat, in dem sich bei stetiger Übernachfrage jederzeit genug Reichtum erarbeiten lässt, der zum Nutzen der Unternehmer und Arbeiter verteilt werden kann.

Der Fantasieraum zu diesem Gesellschaftsmodell war durch Fords Vision der Massenproduktion in Verbindung mit dem Massenkonsum geöffnet worden. Der Human-Relations-Ansatz baute sie zur Utopie der Erfüllung höchster existenzieller menschlicher Bedürfnisse aus. Das war kein Zufall, denn in diesem Zeitalter speiste sich der Antrieb von Millionen Menschen aus spürbarem Mangel und dem Wunsch diesem zu entkommen und gesellschaftlich aufzusteigen. Es gibt wenig Narrative, die so vielen Menschen so oft und in so vielen Varianten erzählt wurden, wie der vom Aufstieg des Tellerwäschers vom Proletariat in die Mittelschicht.

Im Industriezeitalter waren Denken und Handeln vom *mentalen Modell des Rationalitätsglaubens* geprägt. Ursache und Natur von Problemen sah man in beliebigen, unzweckmäßigen und ineffizienten Herangehensweisen, die fremdbestimmt, womöglich sogar schicksalhaft erscheinen mochten, aber mit der geplanten, richtigen, zweckmäßigen, methodischen Herangehensweise im Sinn einer Selbstbestimmung zu lösen waren.

Der Rationalitätsglaube war durch das Wunder der großen Maschinen – automatische Webstühle und Eisenbahnlokomotiven – in die Vorstellungswelt der Menschen getreten und manifestierte sich täglich in Fabrikhallen, die bislang unvorstellbare Mengen an Gütern in gleichbleibender Qualität hervorbrachten. Er wurde zu einem dermaßen tief verwurzelten Weltbild, dass selbst zwei völlig irrationale, devastierende Weltkriege mit 75.000.000 Toten ihn nicht erschüttern konnten. Die industrielle Organisation trug als Einrichtung wesentlich dazu bei, diese – industriell geführten – Kriege zu ermöglichen; trotzdem stilisierte sie sich zu einer vom Weltgeschehen unabhängig existierenden Eigenwelt hoch, ja, zu einer Art Tempel für den Rationalitätsglauben.

Im Industriezeitalter wurden auch die gegebenen gesellschaftlichen Verhältnisse als effektiv und zweckmäßig angenommen. Scientific Management und Human-Relations-Ansatz gingen von der Selbstverständlichkeit einer stabil geschichteten sozialen Ordnung mit trennscharf segmentierbaren gesellschaftlichen Gruppen aus, von eindeutigen Lebensentwürfen und schlüssigen Skripten, die entlang der Leitplanken gesellschaftlicher Normen verliefen. Ausbruchversuche wurden zwar thematisiert, fanden aber entweder ein Happy End im Sinn gesellschaftlicher Normvorgaben oder ein Scheitern der Ausbrecher an elterlichen oder religiösen Autoritäten nach dem Motto »Denn sie wissen nicht, was sie tun«.

Im Portfolio der Führungsaufgaben im Industriezeitalter nahm nach der einmaligen Aufgabe, die Arbeitsabläufe zu layouten, die unmittelbare Mitarbeiterführung den größten Teil der Dauertätigkeit ein. Die Menschen waren damals sicher nicht weniger kreativ und initiativ als heute, aber sie mussten auf ihre Funktion als Mitarbeitende ›zugerichtet‹ werden, von denen lediglich die Leibeskraft oder Ausdauer für fragmentierte Routinetätigkeiten gebraucht wurde, dies aber in vorgeschriebener Menge bei konstantem Output. Die typische industrielle Arbeitssituation ›am Band‹ wies für die meisten Menschen tatsächlich nur einen einzigen Motivationsfaktor im Sinne Herzbergs auf: die soziale Anerkennung; andere mögliche Motivationsfaktoren wie Arbeitsinhalte, Leistung, Erfolg, Verantwortung, Aufstieg und Wachstum waren dort schlicht nicht gegeben.

Mit den Führungstheorien des Scientific Management und des Human-Relations-Ansatzes waren also tatsächlich die wesentlichen Gestaltungsfelder zumindest im Mittelmanagement bzw. auf Shopfloor-Level bespielt. Alle anderen Führungsaufgaben – strategische Zielsetzungen, Vorgabe von Entscheidungsprämissen, Strukturierung des großen Ganzen, z. B. durch Spartenorganisation bei GM – waren, wie die Kapitalaufbringung, Aufgabe des Entrepreneurs oder der oberen Managementebenen. Die interne Organisationswelt war genauso trennscharf in Hierarchieebenen geschichtet wie die Gesellschaft.

1.3.2 Warum sich Führungs- und Organisationsverständnis des Industriezeitalters so nachhaltig perpetuieren ...

In den zwanzig Jahren nach Erscheinen von McGregors *The Human Side of Enterprise* entstand eine Fülle normativer Bilder von ›richtiger‹ Führung. Im Zentrum stand dabei einerseits die Gestaltung der Beziehung zwischen Führungskraft und Mitarbeitenden und dessen Produktivstellung und andererseits das Verhältnis von Personen- und Sachorientierung, was als eine Art natürlicher Zielkonflikt konstruiert wurde.

Wenn es um das Thema Führung geht, sind die Theorie X und Y auch heute noch fixer Inhalt von Managementausbildungen, obwohl kaum jemand ein Menschenbild der Theorie X vertreten würde – nicht nur, weil das heute politisch inkorrekt wäre, sondern weil niemand, der ein solches Menschenbild trägt, heute mit Führungsverantwortung betraut würde. Noch immer ist an Universitäten von Führungsstilen die Rede, vom eigenschaftstheoretischen oder situativen Ansatz, vom auf den Mitarbeitenden gerichteten Führungskreis, der aus vorgeben, motivieren, organisieren, kontrollieren und sanktionieren bestehen soll. Kurz, wann immer wir Führung vermitteln wollen, greifen wir bis heute noch vorrangig zu den Theorien und Bildern, die uns das Industriezeitalter hinterlassen hat.

Warum ist das so? Gegen Ende des Industriezeitalters war eine Anzahl von Strukturen in Form von universitären Lehrstühlen, Lizensierungen von Trainings sowie von sozialen Netzwerken entstanden, die seitdem das Führungsverständnis des Industriezeitalters selbstreferenziell und rekursiv weiterschreiben.

- Der Ansatz des *Scientific Management* war schon 1921 vom Verein Deutscher Ingenieure (VDI) aufgenommen worden. 1924 wurde der REFA – Reichsausschuss für Arbeitszeitermittlung gegründet. Ab den 1960ern erweiterte dieser sein ursprüngliches Portfolio »Rationalisierung« um Methoden für die »menschengerechte Arbeitsgestaltung« und integrierte in den 1990ern neue Organisationskonzepte wie Lean Production, Total Quality Management (TQM), Geschäftsprozessmanagement. Heute versteht er sich als »Verband für Arbeitsgestaltung, Betriebsorganisation und Unternehmensentwicklung«.
- Mitte der 1940er-Jahre rief Alfred Sloan die erste universitäre Managementausbildung am MIT (Massachusetts Institute for Technology) ins Leben und sponserte dort 1950 die später nach ihm benannte »Alfred Sloan School of Management«, an der sich seitdem so gut wie alle großen Managementgurus US-Amerikas lehrend oder lernend die Klinke in die Hand gaben. Einer der ersten war Douglas McGregor, der 1960 dort den Human-Relations-Ansatz bekannt machte.
- Ab Mitte der 1965er-Jahre trainierten die NTL (siehe S. 9) Führungskräfte aus allen gesellschaftlichen Bereichen. Praktisch alle Pioniere aus Führungsforschung und den Anfängen der Organisationsberatung waren aktive Gruppendynamiker, die Kurse durchführten.
- Das einwöchige »Managerial Grid Training« wurde weltweit lizensiert und fand Ende der 1960er-Jahre – ebenso wie Gruppendynamik-Laboratorien – in Europa Eingang in die ersten Managementinstitute, die Kammern und öffentliche Träger um diese Zeit zur Qualifizierung von Unternehmensleitern einrichteten.

Der wichtigste Einfluss liegt bis heute im geschriebenen Wort. Ein Großteil der Fachliteratur, die bis heute zu Führung und Organisationsentwicklung geschrieben wurde, geht auf wenige Personen aus dem engen Kreis der Gruppendynamiker um Kurt Lewin[12] zurück und auf die Netzwerke, die sie in der nächsten Generation am MIT flochten.

- So war es Douglas McGregor, der mit seiner Verankerung am MIT 1944 Kurt Lewin half, dort das »Center for Group Dynamics« zu gründen.
- Er rekrutierte auch Richard Beckhard, Warren Bennis und Edgar Schein in den engen Kreis der ersten Gruppendynamiker, dem er selbst angehörte.
- Douglas McGregor war auch lebenslanger Mentor des zwanzig Jahre jüngeren Warren Bennis, der 27 Bücher über Führung schrieb, die sich zwei Millionen Mal verkauften.
- Mit der Dichotomie zwischen Managern und Leadern (siehe Kap. 2.5) und seinen Büchern über Leadership[13] prägte Bennis – auch er war Dozent am MIT – den Diskurs um die Bedeutung von Leadership. In ähnlicher Weise wurde

sein Buch über Hochleistungsteams Trendsetter für die Teamliteratur am Ende des zwanzigsten Jahrhunderts.

- Douglas McGregor und Richard Beckhard trugen wesentlich zur Konzeptualisierung und Verbreitung der Organisationsentwicklung bei, deren Grundlagen von Lewins Wegbegleitern Alex Bavelas und John French durch ihre Arbeit in den Harwood-Werken gelegt wurden.
- Gleiches gilt für Edgar Schein, der die Methoden des Organizational Development zum Ansatz der Prozessberatung weiterspann, die Theorie der Organisationskultur entwickelte und diese sowohl für die Organisationsentwicklung als auch für Führung – siehe sein Buch *Organizational Culture and Leadership* – aufbereitete. Schein hielt über viele Jahre einen Lehrstuhl für Organisationspsychologie und Management an der Alfred Sloan School of Management.
- Später übten Edgar Schein und Chris Argyris – übrigens auch ein Gruppendynamiker der ersten Stunde – am MIT eine ähnliche Mentorenfunktion aus für Peter Senge und sein Team um die ›lernende Organisation‹.

McGregors Buch *The Human Side of The Enterprise* – wurde 2001 von der Academy of Management zum viertwichtigsten Buch des 20. Jahrhunderts gewählt. Warren Bennis, Edgar Schein, Chris Argyris wurden von Thinkers50[14] in die Hall of Fame der Managementgurus gewählt.

Es ist also nicht verwunderlich, dass sich das Verständnis von Führung im Industriezeitalter tief in unsere mentalen Modelle von Führung und Organisationen – und in das Professionsverständnis von HR und Organisationsentwicklung – eingraviert hat und noch immer unsere Beobachtung lenkt, was in Organisationen und spezifisch für das Aufgabengebiet Führung als Problem auszumachen und wie diesem zu begegnen sei.

1.4 An den Profi: Hand aufs Herz ...

Das Selbstverständnis von Führung, das sich im Industriezeitalter entwickelte, hat sich in Routinen, Funktionen und Rollenmodellen manifestiert und unsere Organisationen geprägt. Der Human-Relations-Ansatz ist noch immer die oft wenig hinterfragte Grundlage für das Selbstverständnis von HR-Professionals bzw. Organisationsentwicklern, so wie der ingenieurwissenschaftliche Ansatz noch immer die Grundlage für das Selbstverständnis der Betriebsorganisation ist.

Wie angemessen, wie hilfreich und wirkungsvoll ist das Führungsverständnis des Industriezeitalters aber angesichts der Herausforderungen, vor denen Führung heute in Organisationen steht? Wie passen das Organisationsverständnis des

Scientific Management und des Human-Relations-Ansatzes zur heutigen Erfahrungswelt in Organisationen? Hat sich das Portfolio der Themen, die Führung in Beobachtung halten und Entscheidungen zuführen muss, nicht längst dramatisch verlagert und umstrukturiert? – Das ist jedenfalls der grundlegende Tenor des jüngeren Diskurses in Managementtheorie und -praxis, verbunden mit dem Appell, dass dem auch neue Sets von Leadership-Kompetenzen und neue Ansätze im Leadership Development folgen müssen.

Wie gut gerüstet sind HR-Professionals, wenn sie mit dem Denkrahmen des Human-Relations-Ansatzes in das Gespräch mit dem Management gehen? Was von dem, was aus dem Industriezeitalter stammend heute als Führungsverständnis und Organisationstheorie gehandelt wird, gehört rückgebunden in den spezifischen zeitgeistigen Kontext und was kann mit Überzeugung geschultert und mitgenommen werden für ein zeitgemäßes Leadership Development heute?

Diese Fragen nehmen wir mit in die folgenden Kapitel »Führen im Konsumzeitalter« und »Führen in Zeiten von Change und Turbokapitalismus«, wo sich noch weitere Fragen einfinden werden, die im zweiten und dritten Kapitel reflektiert werden sollen.

Anmerkungen

1 vgl. Lewin/Lippitt/White 1939, S. 271 ff.

2 Lewin starb zwei Jahre nach Gründung des Research Center for Group Dynamics am MIT; aufgrund von Finanzierungsproblemen übersiedelte das Institut 1948 an die Universität, wo es noch immer auf Basis der Gründungswerte betrieben wird; seit 1949 firmiert es unter Institute for Social Research. Zwischen 1945 und 1950 entstanden über hundert Publikationen zur Theorie der gruppendynamischen Untersuchungsfelder, siehe http://www.rcgd.isr.umich.edu/history/ (Abrufdatum 26.08.2016).

3 vgl. Marrow 1977, S. 230.

4 vgl. Lewin 1947, S. 38

5 In der US-amerikanischen Managementtheorie (insbesondere in der General Systems Theory) wird der Begriff Mindset verwendet, um die spezifischen Annahmen, Begriffe, und Zugangsweisen eines Individuums zu bezeichnen, die für seinVerständnis der Welt und seine Wirklichkeitskonstruktion rahmensetzend (sets the mind) sind. Ein weitgehend synonymer, später im Zusammenhang mit den Arbeiten zur ›Lernenden Organisation‹ entwickelter Begriff ist der der ›mentalen Modelle‹, die Menschen sich in ihrer Erfahrungsverarbeitung über die Welt gebildet haben und die sie rekursiv in ihrer Erfahrungsverarbeitung verwenden. Der Duden übersetzt den Begriff Mindset mit »Denkart«.

6 vgl. Staehle/Conrad/Sydow 1999, S. 592 Die Hockeyschlägerkurve zeigt die Veränderungen in der Systemleistung im Verlauf eines Change-Prozesses. Auf einer angenommenen Basislinie von 100 % Systemleistung zeigt sich anfangs ein Abfall der Systemleistung – der untere Teil eines Hockeyschlägers – und erst später ein Anstieg – der obere Teil eines Hockeyschlägers.

7 vgl. Maslow 1943, S. 370 ff.

8 Taylor hatte tatsächlich die exzessive Trennung von Hand- und Kopfarbeit mit dem Hinweis argumentiert, dass der Arbeiter in der Regel zu dumm sei, planende vorausschauende Aufgaben zu verstehen: »the man who is physically able to handle pig-iron and is sufficiently phlegmatic and stupid to choose this for his occupation is rarely able to comprehend the science of handling pig-iron« (Taylor 1911, S. 95). Von der Mitte des 19. Jahrhunderts bis 1930 wanderten circa 12 Millionen Menschen aus Deutschland, Österreich-Ungarn, Italien, Griechenland und dem französischen Kanada in die USA ein; schon rein sprachlich waren die Voraussetzungen für ein Verstehen also kaum gegeben; dies stellte für Jahrzehnte ein grundlegendes Management-Problem zu Beginn des Industriezeitalters in Amerika dar.

9 vgl. Schein 1980, S. 50 ff.

10 vgl. Beckhard 1969, S. 114.

11 vgl. Bennis 2008, S. 5 ff.

12 Was die Auswirkungen seiner Forschungen zur Gruppendynamik, Action-Research-Methodik und zu Change-Prozessen betrifft, könnte man Kurt Lewin eine ähnlich zentrale Rolle als Guru zuschreiben wie dem knapp zwanzig Jahre jüngeren Peter Drucker. Leider starb Lewin 1947 im frühen Alter von 56 Jahren an einem Herzinfarkt; seine grundlegenden Konzepte wurden von seinen Jüngern weiter entwickelt. – Die Lebensläufe von Lewin und Drucker weisen überraschend viele Parallelen auf. Beide wurden in gutbürgerliche deutschsprachige, jüdische Elternhäuser geboren, studierten an deutschen Universitäten, bevor sie 1933 aus Nazi-Deutschland in die USA emigrierten. Ihre wissenschaftliche Arbeit dort begannen sie mit der Auseinandersetzung mit dem Faschismus. Sie wohnten zeitweise nur 200 Kilometer voneinander entfernt. Beide haben neue Disziplinen begründet, in denen sie nachhaltige Pionierarbeit leisteten. Ob sie einander je begegneten, ist uns nicht bekannt.

13 Eine Auswahl der einflussreichsten Titel ist: Leaders: The Strategies for Taking Charge (mit Burt Nanus; 1997), Managing the Dream: Reflections on Leadership and Change (2000), Learning to Lead: A Workbook on Becoming a Leader (mit Joan Goldsmith; 2003), On Becoming A Leader: The Leadership Classic – Updated And Expanded (2003), Visionary Leadership: Creating a Compelling Sense of Direction for Your Organization (2003).

14 http://thinkers50.com/hall-of-fame/

2. Kapitel: Führen im Konsumzeitalter

Das Konsumzeitalter – der Zeitraum von Anfang der 1970er- bis Ende der 1980er-Jahre – brachte grundlegende Veränderungen für Wirtschaft und Gesellschaft mit sich, die sich als Pfad von der Konsumgesellschaft zur Wegwerfgesellschaft, zur Dienstleistungsgesellschaft bis zur Wissensgesellschaft nachzeichnen lassen. In dieser Zeitspanne bilden Organisationen in steigendem Maß die zunehmende Komplexität in ihren Umwelten intern ab; sie differenzieren immer neue Funktionen, Prozesse, Systeme aus. Führung wird zu einer eigenen Expertise; seit den 1970ern wird Peter Druckers *Die Praxis des Managements* in Business Schools zum MBA vermittelt. Gegen Ende des Paradigmas etabliert sich eine neue Dichotomie: die Unterscheidung zwischen Managern und Leadern.

2.1 Rahmenbedingungen für Organisationen und Führung im Konsumzeitalter

Im *Konsumzeitalter* wird die Gesellschaft pluralistisch und bietet ihren Mitgliedern zunehmend mehr Optionen für individuelle Lebensentwürfe. Der Narrativ des Konsumzeitalters verherrlicht die Entfaltung des Individuums und den grenzenlosen Fortschritt so, wie der Narrativ des Industriezeitalters den Aufstieg des Tellerwäschers.

Nie gekannter ungebremster Fortschritt in Wissenschaft, Technik und sozialen Umwelten prägen ein *mentales Modell des Fortschrittglaubens* mit der tiefen Überzeugung einer gerichteten, immer besser werdenden Entwicklung, in der es nur eine Frage der Zeit sei, bis Experten schließlich jede Art von Problem lösen würden, ja, dass jedes Problem eines technischer Art sei. Dieses Denken manifestierte sich z. B. ganz typisch in der Atomkraftdebatte; dass das Problem der Endlagerung unlösbar sei, war nicht vorstellbar.

2.1.1 Veränderungen in Wirtschaft und Gesellschaft

Ende der 1960er- bzw. Anfang der 1970er-Jahre gehen die Wirtschaftswunderjahre in Europa zu Ende; die Nachfrage für viele Produkte lässt nach. Verkäufermärkte waren unbemerkt zu Käufermärkten geworden, in denen nicht mehr die Verkäufer, sondern die Käufer die Regeln des Marktes diktieren. Bald hat nicht mehr jedes Produkt seinen Preis, vielmehr bewegen sich die Preise von vergleichbaren Verbrauchsgütern – der Preis wird zum Wettbewerbsfaktor. Man spricht von Marktsättigung, von der Notwendigkeit zu konsumieren, damit die Wirtschaft in Gang gehalten würde. Die ersten Einkaufszentren werden gebaut und lösen samstags Pilgerströme in die neuen Konsumtempel aus. Im ›Me-too‹-Verdrängungswettbewerb werden Produkte nachgeahmt und verlieren ihre Einzigartigkeit, die man durch Markenbildung wieder zurückgewinnen will.

Von der Konsumgesellschaft geht es mit Siebenmeilenstiefeln in die *Wegwerfgesellschaft*. Schon Alfred Sloan hatte bei GM die »Planned Obsolescence« erfunden, das eingebaute Ablaufdatum von Produkten. Nun wird Haltbarkeit zum Thema im öffentlichen Diskurs, denn wenn Produkte lange hielten, könne es nicht genug Konsum geben. Mythen machen die Runde, vom unzerreißbaren Nylonstrumpf beispielsweise, der längst erfunden, aber in einen Tresor gesperrt worden sei, weil sonst niemand mehr Nylonstrümpfe kaufen würde. Textilien, Schuhe, Geräte – bald wird immer weniger repariert, wegwerfen und mit gutem Gewissen neu kaufen wird zur Maxime.

Technischer Fortschritt führt zur Entstehung völlig neuer Branchen, wie Unterhaltungselektronik, Foto, Office-Maschinen. Farbfernseher, Stereo- und HiFi-Anlagen. Fotoapparate, Taschenrechner und Digitaluhren halten Einzug in die Haushalte, die elektronische Schreibmaschine kommt auf den Schreibtisch, der erste wuchtige Kopierer aufs Stockwerk, die erste EDV-Anlage in eine eigens statisch verstärkte und gekühlte Etage. Immer neue Dienstleistungen etablieren sich gleichrangig wie physische Produkte auf dem Markt, bald spricht man vom ›Dienstleistungssektor‹, von seiner volkswirtschaftlichen Bedeutung, ja, von der *Dienstleistungsgesellschaft*.

Die rasanten Technologiesprünge in der IT, angetrieben durch die exponentiell wachsende Speicherkapazität der elektronischen Chips, verändern auch die Industrie: Neue Fertigungsverfahren mit aberwitzigen Produktivitätssteigerungen beschwören das Schreckgespenst der menschenleeren Hallen herauf.

Der Rohstoffanteil in der Herstellung eines durchschnittlichen Industrieproduktes macht nur mehr 2 % der insgesamt investierten Kosten aus; die anderen 98 % entfallen auf Wissen, Dienstleistungen, Organisation. Ein unglaublicher Fortschritt auf allen Gebieten lässt die Halbwertzeit von Wissen ständig schrumpfen und macht den Begriff der *Wissensgesellschaft* publik und mit ihm ganz neue

Vorstellungen von der Arbeitswelt der Zukunft und ihrem Repräsentanten, dem ›Knowledge Worker‹.

2.1.2 Der Mitarbeitende – das Individuum

Ende der 1960er-Jahre führen die antiautoritäre Bewegung in Europa und die Hippie-Bewegung in den USA zum Aufstand gegen Autoritäten und Hierarchie in Wissenschaft und Politik, verbunden mit der Forderung nach demokratischer Kommunikation und einem individuell selbstbestimmten Leben. Die Gesellschaft verändert sich, Schichtungen und gesellschaftliche Stereotype kommen in Fluss, Meinungen und Werthaltungen werden hinterfragt und relativiert. Die Gesellschaft wird zur *pluralistischen Gesellschaft* und damit auch unüberschaubar. In den neuen Disziplinen der Demoskopie und Trendforschung beginnt sie, sich selbst zu beobachten und findet überraschende Phänomene wie die Hausfrau, die im Nerzmantel zum Diskonter einkaufen geht.

Die Antibabypille bringt mit der sexuellen Revolution den endgültigen Abgesang auf enge Moralvorstellungen und etabliert den Hedonismus als Weltanschauung. Auf die Babyboomer folgen nur mehr geburtenschwache Jahrgänge; die DINKs (Double Income, No Kids) pendeln zwischen Karriere und Cocooning; ab den späten 1980er-Jahren berichten Trendradars über immer neue Kohorten.

2.1.3 Management Fags und die Professionalisierung der Organisation

Organisationen mussten diese neue Varietät in ihren Umwelten intern angemessen abbilden. Der Sturm auf Autoritäten und Hierarchie bleibt auch hier nicht ohne Folgen; weltweit werden Manager dazu ausgebildet, ihre eigenen Denk-Stereotype zu reflektieren und ihr Führungsverhalten zu demokratisieren.

Ein schnell drehender Seminarmarkt etabliert sich, angetrieben von der auch in Europa entstehenden Branche der Unternehmensberatung. Führungskräfte nutzten Symposien und Seminare, um sich über die neuesten Management- und Organisationskonzepte up to date zu halten, die in Wirtschaftsmagazinen verbreitet werden. Zu Unrecht und wohl deshalb, weil sie in so schneller Folge einander ablösen, werden diese Konzepte lange Zeit abfällig als ›Fags‹ bzw. ›Managementmoden‹ bezeichnet. Tatsächlich hinterlassen die meisten von ihnen Spuren in Organisationen. Denn Organisationen implementieren, was sie für nützlich oder – weil es die anderen ja auch tun – für notwendig halten. So differenzieren sich immer neue Aufbaustrukturen, Funktionen, Systeme, Prozesse und Politiken aus.

Damit professionalisieren Organisationen nicht nur ihren Aufgabenvollzug, sie rüsten sich auch mit mehr Perspektiven und ›Stimmen‹ aus für ihre Selbst- und Fremdbeobachtung[1]; so werden auch Organisationen quasi pluralistisch.

Die ersten Managementkonzepte, die weite Verbreitung finden, sind – nicht zufällig – Marketing und strategische Planung. Denn die neuen Marktverhältnisse fordern es Organisationen ab, ihre eigene Zukunft zu entwerfen – und zu realisieren. Die neue Funktion des strategischen Marketings hat die Aufgabe, neue Bedürfnisse des Kunden aufzuspüren oder zu kreieren. Von der strategischen Planung geht es bald zu den ausgefeilten Methoden und Instrumenten der ›Corporate Strategy‹, die alle großen Unternehmen intern als Funktion einrichten. Andere bis Ende der 1980er-Jahre neu entstehende Funktionen sind die EDV, später IT genannt, das Controlling, das Qualitätsmanagement, die Personalentwicklung und die Organisationsentwicklung. Organisationskonzepte wie das Management by Objectives, die Gemeinkostenwertanalyse und Prozesskostenrechnung, das Benchmarking der Businessprozesse, das Time Based Management[2], Kontinuierliche Verbesserung/Kaizen u. a. m. werden in Systemen, Kennzahlen oder Business Policies implementiert, neue Formen der Aufbauorganisation wie Dezentralisierung, Spartenorganisation, Outsourcing umgesetzt.

Damit beginnt die »atemberaubende Professionalisierung«[3] der Organisation, die sich bis heute beschleunigt und fortsetzt und inzwischen Organisationen aller Art – vom Krankenhaus über die Universität, die NGOs bis zur Rechtsanwaltskanzlei erfasst hat. Während die Organisation der Industriegesellschaft über sechzig Jahre lang mit der Optimierung der Produktions- und Führungsfunktion das Auslangen fand, wandelte sich die Organisation im Konsumzeitalter binnen zwanzig Jahren zu einem ausgefeilten komplizierten Regelwerk.

2.1.4 Zeit der Gurus

Und während vor dem zweiten Weltkrieg laut Peter Drucker alle Managementbücher zusammen gerade mal ein bescheidenes Bücherregal füllten[4], entsteht nun eine eigene, schier unüberschaubare, Managementliteratur. Alles scheint sich verkaufen zu lassen: infantilisierende Fabeln von Mäusen, Delphinen, Pinguinen, Fröschen u. a. m., trivialisierende Rezepte vom Ein-Minuten-Manager, von Macchiavelli bis Sun Tsu und gewichtige Werke über die Zunft des Managements, die Regeln des Wettbewerbs, die Befähigung von Organisationen, Spitzenleistungen zu erbringen. Es wird zur Sitte, dass CEOs ihren Direct Reports die Bestseller unter den Weihnachtsbaum legen.

Die folgenden Ausführungen fassen die wichtigsten Entwicklungen zusammen, die für das damalige bis heutige Verständnis von Führung grundlegend sind:

- die Pionierkonzepte Peter Druckers aus seiner *Praxis des Management* (1956)[5], insbesondere sein Verständnis von Marketing und Innovation als Kernfunktionen, sein Management by Objectives, sein General Management, die Erfindung des Knowledge Worker, seine Prognosen über die – das Management prägenden – Entwicklungen in Wirtschaft und Gesellschaft,
- die Meilensteine der Entwicklungen in der strategischen Unternehmensplanung und die damals kursierenden Modelle für das ›richtige‹ Organisationslayout,
- die Forschungen zur Frage, wie Organisationen Spitzenleistungen erzielen können,
- und schließlich der beginnende Boom zum Thema Leadership, insbesondere die Dichotomien zwischen Managern und Führern und zwischen transaktionaler und transformierender Führung.

Führung im Konsumzeitalter lässt sich mit dem Selbstverständnis des *General Management* auf den Punkt bringen: Dahinter steht das Credo, dass General Manager aufgrund ihrer – in MbA-Curricula vermittelten – spezifischen, umfassenden Expertise über die Administration von Organisationen in jedem Typ von Organisation und unabhängig von deren Geschichte als Experten das Ruder übernehmen könnten – überhaupt, wenn sie dazu noch über einen gewissen Schuss heroisches Leadership verfügen.

2.2 Peter Drucker, Vater des Managements

Peter Drucker (1909–2005) gilt als Begründer der modernen Managementlehre. Nach seiner Emigration aus Österreich bzw. Deutschland schrieb er in den USA 39 Bücher, die in 36 Sprachen übersetzt wurden, und in denen er sich mit Veränderungen in Wirtschaft und Gesellschaft, in der Organisation mit ihren Menschen und mit dem Thema Management beschäftigte.

Drucker schrieb über die Zukunft der Industriegesellschaft, sagte früh das Verschwinden des Blue-collar Worker voraus und führte schon 1959 das Konzept des Wissensarbeiters in der Informationsgesellschaft ein. Er betonte die Bedeutung der NGO als ›drittem‹ Wirtschaftssektor[6], in dem er die Grundlage für eine gesunde Gesellschaft sah, legte 1969 die Basis für das »New Public Management«[7] und sah angesichts der ungeheuren Kapital-Akkumulation und der kurzfristigen Anlagestrategien der der US-Versicherungen einen »Speculator's Capitalism« bzw. den Finanzmarktkapitalismus voraus[8]. Er schrieb über die asiatische Wirtschaftsmacht, Ökologie, die ›postindustrielle Gesellschaft‹, den Wertewandel in Politik, Wirtschaft und Gesellschaft[9]. Allen Bereichen verordnete er mehr Innovationen und Entrepreneurship. Auf Ebene der Organisation propagierte er schon früh – nach seinem Forschungsaufenthalt bei General Motors[10] – Konzepte wie die Spartenorganisation und die Dezentralisierung. Er plädierte für die ausschließliche Verfolgung des Kerngeschäfts und legte die Grundlagen für das spätere Konzept des Outsourcing.

2.2.1 Marketing und Innovation als Grundpfeiler der Organisation

Nach Drucker haben Organisationen einen gesellschaftlichen Zweck, und zwar den, die Gesellschaft mit Produkten und Gütern zu versorgen. Die Rolle des Managements bestehe darin, aus materiellen und Humanressourcen ein produktives Business zu schaffen, ein Ganzes, das mehr ist als die Summe der Teile, das einen Output bringt, der mehr Wert hat als die Summe der Ressourcen, die hineingesteckt wurden.

Marketing, Innovation und Unternehmertum – und nicht Profitstreben – sind für Drucker die Schlüssel für den wirtschaftlichen Erfolg eines Unternehmens. Er sieht Marketing als *die* wesentliche strategische Funktion des Unternehmens, denn Aufgabe des Unternehmens sei die ganzheitliche, marktorientierte Unternehmensführung zur Befriedigung der Bedürfnisse und Erwartungen von Kunden[11].

Philip Kotler, der als der Begründer der universitären Marketinglehre gilt[12], nannte Peter Drucker den »Großvater des Marketing« und zitierte 2009 in Wien dessen Aphorismen zur Funktion des Marketing.

Aphorismen zur neuen Funktion des Marketings von Peter Drucker[13]
The purpose of a business is to create a customer.
Business has only two functions – marketing and innovation. All the rest are costs.
The aim of marketing is to know and understand the customer so well, the product or service fits him and sells itself.
The aim of marketing is to make selling unnecessary.
The best way to predict the future is to create it.
The entrepreneur always searches for change, responds to it, and exploits it as an opportunity.

2.2.2 Führen mit Management by Objectives

Vor allem Druckers Konzept des *Management by Objectives* (MbO) und das dazugehörige Verständnis von Management haben sich tief in das Selbstverständnis von Organisationen eingegraben.

Bereits 1954 stellt Drucker sein MbO – das Führen mit Zielvereinbarungen – vor: Von den Unternehmenszielen sollen sich kaskadenartig periodenbezogene allgemeine Bereichs- und Abteilungsziele ableiten, die sich immer weiter bis auf die Ebene eines Arbeitsplatzes herunterbrechen lassen. Sie werden im Rahmen von Zielvereinbarungsgesprächen gemeinsam von Führungskraft und Mitarbeitenden operationalisiert und vereinbart. Danach geht es wieder die Kaskade hinauf, um Ziele zu integrieren – vertikal, d. h. über die Hierarchieebenen eines Funktionsbereichs, und horizontal, d. h. über die verschiedenen Funktionsbereiche hinweg. Mit diesem Gebäude von Zielvereinbarungen hat ein Unternehmen für die kommende Periode die Prämissen, die Handeln und Entscheiden organisationsweit koordinieren.

Zielvereinbarungen sollten SMART sein, ein Akronym, das für *S*pecific = auf die Handlungsebene spezifiziert, *M*easurable = messbar, *A*ttractive = attraktiv im Sinn von herausfordernd, *R*ealisable = grundsätzlich erreichbar und *T*imeable = mit Zeithorizonten versehen. Hinsichtlich des Prozesses der gemeinsamen Vereinbarung und der unterjährigen Überprüfung der Zielerreichung legt MbO als Führungsmuster die Betonung auf die interaktiven Prozesse zwischen Führungskraft und Geführtem.

Ziele geben Mitarbeitenden mehr Freiräume und Verantwortung als Anweisungen und Kontrolle. Deshalb liefert MbO nach Peter Drucker einen wesentlichen Beitrag zu einem guten Betriebsklima, das sich ergibt aus einem Ethos, der Integrität, Leadership und Moral umfasst, verbunden mit hohen Leistungsvorgaben, systematischer Leistungsbewertung, angemessenen Belohnungen und einem transparenten Karrieresystem. Denn SMARTe Ziele wirkten sinnstiftend, weil die Mitarbeitenden ihren jeweiligen Beitrag zum Unternehmenserfolg erkennen, und motivierend, weil sie in ihrem Leistungsstreben herausgefordert seien.

2.2.3 Druckers Theorie des Unternehmens

Nach Drucker ist das Unternehmen das ›Organ‹ für wirtschaftliches Wachstum. Sinn und Zweck eines Unternehmens beruhen auf dem Wert, den es für den Kunden stiftet. Das Topmanagement muss zuvorderst die Fragen beantworten: Was ist unser Geschäft und was sollte es sein? Wer ist der Kunde? Worin besteht der Wert, der Nutzen für den Kunden? Was wird/sollte zukünftig unser Business sein?

Wer in der Lage ist, diese Fragen, die Gegenwart und Zukunft betreffen, zu beantworten, kann das Geschäft aufziehen und Zielvorgaben für acht Gestaltungsfelder setzen: Marktposition, Innovation, Produktivität, physische und finanzielle Ressourcen, Performance und Entwicklung des Managements, Performance und Einstellungen der Mitarbeitenden und Verantwortung der Öffentlichkeit gegenüber.

Wie auf Gesamtunternehmensebene mittels MbO sind auch einzelne Entscheidungen nach einer Logik des *Operations Research* zu prozessieren. Denn die Güte von Entscheidungen soll schon im Entscheidungsprozess reflektiert werden: Der Problemdefinition soll eine Analyse folgen, dann die Entwicklung verschiedener Lösungsoptionen und schließlich die Auswahl und Umsetzung einer Option. Im Nachgang sollen Manager ihre Erfahrungen analysieren, um ihre Performance zu verbessern. Unterschiedliche Materien sind in unterschiedlichen Zeithorizonten zu managen; kurz- und mittel- bzw. langfristige Zielvorgaben sollten austariert sein. Die Budgetierung sei nur eine Abbildung dieser Ausgewogenheit; sie dürfe nicht zum Knebel werden.

Die Organisationsstruktur ist so anzulegen, dass sie langfristig das Erreichen der Businessziele unterstützt. Dazu ist die Analyse der Entscheidungsabläufe Voraussetzung, um nach drei Kriterien – Beitrag zur Unterstützung des Business, wenig Hierarchiestufen, reichhaltige Entwicklungsmöglichkeiten und Erprobungen für die Topmanager von morgen – eine Struktur anzulegen. Diese solle zwei Prinzipien abbilden: Das Prinzip der ›föderalen Dezentralisierung‹[14] gibt eigenständigen Produktsparten mit unabhängigen Märkten möglichst viel Autonomie, z. B. in Form von eigener Profit-and-Loss-Rechnung; das Prinzip der ›funktionalen Dezentralisierung‹ führt die Managementverantwortung für mehrere Sparten innerhalb der Hierarchie der jeweiligen Funktionsbereiche – z. B. Produktion, Verkauf, Marketing, Personal usw. – vom Shopfloor bis zum Board of Directors zusammen. Unter dem Gesichtspunkt der Organisationsstruktur unterscheidet Drucker Small Businesses, Fair-Sized, Large und Very Large Businesses, deren Steuerung jeweils typische Herausforderungen stellt, was sich immer in der proportionalen Größe des Vorstands abbilden sollte.

2.2.4 Selbstverständnis, Aufgaben und Verantwortungen des Managements

Zentral für Druckers Managementverständnis sind die reflektierte Selbst-Kontrolle der eigenen Funktion und die systematische Entwicklung unterstellter Führungskräfte. Da das Management eine der teuersten Investitionen im Unternehmen darstellt, muss es als Ressource selbst verantwortungsvoll produktiv gestellt werden. Beim *Management des Managements* geht es um eine gezielte Selbst-Kontrolle, die die verbindende Wirkung des MbO ergänzen soll. Quellen für Fehlentwicklungen sind nach Drucker die hohe Spezialisierung der meisten Manager sowie hierarchische Strukturen mit voneinander isolierten einzelnen Managementebenen, die jeweils unterschiedliche Vorstellungen von Vision und Arbeit haben. Der Job des CEO ist nicht länger der einer Person, sondern die Verantwortung eines Teams, in dem mehrere Professionals zusammenarbeiten. Manager sollen systematisch für die Aufgaben von Morgen entwickelt werden und ihre Stärken durch Übernahme von Verantwortung on the Job ausbauen.

Das Management soll sich in Planung und Handeln von den Aufs und Abs wirtschaftlicher Entwicklungen – d. h. vom Reagieren – lösen und proaktiv businessrelevante Entwicklungen verfolgen und bewerten, um flexibel reagieren zu können, wenn die Verhältnisse sich ändern. Dazu müsse der Manager der Zukunft sieben Herausforderungen erfüllen: MbO praktizieren, in größerem Ausmaß und über längere Perioden Risiken eingehen, fähig sein, strategische Entscheidungen zu treffen, ein Teambuilder sein sowie ein guter Kommunikator und Motivator, ein klarer Visionär mit einem umfassenden Businesswissen und zudem über umfassendes Wissen über sein Businessumfeld und die weltweiten businessrelevanten Trends verfügen. Die Entscheidungen und Handlungen eines zukunftsorientierten Managers wurzeln felsenfest in Prinzipien: Er führt nicht nur durch Wissen, Kompetenzen und Fertigkeiten, sondern durch Visionen, Mut, Verantwortung und Integrität[15].

2.2.5 Mitarbeitendenführung als Austauschprozess

Das Management der Arbeit und der Mitarbeitenden beruht auf den Prämissen, dass Mitarbeitende eine Ressource sind und mechanische Arbeit längst nicht mehr die einzige Wohlstand schaffende Ressource ist – genauso wenig wie die Kapitalbildungsquote. Vielmehr ist der grundlegende Faktor für die Entwicklung der Wirtschaft die »Rate of Brain Formation[16]« – das Maß, in dem ein Staat Menschen mit Vorstellungskraft, Visionen, Bildung sowie theoretischen und analytischen Fertigkeiten hervorbringen kann, die ihre Ressourcen in die Arbeitswelt tragen und u. a. ihre Aufgaben selbst koordinieren, integrieren, bewerten können.

Das *Management des Mitarbeitenden* soll den ›ganzen Menschen‹ durch Übergabe von Verantwortungen und Entwicklungschancen motivieren und so dessen Produktivität freisetzen. Unternehmen sollen ihren Mitarbeitenden eine Funktion und einen Status zuerkennen, sie für Ihre Arbeit finanziell und auf nicht finanzielle Art honorieren, ihnen vermitteln, dass sie als Individuum für die Gesellschaft zählen und Gerechtigkeit durch Chancengleichheit erfahren. Im Gegenzug kann das Unternehmen erwarten, dass Mitarbeitende sich für die Ziele einsetzen, Herzblut und Verantwortung dafür übernehmen und Change akzeptieren. Spitzenleistungen lassen sich durch eine menschliche Organisation erzielen, die Mitarbeitende auf die richtigen Jobs setzt und dort für eine effektive Organisation auf Basis von kohäsiven Gruppen und Individualität sorgt.

2.2.6 Warum Druckers Führungs- und Organisationsverständnis so nachhaltig in unserem Business-Alltag verankert ist

Peter Drucker hat die Welt des Managements vermessen, seine Landkarte gilt bis heute weltweit. Sein Buch *The Practice of Management* wurde von der Academy of Management zum drittwichtigsten Buch des 20. Jahrhunderts gewählt. Er gilt als ›Vater des Managements‹, das er zu einer eigenen Disziplin an Universitäten und Business Schools gemacht hat.

Drucker hat weltweit das Verständnis von Führung als einer eigenen ›Praxis‹ – als eines Handwerks mit Attributen von Kunst und Profession[17] – geprägt, und neben dessen grundsätzlichem Aufgabenportfolio auch herausgearbeitet, wie sehr Management und wirtschaftliche, politische und gesellschaftliche Verhältnisse in wechselseitiger Rahmensetzung und Einflussnahme verbunden sind. 1973 vertrat er die These, dass es in der modernen Gesellschaft keine andere Führungskaste außer den Managern gebe. Wenn nicht die Manager der großen Institutionen, speziell der Unternehmen, Verantwortung für das Allgemeinwohl übernähmen, könne oder wolle das niemand sonst tun.[18]

Drucker hat das Bild eines komplizierten Aufgabengefüges vermittelt und hob sich schon dadurch von den appellativen und stark vereinfachenden Managementansätzen des Industriezeitalters ab. Dem anforderungsreichen Handwerk stellte er einen Ethos aus Prinzipien und moralischen Haltungen zur Seite und ein Bild des Mitarbeitenden als Ressource.

Seine Kernthese aber lautet, dass gutes Management im Grunde eine allgemeine, professionelle Expertise sei, Probleme zu lösen und Entscheidungen zu treffen. Dieses General Management sei erlernbar und in allen Arten von Organisationen gleichermaßen mit Erfolg zu praktizieren. Dieses Bild von Führungskräften als kontextunabhängige solitäre Entscheider, Problemlöser und ›Macher‹ blendete Faktoren wie die Verbundenheit mit bzw. eine persönliche Sozialisation auf die Individualität einer Organisation oder die wechselseitige Entwicklung von Führungspersonen und ihren Organisationen genauso aus wie andere Einflüsse auf Entscheidungen außer Analyse und Fachexpertise.

Ab den 1970er-Jahren entstand eine unüberschaubare Peripherie an Business Schools, die universitäre MBA-Ausbildungen bald auch in Europa anboten. Drucker selbst entwickelte an der Claremont Graduate University – 1987 umbenannt in Peter F. Drucker Graduate School of Management – den ersten Executive MBA Course Kaliforniens. Er verließ zu diesem Zweck die Ostküste und lehrte dort noch im Alter von 92 Jahren.

MBA-Ausbildungen[19] decken in ihrem Syllabus typischerweise umfassend Inhalte aus allen spezialisierten Funktionsbereichen der Unternehmung ab und setzen auf die Lernmethode von Fallstudien. So werden Manager trainiert, nach der Logik des Operations Research vorzugehen, um Probleme zu analysieren und zu lösen.

In den 1970er- und 1980er-Jahren war ein MBA-Abschluss ein Eintrittsticket in eine Managementkarriere. MBAs sorgten in Europa wesentlich für eine Akademisierung in den oberen und mittleren Managementebenen, denn damals waren viele Führungskräfte noch über die duale Ausbildung in die Unternehmen gekommen und dann in ›Kaminkarrieren‹ aufgestiegen bzw. waren viele Unternehmen familiengeführt und eine universitäre Ausbildung war zum Zeitpunkt des Unternehmenseintritts der Familienmitglieder nicht verbreitet. Heute ist ein MBA ein Add-on, er hat nicht mehr dieselbe Signalfunktion, denn es gibt praktisch niemanden mehr in Führungsfunktionen, der oder die nicht wenigstens eine akademische Ausbildung hat.

2.3 Von strategischer Unternehmensplanung und dem richtigen Organisationslayout

Im Konsumzeitalter lag der Fokus der Managementaufmerksamkeit nicht mehr auf der reinen Produktivitätssteigerung, sondern auf dem Übergang von der Gegenwart zur Zukunft. Man suchte nach den besten Methoden, die Zukunft zu planen, denn es herrschte die feste Überzeugung, dass es dabei nur auf die richtige Expertise ankäme. Management-Fachliteratur zum Thema Strategie wurde von Führungskräften und Unternehmensberatern begierig aufgenommen. In ähnlicher Weise suchte man nach der optimalen Organisationsform.

2.3.1 Die Praxis der strategischen Unternehmensplanung

Für Alfred Chandler war Aufgabe der »Corporate Strategy« die Festlegung langfristiger Ziele, die Ableitung zweckmäßiger Handlungen und die damit zusammenhängende Ressourcenallokation, um diese zu erreichen. Strategie hat seit jeher die doppelte Bedeutung: Was das Unternehmen anstrebt und wie es zur Erreichung des Was vorgehen will.

Als Begründer des strategischen Managements gilt Harry Igor Ansoff (1918–2002), der 1965 mit seiner *Corporate Strategy* – auf Deutsch »Management-Strategie« – einen kompakten und gleichwohl hochdifferenzierten Fahrplan für den Strategieentwicklungsprozess herausgab, der heute noch jedem Manager empfohlen werden kann. Ansoff definierte Strategie[20] als die neuen Entscheidungsregeln und -Richtlinien, die den Prozess der Entwicklung der Organisation und das »Organizational Behavior« leiten sollen.

Der gesamte Umfang eines Strategieentwicklungsprozesses beinhaltet Instrumente für die Analyse der Unternehmensposition durch eine Mitbewerbsanalyse, die die Stärken und Schwächen des eigenen Unternehmens im Wettbewerb untersucht, häufig erweitert durch eine Branchenstrukturanalyse nach Michael Porter (siehe S. 34). Bei sehr grundlegenden Strategieprozessen wird auch mit Szenarien gearbeitet, die ab Mitte der 1970er-Jahre Verbreitung[21] finden. In ähnlicher Weise wie die Umwelten werden die Stärken und Schwächen der eigenen Organisation analysiert, meist mittels SWOT-Analyse[22] oder (später) anhand von Porters Wertkettenanalyse. Ein weiteres, praktisch immer eingesetztes, Instrument sind Portfolien, meist Produktportfolien, das bekannteste war die BCG Matrix.

Strategiearbeit wird im Konsumzeitalter lange Zeit und weit verbreitet als *›strategische Planung‹* praktiziert, die von Stäben vorbereitet, vom Topmanagement verabschiedet und dann über die Organisation ausgerollt wird. Der gesamte strategische Planungsprozess wird allerdings nur selten durchlaufen. In der Regel findet man mit SWOT-Analysen und einigen Portfolien – die z. B. strategische Erfolgs- oder Engpassfaktoren abbilden – das Auslangen. Auf Basis dieser Analysen werden die Unternehmensstrategie und die Unternehmensziele formuliert. Das ist die Basis für die Ableitung der Funktionsstrategien und der Ziele für die Funktionsbereiche – für Verkauf, Produktion, Entwicklung, HR usw. Dann geht es die Hierarchie abwärts, um im ›Strategy Deployment‹ Schritt für Schritt immer konkretere Ziele abzuleiten. In großen Unternehmen mit vergleichsweise stabilen Umweltbedingungen bedeutet Strategiearbeit in der Praxis meist lediglich das Erstellen von Businessplänen, die die einmal grundsätzlich getroffenen strategischen Ausrichtungen periodisch fortschreiben. Das Controlling verantwortet diesen Prozess in der Form des jährlichen Planungs- und Budgetierungsprozesses und übernimmt – neben oder statt Strategie-Stäben – immer häufiger auch die inhaltliche Ausgestaltung der Entscheidungsvorlagen an das Topmanagement.

2.3.2 Die Auswahl der ›richtigen‹ Strategie

Wie kommt aber nun das Management zu den ›richtigen‹ Strategien? Die Frage beflügelte die Forschung und die entstehende Managementliteratur. Im Folgenden einige der Antworten, die von Unternehmen als richtungsweisend befolgt wurden:

Ansoff fordert Manager auf, die derzeitig praktizierte strategische Ausrichtung und Praxis mit der eigentlich möglichen Entwicklung eines Unternehmens zu vergleichen; die Differenz nannte er die »strategische Lücke«, die durch neue Produkte, Technologien, Märkte usw. zu schließen sei.

Ansoff wurde bekannt für seine »Produkt/Markt-Matrix«, in der er bestehende und zukünftige Produkte mit heutigen und neuen Märkten kreuztabellierte und vier prototypische »Wachstumsstrategien« – Marktdurchdringung, Produktentwicklung, Marktentwicklung, Diversifikation – ableitete, deren Kosten und Erfolgswahrscheinlichkeiten das Management in seiner Strategiearbeit bewerten sollte:

Wachstumsstrategien nach Ansoff

Die *Marktdurchdringungsstrategie* empfiehlt für bestehende Produkte einen Verdrängungswettbewerb auf heutigen Märkten.

Die *Produktentwicklungsstrategie* strebt die Optimierung von Produkten und die Ausweitung der Produktpalette für bestehende Märkte an.

Die *Marktentwicklungsstrategie* zielt auf die Erschließung neuer Märkte für bestehende Produkte.

Die *Diversifikationsstrategie* sieht komplett neue Produkte für komplett neue Märkte vor – entweder durch horizontale Diversifikation, d. h. den Eintritt in völlig neue Geschäftstätigkeiten – oder durch vertikale Diversifikation, d. h. die Übernahme neuer Geschäftstätigkeiten im Rahmen der bestehenden Wertschöpfungskette mit der Option des Make or Buy.

Eines der meistangewandten Strategietools war die von der Boston Consulting Group entwickelte *BCG Matrix,* in der die eigenen Produkte auf den Koordinaten »Marktwachstum« und »relativer Marktanteil« im Vergleich zum Hauptkonkurrenten abgetragen werden. Die Matrix weist vier Quadranten mit jeweils einer empfohlenen Normstrategie aus: Für »Poor Dogs« gilt: desinvestieren, für »Question Marks«: investieren, wenn die Mittel dafür vorhanden sind und sonst desinvestieren, für »Stars« gilt: investieren und für »Cash Cows«: abschöpfen.

Die BCG Matrix und die aus ihr abgeleiteten Normstrategien beruhen auf den zwei Prämissen: Erstens, dass mit zunehmender Produktionsmenge Economies of Scale – Profite durch Massenfertigung – erzielt werden, und zweitens, dass jedes Produkt eine idealtypische Lebenszykluskurve aufweist, wonach es in der Einführungsphase einen schwachen Absatz hat, der in der Wachstumsphase ansteigt, in der Reifephase die obere Spitze einer Sigmoid-Kurve erreicht, bevor er in der Abschwung-Phase wieder nachlässt. Beide Prämissen galten für die Leitbranchen des Konsumzeitalters, z. B. für Markenartikel und für Consumer Goods.

Sehr einflussreich waren auch die von Michael Porter 1980 entwickelten Konzepte. Er unterscheidet drei generische *Normstrategien* auf Geschäftsfeldebene: Die Kostenführerschaft-Strategie – die vier Normstrategien der BCG basieren auf einer impliziten Kostenführerschaft-Strategie –, die Differenzierungsstrategie und die Nischenstrategie. Jede dieser grundsätzlichen Strategieoptionen birgt Risiken und Wettbewerbschancen. Um die eigene Grundstrategie zu wählen, sollte ein Unternehmen erst eine Branchenstrukturanalyse vornehmen, um die Dynamiken der »Five Forces« zu verstehen: die Intensität des Wettbewerbs zwischen dem Unternehmen und seinen Konkurrenten, das Bedrohungspotenzial durch neue Anbieter, die Verhandlungsstärke der Lieferanten und der Abnehmer sowie das Bedrohungspotenzial durch substituierende Produkte. Ein Unternehmen sollte sich auf eine der drei Wettbewerbsstrategien festlegen, weil eine Position des »Stuck-in-the-Middle« Paradoxien für Entscheidungen über Ressourcenallokation aufspannen würde.

Porters Normstrategien und ihre Basis, die Branchenstrukturanalyse

Die *Kostenführerschaft-Strategie* setzt auf an den Kunden weiterzugebende niedrigste Kosten durch Optimierung von Produktion und Beschaffung.

Die *Differenzierungsstrategie* setzt auf ein vom Kunden wahrgenommenes Alleinstellungsmerkmal im Wettbewerb.

Die *Nischenstrategie* konzentriert sich auf wenige, bestimmte Schwerpunkte – Produkte, Kundengruppen, Märkte.

Die *Five Forces der Branche* sind

- die Intensität des Wettbewerbs zwischen dem Unternehmen und seinen Konkurrenten,
- das Bedrohungspotenzial durch neue Anbieter,
- die Verhandlungsstärke der Lieferanten,
- die Verhandlungsstärke der Abnehmer sowie
- das Bedrohungspotenzial durch substituierende Produkte.

Das Echo auf diese kategorischen Strategieempfehlungen im Management war groß: Ansoffs Diversifizierungsstrategie hat zu einer Welle von – sehr häufig defizitären – neuen Geschäftsfeldgründungen und branchenfremden Unternehmenszukäufen geführt, die Normstrategien der BCG Matrix wurden meist unreflektiert auf alle möglichen Produkte, Märkte und Kontexte angewandt; Porters Wettbewerbsstrategien waren komplizierter anzuwenden und fanden Anwendung für grundsätzliche Strategiearbeit bei Stäben und in der Strategieberatung durch Consultants.

Alle diese Norm- oder Grundstrategien gehen von der Prämisse des Wachstums als Basis für Wettbewerbsfähigkeit aus. Außerdem teilen alle diese Ansätze die Prämisse, dass die Strategie *Market-based* und *Outside-in* zu entwickeln sei, d.h., dass der Vergleich der Produkte und Dienstleistungen im bestehenden und prognostizierten Wettbewerb Auskunft über die Zukunftsfähigkeit gibt. Und schließlich teilen alle diese Ansätze die Prämisse, dass der Kern der Strategiearbeit aus umfangreichen und detaillierten Analysen bestehe – was mitunter zur ›Paralyse durch Analyse‹ führte, d.h. zur Unfähigkeit des Managements, angesichts von Datenbergen Entscheidungen zu fällen.

2.3.3 Kernfunktionen und -topologien der Organisation

Von Chandler stammt der Ausspruch »Structure follows Strategy« mit der Bedeutung, dass die Struktur eines Unternehmens so auszulegen sei, dass sie die Umsetzung bzw. Implementierung der Strategie ermögliche; neue Organisationsstrukturen seien also eine zwangsläufige Folge neuer Strategien. Andererseits haben aber gerade seine Schilderungen der »m-Form-Structure«, d.h. der divisionalen oder Spartenstruktur[23] bei General Motors, dazu geführt, dass diese Organisationsstruktur in den 1960er-Jahren auf breiter Basis in den US-amerikanischen Unternehmen eingeführt wurde. Denn, so wie Manager nach den ›richtigen‹ Strategien suchten, so aufmerksam verfolgten sie auch Benchmarks für die ›beste‹ Organisationsstruktur.

Auf Basis langjähriger Forschungen veröffentlichte Henry Mintzberg 1983 sein Buch *Structure in Fives: Designing Effective Organizations,* in dem er fünf Strukturelemente von Organisationen mit jeweils bestimmten Funktionen unterscheidet: den betrieblichen Kern – den Operating Core, in dem die Wertschöpfung stattfindet –, den Mittelbau – die Middle Line, das mittlere Management –, die strategische Spitze – Strategic Apex, den CEO bzw. das Board of Executives –, die Technostruktur – Technostructure, die Supportfunktionen für die Wertschöpfung –, die Stabs- und Unterstützungsfunktionen – Support Staff, die wertschöpfungsfernen Einrichtungen wie Kantine, Rechtsabteilung, PR usw.

Eine Kernaufgabe von Organisationen besteht laut Mintzberg darin, ihre arbeitsteiligen Operationen und Aktivitäten zu koordinieren, was über Mechanismen wie direkte Aufsicht oder standardisierte Normen geschieht. Mit der Strukturierung der Organisationen legt man damit die Stellgrößen für Arbeitsteilung und Koordination fest. Dazu gehört: das Design der Arbeitsstellen, der Organisationsstruktur – nach Spezialisierung und Größe der Abteilungen –, der Querverbindungen, des Entscheidungssystems sowie die Berücksichtigung situativer Aspekte. Mintzberg unterscheidet typische ›Konfigurationen‹ bzw. *Struktur-Typen von Organisationen:* die Einfachstruktur (Simple Structure), typisch für Familienunternehmen, die Maschinenbürokratie (Machine Bureaucracy), die Profiorganisation (Professional Bureaucracy), die Spartenstruktur (Divisionalized Form) und die Adhokratie (Adhocracy). Später ergänzte er die Missionsform (Missionary).

Zur selben Zeit bringt der britische Kybernetiker Anthony Stafford Beer eine genaue Anleitung für die Diagnose bzw. Modellierung jeder Organisation als ein »Viable System « heraus. Den Begriff des »Viable System« hatte er schon 1959 eingeführt; damit bezeichnete er jegliches lebensfähige System, das trotz äußerer und innerer Veränderungen stabile, zu einer Homöostase führende Funktionsmuster aufrechterhalten kann. Mit dem Modell des Viable System postulierte Stafford Beer, dass alle Arten von überlebensfähigen Systemen,[24] d. h. explizit auch soziale Systeme und das Management, nach den Prinzipien technischer Systeme – z. B. eines Thermostaten – funktionieren.

Auch sein *Viable Systems Model* unterscheidet fünf für die Lebensfähigkeit zentrale Subsysteme: System 1 umfasst die wertschöpfenden operativen Einheiten, z. B. Produktion und Vertrieb; an ihnen erkennt man den Zweck einer Organisation. System 2 umfasst die Koordination der wertschöpfenden Systeme, z. B. über Controlling. System 3 umfasst die Funktion des operativen Managements, interne Abstimmung und die Optimierung der Verrichtungen, System 4 das strategische Management, das Optionen für die Zukunftsanalyse und Planung erschließt – das beinhaltet reaktive Anpassungen an Umwelten genauso wie Funktionen wie F&E, Strategieentwicklung usw. Das System 5 umfasst schließlich die oberste Entscheidungseinheit, was dem normativen Management gleichkommt, d. h. Grundsatzentscheidungen im Zusammenspiel der Systeme 4 und 3 und Entscheidungsverfahren. Auf jeder Organisationsebene hat das jeweilige Management – die Lenkungsebene – die Verantwortung für die Systeme 3, 4 und 5.

2.3.4 Das St. Galler Management-Modell

Hans Ulrich und Walter Krieg an der Universität St. Gallen nahmen schon früh die Ansätze von Stafford Beer aus Kybernetik und den Anfängen der Systemtheorie[25] auf und entwickelten das *St. Galler Management-Modell,* das sie 1972 publizierten. 1991 wurde es von Hans Ulrich und Knut Bleicher und 2002 nochmals von Johannes Rüegg-Sturm weiterentwickelt. Dabei wurde auch Knut Bleichers 1991 vorgestelltes Konzept des »integrierten Managements« eingebaut, das die Hierarchie von drei Managementfunktionen beschreibt: Das normative Management definiert die Unternehmenspolitik und Leitlinien, die Basis für ihre strategische Ausrichtung und für die Positionierung den Stakeholdern gegenüber sind. Das strategische Management leitet in diesem gesatzten Rahmen die Unternehmensziele und Geschäftsstrategien ab. Das operative Management schließlich umfasst die alltäglichen Prozesse der Mitarbeitendenführung, der finanziellen Führung und des Qualitätsmanagements.

Nach der heutigen Version des St. Galler Management-Modells ist eine Organisation eingebettet in ›Umweltsphären‹, die von außen nach innen zwiebelschalengleich die Gesellschaft, die Natur, die Technologie und die Wirtschaft umfassen. Dann folgt die Umgebung der relevanten ›Anspruchsgruppen‹: Kapitalgeber, Kunden, Mitarbeitende, Öffentlichkeit, Staat, Lieferanten und Konkurrenten. Ein wesentliches Strukturmerkmal sind die ›Interaktionen‹ zwischen Organisation und Umwelten sowie innerhalb der Organisation; sie haben Anliegen und Interessen, Normen und Werte sowie Ressourcen zum Gegenstand. Die ›Entwicklungsmodi‹ der Organisation – Optimierung und Erneuerung – sollen durch die ›Ordnungsmomente‹ – Strategie, Struktur und Kultur – bespielt werden. Um dies alles zu bewerkstelligen braucht es ›Prozesse‹ – Managementprozesse, Geschäftsprozesse und Unterstützungsprozesse.

Das St. Galler Management-Modell steht beispielhaft für viele deskriptive Managementmodelle, die auf die funktionale Topografie eines Organisationsdesigns abstellen. So arbeiten z. B. Verfahren für die Geschäftsprozessoptimierung mit solchen, oft von einer Beratergruppe eigens entwickelten Organisationsmodellen.

2.3.5 Vom Viable Systems Model zum systemisch-evolutionären Management

Auch Fredmund Malik – der bei Hans Ulrich promovierte – übernahm das Viable Systems Modell und vor allem die detaillierten Modellierungsanleitungen von Stafford Beer und machte beides 1984 zur Basis für seine Habilitationsschrift

Strategie des Managements komplexer Systeme.[26] Seine Beratungspraxis ist heute noch darauf zentriert.

Malik übernahm dabei auch weitere Thesen, die Stafford Beer für das Management von Viable Systems abgeleitet hatte. Das betraf vor allem ein anderes Verständnis von Führung: Nicht Personen leiten die Geschicke des Unternehmens, vielmehr sind die Personen selbst eingebettet in ein Gefüge von Instrumenten, Aufgaben und Informationsnetzwerken, das jedem beim Handeln Orientierung gibt, sodass Organisationen – die ›Software‹ eines Viable Systems vorausgesetzt – sich selbstorganisierend steuern[27].

Führung ist als *systemorientiertes Management* zu verstehen, d. h. nicht mehr als Menschenführung und auch nicht als Management im Drucker'schen Sinn, sondern als eine ›neue Disziplin‹, die sich mit der Gestaltung und Lenkung eines Gesamtsystems beschäftigt und dabei vor allem die Aufgabe hat, eine – der Varietät in den Umwelten – angemessene Komplexität aufzubauen und zu managen.

Systemorientiertes Management sollte sich für die Lenkung des Systems der Prinzipien der Kybernetik bedienen[28] – Kybernetik ist dieWissenschaft von der Steuerung und Regelung von Systemen. Management ist demnach Aufgabe Vieler, nicht Aufgabe Weniger, es geht um indirektes, nicht um direktes Einwirken; es richtet sich auf (Erhalt von) Steuerbarkeit, nicht auf Optimierung und verfolgt das Ziel der Maximierung der Lebensfähigkeit, nicht das der Gewinnmaximierung. Für dieses Verständnis von Management prägte Malik den Begriff »systemisch-evolutionäres Management« und stellte es dem klassischen Verständnis von Führung gegenüber, das er als »konstruktivistisch-technomorph« bezeichnet.

Malik war langjähriger Leiter des der Universität angeschlossenen St. Galler Management-Instituts und erlangte in den 1990er-Jahren Prominenz als Berater und Buchautor. Seine Explizierung des systemisch-evolutionären Managements traf den Zeitgeist und schloss begrifflich an damalige Bestseller im deutschsprachigen Raum an – z. B. an Fritjof Capras *Wendezeit* oder an Erich Jantschs *Die Selbstorganisation des Universums* u. a. m. Am neuen Begriff des systemisch-evolutionären Managements seinerseits schlossen dann renommierte Systemiker und Berater an, um systemische Theorien des Managements[29] weiterzuentwickeln. Dabei war fürs Erste nur für wenige erkennbar, wie grundlegend sie sich in ihrem Verständnis von Systemtheorie unterschieden, von dem sie jeweils implizit in ihren Beiträgen ausgingen.

Der Ansatz des systemisch-evolutionären Managements hat in Beratung und Führungskräfteentwicklung Verbreitung gefunden. Maliks Ausgangspunkt und seine bis heute zentrale Bezugsbasis des Viable Systems Model spielte bzw. spielt dabei kaum mehr eine Rolle. Es nimmt unter Systemtheoretikern eine Randstellung ein, auch weil der praktische Nutzen solch aufwendiger Modellierungen für das Design von Organisationsstrukturen – z. B. nach einem Merger – begrenzt ist.

2.3.6 Von TQM zu TMQ – Führung und Organisationsgestaltung als Wettbewerbsfaktor

Das damalige Grundverständnis, dass Organisationen als Regelkreise zu verstehen seien, bildet sich auch in den TQM-Preis-Modellen ab, die Ende der 1980er-Jahre in den USA und Europa entwickelt wurden.

Der Treiber für diese TQM-Modelle war der japanische Wettbewerbserfolg in den späten 1970er- und den 1980er-Jahren, der auf einer radikalen Qualitätsstrategie beruhte. In einem ersten Schritt hatte man dort unter Anleitung von William Edwards Deming – eine US-amerikanische ›Leihgabe‹ zur Unterstützung des Wiederaufbaus der japanischen Nachkriegswirtschaft – die kostspielige ›End-of-Pipe‹-Ausschusskontrolle der Produktion durch effektive und ›beherrschte‹ Prozesse ›von der Wiege bis zur Bahre‹ des Produktionsprozesses ersetzt – ergänzt durch neue Funktionen wie Qualitätszirkel und KVP[30]-Teams. Damit einher ging eine Theorie in Form eines 14 Punkte umfassenden Managementprogramms, das u. a. die Beseitigung von Abteilungsgrenzen, die Anwendung moderner Führungsmethoden und die dauerhafte Verpflichtung des Topmanagements zur ständigen Verbesserung von Produkten und Produktivität forderte.

Nach der Einführung des *Deming Preises* 1951 bildete sich vor allem in der japanischen Automobilindustrie der TQM-Ansatz heraus: Total Quality Management, durchgehende, kompromisslose Qualität als Ziel der gesamten Organisation, um die Erwartungen des Kunden zu (über-)treffen. 1987 wurde in den USA der *Malcolm Baldrige Preis* eingeführt. Er bot ein Modell mit operationalisierten Kriterien an, anhand derer ein Unternehmen sich selbst nach einer vorgegebenen Methode bewerten konnte, um Verbesserungspotenziale abzuleiten. Eine Bewerbung für den Malcolm Baldrige Quality Award setzte zudem die Bewertung des Unternehmens von externen, unabhängigen Assessoren voraus.

Kurz darauf wurde von der European Foundation for Quality Management (EFQM) das europäische Qualitätsmodell für Business Excellence als Beitrag zu einer europäischen Wettbewerbsstrategie entwickelt. Das *EFQM-Modell* setzt einen neuen Schwerpunkt durch Gleichsetzung von TQM mit TMQ – d. h. Total Quality Management ist Total Management Quality. Diese Grundprämisse wird in einem Regelkreismodell abgebildet, in dem Vorgehensweisen des Managements als »Enabler«, d. h. Befähigungsfaktoren, für eine Organisation verstanden werden, die mit »Ergebnisfaktoren« verbunden sind. Konkret geht es darum, wie die Vorgehensweisen des Managements in der Wahrnehmung ihrer Leadership-Verantwortung, der Festlegung von Politiken und Strategien, der Gestaltung der Beziehungen zu Mitarbeitenden sowie zu Ressourcen und Partnern und die daraus abgeleitete Auslegung und Gestaltung der Organisationsprozesse, sich auf Ergebnisse auswirken, und zwar auf die wirtschaftlichen Ergebnisse und die

Zufriedenheit von Mitarbeitenden, Kunden und Gesellschaft. Die Inhalte des Modells werden laufend ›gewartet‹, indem neue Erkenntnisse der Managementtheorie – z. B. die Bedeutung von Innovation oder Trends wie Nachhaltigkeit – in die Kriterien integriert werden.

Jeder der neun Faktoren ist mittels einer Reihe von Items konkretisiert; in einem Selbst-Assessmentverfahren misst, diskutiert und bewertet das Management die gelebten Ausprägungen auf die Items und leitet Verbesserungen in den Managementvorgehensweisen ab. Das Bewertungsverfahren ist profund, die zu vergebenden Scores berücksichtigen die Güte/Stringenz von Vorgehensweisen und die Reichweite ihrer Implementierung. Selbst-Assessmentverfahren über mehrere Jahre führen zu Verbesserungen in Führung und Organisationsstrukturen. Ab einer bestimmten Punktemenge kann eine Organisation den eigenen Status von externen Assessoren bewerten und mit Best Practices vergleichen lassen und am Preisverfahren teilnehmen. Das EFQM-Modell wurde in den 1990er-Jahren von vielen großen Organisationen zur Selbstdiagnose und gezielten Verbesserung genutzt.

2.4 Die Bedeutung der Soft Factors

Mit Beginn der 1980er-Jahre beschäftigen sich Management und Unternehmensberatung zunehmend mit der Frage, warum manche Unternehmen erfolgreicher sind als andere, obwohl sie doch in ihren Strategien, Strukturen und technischen Systemen ähnlich ausgelegt sind. Die gezielte Untersuchung besonders erfolgreicher Unternehmen bringt die Bedeutung der sogenannten weichen Faktoren bzw. der Unternehmenskultur ans Licht. Drei richtungsweisende Ansätze werden im Folgenden beschrieben: das 7-S-Modell von McKinsey, die acht Merkmale von Unternehmen, die Spitzenleistungen erreichten, und die Prägung und Implementierung von Unternehmenskultur durch Führung.

2.4.1 Das 7-S Modell von McKinsey

John P. Kotter, Professor für Management an der Harvard Business School, bekannt für seine Arbeiten zu Leadership und Change, stellte 1978 ein empirisch abgeleitetes Modell vor, das veranschaulichen soll, wie sieben Schlüsselelemente zusammenwirken, um kurz-, mittel- bzw. langfristige Organisationsdynamiken zu erzeugen; diese sind: Schlüsselprozesse – das sind Produktions-, Kommunikations- und Entscheidungsprozesse –, externe Umwelten, Mitarbeitende und Vermögenswerte, formale Organisationsregelungen wie Struktur, Pläne, Prozeduren, das soziale System – bestehend aus gemeinsamen Werten und Beziehungen zwischen den Beschäftigten –, Technik bzw. Prozesstechnologie und schließlich die dominante Unternehmenspolitik.

Bekannt wurde allerdings das *7-S-Modell* von McKinsey, ein komprimiertes Modell für die Unternehmensführung, das sieben wettbewerbsrelevante Gestaltungsfelder für das Management aufzeigt. Es wurde Ende der 1970er-Jahre von einem Team von Beratern bei McKinsey als Diagnoseinstrument für eine Stärken-Schwächen-Bestimmung des Managements bzw. für die Bestimmung des Bedarfs für Unternehmensberatung entwickelt. Konkret ging es um die Gestaltungsfelder Strategie, Struktur und Systeme, die ›harte‹ Variablen genannt wurden, weil sie konkret beschreibbar und messbar waren. Die ›weichen‹ Faktoren hingegen lassen sich nicht quantifizieren; sie umfassen die vier Gestaltungsfelder Style bzw. Unternehmenskultur – Style wird einerseits vom Management geprägt und entsteht andererseits in der Geschichte des Systems –, Staff, d. h. die Belegschaft der Mitarbeitenden, charakteristische Skills des Unternehmens und Shared Values, das Selbstverständnis, die Vision des Unternehmens. Die Leistungsfähigkeit eines Unternehmens beruht auf der ganz speziellen Interaktion bzw. Integration der sieben Gestaltungsfelder.

2.4.2 Die Suche nach Spitzenleistungen

Zwei der Mitglieder des McKinsey-Entwicklungsteams – Richard Pascale und Tony Athos – verwendeten das Modell später (1981) als methodische Grundlage für ihr Buch *The Art of Japanese Management*, das dem japanischen Managementstil nachspürte, der nach damaliger Auffassung typischerweise den weichen Faktoren Priorität gab.

Auch die Leiter des Entwicklungsteams, Tom Peters und Robert H. Waterman, verwendeten das 7-S-Modell als Grundlage für ihre Forschungen, nachdem sie McKinsey verlassen hatten. 1982 veröffentlichten sie *Auf der Suche nach Spitzenleistungen*, das zu einem sechs Millionen Mal verkauften Bestseller wurde und Tom Peters zu einem Management-Guru machte.

Peters und Waterman untersuchten 63 aufgrund ihrer Innovationen und Spitzenleistungen hochangesehene US-Unternehmen aus verschiedenen Branchen mittels Interviews und Geschäftsberichtsanalyse. Sie fanden acht »Grundtugenden unternehmerischen Handelns«, bzw. acht Merkmale, die diese Unternehmen auszeichneten (siehe Kasten). Sie räumten ein, dass die acht unternehmerischen Grundtugenden für sich genommen banal erscheinen mochten, dass es auf die eigene typische Mischung ankomme, die zu Spitzenleistungen befähigte Unternehmen entwickeln. Das überragende Kennzeichen dieser Unternehmen war zudem die »aus festgefügten Überzeugungen erwachsende Intensität der Firmenkultur«.

Die acht Grundtugenden unternehmerischen Handelns nach Peters und Waterman

Das *Primat des Handelns* ist das Prinzip, die eigene Entscheidungsfindung nicht durch Analysen lahmzulegen, sondern bei einem auftauchenden Problem schnell ein Team zusammenzustellen, das mit Begeisterung und über den Modus des Experimentierens rasch zu einer Lösung kommt.

Kundennähe ist das Prinzip, den Kunden zum ›König‹ zu machen, ihm aufmerksam zuzuhören, von ihm zu lernen und ihm nur beste, zuverlässige Qualität und Serviceleistungen zu geben.

Freiraum für Unternehmertum bezeichnet das Prinzip, in allen Bereichen Talente zu fördern, ihnen Freiräume einzuräumen sowie die Möglichkeit, aus Fehlern zu lernen.

Produktivität durch Menschen sieht die Ideen der Mitarbeitenden als eigentliche Quelle für Qualitäts- und Produktivitätssteigerungen.

Eine eigene *Unternehmensphilosophie,* ein Wertesystem, das in der Praxis sichtbar und erfahrbar gemacht wird, z. B. durch ein Management by wandering around.

Die *Bindung an das angestammte Geschäft* bedeutet, dort unternehmerisch tätig zu werden, wo man seit den Ursprüngen Erfahrungen gesammelt hat.

Das *Prinzip des einfachen, flexiblen Aufbaus* zeigte sich in klein dimensionierten Führungsteams und einfachen Strukturen[31].

Das achte Prinzip nannten die Autoren *»straff-lockere Führung«* und meinten damit: sowenig Führung wie nötig – und wenn dann über zentrale Werte – und so wenig Kontrolle wie möglich, mit vielen Freiräumen von der Produktentwicklung bis in die Werkshalle.

2.4.3 Leadership und Organisationskultur

Während Peters und Waterman in ihren Untersuchungen herausfinden wollten, welche Werte erfolgskritisch für Spitzenleistungen sind und den Führungspersönlichkeiten selbst sehr wenig Gewicht zusprachen, beschäftigte sich Edgar Schein 1985 genau mit der Frage, wie Führungspersonen die Kultur eines Unternehmens zu verschiedenen Entwicklungsphasen prägen[32]. Edgar Schein gehörte zum engen Kreis der Gruppendynamiker (siehe S. 18), war Mitbegründer der Organisationsentwicklung, die er zum Ansatz der Prozessberatung[33] weiterentwickelte, und formulierte eine *Theorie der Organisationskultur.*[34]

Schein vergleicht die Kultur einer Organisation mit der Persönlichkeit eines Menschen: Sie weist die Fähigkeit zum Erhalt von Identität, Individualität, Einzigartigkeit der Organisation auf. Die Organisationskultur vermittelt sich auf drei Ebenen: Sie ist manifest auf der Ebene der Artefakte wie Gebäude, Dresscode, Verhaltensmuster wie Sprachstile usw. Sie wird expliziert in Werten und Leitbildern und sie wirkt unterhalb der Bewusstseinsschwelle in Form von mentalen Modellen, die die Mitglieder einer Organisation teilen in ihrem Verständnis von Wirklichkeit, von der Natur des Menschen und menschlicher Beziehungen sowie der Beziehungen zwischen Organisation und Umwelten, dem Wesen von Zeit und Raum.

Organisationskultur entsteht als ein Muster gemeinsamer Prämissen, das die Gruppe im Laufe der Geschichte der Organisation aus erfolgreichen Anpassungsleistungen, und aus interner Arbeitsteilung gelernt hat und das als verbindlich an neue Mitglieder tradiert wird. Schein unterscheidet die Basiskultur, die in der ganzen Organisation gilt und Subkulturen, die von Kohorten (z. B. junge Garde/alte Garde) oder Professionsgruppen (z. B. Controllern, HR'lern) oder Abteilungen (z. B. Sales Innendienst oder Sales Außendienst) geteilt werden.

Organisationskultur ist ›geronnene Führung‹. Das bedeutet zum einen, dass sie wirkt wie Führung, indem sie Verhalten koordiniert und zum anderen, dass sie wesentlich durch Führung geprägt wird.[35] Schein unterscheidet primäre und sekundäre Mechanismen der Kulturprägung. Sekundäre Kulturausprägung und -stabilisierung resultiert aus Aufbau- und Ablaufstruktur, Systemen und Prozeduren, Leitbildern und Organisationsphilosophien, Geschichten und Legenden über wichtige Ereignisse usw. Primäre Kulturprägung entsteht durch das Verhalten der Führungspersonen bzw. dadurch, wie diese von Organisationsmitgliedern beobachtet werden. Primäre Kulturprägung ist viel wirkungsvoller, sekundäre Kulturprägung kann nur unterstützen, aber die primäre nicht ersetzen.

Einflussgrößen für die primäre Prägung der Organisationskultur durch Führungskräfte nach Schein

- worauf leitende Führungskräfte achten, was sie regelmäßig in Beobachtung halten, messen, kontrollieren
- wie leitende Führungskräfte auf kritische Ereignisse und Krisen der Organisation reagieren
- beobachtbare Kriterien, nach denen leitende Führungskräfte knappe Ressourcen allokieren
- bewusstes Vorbildverhalten, Mentoring und Coaching von Untergebenen
- beobachtbare Kriterien, nach denen leitende Führungskräfte Organisationsmitglieder rekrutieren, auswählen, befördern oder aus der Organisation ausschließen

---

Das Verhalten der Leader und die Kultur verändern sich in unterschiedlichen *Reifungsphasen* in typischer Weise, wobei organisationskulturelle Dynamiken für Schein letztlich ein Abbild von Gruppendynamiken sind. Schein unterscheidet die Reifungsphasen Gründung und frühe Entwicklung, Lebensmitte, Reife und Niedergang, die grundsätzlich nicht mit dem Lebensalter oder der Größe der Organisation zusammenhängen müssen, sondern mit den Veränderungen in der Führung der Organisation.

Im Modus von Gründung und früher Entwicklung prägt die Persönlichkeit des Gründers, insbesondere sein Werteset als Individuum, die Organisation. Er trifft alle wesentlichen Entscheidungen über Personen, Produkte und Kundenbeziehungen. Seine ersten Personalentscheidungen holen Menschen an Bord, die sein Vertrauen haben und meist dieselben Werte vertreten. In der Pionierphase mit ihrem Alles-ist-möglich-Spirit, vielen Erfolgserlebnissen und schnellen Rückmeldungen vom Markt, lässt sich gut beobachten, wie die sich herausbildende Kultur zur Quelle der Identität und Energie des Unternehmens wird.

Die Phase der Lebensmitte wird häufig dadurch eingeleitet, dass ein General Manager von außen als CEO bestellt wird. Es entsteht eine psychologische Distanz zum Gründer; das auf Zeit bestellte Management hat weniger Freiräume und kann weniger prägen. Mit Größenwachstum und der Ausdifferenzierung von Funktionsbereichen wie Marketing, Controlling, Personal usw. entstehen Subkulturen, die die Basiskultur verwässern. Das Gefühl für Identität kann verloren gehen.

In der Phase von Reife und Niedergang sind die Beziehungen zwischen Organisation und Umwelten wichtiger als die internen Dynamiken. Strukturen, Prozesse, Riten und Werthaltungen sind eingespielt. In diesem Modus prägt die Organisation ihre Führungspersonen mehr als Führungspersonen ihrerseits die Organisation prägen können. Wenn die Kultur sich nicht erneuert, kann sie zur Erstarrung und Lähmung des Unternehmens führen und zur Last werden.

Da in jeder dieser Lebensphasen der Organisation andere Stellgrößen für Führung und Unternehmenskultur gelten, muss auch geplanter Kulturwandel jeweils andere Strategien für Interventionen[36] beinhalten.

2.4.4 Ein Potpourrie für die Organisationsentwicklung

Die österreichische Beratergruppe Trigon nahm das 7-S-Modell von McKinsey auf, ebenso wie das Modell der Organisationsdynamik von Kotter, Mintzbergs Strukturmodell und weitere[37], integrierte diese in den Rahmen der Steiner'schen Anthroposophie und entwickelte daraus ein »ganzheitliches systemtheoretisches Konzept eines Unternehmens«. Fritz Glasl und Hans von Sassen veröffentlichten dies 1983 erstmals[38] unter dem Titel *Die sieben Wesenselemente der Organisation*. Sie unterscheiden:

1. Zuoberst die Identität, d.h. die gesellschaftliche Aufgabe, Mission, Leitbild, Selbstverständnis der Organisation
2. Policy, Strategie, Programme mit den langfristigen Festlegungen der Unternehmenspolitik und den dazugehörigen Leitsätzen für Produkt-, Finanz-, Kosten-, Personalpolitik usw.
3. die Struktur der Aufbauorganisation mit der Führungshierarchie samt Stabsstellen und dezentralen Stellen
4. Menschen, Gruppen, Klima, Wissen und Können der Mitarbeitenden, Rollen, Beziehungen, Einstellungen, die informellen Strukturen und das Betriebsklima
5. Einzelfunktionen, Organe wie Gremien, Projektgruppen und die den einzelnen Funktionen zugeordneten Aufgaben, Kompetenzen und Verantwortungen
6. Prozesse und Abläufe wie Kern-, Support- und Managementprozesse
7. physische Mittel wie Maschinen, Transportmittel, Gebäude und Einrichtungen, Finanzmittel

1 und 2 bilden das »kulturelle Subsystem«, 3, 4 und 5 das »soziale Subsystem«, 6 und 7 das »technisch-instrumentelle Subsystem«. Alle Wesenselemente stehen in wechselseitigen Durchdringungen und Wirkungen und sind nicht als generisch nacheinander geschaltet[39] zu verstehen.

Glasl beschreibt auch sieben »Basisprozesse« der Organisationsentwicklung; der Diagnoseprozess folgt der »U-Prozedur«:[40] Um den Ist-Zustand zu erfassen, erkundet man erst das technisch-instrumentelle, dann das soziale und schließlich das kulturelle Subsystem. Auf die Diagnose folgt die Frage an Führung: »Was wollen wir?« Nach der Festlegung der Veränderungsziele geht es den Weg wieder hinauf, um schrittweise das kulturelle Subsystem, das soziale und schließlich das technisch-instrumentelle Subsystem zu verändern.

1974 war das Buch *Organisationen im Wandel* von Bernhard Lievegoed, dem Leiter des niederländischen NPI-Instituts für Organisationsentwicklung, erschienen, in dem er sein *Modell der Evolution von Unternehmen* über die drei Entwicklungsstadien Pionierphase, Differenzierungsphase und Integrationsphase darstellt.[41] Von 1967 bis 1985 arbeitete Fritz Glasl (auch Hans von Sassen) dort mit ihm zusammen, gemeinsam entwickelten sie ein Modell typischer Entwicklungssprünge und -phasen von Organisationen, die so Herausforderungen immer höherer Komplexität integrieren können und jeweils andere Führungslogiken aufweisen.

In der Pionierphase dominiert das soziale System, getragen vom unterstützenden kulturellen Subsystem: Die Gründerpersönlichkeiten haben meist eine klare ›Vision‹, wozu das Unternehmen da sein soll und führen es direkt in einem

›charismatisch-autoritären‹ Stil, der hohe Zustimmung findet. Direkte und intensive Kontakte zu Kunden und Kollegen, eine hohe Identifikation, hohe Kundenorientierung machen das Unternehmen zu einer ›verschworenen Aktionsgemeinschaft‹, die wie eine große Familie anmutet. Bei anhaltendem Wachstum kann es zum Entscheidungsstau kommen, zu Willkür, Intransparenz, Unselbstständigkeit der Mitarbeitenden.

Diese Turbulenzen leiten die Differenzierungsphase ein, in der das Unternehmen sich als Apparat bzw. Maschine versteht; Transparenz, Nachvollziehbarkeit durch Verschriftlichung, Systematik und Steuerbarkeit stehen im Vordergrund. Führungsebenen werden eingezogen, Funktionen wie Verkauf und Marketing, später auch Supportfunktionen wie Controlling, IT usw. ausdifferenziert und professionalisiert, Stellen mit Fachleuten besetzt. In dieser Phase dominiert das technisch-instrumentelle Subsystem. Auch die Differenzierungsphase kann sich durch ihren eigenen Funktionsmodus in die Krise führen: Bürokratische Überregulierung und Kommunikationsbarrieren durch Abteilungs-Eigensprachen als Folge der Spezialisierung führen dazu, dass die Mitarbeitenden das Gemeinsame aus den Augen verlieren.

Diese Turbulenzen wiederum leiten die Integrationsphase ein, in der sich das Unternehmen als Organismus versteht. Führung richtet sich auf Sinn und Zweck des Unternehmens, auf dessen ›Mission‹ aus, man sucht Gespräche, Klärungen, Vereinbarungen und strukturiert sich entlang von flexiblen, Kundennutzen stiftenden Prozessen, die den Mitarbeitenden dezentral ganzheitliche Verantwortung zuspielen. In dieser Phase wird das kulturelle Subsystem wichtiger und gelangt in ein Gleichgewicht mit dem sozialen und technisch-instrumentellen System. Auch diese Phase kann zur Krise führen, wenn sich die Organisation zu sehr auf die Beziehungspflege in der Innenwelt konzentriert.

Kurz vor seinem Tod 1992 stimmte Lievegoed der von Fritz Glasl weiterentwickelten Assoziationsphase zu, in der sich das Unternehmen als Teil eines Biotops versteht. Sie reduzieren ihre Wertschöpfungstiefe und stellen sich mit anderen Unternehmen in organisationsübergreifenden Wertketten und länderübergreifenden Netzwerken auf; sie pflegen vielfältige, differenzierte Beziehungen zu zahlreichen Stakeholdern. Auch dieser Funktionsmodus birgt bei langer Ausprägung das Risiko krisenhafter Entwicklungen – z. B. in Form von unüberschaubaren Abstimm- und Transaktionsprozessen oder von Machtblöcken, die demokratische, staatliche Lenk- und Kontrollorgane aushebeln können.

Lievegoed stellte das gesamte Konzept der Lebensphasen eines Unternehmens in den Denkrahmen seiner Weltanschauung als Anthroposoph, die bezüglich ihres Wertesets sehr kompatibel mit dem damals vorherrschenden Human-Relations-Ansatz war. Fritz Glasl verband das Konzept der Lebensphasen mit dem Modell der sieben Wesenselemente der Organisation und leitete – ähnlich wie

Schein in seinem Schema für phasentypische Change-Strategien – für jedes Entwicklungsstadium tpische, entwicklungsfördernde Interventionsschwerpunkte für die Organisationsberatung ab[42].

Die Trigon-Modelle sind heute wenigen Führungskräften bekannt, sie integrieren aber Ansätze aus der Managementtheorie in eine Theorie der Organisationsberatung und bildeten Mitte bis Ende der 1980er-Jahre – als die Unternehmensberatung zu boomen begann – eine Brücke für die wechselseitige Anschlussfähigkeit.

2.5 Management oder Leadership?

Gegen Ende der hier abgesteckten Zeitspanne des Konsumzeitalters, ab ca. Mitte der 1985er-Jahre, waren MbO und das Drucker'sche Managementverständnis in alle großen bzw. erfolgreichen Unternehmen eingezogen. Nun beginnt ein Diskurs über etwas, das bei Führung spürbar fehlte bzw. faszinierte, wenn es da war, und das Brodbeck »New Leadership« nannte[43] – im Unterschied zum ›Old Leadership‹, das um Rollen und Aufgaben kreist. Dichotomien wie Management versus Leadership entstehen, Polarisierungen wie transaktionales versus charismatisches oder transformationales Leadership. Einerseits beginnt damit eine Welle verkürzender populärwissenschaftlicher Managementliteratur, andererseits löst insbesondere der Diskurs um charismatische und transformationale Führung in den folgenden Jahren eine Fülle von Studien aus und macht Leadership zu einer wissenschaftlichen Disziplin. Dieses Kapitel rekonstruiert die Geschichte der ersten Ansätze.

2.5.1 Zaleznik: Manager oder Leader – zwei grundverschiedene Menschentypen

1977 veröffentlichte der Harvard Professor und Psychoanalytiker Abraham Zaleznik (1924–2011) seinen bahnbrechenden Artikel *Manager and Leaders? Are they different?* Er beantwortete seine Frage mit einem klaren Ja.

Zaleznik sagt, dass das Business mit dem Manager eine neue Gattung von Leadership hervorgebracht habe und damit eine neue Ethik der Macht, die kollektive Macht über individuelles Leadership stelle und den Gruppenkult über den Persönlichkeitskult. Führung verfüge immer inhärent über die Macht, Menschen zu beeinflussen, dabei seien immer Risiken von Machtmissbrauch und Kontrollverlust angelegt; »Collective Leadership« sieht Zaleznik als Möglichkeit, Kompetenzen, Kontrolle und eine Machtbalance zwischen potenziell rivalisierenden Gruppen zu gewährleisten. Leider gehen der Organisation damit aber essenzielle Leadership-Elemente – Inspiration, Vision und Leidenschaft – verloren, die für den Erfolg von Unternehmen unverzichtbar sind.

Manager und Leader unterscheiden sich nach Zaleznik grundsätzlich in ihrer Persönlichkeit und Motivation, in ihrer Geschichte, ihren Einstellungen und Verhaltensweisen. Leader bevorzugen, wie Künstler, Chaos und wenig Struktur, wohingegen Manager sich als Problemlöser verstehen und Ordnung und Kontrolle suchen. Konkret vergleicht er beide in Bezug auf ihre Einstellungen, ihr Aufgabenverständnis, ihre Beziehungen zu anderen und ihr Selbst-Schema (siehe Kasten).

Den letzten Punkt erklärt Zaleznik als Psychoanalytiker durch unterschiedliche lebensgeschichtliche Prägungen: Manager entsprechen dem Typ des »Onceborn«[44], ihr Leben verläuft seit ihrer Geburt geradlinig in einem stetigen mehr oder weniger friedlichen, gerichteten Verlauf. Leader sind »Twice-borns«; ihr Leben ist geprägt von Brüchen beziehungsweise von einem ständigen Kampf, Richtung zu finden. Schon als Kinder erleben sie sich oft als andersartig und isoliert. Sie sind stark mit ihrem Innenleben beschäftigt und entwickeln eine Eigenständigkeit und Talente, die, verbunden mit Leistungs- und Erfolgserwartungen, den Wunsch wachsen lassen, etwas Herausragendes zu erreichen. Menschen mit großen Talenten weisen oft keine besonderen Leistungen in Schule oder Studium auf. Ihre Selbstabsorption und ihre Träumereien schmälern ihre Aufmerksamkeit für alltägliche Dinge. Die einzige Möglichkeit, dies zu unterbrechen, sei die persönliche Bindung an ein Vorbild oder an eine Person, die mit dem begabten Individuum kommunizieren kann.

Unterschiede zwischen Managern und Leadern nach Zaleznik

Unterschiede in Einstellungen: Manager sehen Ziele als notwendig an, haben aber eigentlich eine passive Haltung, während Leader sich persönlich positionieren, Ideen gestalten, statt nur zu reagieren. Manager konzentrieren sich auf den Prozess, wie es zu Entscheidungen kommt, statt auf das Was, während Leader die substanzielle Bedeutung von Ereignissen und Entscheidungen für die Beteiligten fokussieren. Sie lösen Emotionen, Vorstellungen und Erwartungen aus und beeinflussen, was andere für erwünscht und machbar halten. Sie geben der Organisation die eigentliche Ausrichtung.

Unterschiede im Aufgabenverständnis: Manager sehen sich als Verhandler und Aushandler von Interessengegensätzen. Dabei wenden sie Anreize und Zwang an, um risikovermeidende Kompromisse zu erreichen und Unsicherheit zu reduzieren. Leader suchen neue Gelegenheiten und Optionen; sie gehen Risiken ein, wenn etwas vielversprechend scheint, und vermitteln ihre Ideen in starken Bildern.

Unterschiede in den Beziehungen zu anderen: Manager ziehen es vor, mit Menschen zu arbeiten, bleiben dabei aber wenig emotional involviert und lassen Empathie vermissen. Sie senden oft mehrdeutige Signale aus, die ihre Mitarbeitenden interpretieren müssen. Letztere sehen ihre Vorgesetzten mitunter als undurchschaubar, abgehoben und manipulativ an. Leader hingegen fühlen sich eher zu Ideen als zu Menschen hingezogen. Sie gestalten ihre Beziehungen zu anderen direkt, intuitiv, empathisch, senden Botschaften, nicht Signale, aus und werden von ihren Mitarbeitenden emotional aufgeladen mit »Liebe« bis »Hass« beschrieben. Obwohl die Beziehungen mitunter turbulent, intensiv und wenig strukturiert sind, gedeihen im Reizklima, das sie schaffen, Motivation und unvorhergesehene Ergebnisse.

Unterschiede im ›Sense of Self‹: Manager fühlen sich als Teil der Organisation und ziehen ihr Selbst-Schema daraus, die bestehende Institution zu stärken und deren Fortbestand zu sichern. Leader fühlen sich als Menschen grundsätzlich »separate«, d. h. unverbunden mit ihrer Organisation – ja, generell von ihren Umwelten abgespalten und vereinzelt. Deshalb beziehen sie kein Selbstgefühl aus Mitgliedschaften, Rollen oder anderen sozialen Indikatoren von Identität. Sie suchen immer nach Veränderung, mit dem tiefen Wunsch, die Verhältnisse zu verändern. Ihr Selbstschema und ihr Selbstwertgefühl resultieren aus der Bewältigung von Krisen und dem ständigen Bemühen, menschliche, ökonomische und politische Verhältnisse tief gehend zu prägen.

Hier sieht Zaleznik auch den Ansatzpunkt für Leadership-Entwicklung in Unternehmen: Personen mit Leadership-Potenzial sollten in engen Zweierbeziehungen mit formal anerkannten mächtigeren Führungskräften gefördert werden. Diese Beziehungen sollten Raum für emotionalen Austausch geben, was den leitenden Executives in punkto Zuwendung, Risikobereitschaft und Toleranz gegenüber Konkurrenz von unten einiges abverlangt. Zaleznik demontiert den Mythos, dass Menschen am besten von Peers, d. h. in Gruppen lernen und sagt, dass Gruppenkontexte auch Angst vor Bewertung und Demütigung transportieren, die autoritative Einflussnahme unter Gleichrangigen sanktionieren und durch Gruppen- und Konformitätsdruck individuelle Initiativen und die damit verbundene nötige Aggression knebeln. Kurz: die Sozialisation in Gruppen fördert »Collective Leadership«, d. h. Management.

2.5.2 Downton: transaktionale, charismatische und inspirationale Führung von Revolutionären

Mit Beginn der 1970er-Jahre versucht eine Reihe von Untersuchungen, das Außergewöhnliche am Leadership herauszuarbeiten, zu verstehen und zu messen; sie knüpfen dazu direkt oder indirekt am Begriff des Charismas an.

Antonakis[45] führt aus, dass schon Aristoteles in seinem Werk *Rhetorik* die Grundlagen für das Verständnis von Charisma und charismatischer Führung – und damit das Grundverständnis von Führung, Ethik und Staat in der westlichen Welt – gelegt hat. Aristoteles sagte, dass ein Führer kreative kommunikative Mittel einsetzen müsse, um das Vertrauen seiner Gefolgsleute zu gewinnen; dazu muss er mit »*Pathos*« Gefühle aufrühren, mittels der eigenen Persönlichkeit mit »*Ethos*« eine moralische Perspektive vermitteln und mit »*Logos*« wohlüberlegt argumentieren.

In der Regel wird der Begriff des Charismas bzw. der der »charismatischen Herrschaft« dem Soziologen Max Weber zugeschrieben, der sie von traditionaler und rationaler Herrschaft abgrenzte. Nach Weber tauchen charismatische Führer in Zeiten von psychischer, physischer, wirtschaftlicher, ethischer, religiöser oder politischer Bedrängnis auf[46]. Charismatische Führer haben das Potenzial, sozialen Wandel herbeizuführen; ihnen werden außergewöhnliche bis übermenschliche Fähigkeiten zugesprochen. *Charismatische Führung* bezeichnet eine besondere Beziehung zwischen Führer und Geführten. Sie bezieht ihre Autorität im Kern aus einem emotionalen Aufruf, dem eine revolutionäre, alle bestehenden Werte transzendierende Einstellung zugrunde liegt, die den Herrscher mit den traditionellen Normen und rationalen Kriterien brechen lässt und dazu führt, dass die Geführten freiwillig und mit höchster persönlicher Hingabe das eigene Schicksal in seine Hände legen.

1973 publiziert James V. Downton seine Untersuchungen über die Funktionen und *das Wesen von Revolutionsführern* unter dem Aspekt der Beziehungsgestaltung zwischen Führern und Geführten. Er unterscheidet drei Beziehungstypen: Transactional, Charismatic und Inspirational Leadership.

Transactional Leadership beschreibt den Austauschprozess, der, ähnlich wie vertraglich geregelte Beziehungen in der Wirtschaft, auf dem guten Glauben der Beteiligten beruht. Wechselseitige transaktionale Verpflichtungen begründen die Vertrauensbasis zwischen Führern und Geführten, stärken ihre Beziehung und schaffen ein förderliches Klima für weitere Transaktionen. Von »positiven Transaktionen« ist die Rede, wenn die Geführten Belohnungen für Erfolg bekommen. Bei Nichterfüllung der Anforderung hingegen folgt Strafe, diese Art Interaktion heißt »negative Transaction«.

Downton erklärt die starken Effekte von *Charismatic Leadership* mit den transzendierenden Idealen und der Autorität der Führer; beides fördere die Identifikation der Geführten mit dem Führer und stärke das beiderseitige Vertrauen.

Durch *Inspirational Leadership* werden Vertrauen und Commitment noch weitergehend gesteigert. Der Führer ist überzeugend, ermutigt die Geführten, für Ideale Opfer zu bringen und kreiert Sinn von Handlungen, der über den charismatischen Weckruf hinausgeht. Inspirational Leadership züchtet keine Abhängigkeit der Geführten vom Führer, vielmehr muss der Führer die Weltsicht der Geführten immer symbolisch mitführen, damit ein Engagement entsteht. Darin liegt der Kernunterschied zwischen Inspirational und Charismatic Leadership.

Schließlich empfiehlt Downton, dass alle Quellen von Leadership – ob transaktional, charismatisch oder inspirational – in unterschiedlichem Maß kombiniert eingesetzt werden sollten.[47]

2.5.3 House: Die Psychologie des Charismas

Vier Jahre später, 1977, präsentiert Robert House eine integrierte *Theorie für charismatisches Leadership*, die beschreibt, mit welchen Prozessen Leader Einfluss nehmen und über welche Persönlichkeitsmerkmale sie verfügen. Er führt konkrete Verhaltensausprägungen an und schlägt vor, diese zu messen.

Ein charismatischer Führer zeigt, dass er von seinen Fähigkeiten und denen der Geführten überzeugt ist, er setzt hohe Erwartungen in sich und andere, verbunden mit der Zuversicht, dass diese erfüllt werden. Er verfügt nicht nur über ein hohes Selbstvertrauen und moralische Überzeugungskraft, sondern lebt vor, was er von den Geführten erwartet und bringt sichtbar selbst Opfer; so schärft er das eigene Image und die Selbstvermarktung. Er wird zu einem Rollenmodell und Identifikationsobjekt für die Geführten, die seinen Idealen nacheifern und begeistert, inspiriert und motiviert sind, herausragende Leistungen zu erreichen. Basis für die charismatische Austauschbeziehung seien emotionale Interaktionen, im Zuge derer der Führer kraft persönlicher Fähigkeiten bei den Geführten Motive aktiviere.

2.5.4 Burns: Transactional versus transforming Leadership in der Politik

Als Begründer der »Leadership Studies« gilt allerdings der Politikwissenschafter James MacGregor Burns (1918–2014). 1978 überträgt er mit seinem Buch *Leadership* viele seiner Erkenntnisse und Erfahrungen aus seinen Studien über US-amerikanische Präsidenten[48] auf Organisationen. Nach Burns ist Leadership keine einseitige Manipulation von Menschen, sondern eine Handlungsstruktur, die sich auf allen Ebenen und in allen Gesellschaftsschichten immer dann finden lässt, wenn Personen mit bestimmten Motiven und Zielen – im Wettbewerb oder Konflikt mit anderen – institutionelle, politische, psychologische und andere Ressourcen mobilisieren, um die Motivation von Anhängern zu entfachen, anzufeuern und zu befriedigen.

Dabei geht es im Grunde um reziproke Austauschprozesse, die für Burns immanent mit Moral verbunden sind: »Moralische Führung entsteht aus den fundamentalen Wünschen und Bedürfnissen, Bestrebungen und Wertvorstellungen der Anhänger und kehrt immer zu ihnen zurück«[49]. Obwohl Führer mit den Geführten über gemeinsame Zielsetzungen eng verbunden sind, sind sie auch als unabhängige Kraft zu verstehen, die die Geführten auf Ziele hinsteuert.

Nach Burns kann die Austauschbeziehung zwischen Führern und Geführten entweder nach dem Modus des »transaktionalen« oder nach dem des »transformierenden Leadership« erfolgen. Diese Grundunterscheidung hat er von Downton übernommen, der die Begriffe transaktional und inspirational verwendete. Wie Downton, sieht Burns die beiden Stile als Anfang und Ende derselben Dimension, d. h., Leadership umfasst in seiner Definition auch transaktionale Führung.

Transaktionale Führung basiere auf einer reziproken Beziehung, die sich aus dem Tausch von Belohnungen materieller und nichtmaterieller Art gegen Leistung ergibt. Transaktionale Führer geben Ziele vor, kontrollieren Strukturen und Prozesse, lösen Probleme und erzielen Ergebnisse. Transformierende oder *transformationale Führung* liege vor, wenn Führer und Geführte in ihrer reziproken Austauschbeziehung so zusammenwirken, dass sie einander zu höherer Motivation und Moral verhelfen, was sie als erhebend, inspirierend, beflügelnd erleben. Er spricht sogar von *moralischem Leadership*, das dann vorliege, wenn die Austauschbeziehung auf beide, den Führer wie den Geführten, transformierend wirke, indem sie ihrer beider Verhalten und ihren ethischen Anspruch auf eine »höhere Ebene« hebe. Transformierendes Leadership sei eine dynamische Handlungsstruktur, die über den Kreis des unmittelbaren Austausches hinaus wirke: Wenn die Geführten sich erhöht fühlen, werden sie in der Folge oft selbst aktiver, sodass eine neue Führungsgeneration entstehe – auch dieser Gedanke findet sich schon bei Downton. Wenn er von »erhöhen« bzw. »höheren Stufen« spricht, referenziert Burns auf Maslows Pyramide der menschlichen Bedürfnisse und auf Kohlbergs sechs Stufen moralischer Entwicklung.

2.5.5 Bass: Transformationales Leadership im Full Range Leadership Model

Burns Schüler, Bernhard Bass, entwickelt dessen Ansatz weiter. Er prägt 1985 den Begriff des »transformationalen Leadership« und entwickelt ein integriertes Leadership Modell – das *Full Range Leadership Model* (FRL-Model). Ausgangspunkt dafür sind – wie bei Downton[50] – die Thesen, dass transformationales und transaktionales Leadership jeweils wichtige Funktionen hinsichtlich der Bedarfe der Organisation erfülle und dass es auf die richtige Mischung von beiden ankomme.

Bass untersucht die Wirkungen transformationaler Führung auf Geführte. Dabei geht es um drei Funktionen: Die Schärfung des Bewusstseins für Bedeutung und Wert der Aufgabe, die Fokussierung auf Team- bzw. Organisationsinteressen statt persönlicher Interessenverfolgung, die Aktivierung ihrer – auf der Maslow-Pyramide – höheren existenziellen Bedürfnisse. Im Unterschied zu Burns sieht Bass transformationale Führung nicht mit moralisch höheren Werten verbunden, sondern als einen von Moral unabhängigen Interaktionsstil.

Das FRL-Modell umfasste anfänglich sieben Faktoren und hat nach ständiger Weiterentwicklung – gemeinsam mit Bruce Avolio – heute neun Faktoren.[51] Vier sind in der Dimension Transformational Leadership zusammengefasst – Idealized Influence, Inspirational Motivation, Intellectual Stimulation und Individualized Consideration – und drei in der Dimension Transactional Leaderhip – Contingent Reward, Management by Exception, Laisser-faire-Leadership.

Das Full Range Leadership Model von Bass

Faktoren transformationalen Leaderships
Idealized Influence, ursprünglich Charisma genannt und inhaltlich auch eng an die Definition von House angelehnt, beschreibt die emotionale Basis der Leadership-Beziehung, die Führungskräfte befähigt, Kraft ihrer Persönlichkeit tief gehende und außergewöhnliche Wirkungen auf andere auszuüben, wie z. B. Vertrauen, Bewunderung, Loyalität, Respekt und Arbeits-Mehreinsatz, die die Geführten ihrer Führungskraft entgegenbringen. Die Zielsetzungen der Geführten verlagern sich von Sicherheitsstreben auf Leistungsstreben. Sie idealisieren ihre Führungskräfte und sehen sie als Rollenmodelle, die Sinn vermitteln und die ethisch-moralischen Implikationen ihrer Entscheidungen berücksichtigen. Idealized Influence beinhaltet symbolische Führung über Bilder und Metaphern, die von einer besseren Zukunft überzeugen; so entsteht die emotionale Bindung.

Inspirational Motivation betrifft die Komponente transformationalen Leaderships, die Mitarbeitende inspiriert und motiviert, ambitionierte Ziele zu verfolgen, die sie vorher nicht für erreichbar gehalten hätten. Dadurch, dass die Führungskraft ihre Zuversicht kommuniziert, dass Mitarbeitende diese Ziele erreichen können, hebt sie deren Erwartungslevel und den Teamgeist und setzt eine sich selbsterfüllende Prophezeiung in Gang.
Intellectual Stimulation ist die rationale und am wenigsten emotional geladene Komponente transformationalen Leaderships. Die Führungskraft appelliert an den Intellekt und sorgt für Problembewusstsein und Problemlösungen auf unterschiedlichen Ebenen: Gedanken, das Vorstellungsvermögen, Glaubenssätze und Werte, Gewohnheiten und Stereotype betreffend. Dadurch verändern die Geführten Problemwahrnehmung, -verständnis und -konzeptualisierung. Durch die Einbeziehung in den Problemlösungsprozess fühlen sie sich zur Zielerreichung und Verbesserung der bestehenden Performance motiviert.
Individualized Consideration bedeutet, dass transformationale Führer ihren Mitarbeitenden individuell Aufmerksamkeit geben, sie als Coaches oder Mentoren in ihrer Entwicklung unterstützen.

Faktoren transaktionalen Leaderships
Contingent Reward bezeichnet ökonomische und emotionale Austausche auf der Basis von geklärten Rollenbeziehungen und der Belohnung erwünschter Resultate. Dazu setzt die Führungskraft den Mitarbeitenden Ziele, unterstützt sie bei der Umsetzung und lobt die Zielerreichung anerkennend.
Management by Exception ist per Definition eine negative Transaktion[52], weil es um die Abweichung von Normen oder vereinbarten Transaktionen geht, auf die die Führungskraft reagiert. Bass unterscheidet zwischen aktivem und passivem Management by Exception. Ein aktives Management by Exception hält bewusst Ausschau nach Abweichungen, während ein passives Management by Exception erst eingreift, wenn Abweichungen eingetreten sind.
Schließlich bezeichnet *Laisser-faire-Leadership* das Fehlen von Leadership, Wenn Führungspersonen sich nicht positionieren, keine Entscheidungen treffen und als Autoritäten abdanken.

Mit dem FRL-Model geht der MLQ – der *Multifactor Leadership Questionnaire* – einher,[53] der die Austauschprozesse zwischen Führenden und Geführten in über 140 Items operationalisiert. Bass und Avolio knüpften damit an die langjährige US-Tradition der Fragebögen zum Leadership-Verhalten[54] an. Der MLQ macht Leadership konkret beobachtbar und messbar; es gibt ihn als Selbst- und als Fremdbewertungsinstrument. Dieses Tool hat in den folgenden Jahren die Entwicklung einer Reihe weiterer Tools zur Operationalisierung und Beobachtung von Leadership ausgelöst.

Der Anspruch von Bass und Avolio, mit ihrem FRL-Modell die Spannweite aller Führungsfunktionen abzubilden und mit dem MLQ zu messen, schränken Antonakis und House 2014 ein. Sie weisen darauf hin, dass Funktionen des »Instrumental Leadership« fehlen; diese betreffen Führungsaufgaben wie die laufende Beobachtung der internen und externen Umwelten, die Festlegung der strategischen und operativen Ziele und das Performance-Feedback.

Die Vorhersage-Validität des MLQ ist aber wiederholt in Literaturanalysen bestätigt worden.[55] Das betrifft speziell den Zusammenhang zwischen transformationalem Leadership und Führungserfolg – wobei Führungserfolg unterschiedlich operationalisiert wurde – gemessen an Umsatzwachstum, Rentabilität, Teameffektivität, Change Management, Innovationsrate oder Mitarbeiterzufriedenheit.[56]

2.5.6 Bennis: Die Dinge richtig tun oder die richtigen Dinge tun

Eine Art Verschnitt und Aufguss all dieser Ansätze liefert 1985 Warren Bennis (1925–2014), Gruppendynamiker der ersten Stunde, geprägt durch den Human-Relations-Ansatz, Berater von vier US-Präsidenten und selbst als stellvertretender bzw. Universitätspräsident in jahrelanger Führungsverantwortung. Er ist bekannt für seinen Spruch »Managers are people who do things right, while leaders are people who do the right thing«, der fast identisch mit dem von Peter Drucker[57] ist. Bennis schmückt die Dichotomie von Managern und Leadern zu einer hoch normativen Polarisierung aus: Der Manager ist eine Kopie, die verwaltet, sich auf Systeme und Strukturen konzentriert, kurzfristig denkt, den Status quo akzeptiert und mit dem Blick auf die Bilanz nur »Wie?« und »Wann?« fragt. Der Leader ist das Original, er gestaltet, konzentriert sich auf Menschen, denkt langfristig, fordert – den Blick auf den Horizont gerichtet – den Status quo heraus; er fragt »Was?« und »Warum?« Kurz: Der Manager ist der »klassische gute Soldat«, der, um Wirkung zu erzielen, auf Kontrolle angewiesen ist, wohingegen der Leader »ganz er selbst« ist und bei den Geführten »ganz von selbst Vertrauen erweckt[58].

1985 veröffentlicht Warren Bennis zusammen mit Burt Nanus das ähnlich populistisch geschriebene Buch *Leaders,* in dem sie die Ergebnisse aus Interviews mit 90 amerikanischen Führungspersönlichkeiten aus allen gesellschaftlichen Bereichen präsentieren. Die Quintessenz daraus: Es gibt weder den perfekten Führungsstil noch spezifische Eigenschaften erfolgreicher Führungspersönlichkeiten. Gemeinsam sind diesen aber die »Fähigkeit zur Beherrschung vorhandener Unordnung« und vier »Schlüsselstrategien«:[59] Aufmerksamkeit erzielen mit einer Vision, Sinn durch Kommunikation vermitteln, Vertrauen wecken und die eigene Persönlichkeit entfalten im Korridor von Selbsterkenntnis, Risikobereitschaft, Engagement und Ausdauer.

Für Bennis ist »Führungsqualität [...] die Fähigkeit, eine überzeugende Vision zu entwerfen, sie in Handlungen umzusetzen und an ihr festzuhalten«.[60] Führungspersönlichkeiten sind »Ideenmenschen, Leute, die Konzepte entwickeln«; sie können eine Organisation als »soziale Architekten« verwandeln, indem sie Menschen das Gefühl geben, im Mittelpunkt zu stehen und einen wesentlichen Beitrag zum Erfolg des Unternehmens zu leisten; damit fühlen sich die Menschen in ihrer Mitte, das gibt ihrem Job Sinn. Wie wird jemand zum Leader? Indem er sich in seinem Leben eben voll ausdrückt und verwirklicht. Wenn seine Selbstentäußerungen für andere ›wertvoll‹ sind, wird er oder sie zum Leader.

Bennis steht für ein Genre populärwissenschaftlicher Leadership- und Selbsthilfe-Literatur, die mit Polarisierungen arbeitet, stark appellativen, normativen bis missionierenden Charakter hat und grundsätzlich zur Heroisierung von Leadership neigt. Ein anderer Vertreter dieses Genres ist z. B. der Mormone Steven Covey, dessen Zusammenbindung der Themen Effektivität und Leadership ein merkwürdiges Amalgam von ingenieurtechnischem Ansatz und heroischem Management darstellt, das zeigt, was beim Thema Leadership konzeptionell alles möglich ist und wie viele Trittbretter es zum Mitfahren anbietet.

2.5.7 Kotter: Management und Leadership als komplementäre Handlungssysteme

1990, dreizehn Jahre nach Zalezniks Artikel, veröffentlicht John Kotter *What Leaders really do*; seine Kernthese: Die meisten US-amerikanischen Konzerne sind »overmanaged« und »underled«. Die wahre Herausforderung für ein Unternehmen bestehe darin, die richtige Mischung zwischen Leadership und Management zu finden, denn beides seien unterschiedliche und einander komplementierende Handlungssysteme. Organisationen benötigten Management, um Komplexität zu bewältigen durch Planung, Budgetierung, Organisieren, Personalallokation, Kontrolle und Problemlösungen. Sie benötigten Leadership, um Wandel zu bewältigen durch Richtungsvorgabe, Inspiration, Motivation und Alignment der Menschen. Leadership vermittle Teilhabe an großen Visionen und Energie und erfülle damit grundlegende menschliche Bedürfnisse nach Erfolg, Zugehörigkeit, Anerkennung, Selbstachtung, Autonomie und Ausleben der eigenen Ideale. All dies löse starke Emotionen und Reaktionen aus. Typisch für Leader sei ein hoher Energielevel, ein starker innerer Antrieb, die chronische Unzufriedenheit mit dem Stand der Dinge, hohe kommunikative Fähigkeiten, emotionale Stabilität und Integrität. Was tun Leader? Sie schließen an die Werthaltungen ihrer Mitarbeitenden an und involvieren jene bei Entscheidungen, wie eine Vision umzusetzen ist. Sie unterstützen durch Hilfestellung, Feedback und als Rollenmodelle, damit Mitarbeitende wachsen und sich entwickeln können, um schließlich selbst vielfältige Leadership Rollen einzunehmen. So wird Leadership schließlich zu einer Wirkung auf allen Ebenen der Organisation, zu einem starken informellen Netzwerk.

Kotter spricht sich gegen die Mythologisierung von Leadership aus und sieht die wichtigste Aufgabe von Organisationen darin, eine Kultur von Leadership zu schaffen. Für die Personalentwicklung von Leadern selbst gilt: bedeutende Herausforderungen schon in den Anfängen der Karriere, verbunden mit Erfahrungsbreite – z. B. durch laterale Versetzungen oder breite Aufgabenstellungen und Branchenerfahrung. Leadership-Entwicklung ist Aufgabe des Topmanagements, das Potenzialträger identifizieren, beobachten und fördern muss.

2.6 An den Profi: noch einmal Hand aufs Herz ...

Das Konsumzeitalter hat das Management erfunden und sophistiziert. Es hat Entscheidungsfindung als einen Operations-Research-Prozess konzipiert und immer kompliziertere Methoden der Zukunftsplanung, immer ausgefeiltere Organisationslayouts hervorgebracht. Unter den Prämissen, dass jeder Mensch diese Expertisen erwerben könne und dass keine Organisation hinter die Benchmarks und den State of the Art zurückfallen dürfe, haben sich diese Zugänge gleichzeitig in allen Unternehmen verbreitet. So wurde einerseits großer Fortschritt erreicht, andererseits Varietätsverlust und Nivellierung.

In der Tradition des ingenieurtechnischen Selbstverständnisses von Führung wurden die Methoden des Scientific Management dazu verwendet, auch die Funktion des Managements selbst zu analysieren, zu optimieren, zu standardisieren. Das Ergebnis ist, dass das Management selbst zum Gestaltungsfeld des Scientific Management wird: Es bedient sich objektiv gültiger Methoden wie MbO, Planung, Budgetierung, Marketing usw. und stellt sich – wie Taylor seinen Eisenbahnschwellen tragenden Akkordarbeiter – selbst auf den Benchmark. Was die ingenieurtechnische Denktradition betrifft, war Drucker selbst Kind seiner Zeit, was sich wohl am besten aus seiner Ideologie ablesen lässt, dass das Management als eine Art neuer Kaste mittels strategischem Marketings und Innovation das Wohl der Gesellschaft gewährleisten und die Politik substituieren würde.

Einhergehend mit dem MbO und dessen ubiquitärer Verankerung in der Software der Organisation hat sich bis heute bei Führungskräften ein mächtiges mentales Modell etabliert: Es besagt, dass jegliche Problemstellung nur gut genug in SMARTe Ziele herunterzubrechen sei, um abgearbeitet werden zu können, dass deshalb die Zielvorgabe die Hauptaufgabe von Managern sei und die Zielerreichung ein über die Zeit stetiger, linearer Prozess, den man jederzeit überprüfen könne und solle, um zu sehen, ob Mitarbeitende auf Kurs sind oder ob es eine Soll-Ist-Abweichung gibt, der gegenzusteuern sei.

Wie bei allen mentalen Modellen verfestigen sich auch hier nicht hinterfragte Prämissen, wie z. B. die Annahmen, dass auch die Verhältnisse stetig seien, dass es ohne Ziele keine Erfolgsentwicklung gäbe, dass ein einmal gesetzter Kurs beizubehalten und kleine Abweichungen möglichst schnell auszubügeln seien. Die wichtigste uns inzwischen selbstverständlich und kaum hinterfragbar gewordene Prämisse ist die der grundsätzlichen Machbarkeit, der Lösbarkeit aller Probleme; anschauliches Beispiel dafür ist die Energiegewinnung aus Atomkraft mit ihrem offensichtlich nicht lösbaren Endlagerungsproblem.

Wie gut passen diese unreflektierten Prämissen zu den Problemen, die Organisationen heute lösen müssen? Inwieweit werden sie der sozialen Natur von Organisationen und der Bedeutung der Soft Factors gerecht?

Glasl schreibt 1993[61], nach Ende des Konsumzeitalters: »Heute betont die systemisch-evolutionäre Managementlehre zu recht, dass man mit der Vorstellung der intellektuellen All-Machbarkeit in Bezug auf Organisationen radikal aufräumen müsse [...], weil Organisationen als gewachsene Gebilde ihre Geschichte mittragen, ihre Kulturmuster im Zusammenspiel der Menschen in einer Organisation geschaffen und abgestützt haben. Der Glaube an die unbeschränkte Machbarkeit im Sozialen hat sich heute allgemein als wahnhafte Überheblichkeit und als Aberglaube einseitig rational denkender Technokraten erwiesen, die zum Entstehen unserer gegenwärtigen ökologischen Probleme, die als unbeachtete Nebenwirkungen diesem Handeln entflossen sind und jetzt unsere Existenz gefährden, maßgeblich beigetragen haben.«

Was den wirtschaftlichen Erfolg der Unternehmen im Wettbewerb betraf, mögen es genau die nicht eingelösten Verheißungen aus Standards und Benchmarks im Management sein, die gegen Ende der Phase des Konsumzeitalters zunehmend den Ruf nach Leadership auslösten. Damit schwang das Pendel oft genug komplett auf die andere, die irrationale Seite. Der begriffliche Rahmen wurde weit aufgemacht: Burns nahm mit seinem Transforming Leadership bei charismatischen, staatsmännischen Vorbildern Anleihe, die auf ihr Volk eine moralisch erhebende Wirkung ausüben. In der Ratgeber-Literatur von Bennis und Covey hat ein Leader sehr vieles mit einem Priester gemeinsam, Zaleznik sieht den hochbegabten Anarchisten, wie wir ihn uns in Steve Jobs gut abgebildet vorstellen.

Mit Bass' und Avolios' Full Range Leadership Model und dessen Integration von transformationalem und transaktionalem Leadership wurden die Polaritäten Management und Unternehmertum stillschweigend wieder zusammengeführt. Aus dem seine Gefolgschaft zu höheren moralischen Ebenen transformierenden Charismatiker wurde im Grunde wieder der Entrepreneur. Nur die Vorzeichen wurden etwas umgestellt: Segelte bei Drucker der Entrepreneur unter der Flagge des Managements, so segelt bei Bass das Management unter der Flagge des Leadership.

Wenn dieses Unterkapitel »noch einmal Hand aufs Herz« heißt, sind damit zwei Appelle an den HR-Profi verbunden: Zum einen der Appell, den Zeitgeist zu verstehen, der diese Führungsansätze hervorgebracht hat und dessen Prämissen – stetige Umweltverhältnisse, stetige Entwicklungsverläufe, stetig fortschreitender Fortschritt, unbegrenzte Machbarkeit durch technische Lösungen von Experten – herauszulesen. Zum anderen der Appell, Begriffe auf ihren Bedeutungshof zu hinterfragen. Das ist die Basis dafür, sich bewusst auf Bedeutungen festzulegen, die die Grundlage für einen eigenen Leadership-Ansatz bilden können, der die Bedarfe der eigenen Organisation in ihrem Kontext anzulegen (siehe Teil 2, Kap. 3.3) ins Zentrum stellt.

Anmerkungen

1 Die systemische Organisationstheorie sieht – in Anlehnung an Niklas Luhmann – Organisationen als lebende Systeme, die selbstreferenziell und zirkulär immer diejenigen Tätigkeiten und Entscheidungen produzieren, die bislang hinreichend erfolgreich waren; so reproduzieren sie ihre Elemente aus den Elementen, aus denen sie bestehen. Um evolutionsfähig zu bleiben, benötigen sie ein Gegenregulativ: eine strukturelle Kopplung mit ihren Umwelten, d. h., sie benötigen eine Art Brücke, die sie mit deren Möglichkeitsräumen verbindet, denn ihr eigener Möglichkeitsraum ist operationell geschlossen – d. h. auf den Automatismus der immer selben Operationen begrenzt. Strukturelle Kopplung wird möglich durch Selbstbeobachtung der eigenen Operationen bzw. Fremdbeobachtung, d. h. Beobachtung der eigenen Operationen aus den Perspektiven der Umwelten.

2 Time Based Management war der Ansatz, die Durchlaufzeiten für eine gegebene Entscheidungsangelegenheit durch Optimierung gewachsener bürokratischer Abläufe und durch Erweiterung der Entscheidungsbefugnisse der Bearbeitenden zu verkürzen. Meist wurden jedoch die Bearbeitungszeiten selbst nicht verkürzt, sondern nur die ›Liegezeiten‹ herausgenommen.

3 vgl. Krizanits 2011, S. 184.

4 vgl. Kennedy 1993, S. 10.

5 Das Buch beschreibt ausführlich die zu Beginn der 1950er-Jahre Standards setzenden Unternehmen Sears, Roebuck, Ford und IBM sowie die Bedingungen zu dieser Zeit. Eine fundierte Zusammenfassung, die Druckers zeitlose Hauptthesen klar herausarbeitet, findet sich im Slideshare von Yi-Ching Wu aus 2011, dem auch die Ausführungen in diesem Kapitel abschnittsweise folgen.

6 Nach Drucker war der erste Sektor die Privatwirtschaft, der zweite Sektor der der staatlichen Institutionen und der dritte Sektor der Non-Profit-Sektor mit seinen »Non-Governmental-Organizations« (NGOs).

7 vgl. Drucker 1969, Kapitel »The Sickness of Government«.

8 Drucker 1992, S. 243 ff.

9 vgl. Drucker 1989.

10 vgl. Drucker 1946. Für *The Concept of the Corporation* hielt er sich über zwei Jahre bei GM auf und forschte mit der Methode der teilnehmenden Beobachtung, die ihm auch Anwesenheit in Board Meetings verschaffte (ähnlich wie Ed Schein bei Digital Corporation).

11 Aus diesem Grund ist er hier als Proponent und Präger des Konsumzeitalters eingereiht. Obwohl er zeitlich gesehen, viele seiner Konzepte schon in den 1950ern entwickelte, wurden diese – vor allem in Europa – erst ab Anfang der 1970er-Jahre auf breiter Ebene rezipiert.

12 vgl. Kotler 1967.
13 vgl. Kotler 2009.
14 Die Metapher der Föderation wird in der US-amerikanischen Managementtheorie immer wieder verwendet, um die Analogie zum Organisationsprinzip der weitgehend autonomen und doch durch gemeinsame Ziele bzw. Regierung verbundenen »Federal States« auf wirtschaftliche Zusammenhänge zu übertragen.
15 Drucker 1954, S. 378: »Indeed, the new tasks demand that the manager of tomorrow root every action and decision in the bedrock of principles, that he leads not only through knowledge, competence and skill but through vision, courage, responsibility and integrity.«
16 Drucker 1954, S. 42: »The basic factor in an economy's development must be the rate of ›brain formation‹, the rate at which a country produces people with imagination and vision, education, theoretical, and analytical skill.«
17 Eine gute Zusammenfassung seiner Hauptthesen findet sich in Drucker 1998.
18 Drucker 1973, S. 325: » […] that in modern society there is no other leadership group but managers. If the managers of our major institutions, and especially of business, do not take responsibility for the common good, no one else can or will.«
19 Der Name – Master of Business Administration – war dem Umstand geschuldet, dass erste, in Summe aber wenige, MBA-Ausbildungen ab 1921 – z. B. von der Harvard University – angeboten worden waren und dass man in Zeiten des Industriezeitalters die Managementfunktion eben als eine Administrationsfunktion, als Verwaltungsaufgabe, verstand. Nicht zufällig lautete der Titel eines der ersten Management-Fachbücher überhaupt Administration Industrielle et Générale(von Henri Fayol, erschienen 1916).
20 vgl. Ansoff 1965, S. 100 und S. 103.
21 Shell hatte mithilfe von Szenarien die erste Ölkrise vorhergesehen und sich mit Bevorratung darauf eingestellt. Auch die Studien des Club of Rome zu den Grenzen des Wachstums beruhten auf Szenarien und Simulationen.
22 Die SWOT Analyse untersucht die Stärken/*S*trengths und Schwächen/*W*eaknesses der Organisation und kombiniert sie mit den Chancen/*O*pportunities und Gefahren/*T*hreats aus den Umfeldern.
23 In der Spartenorganisation bzw. divisionalen Struktur bzw. m-Form-Structure haben die Direct Reports der ersten Berichtsebene die Managementverantwortung für voneinander unabhängige Geschäftsbereiche, die jeweils ihre funktionale Gliederung in sich haben. Die Analogie der »m-form« bedeutet, dass die Füße des Buchstaben m wie die Linien im Organigramm die Verzeigung von der darüber liegenden Steuerungsebene ausdrücken. Die m-Structure war Alfred Sloans Strategie bei GM, unabhängige Produktlinien zu etablieren, statt wie Ford nur auf ein Modell und Standardisierung und Economies of Scale zu setzen.
24 Um sich an äußere und innere Veränderungen anpassen zu können, muss ein System in der Lage sein, diese wahrzunehmen und daraus zu lernen. Es muss dabei eine eigene Identität aufrechterhalten. Ziel von Viable Systems ist das Überleben.
25 Hans Ulrich gilt als Wegbereiter der systemtheoretischen Managementlehre im deutschsprachigen Raum. Die Universität St. Gallen übernahm den damaligen State of the Art der Systemtheorie von der US-Ostküste und hat die Theorie seitdem weitgehend eingefroren. Der damals geltende Ansatz der Kybernetik ist auch noch Basis von vielen US-Management-Theorien, wie z. B. der Disziplin des ›Systems Thinking‹ im Konzept der ›lernenden Organisation‹. Typisch für diese kybernetischen Ansätze sind Wirkdiagramme und Regelkreise mit Feedback- und Feedforward-Schleifen. Das Verständnis von Systemtheorie als Kybernetik ist heute allerdings zu relativieren, weil es die Entwicklungssprünge der Systemtheorie in die chaotischen und später in die autopoietischen Systeme und auch die Integration des soziologischen Systemtheorie Luhmanns nicht mitvollzogen hat, die heute z. B. Basis des Selbstverständnisses der systemischen Organisationsberater sind.

26 Eine vereinfachte, leichter zu lesende Darstellung seiner Thesen findet sich in Malik 1993.
27 siehe dazu auch Glasl/Lievegood 2004, S. 17/18: »[...] im deutschsprachigen Raum vor allem die »St. Galler Schule« verhelfen dem kybernetischen Systemdenken in der Führungs- und Organisationslehre zum Durchbruch. Die Grundidee der Regelkreise und deren Vernetzung hat für die Gestaltung von Unternehmensstrukturen und Abläufen äußerst praktische Konsequenzen. [...] Das kybernetische Denken dieser Zeit bringt wieder mehr Sach- und Technikbetonung. [...] Es geht hier um [...] konservative Selbstorganisation als Rückführung eines Systems durch Abweichungskorrektur in den stabilen Zustand. Menschliche und soziale Aspekte werden jedoch in diesem Denken in ihrer Eigengesetzlichkeit nicht erkannt ... So besehen lässt die Kybernetik – verstärkt durch den schnellen Aufschwung moderner Informationstechnologien und deren Maschinenmodelle – einen Neo-Taylorismus aufleben. Die sogenannten »weichen Faktoren« [...] fallen außerhalb des Wirklichkeitsverständnisses der Kybernetik I.«
28 Malik 1996, S. 50 ff.
29 vgl. Königswieser/Lutz 1992.
30 KVP – Kontinuierlicher Verbesserungsprozess.
31 Angeblich wurde keines der erfolgreichen Unternehmen nach der damals kontroversiell diskutierten Matrixstruktur geführt.
32 vgl. Schein 1985, S. 9.
33 Edgar Schein verstand unter Prozessberatung/Process Consultation eine universelle Form des Helfens, die aufgrund eines grundsätzlich asymmetrischen Verhältnisses zwischen Berater und Klient nur dann ohne Verstrickungen funktioniert, wenn der Berater durch eine – an Carl Rogers angelehnte – klientenzentrierte Methode und Haltung der Gesprächsführung ein Klima von Vertrauen aufbauen kann.
34 Eine aktuelle und umfassende Darstellung findet sich in Schein 1999 bzw. in der deutschen Übersetzung 2003.
35 vgl. Schein 1985.
36 vgl. Schein 1992, S. 304 ff.: In der Phase von Gründung und frühem Wachstum geht es um inkrementellen Wandel durch allgemeine und spezifische Entwicklung, um die Förderung von Kulturhybriden, um das Einspielen von »Organizational Therapy«. Im Modus des Midlife geht es darum, Wandel aus ausgewählten Subkulturen zu fördern, um geplanten Wandel in Form von Organisationsentwicklung und die Kreation paralleler Lernstrukturen und um Wandel durch technologische »Seduction«/Verführung. Für die Phase von Maturity and Decline schließlich gilt es, Wandel durch das Hereinbringen von Außenstehenden zu veranlassen, Unfreezing von eingespielten Mustern durch das Explodieren von Skandalen und Mythen herbeizuführen, oder durch »Coercive Persuasion« (eine Mischung von Zwang und Überzeugungsarbeit) durch Turnarounds, Zerstörung und Wiedergeburt.
37 vgl. Glasl/Kalcher/Piber 2005, S. 53 ff. Zu erwähnen sind hier das Modell der zentralen Subsysteme – Aufgaben-Subsystem, strukturelles, technologisches und soziales und Ziel-Subsystem von French/Bell 1994 sowie das Modell von Katz/Kahn 1978, das die generischen Subsysteme Management, Support, Maintenance, Production und Adaptive Subsystem umfasste, und das OSTO Modell von Rieckmann (1982), das die Verbindungen von ökonomischem, technischem, sozialem System und der Sphäre Produkt/Markt/Zukunft mit dem politischen Steuerungssystem aufzeigte und Dynamiken in Form von Vor- und Rückkopplungen abbildete.
38 vgl. Glasl/von Sassen in Glasl 1985, S. 17 ff.
39 vgl. Glasl/Lievegoed, 2004, S. 13.
40 Claus Otto Scharmer – der mit der Trigon Gruppe über Jahre verbunden war – hat später das Konzept der U-Kurve (vgl. Glasl et al. 2005, S. 143) verwendet, um Innovationsprozesse

und die ihnen jeweils zugeordneten Modi von Aufmerksamkeitslenkung zu modellieren (siehe S. 284).

41 vgl. Glasl/Lievegoed 2004, S. 11 ff.

42 vgl. Glasl et al. 2005, S. 82 f. und Glasl/Lievegoed 2004, S. 56.

43 vgl. Antonakis 2012, S. 257.

44 Zaleznik bezieht sich auf das Buch *The Varieties of Religious Experience* von William James (1902).

45 vgl. Antonakis 2012, S. 258 f.

46 vgl. Weber 1980, S. 654 ff.

47 vgl. Downton 1973, S. 284 f.

48 Er hatte u. a. in der Präsidentschaftskampagne von John F. Kennedy mitgearbeitet und sich selbst mehrfach um politische Ämter beworben.

49 vgl. Crainer 1997, S. 75 f., dem auch die im Abschnitt folgenden Zitate entnommen sind.

50 Antonakis 2012, S. 260 weist darauf hin, dass trotz vieler Gemeinsamkeiten bei Begriffen und Leitkonzepten, der an der US-Ostküste lehrende Bass die Arbeiten von Downton – er lehrte an der US-Westküste – nicht zitiert, die dieser die zwölf Jahre zuvor veröffentlicht hatte. Auch der Bass-Lehrer und -Vorgänger Burns nahm 1978 nur indirekt Bezug, indem er den Begriff »Revolutionary Leadership« verwendete.

51 Eine genauere Darstellung der Faktoren findet sich bei Antonakis 2012, S. 265 ff. Die heutige Version unterscheidet fünf Faktoren transformationaler und vier Faktoren transaktionaler Führung. Inhaltlich hat sich nicht viel geändert: Idealized Influence wurde in zwei Faktoren – Idealized Influenced Attributes und Idealized Influence Behaviors – unterteilt; Management-by-Exception wurde – der Unterscheidung von Downton (nicht zitiert) folgend – unterteilt in Management-by-Exception Active und Management-by-Exception Passive, und Laisser-faire Leadership wurde umbenannt in Non-Leadership.

52 vgl.Downton (1973), der allerdings nicht zitiert wird.

53 vgl. Bass/Avolio 1997.

54 siehe z. B. den LBDQ – Leadership Behavior Description Questionnaire, der seit den 1950er-Jahren in vielen Varianten auch im deutschsprachigen Raum eingesetzt wurde.

55 vgl. Antonakis 2011, S. 265.

56 siehe z. B. in: Heinitz, K./Rowold, J. (2007): Transformational and charismatic leadership: Assessing the convergent, divergent and criterion validity of the MLQ and the CKS, In: The Leadership Quarterly, Vol. 18 (2007); Kearny, E. (2008): Age differences between leader and followers as a moderator of the relationship between transformational leadership and team performance, In: Journal of Occupational and Organizational Psychology, Vol. 81 (2008); Garcia-Morales; V., et al. (20089: The Effects of Transformational Leadership on Organizational Performance Through Knowledge and Innovation, in: British Journal of Management, Vol. 19 (2008) nach https://de.wikipedia.org/wiki/Transformationale_Führung (Abrufdatum 06.12.2015).

57 Peter Drucker: »Management is doing things right; leadership is doing the right things.«

58 vgl. Bennis 1989 bzw. 1990. Eine zusammenfassende Auflistung dieser Stereotype findet sich in Doblhofer 2008, S. 275 ff.

59 vgl. Crainer 1997, S. 69.

60 vgl. Kennedy 1998, S. 45ff, die Bennis' Kernthesen aus mehreren seiner Bücher zusammenfasst.

61 vgl. Glasl 1993 bzw. 2004 (3. Aufl), S. 12 f.

3. Kapitel: Führen im Change-Zeitalter

Das Konsumzeitalter ließe sich auch das ›nicht-digitale-Zeitalter‹ nennen: Der erste Begriff markiert den Ausgangspunkt der für diese Phase typischen Funktionslogiken in Gesellschaft, Organisationen und Führung, der zweite Begriff deren Ankunftspunkt. Das konnte man zu Beginn dieser Phase natürlich nicht wissen. – Genau dieser Umstand ist typisch für das Zeitalter von Change: Es passieren lauter Dinge, die man vorher nicht wissen konnte bzw. mit denen man nicht gerechnet hatte; viele davon sind in der Tat völlig neuartige Umbrüche.

Die Herausforderung für Führung in dieser Phase lässt sich mit einer kleinen Geschichte des irischen Managementtheoretikers Charles Handy[1] veranschaulichen. Er hatte sich eines Tages – vor der Zeit der Navigationsgeräte – in den Wicklow-Bergen, einer naturbelassenen, wenig ausgeschilderten Gegend vor Dublin, verirrt. Er hielt sein Auto an und fragte jemanden nach dem Weg zu Davy's Bar. »Klar, das ist einfach« sagte der Ortsansässige, »immer geradeaus weiter auf dieser Straße und nach einiger Zeit überqueren Sie eine kleine Brücke und weiter dahinter finden Sie Davy's Bar. Sie können's gar nicht verfehlen.« »Verstanden« sagte ich, »immer geradeaus weiter.« »Genau. Naja, eine halbe Meile vor der Brücke müssen Sie rechts abbiegen.« Handy berichtet, dass er sich bedankte, losfuhr und erst unterwegs realisierte, wie paradox diese Anleitung war.

Diese Geschichte zeigt seiner Meinung nach beispielhaft die Paradoxie der Zeit. Es ist aber nur eine von vielen Paradoxien, die typisch sind für das neue Zeitalter, das in seinem Wesen ein Zeitalter der Paradoxien ist. Paradoxien lassen sich nicht auflösen, man kann nur mit ihnen leben.

3.1 Veränderungen in Wirtschaft und Gesellschaft

Schon 1992 stellte Peter Drucker[2] fest: »In der Geschichte unserer westlichen Welt ist es bisher alle paar hundert Jahre zu einer tief greifenden Wandlung gekommen. In solchen Zeiten gestaltet sich die ganze Gesellschaft innerhalb von Jahrzehnten vollständig um – ihre Weltsicht, ihre Grundwerte, ihre sozialen und politischen Strukturen, ihre Kunst und ihre wichtigsten Institutionen. [...] Unser heutiges Zeitalter ist so eine Wandlungsphase.«

Zwei große Megatrends haben aus abendländischer Sicht das Change-Zeitalter seit Beginn der 1990er-Jahre bis heute geprägt: die Globalisierung mit ihrem Blutsbruder Turbokapitalismus und die Aufschaukel-Bewegung zwischen Internet und den neuen Hardware-Medien.

3.1.1 Globalisierung und Turbokapitalismus

Der Beginn der 1990er-Jahre wird eingeleitet durch eine Reihe großer Umbrüche: Die politischen Blöcke zerfallen, der kalte Krieg wird obsolet, neue Georäume öffnen sich für das Wirtschaften. Die Globalisierung verheißt Wachstum auf neuen Absatzmärkten. Bald wird sie für Unternehmen aller Art zum Muss, gemeinsam mit der Strategie, durch Unternehmensakquisitionen, Merger und Joint Ventures Marktzugang und Marktmacht zu gewinnen. Ein allgemeiner Wettlauf setzt ein, Zeit wird zum Engpassfaktor und bald heißt es: Nicht die Großen fressen die Kleinen, sondern die Schnellen die Langsamen. Der Goldgräberstimmung der Aufbruchsjahre folgt bald eine ›Katerstimmung‹ angesichts von Produkt- und Technologie-Plagiaten, zunehmender staatlicher Regulierung auf den neuen Märkten, überbordender interner Komplexität und schmerzhafter Lernerfahrungen durch fehlende interkulturelle Kompetenz und organisationale Flexibilität.

Nicht nur die Wirtschaft, auch die Politik wird internationaler, vernetzter, globaler. Aus dem ursprünglich aus sechs Staaten bestehenden Europäischen Wirtschaftsraum wird 1992 die Europäische Union gegründet, der nach Erweiterungsrunden heute 28 Staaten angehören. Auch in anderen Weltregionen schließen sich Staatengruppen zu Wirtschaftsbünden zusammen. Neue Kommunikationsräume entstehen, internationale Foren – z. B. das Forum Davos – in denen sich Entscheidungsträger aus Wirtschaft und Politik vernetzen, gewinnen neue Bedeutung.

Ausgelöst durch Thatcherismus und Reaganomics nimmt ein *Neoliberalismus* Einfluss, der zum Rückzug des Staates bzw. der öffentlichen Hand aus ›verstaatlichten‹ Industrie- und Dienstleistungsbetrieben sowie Branchen wie Telekommunikation, Energieversorgung, Bahn- und Flugverkehr, Postwesen, Industrieunternehmen usw. führt. Bald bringt ein ungebremster Neoliberalismus ganze Versorgungsbereiche in die Deregulierung.

Der Neoliberalismus treibt den Primat des Shareholder Value auf die Spitze und entfesselt die Finanzmärkte; die Medien sprechen von *Turbokapitalismus*. Die Kapitalrenditen, die der Finanzmarkt verspricht, lassen sich in der Realwirtschaft selten erzielen, die Schere zwischen Finanzwirtschaft und Realwirtschaft wird größer. Gleichzeitig verlieren Nationalstaaten Steuereinnahmen. Sie müssen sozialstaatliche Einrichtungen und Non-Profit-Organisationen, die von ihren Beiträgen abhängen, knapper halten. Auch die öffentliche Hand gebärdet sich zunehmend als ein Shareholder: als könne sie ihr Geld jederzeit auf den Finanzmarkt tragen – was ja auch geschieht. So geraten Organisationen aller gesellschaftlichen Bereiche zunehmend unter den Druck der Wirtschaftslogik. Sie müssen sich über effiziente Organisationsstrukturen legitimieren, die dem Modell der Unternehmung nachgebaut sind.

In aller Stille und weitgehend sanktionslos bilden sich branchenbeherrschende Unternehmenskonglomerate; ein Run auf Rohstoffe und Agrarflächen setzt ein, einerseits angetrieben von verheerenden Fehlentscheidungen wie der Biospritstrategie, die ganze Weltregionen in die Geiselhaft von Armut, Unterernährung und Hunger nehmen kann. Der afrikanische Kontinent und Teile Lateinamerikas erleben eine schleichende Re-Kolonialisierung. Andererseits ist die Nachfrage angerieben von – trotz Krise – kaum gebremsten Wachstumsraten der riesigen chinesischen Volkswirtschaft, die sich einen ein Siebentel der Weltbevölkerung umfassenden Binnenmarkt organisieren kann.

Dann entwickelt sich, was wie ein Kontrollfehler bei zwei US-Ratingfirmen aussah, zur internationalen *Finanzkrise,* die eine weltweite Wirtschaftskrise nach sich zieht. In einigen Nationalstaaten im EU-Raum führt eine Bankenkrise zur Wirtschaftskrise und zur Staatskrise. Ein ›EU-Rettungsschirm‹ stabilisiert die Lage in Irland, Portugal, Italien und verhindert weitere ›Ansteckungen‹. In Griechenland scheinen die Uhren auf ›fünf Minuten vor zwölf‹ stehen geblieben zu sein; über Monate schwebt der Grexit, mit seinen nicht einschätzbaren Risiken für Staatspleite und Währungsunion, als Damoklesschwert im Raum – wie kommt das Werk wieder in Gang?

Die Globalisierungseuphorie zeigt Risse, die BRIC-Staaten bröckeln: Die Ukrainekrise zieht Sanktionen gegen Russland nach sich, in Brasilien, Indien und China sinken die Wachstumsraten; strukturelle und gesellschaftliche Probleme der Volkswirtschaften werden spürbar. Es bräuchte ein Orakel, um die Folgen des Brexit abschätzen zu können.

Nach der Finanzkrise wartet man auf den ›Wiederaufschwung‹, auf steigende Wachstumsraten, die die Schuldenberge der Volkswirtschaften abtragen können. Regelmäßig werden die ohnedies – anfangs unvorstellbar – niedrigen Wachstumsprognosen unterjährig nach unten korrigiert. Die Kernprämisse immerwährenden Wachstums ist erschüttert, das Gespenst des Nullwachstums macht die Runde. Wirtschaft ohne Wachstum – geht das?

Ein weltweites Stakkato von Naturkatastrophen setzt ein – Erdbeben, Hurricanes, Tsunamis, Überschwemmungen, dazu kommen steigende Meeresspiegel durch Schmelzen des Polareises. Sie markieren deutlich: Die wahre Herausforderung der kommenden Jahrzehnte wird nicht in der Optimierung des Wirtschaftssystems liegen, sondern im Klimawandel. Migrations- und Flüchtlingsströme aus durch Dauerkrieg, Armut und Klimawandel instabilisierten Staaten überfordern die Ressourcen ihrer Nachbarländer und drängen nach Europa. Die Politik – im Turbokapitalismus lange Zeit eine blasse Hintergrundfigur – ist zunehmend gefragt, die Rolle des zentralen Akteurs einzunehmen.

Der 1993 von Peter Drucker geprägte Begriff der »postkapitalistischen Gesellschaft« macht die Runde. Allein: Es geht nicht nur um die von ihm prognostizierte Ablöse des Produktivfaktors Arbeit durch den Faktor Wissen. Die Störung geht tiefer: In der postkapitalistischen Gesellschaft scheint der Wirtschaft die normative Grundlage für ihre Zwecke abhanden zu kommen; ihre Rolle in der Gesellschaft ändert sich.

3.1.2 Internet und neue Medien

Der zweite große Wandeltreiber im Change-Zeitalter ist die Technologie der *neuen Medien:* Internet und Innovationen wie iPhone und Laptops, die einander wechselseitig in ihrer technischen Entwicklung antreiben und aufschaukeln. Ähnlich wie Henry Ford im Industriezeitalter hat Steve Jobs mit seinen Visionen und seiner Strategie, höchsten Kundennutzen zu geringfügigen Preisen ubiquitär verfügbar zu machen, in wenigen Jahren weltweit Gesellschaften transformiert.

Kaum vorstellbar, dass noch vor 25 Jahren, vor der Zeit von E-Mails und Internetzugriffen, Briefe in Schreibpools mit drei Durchschlägen und Korrekturband ins Reine getippt wurden, nachdem sie nach Diktat mit Stenogramm aufgenommen, einmal geschrieben und vom Manager kontrolliert wurden. Bald halten die ersten Heimcomputer Einzug in die Haushalte, Anfang der 2000er-Jahre die ersten Notebooks. Gleichzeitig ermöglichen die neuen Mobilfunknetze völlig neue Nutzungsmuster bei ›Voice‹ und ›Data‹. Ein rasanter technologischer Fortschritt führt zu immer leistungsfähigerer, zunehmend ortsungebundener Hardware, zu immer vielfältigeren Anwendungen.

In Verbindung mit dem Internet konvergieren diese und andere Technologien – z. B. aus der Musikindustrie – bald, um umwälzenden gesellschaftlichen und sozialen Innovationen den Boden zu bereiten. Die erste mit Internet & Co verbundene Vision war die von der Welt als globalem Dorf; kaum eine Vision hat sich je so schnell, umfassend und detailgetreu realisiert. 1998 wird Google zur dominanten Suchmaschine, 2001 startet Wikipedia, 2004 entsteht Facebook, das elektronische Buch, das Netznutzern ein Gesicht gibt, 2007 kommt, nach dem iPod, das erste iPhone – die Technologieintegration par Excellence – auf den Markt.

Mit 15-jähriger Verspätung hat sich auch Aldous Huxleys Utopie vom Überwachungsstaat realisiert – als neues Fernsehformat gab es sie schon vorher. Das stellt wohl die krasseste Paradoxie dieses Zeitalters dar: Einerseits macht uns Big Brother, der alles sieht, sammelt und kombinieren kann, berechtigte Angst; andererseits sind wir selbst fasziniert vom Zugang zu Daten über andere Menschen, Orte, Gedanken und schauen im Schutz der Anonymität gern selbst zu – ach was, Anonymität: Mit einem gewissen Nervenkitzel stellen wir intimste Informationen und Ansichten ins Netz, wissend, dass jeder auf der Welt ohne viele Schwierigkeiten auf sie zugreifen könnte, ohne dass wir kontrollieren können, was damit geschieht.

Die neuen Medien bieten niederschwellige technische Möglichkeiten, um die zivile Gesellschaft völlig auszuhebeln: von Hackerangriffen auf Versorgungs- und Sicherheitseinrichtungen des Staates bis zur Unterwanderung seiner verfassungsrechtlichen Grundlagen. Gleichzeitig können sie die zivile Gesellschaft stärken, indem sie Informationen über Krieg, Missbrauch und Unrecht weltweit transparent machen. Augenzeugen mit Handyfilmen werden zu anerkannten Laien-Journalisten[3] bei internationalen Nachrichtensendern. Die neuen Helden sind die Whistleblower, Wikileaks-Betreiber, Citizen four, die für ihre Ideale in Haft genommen werden. Die Hacker wandeln sich von Outlaws zu Hoffnungsträgern: Staatliche Sicherheitsdienste wollen sie für den Cyber War rekrutieren; mit ihrem Bekenntnis, den IS zu bekämpfen, nehmen sie politisch Partei. 12.000 Hacker und Netz-Aktivisten melden sich Ende Dezember 2015 für den Chaos Communication Congress an, um sich über Internetsicherheit, Freiheitsrechte im Netz und digitale Lebensweisen auszutauschen.

Was der Politik und ihren Partei-Programmen nicht mehr gelingt, ist für die *sozialen Netzwerke* ein Kinderspiel: Organisationsgrad und Voice für Anliegen zu schaffen, von der Flashmob-Party bis zur Flucht Hunderttausender über Tausende von Kilometern. Allein, diese Netzwerke sind volatil; sie konfigurieren sich Anliegen-bezogen und zerfallen danach so schnell wieder, wie sie zuvor entstanden sind. Soziale Strukturen zerrinnen wie Wasser in den Händen.

Mit den bisherigen Kriterien beobachtet, sind die Lebensentwürfe der Postmoderne noch wenig verstanden: Lebensstandard, Besitz, Konsum, Karriere, politisches Engagement – für ihr selbstgestaltetes Sozial- und Privatleben lassen Hipster das alles links liegen. Gleichzeitig überrascht die Zivilgesellschaft Politik, Meinungsforschung und sich selbst mit einer anhaltenden Welle von Empathie und Hilfe, wenn sie endlich etwas tun kann für Flüchtlinge und nicht nur ohnmächtig bestbebilderten Berichten über das Massengrab Mittelmeer ausgesetzt ist. Haben Homo oeconomicus und Maslow'sche Bedürfnispyramide ausgedient bzw. womit sind sie zu ergänzen? Welchen anderen grundlegenden Antrieben außer Nutzenmaximierung und Selbstverwirklichung sollte eine Gesellschaft Raum geben?

Im Alltag stellt das Internet, nach der Musikindustrie, heute zunehmend den Einzelhandel, die Printmedien, die Filmindustrie und andere Branchen infrage. Es entstehen Nutzungsgemeinschaften, Tausch- und Schenkungsmärkte, die den Preis als Regulativ für Angebot und Nachfrage in absurde Schwankungsbreiten führen. Nicht der Preisvergleich macht mehr den aufgeklärten Konsumenten aus, sondern seine Meta-Fragen: Will ich besitzen oder nutzen? Neu oder gebraucht? Bezahlt oder geschenkt? Nicht nur neue Währungen, von regionalen Komplementärwährungen bis zu Bitcoins, sondern die Basis der Tauschverhältnisse machen die neuen Märkte.

Mit seiner These, dass die kommende Zeit eine Zeit der Paradoxien werde, hat Charles Handy unbestreitbar recht behalten; zu seinen 1994 beschriebenen Paradoxien sind viele neue hinzugekommen. Seine Metapher vom leeren Regenmantel[4] ohne Innenleben mutet heute rückblickend fast prophetisch an: Es scheint, als seien Gesellschaft und Wirtschaft im Change-Zeitalter selbst in einer tief greifenden Transformation. Deren erste Phase – das Unfreeze, das von kritischen Widersprüchen ausgelöste Auftauen bisheriger kollektiver Wahrnehmungs- und Deutungsmuster – scheint bereits fortgeschritten zu sein.

3.2 Veränderungen in den Strukturen von Organisationen

Ashbys *Law of Requisite Variety* besagt, dass Organisationen die Varietät in ihren Umwelten angemessen in ihren internen Strukturen abbilden müssen, wenn sie überlebensfähig bleiben wollen. Unter angemessen ist ein Kompromiss zu verstehen zwischen einerseits so wenig Struktur-Komplexität wie möglich, um sich ungestört dem eigentlichen Zweck des spezifischen, effizienten Aufgabenvollzugs[5] zu widmen, und andererseits so viel Struktur-Komplexität wie nötig, um sich nicht von Entwicklungen in den Umfeldern – bei Kunden, Mitbewerbern, Technologien, Mitarbeitenden und Gesellschaft – abzukoppeln.

Die Systemtheorie nennt die Homologie zwischen externen und internen Strukturen der Organisation ›*strukturelle Kopplung*‹. Unter den ›internen Strukturen‹ der Organisation versteht sie nicht nur die übliche Aufbau- und Ablauforganisation, sondern auch Soft Factors wie mentale Modelle: gewachsene, selektive Wahrnehmungs- und Erklärungsmuster, Entscheidungsprämissen und -programme, kulturelle Eigenwelten mit ihren Idiosynkrasien und den für sie typischen Selbst- und Fremdbildern.

Eine weitere wichtige Prämisse der Systemtheorie besagt, dass Organisationen *lebende Systeme* sind, die in ihren Operationen grundsätzlich selbstreferenziell und rekursiv vorgehen und ihre Strukturen *autopoietisch*, d.h. aus ihren bestehenden Strukturen heraus schaffen bzw. erhalten. Wie andere lebende System sind sie hauptsächlich mit sich selbst und kaum mit der Außenwelt beschäftigt. So wie das Gehirn auf einen externen optischen Reiz mit circa fünf Millionen internen Schaltungen antwortet, so orientieren sich Organisationen an ihren internen Entscheidungsprämissen bzw. an früheren Operationen, die hinlänglich erfolgreich waren. Nach dem gelebten Prinzip »Das Bessere ist der Feind des Guten« bleiben sie dabei oft unverstörbar bei einer ›selbstverständlichen‹ Praxis, die sich in der Vergangenheit bewährt hat.

Mit Beginn der 1990er-Jahre verschwindet plötzlich eine Reihe von seit Jahrzehnten erfolgreichen Fortune-500-Unternehmen sang- und klanglos vom Markt; sie haben die schnellen und radikalen Veränderungen in ihren Umwelten verschlafen. Im Zeitalter vielfältiger, radikaler und schneller Veränderungen in den Umwelten besteht die wichtigste Herausforderung für Organisationen darin, ihre strukturelle Kopplung durch die Anpassung ihrer internen Strukturen zu erhalten und laufend auszubauen.

Dieses Kapitel beschreibt sechs Gestaltungsfelder dieses Umbaus der Aufbau-Ablauf- und Entscheidungsstrukturen, die Organisationen im Change-Zeitalter neu ausgerichtet haben:

- die Neukonfiguration von Arbeit nach dem Modell der Kleeblattorganisation
- Kundennähe durch Reengineering, Lean Management und strategische Geschäftsfelder
- Shareholder Value, Value Management und Wertschöpfung in verteilten Strukturen
- die Professionalisierung der Organisation durch Ausbau von Funktionen, Systemen und Policies
- Governance in transparenten Entscheidungsstrukturen
- die Entwicklung wettbewerbsrelevanter ›Organizational Capabilities‹

3.2.1 Neukonfiguration von Arbeit – Kleeblattorganisation und Portfolioarbeiter

In seinem Buch *The Age of Unreason* (1989) sagt Charles Handy – wie zuvor schon Peter Drucker – einen neuen Megatrend voraus: Die Wissensgesellschaft werde zu einem Paradigmenwechsel führen, der die Arbeit in mehrfacher Hinsicht revolutionieren und das Bild unserer Gesellschaft neu zeichnen werde und zwar durch die Kleeblattorganisation und den Portfolio Worker.

Die Kleeblattorganisation umfasst drei Sphären mit unterschiedlichen Arbeitsverträgen zwischen Organisation und Mitarbeitenden: Im »Professional Core«

beschäftigen Organisationen hochdotierte Experten, die außergewöhnliche Leistungen, Flexibilität und Einsatz zeigen. Nicht mit dem Kerngeschäft verbundene Sonder- und Spezialleistungen wie Wartung und Instandhaltung, Firmenrestaurants u. Ä. gliedern sie weitgehend aus dem eigenen Aufgabenspektrum aus und übertragen sie vertraglich gebundenen Kooperationspartnern. In einem dritten Bereich mit niedrig qualifizierten Jobs halten sie nur mehr eine kleine fixe Belegschaft, die niedrigere Gehälter gegen Sicherheit tauscht; weitere Mitarbeitende nehmen sie nur nach Bedarf und zeitlich befristet auf.

Durch diese Entwicklungen würden bis zum Beginn des nächsten Jahrtausends nicht mehr wie bislang 90 % der Menschen in abhängiger Beschäftigung in Organisationen arbeiten, sagt Handy voraus, sondern – wie vor der industriellen Revolution – nur mehr 50 %. Die anderen würden ihre Leistungen als unabhängige *Portfolio Workers* anbieten: Aus einer Ansammlung verschiedener Aktivitäten würden sie im Zusammenspiel von Nachfrage und Angebot ihren individuellen Weg durchs Arbeitsleben kreieren. Dazu müssten sie selbst aktiv werden und »sich in allen Aspekten des Managements als kompetent erweisen«[6].

Nach dem Motto: »Halb so viele Leute, doppelt so gut bezahlt, bei dreifacher Produktion ist gleich Produktivität und Gewinn«, würden einem zunehmendem Reichtum von Organisationen umkämpfte und immer knappere Arbeitsplätze gegenüberstehen; die monolithischen »Palaststrukturen« der Unternehmen würden verschwinden und einer »Welt der Zelte« Platz machen.

Dieser große Umbau der Strukturen setzt tatsächlich ab Mitte der 1990er-Jahre verstärkt ein. Damit verbunden sind Entstehung und Wachstum neuer Branchen wie Zeitarbeitsfirmen und ›Neue Selbständige‹. Tatsächlich steigt seitdem[7] die Arbeitslosigkeit weitgehend konjunkturunabhängig. Aus dem optionenreichen, selbstbestimmten Leben des Portfolio Worker wird angesichts von Beschäftigungsmangel und Dumpinghonoraren allerdings bald ein fremdbestimmtes Prekariat. Bis heute schreibt sich dieser Trend unter verschiedensten Benennungen – Ich-AG, Hotel Mama, Generation Praktikum usw. – fort.

Mitte der 1990er-Jahre gibt es etliche Modelle, den – damals noch reichen, unverschuldeten – sozialen Wohlfahrtsstaat durch aufkommensneutrale Grundeinkommen auszuweiten. Allein, sie sind politisch nicht exekutierbar und verschwinden in den Schubladen. Aus ihrer Sorge, dass die herkömmliche Arbeit offensichtlich verschwinde, steuern Regierungen dagegen. Das von Handy geforderte neue Denken ist in der Gesellschaft noch nicht angekommen: dass Jobs und Berufsbilder zwar verschwinden, die Arbeit selbst – definiert als nützliche Tätigkeit – aber nicht. Sie werde individueller, weniger formell, daher unsichtbar und nicht länger reglementiert. Jobs sozusagen wieder in die Organisationen hineinzuzwingen, das sei kontraproduktiv[8].

3.2.2 Kundennähe durch Reengineering, Lean Management und strategische Geschäftsfelder

Seit dem Industriezeitalter galten die großen US-amerikanischen Konzerne, die Corporations, als Rollenmodell für die erfolgreiche Wirtschaftsorganisation schlechthin. Wesentlich dazu beigetragen hatte Alfred D. Chandler (1918–2007) 1977 mit seinem Buch *The Visible Hand: The Managerial Revolution in American Business.* Darin argumentierte er, dass die ›unsichtbare Hand des Marktes‹, die nach Adam Smith die Grundlage für Wettbewerbsvorteile und Profite bildet, in den Konzernen durch die »visible hand« ausgefeilter Hierarchien professioneller Manager ersetzt worden sei. Diese würden durch administrative Koordination mehr Profit, Wachstum und Macht generieren als es Marktdynamiken bewirken könnten. [9]

Genau dieser Institution der Hierarchie, insbesondere dem Mittelmanagement sollte es in den 1990er-Jahren an den Kragen gehen. Denn die Corporations mit ihren aufgeblähten Hierarchien und schwerfälligen Entscheidungsprozessen fielen spürbar im Wettbewerb gegen die erstarkte Wirtschaftsmacht der asiatischen ›Tigerstaaten‹ zurück[10]. Von dort kamen in schneller Reihenfolge immer neue, stets qualitätsvolle Produkte, die neue Branchen prägten, vor allem die Unterhaltungselektronik, Foto und Business-Maschinen.

Zwei weitere Bestseller trugen 1990 dazu bei, die Funktion der Hierarchie grundlegend infrage zu stellen. In *Reengineering the Corporation* fordern Michael Hammer und Charles Champy ein radikales Neudesign des Aufgabenvollzugs in Organisationen vom zu erzielenden Kundennutzen rückwärts aufgerollt, das sich auf die Prozesse der Wertschöpfung konzentriere. *Die zweite Revolution in der Automobilindustrie* von Womack, Jones und Roos vergleicht die japanische Autoindustrie in Bezug auf Kosten, Qualität, Innovation, Entwicklungsrate neuer Modelle und Time to Market mit der US-amerikanischen, die damals nur wenige, teure Modelle mit langen Entwicklungszeiten und vielen Qualitätsmängeln auf den Markt brachte. Den entscheidenden japanischen Erfolgsfaktor sahen die Autoren im Toyota-Produktionssystem, das den Fertigungsfluss, die Vermeidung von Verschwendung – z. B. durch übermäßige Lagerhaltung und Transportprozesse – das Empowerment der Mitarbeitenden, verbunden mit rigorosem Streben nach Kundennutzen, Qualität und ständiger Verbesserung in den Mittelpunkt stellte. Während die US-amerikanische Fertigung damals die Teilung der Arbeit in kleinste, monotone Tätigkeiten und deren Koordination, Überwachung und Kontrolle durch viele unterschiedlich spezialisierte Manager praktizierte, organisierten im japanischen Modell kleine, autarke Fertigungsinseln ihre integrierten Arbeitsprozesse teilautonom.

Dieses Konzept der ›*Lean Production*‹ wird in der Folge so rezipiert, dass der Wertschöpfungsbeitrag des Managements grundsätzlich hinterfragt bzw. diesem – als ›Werteverzehrer‹ – sogar pauschal abgesprochen wird. Insbesondere das Mittelmanagement wird in seinem Status demontiert und mit Schmähungen wie »Speckgürtel« oder »Lehmschicht-Lähmschicht« bedacht. Lean Management entwickelt sich in der Folge zu einem allgemeinen Organisationskonzept, das auf alle Branchen und alle Funktionsbereiche, angewandt wird. Es ruft zur Kürzung der Managementebenen verbunden mit dem Empowerment der Mitarbeitenden und einer rigorosen Prozess- und Qualitätsorientierung auf.

Die Antithese zur Hierarchie führt Anfang der 1990er-Jahre auch zu einem neuen Prinzip, nach dem sich Organisationen im Markt aufstellen: den *strategischen Geschäftsfeldern* bzw. Strategic Business Units. In Weiterführung des Konzepts der Spartenorganisation werden voneinander unabhängige Produkt-Marktkombinationen – z. B. Nutzfahrzeuge und PKW bei einem Automobilhersteller – in eigenständige Unternehmen mit Profit- und Loss-Verantwortung und allen notwendigen Funktionsbereichen ausgetöchtert. So will man einerseits der lähmenden Komplexität unüberschaubarer Matrixstrukturen in den Großunternehmen entkommen, andererseits marktnahe Einheiten schaffen, die über eine relativ große Oberfläche zu ihren Kunden vitale strukturelle Kopplungen ausbauen können. Mit einer Idealgröße von 250 Mitarbeitenden sind sie dem Erfolgsmodell der KMUs nachgebaut, in denen Kundennähe, schnelle Entscheidungen, rasche Feedback- und Lernprozesse und unternehmerischer Spirit in schlanken Managementstrukturen die Parameter für Wettbewerbsfähigkeit optimieren.

3.2.3 Shareholder Value und Value Management – Wertschöpfung in verteilten Strukturen

Die Perspektive der Kunden auf die Organisation fokussiert Wertschöpfung, die diese nicht überteuert einkaufen wollen. Die andere Seite derselben Medaille ist die Perspektive der Shareholder, die ihre Gewinnmaximierung und Eigenkapitalrenditen fokussieren. Vor dem Hintergrund des prominenter werdenden Shareholder-Value-Ansatzes und erstarkender Finanzmärkte, die mit neuen spekulativen Produkten hohe Kapitalrenditen versprechen, wird *Value Management* zur Legitimationsbasis für Organisationen. In der praktischen Anwendung dieses ursprünglich umfassenden wertanalytischen Managementkonzeptes, Werte – definiert als Quotienten aus der Befriedigung von Bedürfnissen und den dazu eingesetzten Ressourcen – zu steigern, werden allerdings zunehmend die Bedürfnisse von Kunden und anderen Stakeholdern durch die Bedürfnisse der Shareholder ersetzt.

Bald werden Aktivitäten nicht mehr nur pauschal als wertsteigernd oder Werte-verzehrend bewertet. Vielmehr werden nun genaue Kapitalverzinsungsraten und -perioden expliziert und als Zielvorgabe für das Management gesetzt. Die Aufgabenbereiche werden durchforstet, Kernbereiche, die die vorgeschriebene Kapitalverzinsung erreichen, beibehalten und Spezial- und Sonderleistungen – wie in Handy's Konzept der Kleeblattorganisation beschrieben – an Vertragspartner ausgelagert. Unternehmen reichen die Forderung nach einer Kapitalmarkt-wettbewerbsfähigen Wertschöpfungstiefe an ihre Zulieferer weiter; die Automobilindustrie verbreitet diese Praxis zuerst.

Das Prinzip des Shareholder Value führt aber nicht nur dazu, dass Organisationen ihre Wertschöpfungskette neu organisieren. Der Entfall der politischen Blöcke ermöglicht ab 1990 den Zugang zu Arbeitsmärkten mit Niedriglohnniveau. Eine erste Welle der *Globalisierung* richtet sich darauf, dort Standortvorteile für die Produktion bzw. für produktivitätsrelevante Tätigkeiten zu lukrieren. Nagelneue Fabriken werden geschlossen oder gar nicht erst in Betrieb genommen, weil ein Neubau in der Ex-DDR, Polen oder der damaligen CSSR billiger kommt. So wird erst die Produktion in Billiglohnländer verlagert, dann folgen industrialisierbare Dienstleistungen wie die Personalverrechnung oder die Programmierung. Eine verhängnisvolle Spirale setzt ein: Je mehr Bereiche dorthin verlagert werden, desto kostenintensiver wird der Hauptstandort für die verbleibenden Bereiche.

In Verbindung mit den neuen elektronischen Medien entstehen *neue Formen der Arbeitsteilung:* ›Virtuelle Teams‹ arbeiten über die verschiedenen Zeitzonen des Erdballs zusammen – eine neue Definition von Echtzeit. Apple soll als erstes Unternehmen diese Struktur genutzt haben, um seine Entwicklungszeiten für neue Produktgenerationen radikal zu verkürzen.

Als Folge dieser Entwicklungen stellen sich Organisationen in immer höherem Ausmaß in verteilten Strukturen auf. Der Trend verstärkt sich durch eine Welle von Unternehmenszukäufen und Mergern, über die Unternehmen mehr Marktmacht anstreben und durch die zweite Welle der Globalisierung, die *Internationalisierung*, in der sie über Joint Ventures und Neugründungen Zugang zu den neuen Hoffnungsmärkten, insbesondere in den BRIC[11]-Staaten gewinnen wollen.

Bald sind Organisationen, um ihre Leistungen erbringen zu können, auf vielfältige Weise in weltweit verteilten Kunden-Lieferanten-Ketten untereinander und mit anderen Organisationen verbunden. Es kann passieren, dass Organisation X für Geschäftsfeld A von Organisation Y outgesourcte Werkbank ist, für Geschäftsfeld B Nischen-Lieferant, für Geschäftsfeld C Abnehmer und für Geschäftsfeld D Konkurrent. Organisationen bezahlen für ihre Wertschöpfung in verteilten Strukturen mit einer nie gekannten internen Komplexität von Transaktionen, Koordinationsaufwand und Entscheidungsparadoxien.

3.2.4 Die Professionalisierung der Organisation – neue Funktionen, Systeme, Policies

Auf die schubweise zunehmende Komplexität in ihren Umwelten antworten Organisationen mit der Ausdifferenzierung weiterer interner Strukturen; sie bilden immer neue Aufgabenbereiche, neue Methoden der Arbeitsorganisation, neue Systeme und Policies aus.

Theoretisch erklären lässt sich dieser Trend mit der soziologischen Systemtheorie Niklas Luhmanns. Sie versteht eine Funktion als die systematische, selektive Beobachtung bestimmter Ereignisse bzw. Ereignisklassen[12], um Expertise aufbauen und planen zu können. Durch die Ausdifferenzierung von Funktionen, Systemen und Policies professionalisiert die Organisation ihre Kriterien und Methoden der Selbst- und Fremdbeobachtung; sie baut Expertise auf, an die Kommunikation und Entscheidungen[13] anschließen können. So bauen Organisationen die strukturelle Kopplung zu ihren Umwelten aus und bleiben überlebensfähig.

Dieser Trend, die eigene Verfasstheit zu professionalisieren und zu optimieren, lässt sich bei Organisationen in allen gesellschaftlichen Bereichen beobachten. Seit den 1960er-Jahren und besonders in den letzten zwanzig Jahren, haben über hundert Management- und Organisationskonzepte spezifische – aus der gelebten Praxis erfolgreicher Unternehmen explizierte – Problemlösungszugänge auf Organisationen aller Art verbreitet – auf Krankenhäuser, Schulen und Universitäten, Museen, Verwaltungseinheiten, Parteien usw. Die Unternehmung – der spezifische Organisationstyp des Wirtschaftssystems – wurde so zum Rollenmodell für Organisationen in allen gesellschaftlichen Funktionsbereichen – mit allen Vor- und Nachteilen, die dies mit sich bringt[14].

Das Konsumzeitalter brachte die neuen ›Querschnittsfunktionen‹ Marketing, strategische Planung, EDV, Controlling, Qualitätsmanagement, Personalentwicklung, Organisationsentwicklung mit ihren jeweiligen Systemen. Im Change-Zeitalter gründen sich nun einige in ihrem Selbstverständnis neu und verstehen sich zunehmend als interne Beratungsfunktionen[15] (siehe Kasten). Auch das Selbstverständnis von Führung verändert sich tief gehend.

Im Change-Zeitalter entstehen bzw. verbreiten sich außerdem weitere neue Funktionen wie Projektmanagement, Corporate Development, Corporate Communication, Management Development in eigenen Akademien u. a. m. Gleichzeitig bauen Organisationen ihre Systemperipherie für zahlreiche spezifische Problemlösungen aus: z. B. für Wissensmanagement, Customer Relationship Management, Supply Chain Management, Six Sigma, integriertes Produktionsmanagement, integriertes Anlagenmanagement, Compliance, Risk Management u. a. m. So erarbeiten und verabschieden viele Organisationen eine Reihe von entscheidungsrelevanten Management Approaches bzw. -Politiken zu rahmensetzenden Themen wie Gender, Diversity, Corporate Governance, Sustainability u. a. m.

Veränderungen im Selbstverständnis der internen Beratungsfunktionen im Change-Zeitalter

- Mit der Balanced Scorecard steigen die *Controller* auf einen neuen Beobachtungsmodus um: Neben den klassischen Finanzzahlen sollen über qualitative Zielsetzungen für Innovation, Mitarbeitende und Prozesse sowie die Marktseite gesteuert werden.
- Im *Qualitätsmanagement* kommt es bald zu einer ISO/EN-Normenrevision, die TQM-Gedanken des EFQM-Modells integriert.
- Das *Personalmanagement* definiert sich als strategische Personalentwicklung und wenig später als Human Resources Management und baut neue Systeme wie das Talent, Competencies und Performance Management auf.
- Die EDV heißt längst *IT*; sie wächst immer mehr in die Organisationsstrukturen und wird zunehmend zum Rückgrat der Wertschöpfung: Mit SAP standardisiert und professionalisiert sie Funktionsbereiche wie das Finanz- und Rechnungswesen, Einkauf, Lagerhaltung usw. Neben der Speicherung und Lagerung von Daten übernimmt sie bald auch das Geschäft der Aggregierung und Verteilung von Informationen und entwickelt Informationsarchitekturen und -Systeme.
- Ab Anfang des neuen Jahrtausends versteht sich die Organisationsentwicklung als *Change Management Consulting* bzw. *Inhouse Consulting*.
- Auch das Selbstverständnis der *strategischen Planung* ändert sich.

Schließlich erproben Organisationen eine Fülle von Organisationskonzepten in der Praxis: Outsourcing, Benchmarking, Geschäftsprozessoptimierung, Teleworking, E-Business, Desk Sharing, interkulturelles Management, Design Thinking, Redimensionierung, Flexibilisierung u. a. m.

Die *professionelle Organisation* – die nach den Regeln der Kunst optimierte Verfasstheit für den Aufgabenvollzug – ist heute nicht nur in allen gesellschaftlichen Bereichen Selbstverständlichkeit, sie ist zum Schlüsselfaktor sine qua non im globalen Wettbewerb geworden. Organisationen sind heute hochprofessionelle, komplexe Gebilde. Um es mit einer Metapher auszudrücken: Was zu Beginn des Industriezeitalters als bessere Pferdekutsche entworfen wurde, ist heute ein Ferrari.

3.2.5 Governance – eine transparente Entscheidungsorganisation bauen

Im Change-Zeitalter entstehen und verändern sich nicht nur viele Funktionen, Systeme und Policies in der Organisation, es ändert sich auch das Zusammenspiel der Funktionen mit der Wirkung, dass eine umfassende Entscheidungsorganisation entsteht, eine *Governance*[16]. Denn statt auf singulären Steuerungsaktivitäten, liegt das Augenmerk zunehmend auf dem ›Konstellationsgefüge‹, in dem die Akteure in einer Vielzahl von Steuerungsaktionen zusammenwirken, sich koordinieren und abstimmen. Gute Governance legt die Regelsysteme, die Entscheidungsorganisation fest, die sich als erwartbares Kooperationsmuster manifestiert. Ausgangspunkt dafür sind zwei Entwicklungen: Veränderungen im Selbstverständnis und Status der ›Querschnittsfunktionen‹ und neuartige Steuerungsbedarfe von Organisationen mit hochgradig verteilten Strukturen.

Die vormals Stabsfunktionen, Querschnittsfunktionen, interne Dienstleister, interne Unterstützungsfunktionen usw. genannten Unternehmensfunktionen haben sich über die Jahre von geschmähten ›Gemeinkosten‹ bzw. ›Overheads‹ zu angesehenen Sparringspartnern des Managements entwickelt. Nach ihrem Status als ›Cost Center‹ in den 1980ern steigen sie in den 1990ern zu ›Service Centern‹ auf und werden zu Beginn der 2000er-Jahre zum »Business Partner« geadelt, ein Rollenbild, das Dave Ulrich auf Basis empirischer Erhebungen über erfolgreiche HR-Praktiken 1997 entwickelt hat.

Ausgehend von der Funktion HR übernehmen Funktionen wie IT, Qualitätsmanagement, Organisationsentwicklung, Corporate Development, Unternehmenskommunikation, Revision usw. dieses Selbstverständnis, was den gemeinsamen Nenner deutlich macht: Sie agieren als *interne Beratungsfunktionen*. Zu ihrem Aufgabenportfolio gehören die Bildung und Vorhaltung von Expertise bzw. State of the Art in ihrem Feld, verbunden mit einer gewissen Richtlinienkompetenz, der Aufbau von Systemen und Prozessen, die operative Beratung der Linie bei Entscheidungen und die Edukation des Managements.

Die internen Beratungsfunktionen beobachten die Organisation selektiv aus Sicht ihres Fachgebietes und versorgen sie insgesamt mit einem multiperspektivischen Bündel an organisationsweit geltenden *Entscheidungsprämissen*[17]. Wenn Führungskräfte Entscheidungen treffen, legen sie neben den Entscheidungsprämissen für ihren Bereich – die durch MbO und Incentives darauf ausgerichtet sind, dessen Eigennutzen zu maximieren – auch die Entscheidungsprämissen der internen Beratungsfunktionen zugrunde. Das löst nicht selten Spannungen aus, handelt es sich doch im Grunde um eine von der Hierarchie rückdelegierte Konfliktlinie[18].

Die internen Beratungsfunktionen koordinieren durch ihre organisationsweit gültigen Entscheidungsprämissen die jeweils lokalen Entscheidungslogiken und integrieren sie teilweise sogar, und zwar untereinander und über die Zeit. So entsteht ein Mehr an Koordination und Alignment in Bezug auf organisationsweite Ziele. Diese *Governance-Wirkung* der internen Beratungsfunktionen richtet sich nicht nur auf das Gefüge der Linienfunktionen innerhalb einer Organisation. Sie ist vor allem in komplexen Organisationsverbänden mit Holdingstrukturen, strategischen Geschäftsfeldern, internationalen Standorten, Joint Ventures usw. beobachtbar.

Dort hat sich über die letzten fünfzehn bis zwanzig Jahre ein neuartiges Steuerungsproblem herausgebildet: Die in der ersten Hälfte der 1990er-Jahre gebildeten strategischen Geschäftsfelder haben in enger Kopplung mit ihren Markt- und Kundenumwelten jeweils eine eigene ›evolutionäre Drift‹ vollzogen, d.h. sich ganz unterschiedlich entwickelt: Die einen folgten ihren Kunden in neue Märkte, andere diversifizierten in neue Produkte, gingen Joint-Ventures ein oder fusionierten mit Unternehmen, um deren Kernkompetenzen oder Marktzutritt zuzukaufen usw. Während zu Beginn dieser neuen Strukturaufstellung hinsichtlich kultureller Werte, Entscheidungsprämissen und Steuerungslogiken noch alle strategischen Geschäftsfelder ziemlich äquidistant zu ihrer Holding waren, steht Letztere heute häufig vor dem Problem, ein Portfolio solcher unabhängiger Geschäftsfelder zu managen, das sich als Flickenteppich verstreuter Einheiten mit weit variierenden Steuerungskriterien und -logiken darstellt.

Hier kommen die internen Beratungsfunktionen in der Holding ins Spiel: Sie haben in den letzten Jahren auf Basis ihrer Richtlinienkompetenz grundlegende Politiken für ihre Funktion herausgebracht und das Zusammenspiel zwischen ihren Funktionsträgern in der Holding und jenen, die vor Ort in den strategischen Geschäftsfeldern sitzen, definiert[19]. So lässt sich eine Vielzahl von Steuerungslogiken, Entscheidungsprämissen und Steuerungsimpulsen miteinander in eine transparente und berechenbare *Entscheidungsorganisation* bringen.

3.2.6 Organizational Capabilities als Wettbewerbsfaktor

Schon 1965 plädierte Igor Ansoff dafür, im Rahmen der Analyse der Wettbewerbsstärken eines Unternehmens ein »Capability Profile«[20] zu erarbeiten. Dabei sollte es um die systematische Erhebung von Skills und Ressourcen hinsichtlich der Beziehungen zu relevanten Umwelten, der Integration von Entscheidungsprozessen und der Führung und Kontrolle quer über die Funktionsbereiche gehen. Er unterschied vier Kategorien von Skills und Ressourcen: Anlagen und Ausstattung, die Fertigkeiten der Mitarbeitenden, die »Organizational Capabilities« – z. B. Projektmanagement, Massenproduktion, Large Systems Management, etablierte Standards, Policies und Vorgaben für die Performance der spezialisierten Funktionsbereiche – und »Management Capabilities« – z. B. typische Entscheidungen und Handlungen, die besondere Erfahrungen voraussetzten, wie z. B. die Fähigkeit, mit zyklischen Nachfrageschwankungen oder anderen branchentypischen Wettbewerbsbedingungen umzugehen.

Im Hyperwettbewerb der Globalisierung werden die Organizational Capabilities und Competencies nach Dave Ulrich zur »DNA der Wettbewerbsfähigkeit«[21]. Er meint damit feinstoffliche Fähigkeiten von Organisationen, die sie befähigen, z. B. Talente anzuziehen, sich auf fremde Umwelten einzustellen, schnell und gekonnt auf Veränderungen zu reagieren, Innovationen hervorzubringen, unter hochvolatilen Bedingungen und Komplexität koordiniert zu handeln usw.

3.3 Handreichungen aus dem strategischen Management

Die Methoden der Strategiearbeit im Konsumzeitalter beruhten auf dem Kalkül, Wettbewerbsfähigkeit durch Anpassung an den Markt und Ausnutzung von Potenzialen in bestehenden Märkten zu gewinnen. Dieses Outside-in-Vorgehen führt jedoch in die Paradoxie, dass Innovationen aus dem Blick geraten. Das sprichwörtliche Beispiel dafür ist die Erfindung des Fax-Gerätes, dessen Marktpotenzial in Umfragen als uninteressant eingeschätzt wurde: Warum sollte sich jemand ein solches Gerät hinstellen, wenn doch der Postbote ohnedies die Briefe bringt?

Im Change-Zeitalter erweitert und differenziert sich das Verständnis von Strategie und Strategiearbeit. Mintzberg fordert strategisches Denken statt strategischer Planung und konzipiert Strategie als Bündel möglicher Wirkungen, Hamel und Prahalad stellen Porters Market-based-Ansatz den Resource-based-Ansatz gegenüber und verbreiten das Konzept der Kernkompetenzen. Auch die empirische Beforschung erfolgreicher Unternehmen belegt die Erfolgspotenziale eines auf Ressourcen bauenden Inside-out-Vorgehens.

3.3.1 Wildnis Strategie

In seinem vielbeachteten Buch *The Rise and Fall of Strategic Planning* reitet Henry Mintzberg 1994 eine Attacke auf die analytische strategische Planung, der er vorwirft, strategisches Denken, das inhärent intuitiv, kreativ, synthetisierend, gestalthaft, ganzheitlich sei, de facto zu verhindern. Er fordert, sich mehr damit zu

beschäftigen, wie Strategien entstehen, statt bestehende Strategien in Programme zu gießen, denn Planung kann keine Strategie generieren, sie kann nur bestehende Strategien formalisieren, nur bestehende Schemata reorganisieren aber keine neuen erfinden.

Nach seinen eigenen Untersuchungen beruht der immens komplexe Strategieentwicklungsprozess auf sophistischen, subtilen, oft unbewussten Denkmustern. Häufig werden Strategien nicht absichtvoll verfolgt, sondern emergieren aus den konvergenten Handlungsmustern verschiedener Akteure der Organisation. Zudem sind Strategien oft wirksam und erfolgreich ohne Formalisierung und Planungsprozess.

Später führt er diesen Gedanken mit seinen Koautoren Bruce Ahlstrand und Joseph Lampel im Buch *Strategy Safari* weiter. Auf Basis ihrer Analyse von über 2000 Veröffentlichungen zum Thema erweitern die Autoren das Verständnis von Strategie auf die »fünf P«: Strategie als Plan bzw. Leitfaden, als Positionierung, als sinnstiftende Perspektive, als Pattern, d. h. als gelebtes konsistentes Handlungsmuster, und Strategie als Ploy – als Manöver oder List. Ob ein Unternehmen über eine Strategie verfügt, lässt sich daran ablesen, ob es solche Wirkungen erzielt, nicht am Formalisierungsgrad der Planung.

3.3.2 Der Resource-based-View-Ansatz – Kernkompetenzen als Wettbewerbsvorteil

1990 stellen Coimbatore K. Prahalad und Gary Hamel ihr Konzept der Kernkompetenzen[22] vor, in dem sie die Basis für Wettbewerbsfähigkeit eines Unternehmens in dessen Ressourcen verorten und für einen ressourcen-basierten Ansatz in der Strategiearbeit plädieren.

Der Ansatz, Unternehmen als ein Bündel materieller und immaterieller Ressourcen zu verstehen, stammt ursprünglich (1959) von Edith Penrose. Der Begriff Ressource hat bei ihr eine doppelte Bedeutung: Er bezeichnet einerseits wettbewerbsrelevante Güter und andererseits die Art und Weise, wie diese Güter in einem spezifischen Kontext eingesetzt werden, um zu produzieren. Wachstum entsteht, wenn Ressourcen produktiv gestellt werden, was zu neuen Ressourcen in Form von Wissen und Erfahrungen führt.

Von allen Ressourcen des Unternehmens sehen Prahalad und Hamel dessen *Kernkompetenzen* als besonders wettbewerbsrelevant an. Sie definieren eine Kernkompetenz als ein Bündel von Fertigkeiten und Technologien, die ein Unternehmen befähigen, Kunden einen ganz besonderen überproportionalen Nutzen bereitzustellen und zudem das Potenzial für neue Produkte und Märkte zu bieten, wenn sie ausgebaut werden. Kernkompetenzen sind ein frühes, kaum zu kopie-

rendes Alleinstellungsmerkmal im Wettbewerb. Aus all diesen Gründen sollen Kernkompetenzen eine zentrale Rolle in der Strategiearbeit eines Unternehmens spielen; sie sind Gateways zu Zukunftsoptionen.

Der erste Schritt besteht darin, eine Kernkompetenz überhaupt zu erkennen, denn zwar eröffnen alle Kernkompetenzen potenzielle Wettbewerbsvorteile; nicht alle Wettbewerbsvorteile weisen jedoch auf ausbaufähige Kernkompetenzen hin. Eine Kernkompetenz mag mit dem Kerngeschäft zu tun haben; sie kann aber auch Bereiche betreffen, die nichts mit dem Kerngeschäft zu tun haben. Einerseits können Kernkompetenzen immer werthaltiger für das Unternehmen werden, je mehr sie eingesetzt und ausgebaut werden, andererseits können sie aber mit der Zeit ihren strategischen Wert einbüßen. Auch das Kriterium der Nicht-Kopierbarkeit ist mitunter schwer zu erfüllen.

In den Anfangszeiten der Mobilfunkbranche bestand die Kernkompetenz eines Unternehmens beispielsweise in der – mit der Kerntätigkeit hoch korrelierenden – Kernkompetenz, Standorte für einen rauschfreien Empfang zu akquirieren; die eines anderen Unternehmens bestand darin, prompt fehlerfreie Abrechnungen auch über Minimalbeträge zu legen, während Mitbewerber mit jeder monatlichen Abrechnung die davor liegenden Abrechnungsperioden neu aufrollten und saldierten. Aus beiden Kernkompetenzen lassen sich strategische Wettbewerbsvorteile und/oder neue Produkte oder Märkte ableiten. Die erste, Kerngeschäfts-nahe Kompetenz könnte z. B. eine Kannibalisierungs-Strategie begründen, bei der durch Aufkauf günstiger Standorte Mitbewerber ausgeschaltet und dem eigenen Unternehmen Strukturen für späteres Wachstum gesichert würden. Die zweite, Kerngeschäfts-ferne Kompetenz könnte zur Entwicklung völlig neuer Dienstleistungen und Märkte führen, die das Handy als neues Bezahlungsinstrument ausbauen – für Parkscheine, Flugbuchungen, Interneteinkäufe usw.

Die Praxis zeigt, dass die Identifizierung, Fokussierung und Verfolgung von Kernkompetenzen zukünftige Wettbewerbsvorteile erschließen kann. Inwieweit sich Alleinstellungsmerkmale allerdings auf Dauer stellen lassen, inwieweit sie wirklich nicht kopierbar und nicht ersetzbar bleiben können, ist eine andere Frage. Es zeigt sich zudem, dass sich die Regeln des Marktes – in der Mobilfunkbranche durch Freigabe von Frequenzen durch den Regulator – immer wieder ändern und das Spiel neu aufmischen.

3.3.3 Der Wettbewerb um die Zukunft

Genau diesen Aspekt nehmen Hamel und Prahalad 1994 in ihrem Bestseller *Competing for the Future* auf: Sie propagieren ein radikales Strategieverständnis auf Basis des Ressourcen-basierten Ansatzes, das darin gipfeln soll, die Regeln in der

eigenen Branche neu zu schreiben, neue Branchen zu begründen und entstehende Branchen zu entwickeln.

Dabei starten sie mit einer Kritik an der Praxis des Topmanagements, das nach der »40/30/20-Regel« nur 40 % seiner Zeit auf Dinge außerhalb des eigenen Unternehmens verwendet, davon nur 30 %, um drei, vier, fünf Jahre oder länger vorauszuschauen, und davon wiederum nur 20 %, um eine kollektive Sicht der Zukunft zu entwickeln. Letztlich widmet es also nur 3 % seiner Aufmerksamkeit, um eine Zukunftsperspektive für das Unternehmen zu entwickeln.

Den Grund dafür sehen sie darin, dass schwierige Fragen ohne klare Antworten den Glauben erschüttern würden, das Topmanagement habe alles unter Kontrolle und wisse, wo es langgehe. Als Folge dieser Dynamiken bleibe die Zukunft weitgehend unerforscht, Innovationspotenziale verstrichen ungenutzt, und die Fähigkeit zu handeln – statt die, zu denken und Vorstellungen zu entwickeln – bleibe die einzige Handlungsmaxime für Leadership. So bleibe Management passiv, warte, bis Probleme im Markt dringlich werden und greife dann zum Rotstift. Reengineering und Downsizing können aber nur Fehler der Vergangenheit ausbügeln, damit könne man bestenfalls Zeit kaufen, aber nicht die Zukunftsmärkte entwickeln.

Strategiearbeit im Wettlauf um die Zukunft benötigt nach Hamel und Prahalad Zweierlei: eine Strategie-Architektur, um die notwendigen Ressourcen und Strukturen aufzubauen und einen ehrgeizigen strategischen Willen, eine emotionalisierende, energetisierende Zielsetzung. Beides muss von den Organisationsmitgliedern verstanden und langfristig eine spürbare Spannung, einen Zug, auslösen: Strategic Stretch durch Strategic Intent – statt Strategic Fit im alten Outside-in Denken.

Es sei Kernaufgabe des Topmanagements, einen Prozess zu organisieren, der das kollektive Wissen in der Organisation zusammenführt, um sich mit dem Business-Modell für morgen auseinanderzusetzen: Wer wird morgen unser Kunde sein? Über welche Kanäle werden wir die Kunden von morgen erreichen? Wer werden dann unsere Konkurrenten sein? Was werden unsere grundlegenden Wettbewerbsvorteile sein? Woher kommen künftig unsere Profitmargen? Welche Fähigkeiten und Fertigkeiten werden uns in Zukunft einzigartig machen? Wie soll unsere Branche in fünf bis zehn Jahren aussehen?

So entstehe – durch tiefe Erkenntnisse aus Trends bei Technologien, Demografie, Regulierungen, Lifestyles usw. – *Foresight, Voraussicht,* die nutzbar gemacht werden kann, um die Regeln der Branche umzuschreiben und neue Räume des Wettbewerbs zu erschließen. Voraussicht ist nicht Vision; nicht die Träume oder Erscheinungen des Topmanagements führten in die Zukunft, sondern die vom Topmanagement erfasste, in der Organisation existierende Voraussicht. Dies lasse sich nur über den nachhaltigen, laufenden Austausch in der Organisation bewerkstelligen, nicht über einmalige Hauruck-Aktionen.

Wenn hinreichend verstanden ist, worin sich der Wettbewerb morgen vom heutigen unterscheidet, geht es darum, ein *Ressourcenportfolio* zu erstellen: Welche Zukunftspotenziale können wir mit unseren bestehenden Fertigkeiten und Kompetenzen erschließen? Mit welchen Kompetenzen haben wir Alleinstellung wofür, was können wir, was andere nicht können? Welche Kompetenzen müssen wir ausbauen oder neu entwickeln?

Der Wettbewerb der Zukunft unterscheide sich von dem der Gegenwart dadurch, dass in ihm die Marktplätze nicht strukturiert, die Regeln des Marktes noch nicht geschrieben sind. Strategisches Denken kann sich deshalb nicht auf Produkte, Dienstleistung und konkrete Geschäfte richten; vielmehr gehe es darum, sich die Zukunft der Branche auszumalen und sie dann zu kreieren.

Dabei gehe es in einer nächsten Phase darum, die Entwicklung der Branche zu beeinflussen bzw. neu entstehende Branchen zum eigenen Vorteil zu prägen. Dazu braucht es neue Leitprodukte, die neue Märkte erschließen, die Edukation der Kunden und viel Kommunikation mit der Öffentlichkeit. Organisationen, die Zukunft kreieren, hören nicht auf die Wünsche, die Kunden heute artikulieren. Sie führen ihre Kunden nicht nur zu dem, was diese eigentlich – ohne es zu wissen – wollen, vielmehr versetzen sie ihre Kunden immer wieder in Erstaunen und verzaubern sie.

Eine neue Branche zu kreieren bzw. die Regeln einer Branche umzuschreiben, ist ein langsamer Prozess. In Analogie zum Evolutionsprozess, der auf kleinen, ungeplanten genetischen Veränderungen beruht, müssen Organisationen dazu bewusst immer wieder ihren *›genetischen Code‹* umschreiben. Damit sind die mentalen Modelle gemeint, die Annahmen und Prämissen, die Manager über die eigene Branche haben. Sie umfassen Glaubenssätze, Werte, Normvorstellungen darüber, wie Menschen am besten zu motivieren sind, das richtige Verhältnis von Kooperation und Konkurrenz, die Gewichtung von Shareholder-, Kunden- und Mitarbeiterinteressen usw. Wenn sich die Umwelten schnell verändern, können die bestehenden mentalen Modelle überlebensbedrohlich werden. Was aus der Vergangenheit kann uns in die Zukunft katapultieren und was ist Übergepäck, von dem wir uns trennen sollten?

Hamel und Prahalad entwickelten ihre Konzepte, als die Leitsterne erfolgreicher Unternehmen aus dem Konsumzeitalter – die auf Massenproduktion und Marketing beruhenden Consumer Goods und Markenartikel-Unternehmen – verblichen, aber noch Jahre bevor die neuen Leitsterne des Change-Zeitalters erstrahlten. Tatsächlich haben hochinnovative Unternehmen wie Microsoft, Apple, Google, Gore, Facebook u. a. m. mit ihren Produkten erst ihre Branchen geschaffen.

3.4 Organisationskonzepte für das Management

Von den vielen neuen Organisationskonzepten, die im Change-Zeitalter entstehen, werden die meisten in der einen oder anderen Form in die Funktionen, Systeme und Policies der Organisation eingearbeitet und rahmen alltäglich Verhalten und Entscheidungen von Führung.

Andere Konzepte müssen dem Management als eine Art Allgemeinwissen nahegebracht bzw. vermittelt werden, damit dieses sie als Beobachtungs- und Reflexionskriterien einsetzt. Die Vermittlung dieser Inhalte passiert zunehmend in den internen Akademien der Organisationen bzw. in regionalen Schulungsverbänden, in denen sich kleinere Unternehmen zusammengeschlossen haben, oder auch über Managementliteratur und Consultants. Im Folgenden seien die wesentlichen Konzepte aus diesem Zeitalter angeführt, die heute – noch oder in zunehmendem Maß – Thema sind.

3.4.1 Change Management

Angesichts des hohen Veränderungsdrucks – durch Umstrukturierungen, Reengineering, SAP-Einführungen, Merger, Joint Ventures, immer kürzere Produktlebenszyklen u. a. m. – wird es immer wichtiger, dass Organisationen Störungen schnell verarbeiten, neue mentale Muster ausprägen und schnell wieder Koordination und Leistungsfähigkeit gewinnen. Das Thema geplanter und effektiver Wandel, *Change* genannt, gewinnt Priorität auf der Management-Agenda.

Change Management definiert geplanten Wandel als Prozess, in dem Top-down vorgegebene Veränderungsziele einen engen ›Kanal‹ definieren, für den die Betroffenen Bottom-up Umsetzungen entwickeln sollen. Es handelt sich im Wesentlichen um einen typischen organisationspsychologischen Prozess, bei dem es letztlich darum geht, in sozialer Interaktion miteinander die gegebene Wirklichkeit neu zu verstehen, zu interpretieren und neue kollektive Kommunikations- und Handlungsmuster auszuprägen. Die Gestaltung dieses Prozesses verlangt Führungskräften ein neues Rollenverständnis und gewisse Skills ab. Ab 1992 verbreitet sich im deutschsprachigen Raum das ›Change Management‹ und gleichlautende Bestseller[23] bringen das Management auf Augenhöhe; bald gibt es so viel Literatur zum Thema Change wie allgemeine Führungsliteratur.

Kurt Lewin, der Begründer der Forschungen zur Organisationsentwicklung beschrieb schon 1947 Change als einen dreistufigen Prozess[24] (siehe S. 10): In der »Unfreezing-Phase« gehe es darum, Trägheit und Widerstand zu überwinden und das bestehende Mindset bewusst und explizit zu machen. Die »Move-Phase« sei eine Transition: Bestehende Handlungsmuster lösen sich auf, ohne dass noch klar ist, welche von vielen, neu emergierenden Mustern an ihre Stelle treten werden. Letztere kristallisieren sich erst in der »Freeze-Phase« heraus, wo sich ein neues Mindset festige.

Wenn es um die gezielte Gestaltung dieses Prozesses geht, lehnt sich die Theorie vor allem an das Modell des Überbringens schlechter Nachrichten[25] an und überträgt die dort beschriebenen Psychodynamiken auf Organisationen. Die besondere Aufgabe von Führungskräften in Change-Prozessen bestehe darin, den kollektiven Affektlagen, die sich in den verschiedenen Phasen entfalten, angemessen zu begegnen.

Andere Konzepte von Change Management stellen die Management-Agenda für die Phasen des Change-Prozesses auf. So unterteilt John P. Kotter 1996 acht Phasen mit acht Aufgabenschwerpunkten: ein Gefühl der Dringlichkeit vermitteln, eine Koalition zur Führung des Wandels organisieren, die Vision des Wandels schaffen, die Vision anderen vermitteln, Mitarbeitende zum Handeln befähigen, Quick Wins sichtbar machen, Konsolidieren und weitere Veränderungen herbeiführen, die neuen Ansätze in der Kultur verankern.

Bis Ende der 1990er-Jahre verlaufen Change-Prozesse in aufwendigen Parallellstrukturen zum Business nach der Logik des Projektmanagements. Nach dem Motto »Die einzige Konstante ist die Veränderung« durchlaufen die meisten Organisationen wiederholt solche großen Change-Prozesse. Bald bauen die großen Unternehmen interne Beraterstäbe auf, um – zumindest in der langen Roll-out-Phase – teure Beraterhonorare zu sparen. Gleichzeitig greifen Organisationen Themen mit Change Impact[26] immer früher auf und bearbeiten sie, bevor sich ein großes Anpassungsdelta aufbauen kann.

3.4.2 Wenn fünf Disziplinen zusammenkommen – die lernende Organisation

1990 brachte Peter Senge am MIT das Buch *The Fifth Discipline. The Art and Practice of the Learning Organization* heraus. Daran hatte ein Team von Forschern, Beratern und Praktikern aus dem Management mitgearbeitet, u. a. Chris Argyris, einer der frühen Gruppendynamiker.

Wie es das Zusammentreffen von fünf Diziplinen erforderte, bis Maschinen fliegen konnten, so werden auch Organisationen erst fähig, diejenigen Ergebnisse zu erzielen, die sie wirklich anstreben, wenn sie fünf Kompetenzen aufweisen:

- Das Streben nach *Personal Mastery* ihrer Führungskräfte, d. h. das Streben nach Meisterschaft bzw. professionellem Können ihrer Führungskräfte. Dem liegt die immerwährende Klärung und Vertiefung ihrer persönlichen Vision zugrunde, verbunden mit einem ungetrübten Blick auf die gegenwärtige Realität und dem ›langem Atem‹.

- Aufbau und Pflege einer *geteilten Vision* (Shared Vision), die implizit geteilte Bilder der Zukunft freilegt und wirkliches Commitment und Einsatz nährt.
- Die *Reflexion mentaler Modelle*, tief verwurzelter Verallgemeinerungen und Vorstellungen, die der Wirklichkeitskonstruktion und dem Handeln der Organisationsmitglieder zugrunde liegen.
- *Team Learning* – die besondere Kompetenz von Teams, zu lernen. Grundlage dafür ist die Beherrschung unterschiedlicher Kommunikationsformate und insbesondere der bewusste Umstieg zwischen Diskussion und Dialog je nach Erfordernis der Situation. Besonders wichtig für Lernen ist die Kunst des Dialogs, in dem sich die Beteiligten – trotz Anspannung durch eigene Erklärungsmodelle – auf einen offenen Prozess der Erkundung einlassen, der zu neuem kollektivem Wissen führt.
- Das Denken in Systemzusammenhängen, Regelkreisen und Vernetzungen, das Senge »*Systems Thinking*« nennt. Als langjähriger Schüler und Assistent von Jay Forrester führt Senge hier die Prinzipien der Kybernetik ein. Am Beispiel der Blase um den Hype mit dem schließlichen Nachfrage-Zusammenbruch für ein neues Szene-Bier zeichnet er ›archetypische‹ Dynamiken in Entscheidungskontexten nach.

Weitere Veröffentlichungen zum Thema lernende Organisation und Change Management und die Gründung der SOL, Society for Organizational Learning, eines sehr großen internationalen Netzwerkes von Wissenschaftern, Beratern und Führungskräften haben dazu geführt, dass das Konzept der lernenden Organisation heute weltweit verbreitet ist.

3.4.3 Innovation und Intrapreneurship

Im Change-Zeitalter wird der Wettbewerb nicht nur schneller und härter; es werden auch bislang grundlegende Prämissen wie die Produkt-Lebenszykluskurve obsolet. Jetzt verdienen Unternehmen ihr Geld in der frühen Phase des Produktlebens. Nur die Fähigkeit, Markt und Mitbewerber unablässig mit Innovationen zu überraschen, sichert Wachstum. Die Welt wird zur dicht besiedelten Petrischale, in der nur noch diejenigen Bakterien wachsen können, die sich am schnellsten vermehren und noch nicht auf Immunitätsbarrieren treffen[27]. Gleichzeitig befindet sich Führung nach Jahren immer höherer, kurzfristiger Gewinnvorgaben, ständig steigender prozentueller Wachstumsvorgaben und immer kürzerer Verträge im Topmanagement in einem mentalen Dauerzustand der Defensive. Jetzt wird schmerzhaft spürbar, wie dringend die Organisation Innovation und unternehmerische Initiative vermisst.

Die Forderung nach Innovation wird an das Mittelmanagement delegiert; aber gerade dort haben die Jahre der Beschränkung auf das Kerngeschäft, der Rotstifte, der immer radikaleren Zurichtung der Organisation auf Effizienz tiefe Spuren hinterlassen: Die Mitarbeitenden müssen in hochverdichteten Arbeitszusammenhängen konstant hohe Leistungen erbringen. Hier soll nun Intrapreneurship entstehen, sollen innovative Mitarbeitende motiviert werden, sich wieder als ›ganze‹ Menschen mit allen Begabungen und Ambitionen einzubringen, sich dem Unternehmen mit Haut und Haar zu verschreiben – und trotzdem ihre Work-Life-Balance in Ordnung halten.

Der Prozess einer *Innovation* beginnt mit einer Erfindung, der Invention, die bis zum Prototypen entwickelt wird. Erst nach dessen Durchsetzung am Markt, Diffusion genannt, spricht man von einer Innovation. Sie kann technische Felder betreffen, z. B. das iPad, organisatorische, z. B. Desk Sharing, institutionelle, z. B. E-Government oder soziale, z. B. Sozialmärkte. Drei Wege können zur Invention/Innovation führen:

- der reine Zufall, bei dem sich durch ›Querdenken‹ eine Produktidee ergibt; ein Beispiel dafür ist der nicht haftende Klebstoff von 3M, der zur Innovation der Klebezettel führte,
- die systematische Entwicklung von Lösungen für Produktfunktionalitäten nach der Logik des Quality Function Deployment
- und die plötzliche Erkenntnis, der innovative Sprung, wie er in der Anekdote von Archimedes, der in der Badewanne sitzend, plötzlich erkannte, wie das spezifische Gewicht von Gold – über die Wasserverdrängung – zu messen sei. Voraussetzung für den innovativen Sprung ist allerdings nicht der ungewöhnliche Kontext – hier des Badens. Vielmehr trägt ein Entrepreneur ein Problem als sein persönliches über lange Zeit suchend mit sich herum; immer neue Kontextbezüge regen sein sein emotionales Erfahrungsgedächtnis zu vielfältigen, unbewussten Szenarien an, bis eines Tages eine wirkliche Erfindung zutage tritt. Die großen Erfindungen des Change-Zeitalters wie die Erfindungen aus dem Hause Apple sind dieser Kategorie zuzuordnen.

Man unterscheidet zwischen Radikalinnovationen, die das Potenzial haben, neue Branchen zu kreieren, und Inkrementalinnovationen. Organisationen suchen nach Radikalinnovationen. Wenn sie Innovation fördern wollen, setzen sie allerdings meist auf Optimierungsmethoden, insbesondere auf die Methodik des Quality Function Deployment, die in den letzten Jahren unter dem neuen Label *Design Thinking* Einzug in Unternehmen gehalten. Dabei wird der gesamte Prozess von der Konzeption einer Idee über die Suche von Lösungen bis zur Entwicklung eines Prototypen nach der Praxis des in den frühen 1970er-Jahren von Toyota verwendeten Entwicklungstools des »House of Quality gestaltet«[28]. Das heutige

Design Thinking wurde vor allem durch die kalifornische Firma Ideo bekannt, die es als Marke »Human Centered Design« hält.

3.4.4 Interkulturelles Management

Die Globalisierung hat das Thema des interkulturellen Managements mit sich gebracht: Einerseits ist Business in anderen gesellschaftlichen Kontexten zu managen, andererseits sind auch am Heimatstandort zunehmend multikulturelle Belegschaften zu führen. Führung muss über die Kulturen hinweg koordinieren und Leistung erzielen, ja sie sollte im günstigsten Fall in der Lage sein, kulturelle Unterschiede in Einstellungen, Überzeugungen und Werthaltungen als Chancen zu erkennen und produktiv zu stellen.

Die Herausforderungen an Führungskräfte bestehen darin, den eigenen Kulturanthropozentrismus zu erkennen, fremde Kulturen in ihren mentalen Strukturen dekodieren, verstehen und vor allem innerlich akzeptieren zu können, die Kultur der eigenen Organisation in fremden Ländern erhalten und aufbauen zu können und bei all dem als Person authentisch, stabil und lernfähig zu bleiben. Dazu kommt, dass Auslandsaufenthalte in anderen Kulturen meist massiv in das Privatleben hineinwirken; der Kleinfamilie werden ähnliche Lernleistungen abverlangt. Sie kann dabei zum Stützsystem werden oder zum destabilisierenden Faktor.

Seit Beginn der Globalisierung hat die Managemententwicklung das Thema des interkulturellen Managements auf der Agenda. Am Anfang der Entwicklungen stand dabei die Vermittlung länderkundlicher Folklore, z. B. bezüglich der Gepflogenheiten bei der Übermittlung von Visitenkarten. Bald wurde aber klar, dass sich interkulturelle Kompetenz nicht durch das Lernen von Verhaltenscodes vermitteln lässt, sondern ein tieferes Verstehen der dahinterliegenden Kulturen voraussetzt. Im ›Trockentraining‹ von Managementcurricula wird dies meist über Appelle an Meta-Haltungen wie Offenheit, Neugierde, allgemeine Wertschätzung usw. sowie Reflexionsleistungen im Anschluss an Fallstudien und Erfahrungsberichte im Rahmen von Kamingesprächen zu erreichen versucht. Auch die Erkenntnisse der Managementtheorie werden für dieses Thema intensiv nachgefragt; einen nützlichen Überblick für Praktiker gibt das Taschenbuch von Hickson und Pugh (2001).

Zum Thema interkulturelles Management gibt es auch viel Grundlagenforschung. So widmen sich die von Robert House an der Universität von Pennsylvania initiierten GLOBE-Studien (*G*lobal *L*eadership and *O*rganizational *B*ehaviour *E*ffectiveness) der Frage: Gibt es einen international effektiven Führungsstil?[29] Ein Ergebnis ist, dass die Dimensionen Veränderungs-/Verbesserungsorientierung,

Teamorientierung, Partizipation, Humanorientierung in allen Kulturen als fördernd für wirksame Führung gesehen werden, die Dimensionen Autonomieorientierung und Autoritätsorientierung aber große Unterschiede sichtbar machen: In einer Mehrzahl von Kulturen werden diese Dimensionen als behindernd für wirksame Führung erachtet, in anderen als hilfreich.

Als ein weiteres Ergebnis haben diese Studien Profile für Landes- und Organisationskulturen dargestellt und zehn Kulturstile identifiziert: Ost-Europa, Latein-Amerika, Latein-Europa, Konfuzianisch-Asien, Nordisch, Anglo, Sub-Sahara-Afrika, Süd-Asien, Germanisch und Mittlerer Osten; sechs davon wurden – in einer Matrix mit den Achsen Veränderungs-/Teamorientierung und Autoritätsorientierung – im europäischen Raum verortet, die veranschaulicht, wie kompatibel, wie ähnlich oder unähnlich Landeskulturen in einer globalen Wirtschaft zueinander sind.[30]

Andere Managementtheoretiker vertreten die These, dass im Zuge der Globalisierung das Management selbst eine eigene weltweite Professionskultur etabliert habe, die für die Wirksamkeit von Führung inzwischen entscheidender sei als der Einfluss der jeweiligen Länderkulturen[31]. Dem widersprechen die Ergebnisse der GLOBE-Studien: Der Gesellschaftskultur des Landes kommt eine zehnmal stärkere Vorhersagekraft für die tatsächliche Organisations- und Führungskultur zu als dem Businesskontext.[32] Andererseits werden firmenspezifische Kulturen, die sich an den universellen Führungsmerkmalen orientieren, laut GLOBE in allen Ländern hoch geachtet und respektiert.

Effektives interkulturelles Management setzt voraus, dass Führungskräfte einerseits kulturspezifische Überzeugungs- und Wertesysteme verstehen, insbesondere die für Organisation und Führung relevanten gesellschaftskulturellen Werte, und andererseits die kulturspezifischen Erwartungen an effektive Führungskräfte kennen. Diese Kompetenzen werden oft in frühen Erfahrungen mit anderen Kulturen geprägt. ›Drittkulturkinder‹ (Third Culture Kids) [33], die in einer anderen Kultur aufgewachsen sind als ihre Eltern oder aufgrund zahlreicher Umzüge in verschiedene Länder andere Kulturen erlebt haben als die, in der sie schließlich leben, fühlen sich oft keiner spezifischen Landeskultur zugehörig. Sie haben ihr eigenes kulturelles Werte-Set – eine Drittkultur – ausgeprägt, das sie befähigt, sich erstens mit anderen Third Culture Kids schnell zu verständigen und zweitens leichter Zugang zu wiederum anderen, auch für sie neuen Kulturen zu finden. Es fällt ihnen leicht, mit Menschen aus anderen Kulturkreisen Kontakt aufzunehmen und sich schnell auf neue Situationen einzustellen. Sie überzeugen häufig durch ein kosmopolitisches Auftreten und differenziertes Wahrnehmen, Denken und Reflektieren.

In diesem Sinn plädiert Henry Mintzberg für die Ausprägung eines »Worldly Mindsets« als Ziel eines Leadership Development. Damit ist die Fähigkeit gemeint, sich in Umgebungen mit unterschiedlichen Wirklichkeitskonstruktionen bewegen zu können (siehe S. 158).

3.4.5 Resilienz und Mindfulness in hoch zuverlässigen Organisationen

Schon 1989 hatte Charles Handy in seinem Buch *The Age of Unreason* die Geschichte vom Frosch, der sich kochen lässt, erzählt: Gibt man einen Frosch in Wasser und erhitzt dieses langsam, wird er schläfrig und lässt sich kochen; würde man ihn hingegen in heißes Wasser werfen, würde er augenblicklich wieder herausspringen. Handy zieht die Parallele, dass wir Menschen auf kleine Veränderungen wachsam reagieren müssen, damit es uns nicht geht wie dem Frosch im lauwarmen Wasser.

Für Organisationen ist diese Warnung in besonders hohem Maß angebracht, fordert doch der übliche Management-Kreislauf nach dem Modell des Plan-Do-Check-Act explizit dazu auf, Abweichungen schnell gegenzusteuern um die gesetzten Ziele zu erreichen. Diese Praxis zielt darauf ab, kleine Abweichungen möglichst schnell zum Verschwinden zu bringen.

Genau das Gegenteil ist typisch für hoch zuverlässige Organisationen, die Störungen und Existenzbedrohungen gegenüber eine hohe Widerstandskraft, eine *Resilienz,* entgegenbringen: Sie zeigen eine ausgeprägte Aufmerksamkeit für kleine Abweichungen, und gehen diesen sofort nach.

2001 brachten Karl Weick und Kathleen Sutcliffe ihr Buch *Managing the Unexpected* heraus, in dem sie ihre Theorie der *High Reliability Organisations* (HRO) vorstellten. Sie hatten dazu Fallstudien bei verschiedenen Organisationen, wie z. B. einem Flugzeugträger, Atomkraftwerk, Feuermeldezentrum und der Intensivstation eines Kinderkrankenhauses, ausgewertet. Gemeinsam ist all diesen Organisationen, dass sie zwar hochkomplexe technische und soziale Abläufe bedienen müssen, aber jeder Fehler unmittelbar eine Katastrophe auslösen würde. Wie lässt es sich erklären, dass sie fehlerfrei operieren, obwohl sie nie die Möglichkeit hatten, aus Fehlern zu lernen?

HRO teilen fünf unternehmenskulturelle Merkmale: Sie beschäftigen sich intensiv mit Fehlern und halten de facto ständig danach Ausschau. Sie haben eine Abneigung dagegen, Zusammenhänge vereinfachend zu interpretieren und gehen den Dingen lieber auf den Grund. Sie sind auch bei Alltagstätigkeiten aufmerksam und reagieren auf kleine Signale, sie sind hoch engagiert, um Störungen zu vermeiden bzw. unmittelbar auszugleichen und geben technischer bzw. professioneller Expertise einen hohen Stellenwert. Sie sind quasi geeicht darauf, Störungen vorherzusehen und ihnen sofort vorzubeugen.

Wachsamkeit und Präsenz aller Mitarbeitenden erzeugen eine besondere Qualität von ständiger Aufmerksamkeit, die Weick und Sutcliffe »Collective Mindfulness« nennen; daraus entwickeln sie das Konzept des »Mindful Organizing«. Das bezeichnet die grundsätzliche Einstellung, mit der Menschen zusammenarbeiten und dabei ständig ein Verständnis der gegenwärtigen Situation entwickeln und schärfen. So reagieren sie vorausschauend und hochzuverlässig auf unerwartete Ereignisse, auf die eine Organisation nie mit geplanten Maßnahmen reagieren könnte.

Die organisationstheoretische Begründung für diese Widerstandsfähigkeit gegen Störungen hatte Karl Weick schon 1976 in seinem Konzept des *Loose Coupling* bzw. Tight Coupling vorgelegt. Mit Kopplung ist hier gemeint, wie weit Systeme durch Verbindungen aufeinander Einfluss nehmen können. In eng gekoppelten Systemen können Störungen in einem System weitreichende Folgen auf das andere System haben. In lose gekoppelten Systemen, die wenig gemeinsame Variablen haben bzw. einander wenig beeinflussen, bleiben Störungen jedoch relativ begrenzt.[34] Systeme, die von unvorhersehbaren Umwelten umgeben sind, sollten lose gekoppelt sein, damit sich in ihnen eine angemessene interne Varietät aufbauen kann. Es ist gerade die Ambiguität, die Mehrdeutigkeit von unerwarteten Reizen aus der Umwelt, die die Kontingenz von Reaktionen erhöht.[35]

Eng verbunden mit dem Hype um Resilienz und HRO-Organisationen ist auch das Konzept der *Achtsamkeit*. Darunter versteht man einen bestimmten Bewusstseins- und Wahrnehmungszustand, eine Präsenz, die sich durch Neugierde, Wertschätzung des Gegebenen und Offenheit auf das gegenwärtig Erfahrbare richtet. Das Konzept wurde in der Folge verstärkt für individuelle Trainings im Zusammenhang mit Stressabbau verwendet; kollektive Achtsamkeit würde sich aus der Summe solcher individueller Aufmerksamkeitsleistungen ergeben.

Was bei der Rezipierung der Modelle von Weick und Sutcliffe übersehen wird, ist, dass die Arbeitsabläufe in den untersuchten HRO die meiste Zeit über monton, stabil und ereignisarm sind. Es wurde einerseits zwar als kulturelle Leistung hervorgehoben, von dieser Gleichförmigkeit nicht schläfrig zu werden – wie dies z. B. dem eingangs erwähnten Frosch passiert. Andererseits heben sich vor einem solchen Alltag kleine frühe Signal auch deutlicher ab.

In den meisten Organisationen ist die Arbeit heute so verdichtet, dass die Aufmerksamkeit der Menschen ständig vollkommen ausgelastet ist und sie, rein hirnphysiologisch betrachtet, schwache, frühe Signale nicht wahrnehmen können. Auch sind die Teilsysteme in Organisationen heute meist eng aneinander gekoppelt – durch eine Fülle von Vorschriften, Feedbackschleifen usw. und als Folge wiederholter Prozessoptimierungen, die die Prozesse immer enger und weniger redundant ausgelegt haben. Es wird zwar appelliert an die Eigeninitiative und Flexibilität der Personen; die strukturellen Rahmenbedingungen entsprechen aber einem Tight Coupling.

3.4.6 Managing Complexity

In dem Maß, wie die Entwicklungen in den Umwelten der Unternehmen volatiler werden, erodieren Entscheidungsprämissen, wächst Unsicherheit, und es wird schwieriger, langfristige Entscheidungen zu treffen. Organisationsstrukturen sind inzwischen so aufgefächert, ineinander verwoben und unüberschaubar geworden, dass die komplexen Abstimmprozesse alltägliche Entscheidungsvorgänge lähmen und oft genug ins Entscheidungspatt führen. Komplexitätsmanagement ist die neue Herausforderung.

Aktuell hat das Thema *Komplexität* Bekanntheit erlangt durch das VUCA-Modell, das vor dem Hintergrund sich verändernder Kriegsführung im militärischen Bereich entwickelt wurde.[36] Das Akronym VUCA steht für die vier Herausforderungen: Volatilität angesichts immer beschleunigteren Wandels, Ungewissheit, Komplexität (Complexity) angesichts vielfältiger Entscheidungsfaktoren, und Ambiguität, weil es für viele Probleme keine ›richtige‹ Antwort gibt. In der VUCA-Welt wird Kommunikation zur Managementtechnologie, mit der Ausübung von Fragetechniken, ›strategischer Gesprächsführung‹, Szenarien und Visualisierung, um die Gegebenheiten zu erkunden.

Gosling und Mintzberg unterschieden 2003 zwischen einfachen, komplizierten und komplexen Aufgabenstellungen. Einfache Aufgaben – z. B. ein Boot zu konstruieren – kann man relativ direkt einschätzen und umsetzen. Komplizierte Aufgabenstellungen – z. B. einen Flugzeugträger zu bauen – erfordern die Koordination aller möglichen Subsysteme und Netzwerke. Komplexe Kontexte – z. B. die Entscheidung, einen Flugzeugträger in einem potenziellen Krisengebiet einzusetzen, erfordern ein viel tieferes Niveau der Auseinandersetzung, das die Bewertung von Optionen umfasst.

David Snowden und Mary Boone unterscheiden 2007 in ihrem »Cynefin-Modell« einfache, komplizierte, komplexe und chaotische Kontexte für Führungshandeln, beschreiben die Merkmale, die diese erkennen lassen und geben Ratschläge für Führungs- und Entscheidungsverhalten.[37]

Das *Modell der Führungsparadigmen*[38] unterscheidet vier Arten von Kontexten, die jeweils andere Steuerungslogiken erfordern (siehe S. 207): Das Paradigma »Ordnung und Effizienz« legt den Demingkreis (Plan-Do-Check-Act) zugrunde und eignet sich für einfache Steuerungskontexte mit stabilen Entscheidungsprämissen und geringer organisationaler Varietät. Das Paradigma »Expertensteuerung« folgt dem mentalen Bild des linearen Fortschritts vieler über MbO verkoppelter, spezialisierter Teilaktivitäten; es ist indiziert bei komplizierten Kontexten mit stabilen Entscheidungsprämissen und hoher organisationaler Varietät. Das Paradigma der *Kontextsteuerung* folgt dem mentalen Bild des Schleifengangs und eignet sich für komplexe Kontexte, die wenig Stabilität von Entscheidungsprämissen und hohe organisationale Varietät aufweisen. Das Paradigma des »Krisenmanagements« gilt bei chaotischen Kontexten, in denen Entscheidungsprämissen sich auf wenige Prioritäten beschränken und kaum organisationale Varietät im tatsächlichen Handlungsrahmen vorhanden ist; es hat als mentales Bild den Blitzableiter hinterlegt, denn die Führungsaufgabe besteht darin, durch wenige zentrale Inputs, die unmittelbar auf kritische Outputs einzahlen, Gefahr abzuwenden.

Wie auch Snowden und Boone mit ihrem Begriff der »kontextübergreifenden Führung« betonen, ist es erste Aufgabe von Führung, zu reflektieren, um welchen Kontexttyp es sich handelt, um den angemessenen Steuerungszugang bewusst zu wählen.

Komplexe Kontexte sind generisch anders beschaffen als einfache, komplizierte oder chaotische Kontexte, obwohl sie phasenweise – wie komplizierte Systeme – stetige Funktionsmuster aufweisen. Tatsächlich setzen rekursive Operationen jeweils auf dem Ergebnis der vorangegangenen Operation auf und schaukeln kleine Abweichungen hoch, bis Turbulenzen zum Chaos führen und neuwertige Funktionsmuster entstehen. Zu jedem Zeitpunkt ist das Systemverhalten pfadabhängig und nicht umkehrbar, denn diese »nicht-triviale Maschine« verändert ihren »inneren Zustand« ständig.[39] Als Folge kann derselbe Input zu verschiedenen Zeiten verschiedene Outputs auslösen bzw. ein Output von verschiedenen Inputs ausgelöst werden. Die Systemgrenze mäandert oder sie springt unerwartet[40], das Systemverhalten ist prinzipiell ergebnisoffen.

Komplexe Wirkungsgefüge lassen sich nicht in einfache oder komplizierte umwandeln und sie lassen sich nicht durchsteuern. Kontextsteuerung bedeutet, dass die Funktionsmuster eines Wirkungsgefüges sich nur für vergangene Kontexte und für den gegenwärtigen verstehen lassen, und dass nur kontextbezogene Lenkungseingriffe abgeleitet werden können.

Drei Prinzipien helfen, Funktionsmuster zu erkennen: der Schleifengang, die Flughöhe und das gezielte Navigieren durch Aufmerksamkeitsfelder. Das Prinzip des *Schleifengangs*[41] beschreibt den iterativen Explorationsprozess, der in mehreren Durchläufen durch die ›Phase der Erkundung‹ und dann sprunghaft zu einem Musterverstehen führt. Danach kann die ›Phase des Testens und Vernetzens‹ beginnen, um Lenkungseingriffe durchzuspielen und das Verständnis der Systemdynamiken zu vertiefen. Das Prinzip der *Flughöhe* ist plausibel: Je gröber gepixelt ein Bild ist, je weniger Information es enthält und je weiter die Systemgrenzen sich erstrecken, desto mehr Flughöhe ist nötig, um das Ganze zu überblicken.[42] Das Prinzip des *gezielten Navigierens* durch Aufmerksamkeitsfelder ist Claus Otto Scharmers These[43] entnommen, dass Führungskräfte die Aufgabe haben, bewusst spezifische »Felder von Aufmerksamkeit« zu konstruieren, um die jeweiligen Handlungs- und Entscheidungskontexte angemessen im Team zu prozessieren.

Menschen reagieren auf hohe Komplexität mit einer unspezifischen neuronalen Stressreaktion, die in Teams zum Verlust von Kommunikationsanschlüssen und beim Individuum zu Fehlern beim Problemlösen führt. Dem lässt sich nur durch Lenken des Denkens vorbeugen: durch Beobachten, Explorieren, Aufspüren vielfacher Wirkungszusammenhänge und indem die Intuition an Bord genommen wird. Für die Kommunikation im Team gilt: einen Aufmerksamkeitsfokus schaffen, dialogische Gesprächsformen einsetzen, um Muster erkennend ein kohärentes Sinngefüge zu konstruieren. Dieses neue Denken und Kommunizieren sollte durch geeignete Tools eingeübt werden.[44]

3.4.7 Agile Management

Agile Management bezeichnet ein Führungs- und Organisationsverständnis, das antizipativ, proaktiv und flexibel vorgeht, Zielsetzungen und Problemlösungen iterativ, d. h. schrittweise und mit dem Fokus auf kurzfristig erzielbare, werthaltige Ergebnisse angeht und in Netzwerkstrukturen und Teams prozessiert. Durch die schnelle Anpassung an sich ändernde Kundenwünsche und Umfeldbedingungen werden Wettbewerbsvorteile erzielt. Die Methoden kommen aus der IT; in diesem Bereich werden sie meist auch erstmals implementiert. Hier wurden die frühen konkreten Ansätze des Scrum in letzter Zeit durch die Prinzipien des Scaled Agile Framework ergänzt.

Die von Ken Schwaber und Jeff Sutherland[45] Anfang der 1990er-Jahre beschriebenen Methoden des Scrum betreffen die Spielregeln für die konkrete Vorgehensweise in Entwicklungsprozessen bzw. generell in der Projektarbeit. Scrum geht davon aus, dass bei Innovations- und Entwicklungsprozessen die Anforderungen a priori nicht definiert werden können, sondern sich nur empirisch, iterativ und inkrementell bestimmen lassen, und zwar durch Kundeneinbindung, frühes Feedback, schnelle Iterationen, Prototyping. Außerdem wird in Scrum Vorsorge getroffen, immer wieder den gegenwärtigen Kontext und die jüngsten Entwicklungen zu reflektieren und aus diesem Kontext den nächsten Entwicklungsabschnitt zu planen und zu steuern. Mit Bezug auf das letzte Kapitel kann man sagen, dass Scrum das Prinzip des Schleifengangs (siehe oben) in eine allgemeine Organisationsform gießt.

Das »Spielsystem« im Scrum wird durch definierte Rollen und eine klare Regelkommunikation ausgelegt. Es werden drei Rollen unterschieden: Der Scrum Owner, der den Entwicklungsprozess steuert, das abteilungsübergreifende Scrum Team mit drei bis neun Mitgliedern und der Scrum Master mit der Systemverantwortung.

Das kulturprägende Merkmal von Scrum ist die Gestaltung der Regelkommunikation, die für jeden Meeting-Typ genaue Zeitressourcen, die Time-Boxes, definiert. *Time-boxing* kann man in einer doppelten Bedeutung auch als Boxen um die Ressource Zeit verstehen, und das kommt, wie der Begriff des Scrum, der ja ›Gedränge‹ bedeutet, nicht von ungefähr. Der deutsche Scrum Guide zitiert eine typische Nutzeraussage: Scrum ist »was wir bereits machen, wenn wir mit dem Rücken an der Wand stehen.« Es ist diese Kultur der hohen Konzentration auf einen gemeinsamen Fokus mit höchster Bedeutung, die Bereitschaft zur schnellen Initiative, das bedingungslose Zurückstellen aller Ablenkungen bei hoher Wachsamkeit für relevante Details, die agiles Management auszeichnen soll.

Was sind nun die im Scrum angelegten Arbeits- und Kommunikationsräume mit ihren Zeitboxen?

Die Entwicklungsarbeit verläuft in Zeitscheiben von maximal einem Monat, den sogenannten Sprints, mit weil sonst das Risiko steigt, dass die Dinge komplex werden und Entwicklungsziele sich inzwischen verändert haben. In den Sprints gibt es »Daily Scrums«, das sind 15-minütige Team-Treffen, um die Aktivitäten zu synchronisieren und den kommenden Tag zu planen. Nach bzw. vor jeder Arbeitsscheibe gibt es das maximal vierstündige »Sprint Review«; neben den Teammitgliedern nehmen relevante Stakeholder teil. Die »Sprint Retrospective« dauert maximal drei Stunden und dient der Prozessreflexion.

Der Gedanke, iterativ das Produkt entwickeln, bei neuen Erkenntnissen nachjustieren und flexibel auf Marktveränderungen reagieren zu können, entspricht den Anforderungen der meisten Unternehmen in komplexen Märkten. Deshalb wurden die Spielregeln des Scrum bald als generelle Organisationsprinzipien[46] propagiert.

Scaled Agile Framework (SAFe)[47] greift diesbezüglich noch weiter aus. Es beschreibt neun sogenannte Lean-Agile-Prinzipien, von denen sich die meisten über den konkreten Entwicklungsprozess hinaus generisch als Führungs- und Steuerungsprinzipien auf den gesamten Organisationskontext übertragen lassen: (1) Nimm eine ökonomische Perspektive ein. (2) Wende Systemdenken an, d. h., verstehe Lösungen und Organisationen als Systeme, erkenne die Systemgrenzen und die Interaktionen mit den Umfeldern und Nachbarsystemen. Um das soziale Unterfangen komplexer Systemlösungen zu ermöglichen, schaffe ein Umfeld, in dem Menschen optimal zusammenarbeiten können. (3) Sorge für Vielfalt und halte Optionen offen. (4) Setze auf inkrementelles Vorgehen mit schnellen Lernschleifen. (5) Setze Meilensteine nach objektiver Evaluation dessen, was funktioniert. (8) Setze die intrinsische Motivation der Mitarbeitenden frei. Prinzip 9 heißt: Dezentralisiere Entscheidungen, immer wenn es sich um häufige zeitkritische Themen handelt, die lokales Kontextwissen benötigen.

Die Prinzipien des Agile Management stellen meist fundamentale Herausforderungen an die vorhandene Organisation und Unternehmenskultur. Sie sind in voller Konsequenz verbunden mit dem vollständigen Abbau von Hierarchie, selbstorganisierten Teams und hoher Selbstverantwortung der beteiligten Personen, folgen aber andererseits auch festen Regeln in der Form des konkreten Zusammenwirkens. Sich neu gründende Unternehmen, insbesondere in der Start-up-Szene, organisieren sich zu Beginn oft fast automatisch nach diesen Kriterien. Wenn sie wachsen und die Zusammenarbeit intern und mit Partnern anspruchsvoller wird, werden auch sie in diesen Arbeitsformen stark gefordert.

Was bedeuten die Prinzipien und Spielregeln des Agile Management? Was heißt das für Entscheidungsbefugnisse, Karrieren, für Macht? Wie ist das Prinzip der Selbstverantwortung im Alltag zu leben? Um Agile Management erfolgreich und nutzbringend einzuführen, braucht es eine bewusste Arbeit an tief gehenden Mustern der Unternehmenskultur, sonst bleibt es mit hoher Wahrscheinlichkeit bei nicht verhaltenswirksamen Appellen[48].

Zudem fordern neuere Konzepte in der Softwarebranche, wie das der *Radical Agility* eine noch viel stärkere Ausprägung solcher Methoden.[49]

3.5 Führung und Leadership

Liest man Max Webers Regel, dass charismatische Führer in Zeiten von Bedrängnis auftauchen und sozialen Wandel bewirken sollen, rückwärts, lässt die Menge von wissenschaftlichen Studien und Publikationen zum Thema Leadership, die ab den 1990ern entstand, wohl den Umkehrschluss zu, dass das Change-Zeitalter eine Periode hoher Bedrängnis gewesen sein muss.

Die Themen Leadership und Change dominieren seit zwei Jahrzehnten die Managementliteratur. Denn im Change-Zeitalter sind Change und Leadership zur Kernaufgabe, zum ›wahren‹ Inhalt von Führungsarbeit geworden. John Kotter spricht schon 1990 von »Change Leadership« statt »Change Management«. Für ihn ist einer der Kernunterschiede zwischen Managern und Leadern, dass Erstere strukturbewahrend sind, Letztere aber immer Wandel bewirken. Auch in anderer Hinsicht zeigt sich der enge Zusammenhang zwischen Change und Leadership bzw. lässt sich für die Verwendung des Begriffes Change Leadership argumentieren:

- Die Fähigkeit, Kollektive durch die Psychodynamiken von Change zu führen, wenn man als Führungskraft doch selbst in diesen Affektlagen befangen ist, setzt besondere mentale Stärken und Fähigkeiten der Selbstführung voraus.

- Gerade die Move-Phase mit ihrer Instabilität und Unsicherheit, in der viele Deutungsmuster wenig gerichtet und unzusammenhängend emergieren, verlangt Führungskräften nicht nur selbst ein Grundvertrauen und die Überzeugung für eine Vision ab, sondern auch die Fähigkeit, kraft ihrer Person, Mitarbeitende zu überzeugen und ›mitzunehmen‹. Dabei ist es eine Sache, um die Prozesse der Evolution – Variation, Selektion, Retention – zu wissen, aber eine andere, sie selbst in einer eigenen Transformation zu durchleben.

Führung in Change-Prozessen bringt also in der Tat eine Menge von Leadership-Attributen ins Spiel, wie sie in Ansätzen transformationaler oder charismatischer Führung beschrieben werden.

3.5.1 Transformationales, charismatisches Leadership weitergeführt

Das Thema transformationales oder charismatisches Leadership löste einen nicht dagewesenen Boom an wissenschaftlichen Untersuchungen aus. Zwischen 1990 und 2010 erscheinen ca. 1400 Artikel in US-amerikanischen Journals, mit Beginn der 2000er-Jahre verläuft die Kurve exponentiell, allein zwischen 2008 und 2010 wurden ca. 600 Studien veröffentlicht; der Trend setzt sich fort. Parallel dazu steigt die Zahl der Zitierungen von wissenschaftlichen Studien zu transformationalem bzw. charismatischem Leadership von 150 im Jahr 1998 auf etwa 4500 in 2010.[50] Antonakis schließt, dass die Leadership Forschung im Reifestadium sei. So entstehen immer neue Theorievariationen, immer neue Modelle, allerdings wird fast immer ein Kern von ca. 280 Studien zitiert[51], der eine homogene Wissensbasis beschreibt. Das meist-referenzierte nach dem Bass-Modell ist das Podsakoff Transformational-Transactional Leadership Model[52], das in Struktur und Inhalt eng an Ersteres angelegt ist.

Mit den neuen Modellen wächst auch die Anzahl von Instrumenten, die Verhaltensmerkmale von Leadership operationalisieren und messen. So wurde u. a. der LPI – *Leadership Practices Inventory* – von James Kouzes und Barry Posner zusammen mit ihrem Buch *Leadership Challenge* auch im Deutschen bekannt. Ihr Modell umfasst »fünf Praktiken vorbildlichen Leaderships«: Model the Way – das Setzen von Strukturen, Prinzipien, Standards, Zielen; Inspire a Shared Vision; Challenge the Process – die Suche von neuen Chancen; Enable Others to Act; Encourage the Heart. Die Autoren postulieren, dass mithilfe des LPI jeder Mensch zu einem Leader herangebildet werden kann.

Jay Conger und Rabindra Kanungo beschäftigen sich mit der Psychodynamik des Leadership-Prozesses zwischen seinen Elementen von Führer, Geführten und

Kontext. Sie sehen *Charismatic Leadership* in Organisationen als ein Phänomen, das auftritt, wenn es die Situation erfordert, dass ein Individuum die Aktivitäten von Mitarbeitenden, Gruppen oder der Organisation beeinflusst und koordiniert, damit ein gemeinsames Ziel erreicht werden kann[53]. Ob Leadership effektiv ist, lässt sich daran messen, inwieweit der Führer für die Zielerreichung zweckmäßige Einstellungen und Verhaltensweisen vorantreibt, an der Zufriedenheit der Geführten mit Aufgabe und Arbeitskontext und daran, dass die Geführten den Einfluss des Führers akzeptieren. Die Conger Kanungo Scale (CKS) misst die fünf Faktoren, die dem Leadership-Prozess zugrunde liegen: Formulierung einer strategischen Vision, Sensibilität gegenüber den Umwelten und gegenüber den Bedürfnissen der Geführten, persönliches Risiko und unkonventionelles Verhalten.

Boas Shamir, Robert House und Michael Arthur beschrieben 1993 besonders den Aspekt, wie charismatische Leader die Selbst-Schemata der Geführten vereinnahmen. Sie behaupten, dass die Vision und Mission des Leaders zu einer Bühne wird, die das Selbstkonzept der Geführten einbezieht. Diese werden motiviert durch ein steigendes Selbstwertgefühl, Selbstvertrauen, Selbstwirksamkeit und wahrgenommene kollektive Stärke; sie identifizieren sich mit dem Leader und internalisieren seine Werte. In Verbindung mit einer Ideologie, die einen kollektiven Sinn und Zweck betont, sich auf historische Werte bezieht, den besonderen Status der Geführten und die Zuversicht in ihre Fähigkeiten herausstreicht, werden Motivationsdynamiken entfesselt, die zu Selbstaufopferung und Commitment für die Mission des Leaders führen. Es ist das gehobene Selbstwertgefühl, das zu gesteigerter Selbstwirksamkeit führt; der Glaube, dass die eigenen Überzeugungen moralisch richtig sind, verleiht zusätzlich Kraft und Zuversicht.

Robert House hat auch die GLOBE-Studien initiiert (siehe S. 87). Dieses mehrphasige, weltweite empirische Forschungsprogramm, das seit 1993 über 180 lokale Forscher weltweit einbindet, untersucht die Zusammenhänge zwischen Landeskultur, Organisationskultur und Führungsverhalten. Es beschäftigt sich insbesondere mit der Frage, ob es einen Kern charismatischen Leaderships gebe, der international akzeptiert und wirksam sei.

Der bisherige Stand der Untersuchungen hat sechs globale Dimensionen identifiziert, die den vielen kulturell verankerten Leadership-Stilen zugrunde liegen. Zwei dieser »Culturally endorsed Leadership Theories« (CLT) mit 21 Items für Stil und Merkmale von Leadership werden als Contributor für effektives Leadership eingeschätzt, einer fast als Contributor und eine CLT mit acht konkreten Merkmalen wird weltweit als Verhinderer effektiver Führung eingeschätzt. 35 konkrete Leadership-Attribute werden in unterschiedlichen Kulturen unterschiedlich in ihrer Bedeutung für effektive Führung eingeschätzt.[54]

So findet vor allem charismatisches Leadership universell Zustimmung; es ist in den Studien definiert als Werte-basiertes-Leadership – wobei es insbesondere um sogenannte universelle, intrinsisch motivierende »End Values« geht, wie Würde, Friede, Ordnung, Schönheit oder Freiheit. Team-orientiertes Leadership korreliert hoch mit charismatischem bzw. Werte-basiertem Leadership. Human and Participative Leadership finden fast überall Zustimmung.

Gleichzeitig beschreiben die GLOBE-Studien kulturelle Stereotype bezüglich der Wahrnehmung und Bewertung von Leadership selbst bzw. der Normen bezüglich des Status von Leadern, Ihres Einflusses und ihrer Privilegien. Während amerikanische, arabische, asiatische, englische, osteuropäische, französische, deutsche, lateinamerikanische und russische Gesellschaften dazu tendieren, das Konzept von Leadership zu glorifizieren und es für angemessen halten, es gleichermaßen in politischen wie organisationalen Kontexten anzuwenden, wird dies in Skandinavien und den Niederlanden ganz anders bewertet. Die egalitäre Grundhaltung in den Niederlanden bewirkt sogar eine Stigmatisierung der Begriffe Leader oder Manager. US-Amerikaner suchen einerseits Empowerment von Führungskräften, die Autonomie gewähren und Autorität delegieren; andererseits respektieren sie Führer, die kühn, kraftvoll, selbstbewusst und risikobereit sind.[55]

3.5.2 Level 5 Management

1994 brachten Jim Collins und Jerry I. Porras ihr Buch *Built to Last* heraus, das über sechs Jahre in den Bestsellerlisten blieb und in 25 Sprachen übersetzt wurde und den Hype um charismatisches Leadership gegen den Strich bürstete.

Eine Führungskraft, die ihre Mitarbeitenden zum Commitment zu einer klaren, vereinnehmenden Vision anstecken und die Gruppe zu höchsten Leistungen anspornen kann, nimmt in ihrer Hierarchie der Managementskills nur den Level 4 als »Effective Leader« ein. Damit belegt er einen höheren Rang als der »Competent Manager« (Level 3), der Menschen und (andere) Ressourcen organisiert, um definierte Ziele zu verfolgen und effektiv wie effizient umzusetzen. Auf Level 2 ist der Manager vom Typ »Contributing Team Member« zu finden, der mit anderen zusammenarbeitet und zur Erreichung der Gruppenziele beiträgt; Level 1 beschreibt das »Highly capable Individual«, das durch Talent, Wissen, Fertigkeiten und Arbeitstugenden produktive Beiträge liefert.

Auf Dauer erfolgreiche Unternehmen weisen vor allem aber den Typus des *Level 5 Leaders* auf, der eine Haltung der Bescheidenheit, ohne Starallüren, mit einem starken unternehmerischen Willen und entschlossenem Vorgehen verbindet. Er anerkennt öffentlich die Erfolgsbeiträge anderer und übernimmt selbst die Verantwortung für Fehler. Level 5 Manager müssen nicht notwendigerweise die anderen Levels durchlaufen, wiewohl sie in der Regel über deren Kompetenzen verfügen. Damit beschreiben die Autoren im Grunde den Typus des Entrepreneurs, wie er in Familienunternehmen häufig anzufinden ist, sie weisen nach, dass in den erfolgreichen Unternehmen intern rekrutierte Spitzenmanager sechsmal erfolgreicher waren als Topmanager von außen[56].

In seinem 2001 veröffentlichten Bestseller *Good to Great*, relativierte Collins die Bedeutung vereinnahmender Visionen. Aus seinen Untersuchungen von elf US-amerikanischen Unternehmen, die den Sprung von »groß zu großartig« geschafft hatten und seit dreißig Jahren unter den Fortune 500 gelistet waren zog er folgende Schlussfolgerungen:

Nicht eine Vision steht bei diesen Unternehmen am Anfang aller Dinge; vielmehr setzen sie nach dem Prinzip »erst wer, dann was« darauf, zuerst starke Teams aus den richtigen Mitarbeitenden – die man nicht besonders motivieren muss – aufzubauen. Sie bekennen sich zu stabilen Grundwerten, langfristigen Entscheidungen und fordern von disziplinierten Menschen diszipliniertes Handeln im Rahmen der klassischen Arbeitstugenden und neuer Technologien. Sie bauen langsam Kraft auf, entwickeln schließlich Momentum und erbringen durchbruchsartige Leistungen, die auf Dauer aufrechterhalten werden können.

Vor allem ist in Spitzenunternehmen ›diszipliniertes Denken‹[57] gefordert: eine Haltung, einerseits die angestrebten Ziele zu verfolgen, andererseits jedoch der Realität ins Auge zu blicken, d. h., auf der Basis von Daten und Fakten zu agieren; dieser Gedanke findet sich auch bei Senge im Konzept der lernenden Organisation (siehe S. 84).

Nach dem ›Igel-Prinzip‹ sollten dabei drei Fragen stets auf dem Radar geführt werden: »Was ist unsere wahre Passion? Worin können wir die Besten werden? Was ist unser wirtschaftlicher Motor?« So kommt schließlich die Vision doch wieder ins Spiel, in enger Verbindung mit Kernkompetenzen und Businessmodell.

3.5.3 Salutogenes Führen und Neuroleadership

In den vergangenen zehn Jahren haben Leadership-Ansätze an Bedeutung gewonnen, die ähnliche Interaktionsdynamiken zwischen Führern und Geführten beschreiben wie die Theorien zum transformationalen Leadership, die aber ohne Rekurs auf personenbezogene Merkmale und Konzepte wie Charisma auskommen. Dabei werden vor allem die Erkenntnisse aus Salutogenese und Gehirnforschung zum Konzept des Neuroleadership verbunden.

Die *Salutogenese* untersucht die Prozesse, durch die Gesundheit entsteht und aufrechterhalten wird. Von zentraler Bedeutung dafür ist der von Aaron Antonovsky[58] so genannte Sense of Coherence (SOC). Damit ist das Grundvertrauen gemeint, dass die Ereignisse des Lebens strukturierbar und erklärbar seien, dass man über die Ressourcen verfüge, sich den Anforderungen dieser Ereignisse zu stellen und dass es sich lohne, sich dafür anzustrengen. Drei Komponenten sind wichtig, damit ein *Kohärenzgefühl* entstehen kann: Die Ereignisse müssen verstehbar sein, handhabbar bzw. bewältigbar scheinen und bedeutsam, sinnhaft, sein.

Auch die Ergebnisse der Stressforschung zeigen, dass Menschen Kontrolle über wichtige Einflüsse auf ihre Lebens- und Arbeitsbedingungen ausüben wollen. Kontrollverlust wirkt pathogen; Zugewinn an Kontrolle – durch Mitwirkung bei der Gestaltung und Verteilung von Arbeit beispielsweise – wirkt salutogen, gesundheitsfördernd. Der Handlungsspielraum, die Qualität der sozialen Beziehungen, gemeinsame Überzeugungen, Werte und verbindliche Spielregeln, die Berechenbarkeit und Nachvollziehbarkeit von Entscheidungen, all dies beeinflusst Gesundheit und die Entstehung innerer Bindungen an die Organisation.[59] Salutogenes Führen setzt auf Autonomie, Achtsamkeit und Anerkennung in der Mitarbeiterbeziehung, auf gemeinsame Überzeugungen, Werte und Strukturen, die zwischenmenschliche Kooperation erleichtern.

Klaus Grawe sucht nach der neurobiologischen Grundlage für das Kohärenzgefühl und sagt, dass ihm ein angeborener Sinn – in der Bedeutung von Sinnesorgan – für aufbauende Kohärenz zugrunde liegt, wobei er »Kohärenz« als stimmige innere oder umweltgerichtete Verbundenheit definiert. Gleichzeitig strebt der Organismus danach, dass die ablaufenden neuronalen und psychischen Prozesse vereinbar sind bzw. übereinstimmen, wofür er den Begriff »Konsistenz«[60] verwendet.

Er geht weiter davon aus, dass der Mensch vier angeborene Grundbedürfnisse hat: Orientierung/in-Kontrolle-sein, Lustgewinn bzw. Unlustvermeidung, Bindung und Selbstwerterhöhung bzw. Selbstwertschutz.[61] Um diese angeborenen Bedürfnisse bilden sich in der Interaktion mit der Umwelt motivationale Schemata, wobei es grundsätzlich zwei Typen von Motivationsschemata gibt: Annäherungs- und Vermeidungsschemata. Konsistenz – die Übereinstimmung der neuronalen bzw. psychischen Prozesse – tritt ein, wenn die Grundbedürfnisse befriedigt und die motivationalen Ziele erreicht werden.

Nach Grawe ist der Sinn für Kohärenz angeboren, das Kohärenzgefühl – das mit den Dimensionen Verstehbarkeit, Handhabbarkeit, Sinnhaftigkeit zusammenhängt – entsteht im Rahmen von Beziehungen und Kommunikation. Wenn wir z. B. von Mitmenschen positive Resonanz auf unser Dasein erhalten, wird unser Bedürfnis nach Zugehörigkeit und Bindung befriedigt und es entsteht ein Kohärenzgefühl von stimmiger Verbundenheit und Vertrauen.

Neuroleadership wendet die Erkenntnisse der Hirnforschung auf Führungsarbeit an. Theo Peters und Argang Ghadiri definieren 2011 Neuroleadership als

Mitarbeiterführung, die durch organisationale und personalwirtschaftliche Maßnahmen die neurowissenschaftlich festgestellten Grundbedürfnisse erfüllt und somit zur Aktivierung des Belohnungssystems beiträgt; Letzteres schüttet bei einer Übererfüllung von Erwartungen Dopamin aus. Außerdem sind das emotionale System, das Gedächtnissystem und das Entscheidungssystem für Neuroleadership relevant. Alle vier Systeme kommen bei typischen Führungstätigkeiten wie entscheiden, kommunizieren, motivieren, verändern ins Spiel.

Der Neurobiologe Gerald Hüther empfiehlt »gehirngerechte Führung«[62], die der Logik der neuronalen Strukturen folgt:

- Lernen durch neue Aufgaben und Anregungen unterstützen, die Plastizität des Gehirns nutzen;
- Selbstorganisation respektieren und fördern;
- In Kontakt gehen – das Gehirn ist auf Beziehung und Kommunikation angelegt;
- Sinn stiften, ohne Sinn kein Verstehen. Aus soziologischer Sicht[63] entsteht Sinn in sozialen Aushandlungsprozessen im Zuge von Interaktionen; es geht also auch darum, soziale Interaktionsprozesse einzuräumen – nicht nur zwischen Führungskraft und Mitarbeitenden, sondern auch zwischen Mitarbeitenden untereinander.

Auch Joachim Bauer[64] leitet aus der Neurobiologie zwischenmenschlicher Beziehungen Konsequenzen für Führung ab. Demnach sollte die Beziehung auf einer Grundhaltung von Freundlichkeit, Wertschätzung und dem Willen zu fairer Kooperation auf einer Vertrauensbasis beruhen. Allerdings muss dieses Beziehungsverständnis auf Reziprozität beruhen und darf nicht zu einer »Mutter-Theresa-Haltung« führen. Führungskräfte sollen eine grundsätzlich positive Einstellung zu Menschen ausstrahlen, bei verweigerter Kooperation oder fehlender Beziehungsreziprozität sollen sie Klärungen, Konflikte und notfalls harte Konfrontationen einfordern und erneut faire Kooperation anbieten, wenn ein Konflikt durchgestanden ist. Sie sollen ihre eigenen emotionalen Ressourcen beobachten, gegebenenfalls prägende frühere Beziehungserfahrungen im Rahmen von Coaching und Therapie verstehen lernen und gute neue Erfahrungen an sich heranlassen. In der Mitarbeitendenbeziehung sollen sie in Kontakt gehen, die Signale der eigenen Spiegelneuronen nutzen, um nichtkooperatives Verhalten in Form von Widerstand, Verweigerung, innerer Kündigung zu spüren und ansprechen zu können. Optimismus und Vertrauen lassen sich nur vermitteln, wenn man glaubt, was man sagt. Daraus leitet sich umgekehrt die Empfehlung an Führungskräfte ab, die glaubwürdig sei wollen: nur das sagen, was man glaubt.

3.5.4 Positive Leadership

Martin E.P. Seligman, der viele Jahre das Syndrom der ›erlernten Hilflosigkeit‹ und dessen Zusammenwirken mit Depressionen untersucht hatte, gründete 1998 das neue Forschungsfeld der *Positiven Psychologie,* die sich mit dem ›gelingenden Leben‹ bzw. später mit der Glücksforschung beschäftigt.

Ausgehend von der Erkenntnis, dass zwar die entwicklungsgeschichtliche Bedeutung unserer negativen Emotionen – Wut Aggression, Angst/Panik, Trauer – gut erforscht und erklärt ist, nicht aber die unserer positiven Emotionen – Freude, Lust, Neugier – wandte er sich den positiven Emotionen zu. Seine Untersuchungen[65] belegen, dass positive Emotionen unsere angeborenen, geistigen, körperlichen und zwischenmenschlichen Ressourcen vergrößern, die Basis legen für Resilienz, uns in Stimmungen versetzen, die kreatives Denken fördern, und die Produktivität der Arbeit erhöhen. Sie tragen zu besserer Gesundheit und besseren sozialen Beziehungen bei. Positive Emotionen richten sich auf

- die Vergangenheit; Beispiele sind Stolz oder Zufriedenheit.
- die Gegenwart; Beispiele sind Freude, Gelassenheit und Flow.
- die Zukunft; Beispiele sind Optimismus und Zuversicht.

Seligman definiert Glück als eine tiefe Lebenszufriedenheit, die entsteht, wenn man die eigenen Tugenden und Stärken erkennt, pflegt und jeden Tag sinnvoll einsetzt.

Sechs entwickelbare ›Kerntugenden‹ werden praktisch in allen Kulturen geschätzt: Weisheit und Wissen, Mut, Liebe und Humanität, Gerechtigkeit, Mäßigung, Spiritualität und Transzendenz. Seligmann ordnet diesen Tugenden messbare Stärken zu, der Tugend Weisheit z. B. die Stärken Neugier/Wissensdurst, Lernbereitschaft, Urteilsbildung, Originalität, soziale Intelligenz, Weitblick.

Positive Leadership baut auf den Ergebnissen aus Glücksforschung, Salutogenese und Neuroleadership auf und entwickelt daraus ein neues Selbstverständnis von Führung. Positive Leadership will eine Arbeitskultur des Flow[66] erzeugen, einen psychischen Zustand, in dem der Mensch in kreativer Anspannung ganz in seiner Aufgabe aufgeht im freiwilligen Bemühen, etwas Schwieriges und Wertvolles zu erreichen. Mit diesem Zustand verbunden ist das Gefühl, mit einer größeren Aufgabe oder Ordnung verbunden zu sein, eine gewisse räumliche Entrücktheit und ein Echtzeiterleben.

Grundsätzlich wird der Fokus mehr auf die Gegenwart und das Erleben der Gegenwärtigkeit gelegt. Die Arbeit soll um ihrer selbst willen gut und freudig gemacht werden und nicht als Instrument zur Erreichung von Zielen. Ruth Seliger weist darauf hin, dass Führung, so wie sie heute praktiziert wird, die Gegenwart aus dem Blick verliert und sich stattdessen zwischen Ursachenforschung in der

Vergangenheit und Zielformulierung in der Zukunft bewegt. »Die Liebe zur Formulierung von Zielen hat immer den Beigeschmack der Abwertung oder zumindest der Ausblendung der Gegenwart – und damit der vorhandenen Ressourcen und Stärken«.[67]

MbO lenkt die Aufmerksamkeit nicht nur weg von der Gegenwart, es polt auch die Selbstbeobachtung der Organisation auf negative Abweichungen. Denn das Reporting fokussiert unterjährig nicht auf die Zielerreichung, sondern laufend auf die Soll-Ist-Abweichung, was insbesondere bei negativen Abweichungen eine Kaskade von Kommunikationsanschlüssen auslöst.

Ein Kern des Positive Leadership ist die Beobachtung und Hervorhebung positiver Abweichungen – nach Seliger anzuwenden auf die drei Handlungsfelder von Führung: Selbstführung, Mitarbeitendenführung und Führung der Organisation. Die Methode zur Messung positiver Abweichungen stammt vom Begründer der *Positive Organizational Scholarship* (POS), Kim Cameron: Auf einem Abweichungskontinuum[68] hält man fest, bei welchen Ereignissen die Organisation über die eigenen Ziele und Erwartungen, über sich selbst, hinausgewachsen ist – in Form von exzellenter Effektivität, außerordentlicher Effizienz, makelloser Qualität, wertschätzenden Beziehungen, blühendem Change, Überfluss im Finanzergebnis oder besonderer Ethik. Der Messung der positiven Abweichungen folgen die Fragen, wie diese Erfolge gelingen konnten, was dazu beigetragen hat und was die Organisation daraus lernen kann.

POS ist nur ein Beispiel für die radikale Ressourcenorientierung im Positive Leadership. Letztere zeigt sich außerdem im Fokus auf Lösungen statt auf Probleme. Wenn die Aufmerksamkeit zu lang beim Problem verweilt, entsteht der rekursive, selbstbestätigende neuronale Mechanismus der ›Problemhypnose‹. Deshalb sollte man sich so viel nötig, aber so wenig wie möglich mit dem Problem auseinandersetzen und stattdessen in den Raum der Lösungen ›springen‹. Dies wird möglich durch lösungsfokussierende, systemische Fragen; das sind z. B. Fragen nach Ausnahmen, Situationen, in denen das Problem nicht oder weniger stark auftritt, nach möglichen Lösungsansätzen, Ressourcen, nach einem Wunder.

Eine von Seliger angeführte Methode folgt dem Pfad der *Appreciative Inquiry* von David Cooperrider und Diana Whitney: Von einer Problemdefinition steigt man nicht ab in die Ursachenanalyse, sondern baut ein erstes Zukunftsbild für die Lösung. Sodann fragt man, welche Ressourcen, Stärken, Potenziale für dieses Zukunftsbild in der Gegenwart vorhanden sind und arbeitet dann eine konkretere Vision aus, und zwar möglichst in analoger Form, als Metapher oder Geschichte. Nach dieser Verankerung in der Zukunft geht es in die Reflexion der Umsetzung. Die Methode des Appreciative Inquiry beruht auf intensiven Interaktionsprozessen, z. B. im Rahmen von Großveranstaltungen.

Auch ohne Anlass eines speziellen Problems, in der alltäglichen Führungsarbeit, ist die Aufmerksamkeit auf Stärken – die eigenen, die von Mitarbeitenden, die der Organisation – zu richten, indem man sie selektiv beobachtet und darüber spricht. Dazu stellen Marcus Buckingham und Donald Clifton einen Stärkenkatalog[69] vor, der 34 Talente umfasst, z. B. Leistungsorientierung, Zukunftsorientierung, Tatkraft, Harmoniestreben, Integrationsstreben, Vorstellungskraft, Ideensammler, Verbundenheit, Verantwortungsgefühl, Behutsamkeit, Selbstbewusstsein, Einfühlungsvermögen, Fokus, Höchstleistung u. a. m.

Die Methoden des positive Leadership aktivieren positive Emotionen – wiederum bei der Führungskraft selbst, bei ihren Mitarbeitenden und in der Organisation. Sie sprechen insbesondere das neuronale Belohnungszentrum an, das einen ›Motivationscocktail‹ ausschüttet. Aus neurobiologischer Sicht reagiert also das menschliche Motivationssystem vor allem auf soziale Resonanz und Kooperation. Der Neurobiologe Joachim Bauer leitet daraus ab, dass Menschen, mit denen wir gute Beziehungserfahrungen gemacht haben, auf unsere Motivation und Energie wie ein »Verführungsreiz«[70] wirken: Wir werden aktiv und sind bereit, für diese Beziehung auch etwas zu opfern. Grundlage und Motor für Motivation und Vertrauen sind also gelingende zwischenmenschliche Beziehungen. Auf ihrer Basis entsteht ein selbstverstärkender Kreislauf von positiver Kommunikation, positiven Beziehungen, Energie und Sinn.

Viele der beschriebenen Wirkungen transformationalen und charismatischen Leaderships finden sich hier wieder und bestätigen einmal mehr den empirisch wiederholt nachgewiesenen Erfolg dieser interaktiven Führungsmuster. Statt Appellen an Einstellungen und besondere Fähigkeiten vermittelt positive Leadership aber konkrete, praktische Verhaltensanleitungen, ohne Erklärungskonzepte wie Charisma, persönliche Visionen oder interpersonelle Identifikationsprozesse zu bemühen. Positive Leadership strebt Wirkungen an, wie sie von Hamel unter dem Begriff »Management 2.0« als notwendige Revolution von Führung beschrieben werden (siehe S. 123).

3.5.5 Verbindendes, postheroisches Management

2004 präsentiert Henry Mintzberg mit seinem Buch *Managers, not MBAs* eine schonungslose Kritik der Praxis von Führung. Danach vermitteln die üblichen MBA-Ausbildungen eine Business-Weltanschauung, einen »vom Sein und Tun losgelösten Instrumentenkasten« und die Hybris, ein Unternehmen lasse sich in Form von schnellen, auf Zahlen und Papier beruhenden Entscheidungen führen.

Darin besteht laut Mintzberg der heimliche Lehrplan der weltweiten MBA-Ausbildungen: In der Tradition des Drucker'schen Denkens sind gute Entscheidungen richtige Problemlösungen, denen eine logische Analyse vorangeht. Beim Problemlösen und Entscheiden ist der Manager nur auf seine Ratio verwiesen; er trifft seine Entscheidungen allein. Dies führe einerseits zu einem ›buchhalterischen‹, andererseits zu einem abgehobenen, ›heroischen‹ Managementstil, der annimmt, Organisationen bestehen aus berechenbaren Problemstellungen, und der soziale und menschliche Aspekte, Geschichte, Organisationskultur und den gesellschaftlichen Kontext ausblende.

Die Ideologie der MBA-Ausbildungen und ihre zentrale Lernmethode der Business Case Studies führe – so Mintzberg – zu einer gefährlichen Mischung von analytischer Brillanz mit sozialer Inkompetenz, zu einer Haltung, die einen korrumpierenden, entmenschlichenden Effekt auf Führungspraktiken, Organisationen und soziale Institutionen hat. Besonders gefährlich wird dieses Verständnis von Führung – das sich ja als allgemeingütig versteht –, wenn es aus der Welt der Wirtschaftsunternehmen auf staatliche und soziale Einrichtungen übertragen werde. Dann werde es schlicht zu einer Bedrohung für die Gesellschaft.

Mintzberg hat den Begriff des *postheroischen, verbindenden Managements* (postheroic engaging management) geprägt und damit den Appell verbunden:[71] »Als Entscheider benötigen wir weder Helden noch Technokraten. Stattdessen brauchen wir ausgeglichene, engagierte Menschen, [...] denen mehr an der Stärkung ihrer Unternehmen als an höheren Aktienkursen liegt und die Hybris nicht mit Führungsstärke verwechseln.«

In einem ähnlichen Verständnis spricht Gary Hamel vom »Distributed Leadership« und meint damit die Tatsache, dass Führung wie in einem Netz in der »Peripherie verteilt«[72] ist; sie ist quasi als eine Wirkung überall in der Organisation anzutreffen und nicht mehr an spezifische, mit Entscheidungskompetenzen ausgestattete Positionen bzw. an die Hierarchie gebunden.[73]

Zudem legen Topmanager ihr Verhalten zunehmend weniger so aus, dass sie damit Macht und Status demonstrieren. Sie entsprechen häufig dem von Jim Collins beschriebenen Typus der Level 5 Manager, die unauffälliger sind, realitätsnäher und kooperativer. In diesem Sinn zitiert Ruth Seliger Jeremy Rifkin, der – wie Hamel – die Gegenwart als »kollaboratives Zeitalter«[74] sieht, das völlig neue Formen der Zusammenarbeit und neue Foren der Führung brauche.

3.6 An den Profi

Im Brennglas seiner Auswirkungen auf Führung betrachtet, hat das Change-Zeitalter drei tief greifende Entwicklungen gebracht, die ein Profi für Führungsentwicklung auf dem Radar haben sollte:

- Shareholder Value und Value Management mit ihren Auswirkungen auf das Führungssystem, Organisationen, Wirtschaft und Gesellschaft
- eine stetig steigende Unsicherheit durch hohe Volatilität und immer komplexere interne Strukturen, verbunden mit dem Ruf nach charismatischem und transformationalem Leadership
- die Erosion des ›alten Denkens‹

3.6.1 Die Folgen von Value Management und Shareholder Value

Während Igor Ansoff an den Anfang jedes Strategieprozesses noch die Frage gestellt hatte, welche Art Zielsetzung die Organisation denn strategisch verfolge: Profitmaximierung, die Maximierung der Finanzwerte der Kapitalgeber oder den Ausgleich der Interessen seiner Stakeholder[75], war diese Option im Turbokapitalismus kategorisch gesetzt: Es ging um die möglichst hohe Verzinsung des Finanzkapitals des Geldgebers.

Das Managementkonzept des *Value Management* bereinigte die eigene Wertkette von allen Verrichtungen, die nicht eine Mindestgrenze der Kapitalverzinsung garantieren. Es setzte sich von einem Unternehmen wellenartig in die Strukturen seiner Zulieferer fort. Der Vergleich mit den Kapitalverzinsungsraten in der Finanzwirtschaft forderte dem Management die Einlösung hoher Wachstumsvorgaben ab, die oft genug nur über wiederholte Reengineering- und Kostensenkungsprogramme realisiert werden konnten. So wurden in den vergangenen zwanzig Jahren die Strukturen in Organisationen immer straffer, Kopplungen immer enger, der Aufgabenvollzug immer mehr auf die Logik der gegenwärtigen Wirtschaftsbedingungen hin optimiert und festgeschrieben.

Für die Menschen wurden die Arbeit dichter, das Tätigkeitsspektrum umfassender, die Einsatzgebiete flexibler; sie müssen heute höhere und andauernde Aufmerksamkeitsleistungen erbringen und das unter steigendem Zeit- und Ergebnisdruck, was in den letzten Jahren manifest zu Burn-out geführt hat. Es scheint nicht mehr so sehr der Change-Prozess selbst, der die Menschen heute belastet – die meisten Change-Prozesse halten nicht mehr die Uhren an, sie sind einfach eine weitere Mehrbelastung neben dem Tagesgeschäft. Nicht der Umstellungsprozess ist also heute für die Menschen das Furchterregende im Change-Prozess, sondern das Ergebnis: Die Einsparung von 300 Millionen wird nur einmal auf einer Bilanzpräsentation honoriert, aber man muss danach auf Dauer unter diesen Bedingungen arbeiten.

Dass diese Entwicklungen so widerspruchslos hingenommen wurden, hängt auch damit zusammen, dass das Topmanagement über hohe, teils unverhältnismäßig hohe Beteiligungen incentiviert wurde. Wie Rudolf Wimmer[76] schreibt, verlagerte sich durch die Politik des Shareholder Value die übliche Trennlinie zwischen den Logiken der Kapitalinteressen im Aufsichtsrat einerseits und den Realwirtschaft-Interessen der Führung in der Organisation andererseits. Diese Trennlinie wanderte in die Organisation hinein und verliefe nun zwischen Topmanagement und den operativen Geschäftsbereichen. Das führe zu einer Entfremdung zwischen den Managementebenen, die sich in Vertrauensverlusten und ›doppelter Buchführung‹ in Form gegenläufiger Entscheidungsprämissen auswirke.

Da die Manager zunehmend mit Aktien bezahlt wurden, partizipierten sie selbst an dieser neuen Art der Firmenbeherrschung – so Mintzberg. Über MBA-Absolventen sagte er in einem Interview 2005[77]: »Viele sind wie Söldner, die ausschließlich für Geld oder eine Belohnung arbeiten. Das führt zu einer Korrumpierung unternehmerischer Führung. Denn ihnen geht es vor allem ums persönliche Fortkommen und nicht um das Wohl des Unternehmens. Ihr Managementstil ist ungeduldig, aggressiv und egoistisch und sie sind besessen davon, die Bilanzgewinne zu manipulieren, die Personaldecke zu verschlanken und den Shareholder Value zu erhöhen.«

Die Zeit der extremen Heuschrecken-Aktionen, in der gesunde Unternehmen fürchten mussten, feindlich übernommen, filetiert und stückweise weiterverkauft zu werden, ist zwar vorbei, aber viele Selbstverständlichkeiten sind, zumindest bei börsennotierten Unternehmen, aus dieser Periode zurückgeblieben: auf vier bis fünf Jahre befristete Vorstandsverträge etwa; laufende Gewinnprognosen in kurzen Intervallen mit der Einladung bzw. Verführung zur Bilanzkosmetik; die Erschwernis, langfristige Entscheidungen zu treffen oder langsame Aufbauarbeit zu verfolgen; krasse Abstände zwischen den höchsten und niedrigsten Gehältern; erlebte Ungerechtigkeit zwischen dem Status Fixangestellter und Befristeter, die dieselbe Arbeit verrichten; Erosion der kollektiven Vertrauens- und Loyalitätsbasis usw.

3.6.2 Ungewissheit und der Ruf nach dem charismatischen Führer

In den vergangenen zehn Jahren hat zunehmende Volatilität oft genug unterjährig die Entscheidungsprämissen in Organisationen ausgehebelt. In der Krise 2008 entstanden völlig neue Konzepte wie ›Fahren auf Sicht‹, ›Nebelkompetenz‹. Die ständig steigende Komplexität der internen Strukturen – die ja mit denen der Umwelten Schritt halten müssen – steigerte zusätzlich die Unsicherheit im Unternehmen, die sich in vielen Alltagsentscheidungen niederschlägt und häufig zu aufwendigen Abstimmprozessen oder gar zum Entscheidungspatt führt.

Vor diesem Hintergrund werden Führungskräfte im Change-Zeitalter auf eine Hochschaubahn geschickt. Je größer die Herausforderungen auf der sachlogischen Ebene, desto mehr sollen sie auf der psychodynamischen Ebene leisten; je verfahrener die Perspektiven, desto mehr werden ihnen Visionen abgefordert. Massive Strukturprobleme werden verkürzt und verlagert in die Gestaltung der bilateralen Mitarbeitendenbeziehung. Da wird an allen Hebeln gedrückt: die Führungskraft als Coach, als Charismatiker, als transformierender Leader, als Global Leader, der international und interkulturell geländegängig ist, als Visionär, der sich selbst entwickelt, als bescheidenes Vorbild – keine Karte, die nicht aus dem Ärmel gezogen wird. Um wie viel leichter waren da die Stereotype früherer Zeitalter zu erfüllen: der Macher des Konsumzeitalters, der Ingenieur des Industriezeitalters.

Nur selten werden die Schattenseiten der heroisierenden Leadership-Stereotype in den Blick genommen. Conger und Kanungo[78] z.B. betonen, dass charismatisches Leadership zur Gefahr für die Geführten und für Organisationen werden kann: Charismatische Führer haben oft charakterliche Mängel; sie können extreme Narzissten sein, Fantasien über die eigene Grandiosität kann zu Selbstbezogenheit, Übertreibungen, Realitätsverlust und persönlicher Bereicherung führen. Ob es sich um eine positive oder negative Ausprägung von charismatischem Leadership handelt, machen sie daran fest, ob es den Akteuren dabei um eigennützige oder altruistische Ziele gehe; damit kommt die Dimension der Ethik wieder ins Spiel.

Nach aller, oft genug irrational anmutender Erhöhung von Führung kommt der tiefe Fall. Die Finanzkrise bringt es auf den Punkt: Aus der Traum vom Macher, der jedes Problem löst; vorbei die kühne Rede, dass die einzige und legitimierte Führung der Gesellschaft von Wirtschaftskapitänen geleistet werden könne. Schon davor hat der Turbokapitalismus den Keim des Zweifels gesät und Führung zunehmend entmythologisiert. Auch in in den Augen von Medien und Öffentlichkeit waren viele Unternehmensführer zu Söldnern des Finanzkapitals geworden, korrumpierbar, überbezahlt, ohne Moral und Ethik. Sie lassen Kinder und verelendete Menschen unter lebensgefährlichen Bedingungen für einen Hungerlohn arbeiten, zerstören die Umwelt, höhlen den sozialen Wohlfahrtsstaat aus, führen die Nationalstaaten und ihre Politik an der Leine, hinterziehen Steuern in ›Oasen‹, als wäre die Welt, in der sie ihre Profite erwirtschaften, früher oder später eine Wüste. Kurz: Sie haben das allgemeine Vertrauen verloren. Dazu nochmals Mintzberg[79]: Die unternehmerische Führung befinde sich in einer schweren Krise. Eine neue Kaste professioneller Manager übe mit den neuen Praktiken de facto eine Zerstörungskraft aus.

Wie findet Führung hier wieder zu einem professionellen Selbstverständnis? Die Erwartungen, mit Vorbildern für die Vorbilder versorgt zu werden, wird gern an HR weitergeleitet, das ja das Aufgabengebiet des Leadership Development betreiben soll. Wie kommt das Professionsfeld Leadership Development zu einem zukunftsgerichteten Verständnis von Führung?

3.6.3 Erosion des linearen Denkens

Von Henry Mintzberg[80] stammt die Aussage, dass die klassische MBA-Ausbildung zu einer ›Anbetung‹ der linken Hirnhälfte und zu einem ausschließlichen Fokus auf Rationalität geführt habe, und dies, obwohl erfolgreiche Manager sich eigentlich in einer Situation mittlerer Unordnung wohl fühlten und viele ihrer Entscheidungen de facto mit Intuition und Bauchgefühl träfen.

Das ist nicht nur die Kritik eines Managementtheoretikers. In dem Maß wie Komplexität und Schwierigkeitsgrad des Führungsgeschehens steigen, spüren Führungskräfte auch, dass sie mit der alten Software linearen Denkens, mit dem klassischen MbO, das in jeden kleinen Ablauf des Aufgabenvollzugs in die Organisation hineingeschrieben ist, nicht mehr weiterkommen. Der Appell, vernetzt, neu, anders zu denken, wird schnell abgenickt, tatsächlich geht es angesichts komplexer Fragen aber noch immer reflexhaft zu noch tieferer Analyse, noch mehr schematischen Ablaufdiagrammen mit Pfeilen von links nach rechts.

Allein, das Bedürfnis nach neuem Denken ist erkannt und neue Impulse werden auch aufgenommen bzw. aktiv gesucht. Über die Jahre haben sich unerkannt und unbenannt Methoden dialogischer Kommunikation verbreitet – im Zuge der vielen moderierten Workshops beispielsweise. In jedem Change-Management-Seminar werden systemische Fragetechniken vermittelt, die sich eignen, komplexe Wirkungszusammenhänge zu explorieren. Das Konzept von der Führungskraft als Coach hat, weit über die Bedeutung dieses Rollenverständnisses im Führungsalltag hinaus, Scharen von Managern in umfangreiche, extern organisierte Ausbildungsprogramme gelockt – oft genug in deren Freizeit und auf eigene Kosten. Was sie dort fanden, was sie inspiriert hat, waren de facto neue Formen der Beziehungsgestaltung, neue Methoden des Hinterfragens, serviert in Peergroup-Didaktik – reiche Impulse, die das eigene Wahrnehmen und Denken erweitern, die eigene Persönlichkeit weiterentwickeln.

Was ist für den Profi das Fazit aus Führung im Change-Zeitalter? Die Quintessenz lautet wohl, dass das Zeitalter des Change Management auch ein Zeitalter des Management Change ist: Führung und Organisationen sind selbst in einem tief greifenden Transformationsprozess, dessen Ausgang noch lang nicht klar ist. Momentan sieht es so aus, als seien die alten Deutungsrahmen und Stereotype aufgetaut, ja als sei schon ein gewisses Stück Weg durch die Move-Phase beschritten. Zumindest was das Selbstverständnis von Führung betrifft, haben sich schon einige Variationen und Mutationen eingestellt; das Thema Organisation ist möglicherweise noch in der Auftauphase.

Anmerkungen

1 vgl. Handy 1994, Kap. 3.
2 vgl. Drucker 1992b.
3 Der Sender CNN führt eine eigene Sparte Eye-Witness-Reports in seinen Nachrichtensendungen.
4 Die englische Originalausgabe seines Buches »Die Fortschrittsfalle« hieß »The Empty Raincoat«. Damit bezog er sich auf eine von drei Bronze-Plastiken eines Kunstwerkes von Judith Shea, das er in einem Parkt von Minnesota gesehen hatte (vgl. Handy 1994, S. 11).
5 Die Grunderfindung der Organisation ist es, durch das Design eines arbeitsteiligen Aufgabenvollzugs den ›Organisationsvorteil‹ zu erzielen, durch den qualitativ und quantitativ höhere Outputs möglich werden, als wenn dieselbe Menge Menschen ohne Organisation agieren würde.
6 vgl. Handy, 1989 S. 92: »Vorbei sind die Zeiten, in denen man als Tellerwäscher begann und sich nach oben durchkämpfte. Schon bald wird es für über Dreißigjährige keine Aufstiegsmöglichkeiten mehr geben. Die Leute müssen sich darauf vorbereiten, selbst aktiv zu werden – und sich in allen Aspekten des Managements als kompetent erweisen.«
7 So schreiben Hamel und Prahalad 1994, dass die großen US-Unternehmen 1993 600.000 Mitarbeitende abgebaut haben, 25 % mehr als 1992 und 10 % mehr als im Rezessionsjahr 1991.
8 vgl. Handy 1989, S. 213.
9 Chandlers Thesen, mit denen er belegen wollte, dass die »Visible Hand des Managements« die »Invisible Hand of the Market Forces« nach Adam Smith ersetze, beleuchten die ideologische Dimension der Hierarchie, die wohl noch immer zum Nimbus von Hierarchie und Karriere beiträgt. Seine Thesen lauten: Das moderne US-Multi-Unit-Unternehmen ersetzte die KMU, weil angesichts des schieren Volumens ökonomischer Tätigkeiten die administrative Koordination mehr Profit versprach als die Koordination über Marktmechanismen. Diese Multi-Unit-Unternehmen haben typischerweise eine umfassende Managementhierarchie ausdifferenziert, die bald zu einer Quelle für anhaltendes Wachstum und für Macht wurde. Die Karrieren angestellter Manager erforderten zunehmend mehr technische Expertise und Professionalisierung; zudem fielen bald Unternehmensführung und Eigentümerschaft auseinander. Angestellte Manager würden langfristiges Wachstum und Stabilität einer kurzfristigen Profitmaximierung vorziehen. Diese Großunternehmen, die Corporations, beherrschen zunehmend wichtige Wirtschaftssektoren und verändern deren Grundstrukturen sowie die der Gesamtwirtschaft.
10 Moss-Kanter (1989) beschrieb die amerikanischen Corporations als schwerfällige, manövrierunfähige Tanker im Wettlauf mit wenigen japanischen Schnellbooten, als Dinosaurier, die das Tanzen lernen müssten.
11 Brasilien, Russland, Indien, China.
12 So beobachtet die Funktion Controlling selektiv Ereignisse, die mit Rentabilität und gesetzten Zielvorgaben zusammenhängen, die Funktion Qualitätsmanagement beobachtet Prozesse auf ihre Effektivität und Robustheit, HR nimmt alle Faktoren und Ereignisse in den Blick, die für die Produktivität und Entwicklung der Humanressourcen bedeutend sind usw.

13 Die soziologische Systemtheorie Luhmanns sieht Organisationen als soziale Systeme, die im Grunde aus Ketten von Kommunikationsanschlüssen bzw. von Entscheidungen bestehen (vgl. Luhmann 2000).

14 vgl. Krizanits 2009, S. 299 ff.

15 vgl. Krizanits 2011, S. 212 ff.

16 »Die Governance-Forschung beobachtet Handlungen wie Regieren, Steuern und Koordinieren innerhalb staatlicher, gesellschaftlicher und wirtschaftlicher Akteure in netzwerkartigen Strukturen. Das bislang dominierende Konzept ›Steuerung‹ wird mit diesem Begriff in einer umfassenderen Perspektive verortet. Diese umgreift das Konstellationsgefüge, in dem sich die beteiligten Akteure bewegen, ihre intentionalen (Steuerungs-)Aktivitäten mitsamt ihren Potenzialen und Beschränkungen sowie die institutionellen Regelungsstrukturen und die mit ihnen verknüpften Veränderungsprozesse und Wirkungen. Die zentrale Fragestellung richtet sich [...] auf das unter den beteiligten Akteuren abgestimmte Zusammenwirken einer Vielzahl von Steuerungsversuchen und dabei zu entdeckende Koordinationsmuster. Die Governance-Perspektive ist damit auch als eine Reaktion auf unterkomplexe lineare Steuerungsmodelle zu verstehen und in einem positiven, durchaus auch praxisrelevanten Sinn als analytischer Versuch, die komplexen Bedingungen von Veränderungen Stück für Stück aufzuklären« (Stangl o. J.).

17 Luhmann 2000, S. 224 ff: »Entscheidungsprämissen [...] legen die zukünftigen Entscheidungen noch nicht fest, [...] aber sie fokussieren die Kommunikation auf die in den Prämissen festgelegten Unterscheidungen.«

18 Das Ausreizen der Funktionslogik des jeweiligen Bereichs stellt aus Sicht der Organisation zwar einerseits den Leistungswillen der Linienmanager sicher, führt im freien Spiel der Kräfte aber andererseits auch zu Strukturkonflikten und Machtdynamiken zwischen den Bereichen (Stichwort: Silo-Denken). Diese würden zur Lösung der jeweils höhergeordneten Instanz der Hierarchie zugespielt, die die arbeitsteiligen Linienfunktionen in ihren Entscheidungen ja wieder zusammenführt. Strukturell angelegte Widersprüche sind in ihrem Wesen aber grundlegende Paradoxien, die sich nicht auflösen lassen; an die nächste Hierarchieebene hochdelegiert, würden sie sich dort in Form von eskalierenden Konflikten ansammeln und einen Entscheidungsstau verursachen. – Dieses Konfliktpotenzial, das aus der Einschränkung der Machtansprüche der Linienfunktionen entsteht, entfaltet sich nun im Zusammenspiel von Linienfunktion und den Internen Beratungsfunktionen. Es entzündet sich z. B. wenn Führungskräfte begabte Mitarbeitende in andere Abteilungen ziehen lassen müssen, weil organisationsweit beobachtet wird, was mit den High Potentials im Unternehmen passiert, wenn Lieblings-Produktentwicklungen eingestellt werden, weil die strategische Planung sie im Quadranten der Poor Dogs verortet usw.

19 Dieser Trend wird irreführend häufig mit dem Begriff der ›Zentralisierung‹ bezeichnet; dieser ›alte‹ Begriff verdeckt mit seinem Bedeutungshof aber neue Zusammenhänge und es benötigt den neuen Begriff der Governance. ›Zentralisierung‹ ist aus der Vergangenheit konnotiert mit einem linearen Top-down-Steuerungsverständnis in der Art, dass die Zentrale anordnet und sanktioniert und die Einheiten vor Ort die Befehle und Vorgaben ausführen müssen. Bei diesem neuartigen, hochkomplexen Steuerungsproblem geht es tatsächlich aber darum, wie eine Vielzahl von Steuerungslogiken, Entscheidungsprämissen und Steuerungsimpulsen miteinander in eine transparente und erwartbare Entscheidungsorganisation gebracht werden können.

20 vgl. Ansoff 1965, S. 90 ff.; Checkliste S. 96/97.

21 vgl. Ulrich 1997, S. 65.

22 vgl. Prahalad/Hamel 1990; Hamel/Prahalad 1994.

23 vgl. Doppler/Lauterburg 1994.

24 vgl. Lewin 1947. Immer wieder wird Lewin – in Unkenntnis seiner Schriften – ein mechanistisches Verständnis von Wandel vorgeworfen. Dieser Vorwurf ist völlig unbegründet – und wäre, wenn überhaupt, eher an die Ratgeber-Literatur für das Change Management zu richten. Lewin ist im Gegenteil, immer davon ausgegangen, dass nach dem Unfreeze eingefahrener Deutungsmuster eine Emergenzphase mit nicht gerichteter Bewegung einsetzt. Er hat dies aufgrund seiner Erfahrungen mit Einstellungswandel so konzipiert – 40 Jahre vor Ausprägung des systemischen Ansatzes mit dessen Kernprämisse, dass Organisationen als selbstreferenzielle Systeme von außen nicht instruierbar, sondern bestenfalls in ihren eingefahrenen Mustern verstörbar sind. Auch der Begriff Freeze wurde ihm und der OE fälschlicherweise mit »Einfrieren« übersetzt. Tatsächlich ist mit Freeze ein Herauskristallisieren und Stabilisieren von Deutungsmustern – Luhmann würde von Kommunikationsanschlüssen sprechen – gemeint, das für den Erwerb neuer Verhaltensmuster unverzichtbar ist, ähnlich wie die Hirnforschung von der Bahnung neuer Verschaltungen im Gehirn spricht, die unverzichtbar für nachhaltiges Lernen sind.

25 vgl. Königswieser 2011, S. 64 ff. und 2001, S. 12 ff. Die Phasen der Übermittlung schlechter Nachrichten wurden ursprünglich von Elisabeth Kübler-Ross beschrieben, die sie in ihrer Arbeit mit Sterbenden und Trauernden beobachtete hatte. Für verwendete Quellen siehe auch: Königswieser, Roswita: Die Auswirkung schockierender Nachrichten: Psychische Bewältigungsmechanismen und Methoden der Überbringung. In: Beratergruppe Neuwaldegg (Hrsg.) (2001): Best of Neuwaldegg, Wien.

26 Von einem ›Change Impact‹ wird gesprochen, wenn Ereignisse oder Entwicklungen einen Veränderungsbedarf in der Organisation auslösen, d. h. eine Anpassung von Strategien, Strukturen oder der Organisationskultur erforderlich ist, um angemessen auf diese Ereignisse und Entwicklungen zu reagieren.

27 vgl. Wohland et al. 2004.

28 Bei der von Toyota entwickelten Methodik des Quality Function Deployment erheben interdisziplinäre Teams unter Einsatz verschiedener Qualitätsmanagement-Tools – z. B. Visualisierung, Ishikawa Diagramm, FMEA usw. – die bekannten und latenten Kundenanforderungen, brechen sie herunter auf Funktionalitäten, die nach ihrer (zu erhebenden) Wichtigkeit für den Kunden, ihrem Potenzial als Alleinstellungsmerkmal usw. gewichtet werden. Für die einzelnen Funktionalitäten werden Qualitätsmerkmale und kreative Lösungen gesucht, in Kreativworkshops dann Hebelwirkungen zur Produktverbesserung erarbeitet. Das Vorgehen ist in den einzelnen Phasenabschnitten iterativ und führt schließlich zu einem bzw. mehreren Prototypen.

29 Für einen verständlichen Überblick vgl. Hoppe/Eckart 2012.

30 vgl. Brodbeck 2008.

31 vgl. Deal/Kennedy 1982.

32 vgl. Brodbeck et al. 2002.

33 Barack Obama gilt als typisches Third Culture Kid: Er wuchs bei seiner amerikanischen Mutter auf, teilweise aber auch auf Hawaii mit seinem kenianischen Vater und zeitweise in Indonesien bei seinem Stiefvater, lebte in unterschiedlichen US-amerikanischen Milieus und wurde schließlich für zwei Amtsperioden zum 44. Präsidenten der USA.

34 In Organisationen tragen wichtige Vorschriften und Planungen sowie deren Sanktionierung zur engen Kopplung von Systemen bei, ebenso wie jede Form der Aufmerksamkeit, die sich auf die Abhängigkeiten der Systeme untereinander richtet. Je mehr das Verhältnis zwischen einem System und seiner Umwelt reguliert ist, je vorhersehbarer die Verbindungen sind, desto weniger Varietät wird – nach Ashbys Law of Requisite Variety – auch innerhalb des Systems zu finden sein.

35 Wohland et al. (2004) sprechen in diesem Zusammenhang vom Zusammenbruch der zentralen Steuerung. Wenn periphere Systeme mit unbekannten, unvorhersehbaren Umwelten

interagieren sollen, können Störungen an der Peripherie nicht mehr – wie dies im klassischen Organisationsverständnis üblich ist – an die Zentrale gemeldet werden, die dort für Klassen vergleichbarer Störungen Lösungsalgorithmen entwickelt und als Vorschrift an die Peripherie zurückschickt; das wäre zu langsam und würde durch die Rigidität der engeren Kopplung selbst ein Problem verursachen. Vielmehr muss ein peripheres System mit seiner wenig erwartbaren Umwelt lose gekoppelt sein, um sich in doppelt-kontingenten Schleifen mit seiner Umwelt einzuschwingen.

36 vgl. Bennet/Lemoine 2014.

37 Bei einfachen Kontexten besteht die Führungsaufgabe darin, die Fakten zu erheben, einzustufen und erprobte Verfahren, Best Practices anzuwenden. Bei komplizierten Kontexten hat Führung die Aufgabe, einen Pool von Fachexperten zu organisieren, denn es benötigt unterschiedliche Expertisen um die vielen Aspekte eines Problems der Lösung zuzuführen. In komplexen Kontexten wirken viele Komponenten nicht linear so zusammen, dass Eigendynamiken entstehen. Die Führungsaufgabe besteht darin, Funktionsmuster zu verstehen. Zu diesem Zweck sind Kommunikation und Interaktion zu unterstützen, um Vielfalt und Dissens von Sichtweisen als Ressource für das Aufspüren von Mustern zu fördern. Chaotische Kontexte sind gekennzeichnet durch hohe Anspannung, starke Unruhe, unergründliche Zusammenhänge und den Zusammenbruch von Ordnung. Führung muss durch sofortiges Handeln Ordnung wieder herstellen und dabei nach schnellen, praktikablen Lösungen suchen.

38 vgl. Krizanits, 2012, 2015.

39 vgl. von Foerster 1999, S. 12.

40 Beispiele sind Lawine, Klimawandel, E10 usw.

41 Das Prinzip des ›Schleifengangs‹ besteht – wie beim ›hermeneutischen Zirkel‹ – im wiederholten Durchlaufen derselben Problemstellung mit einem jeweils anderem Aufmerksamkeitsfokus. Nach jedem Durchlauf ändert sich das Vorverständnis für den nächsten Durchlauf; so wird die Materie schrittweise durchdrungen, bis die Muster erkennbar werden.

42 Analyische Tiefbohrungen hingegen führen zu mehr Unschärfe und bergen die Gefahr des falschen Pars pro Toto: Wer ein Stoffstück unter das Mikroskop legt, sieht den Faden, nicht das Karomuster.

43 Scharmer unterscheidet vier Wahrnehmungsmodi: Im Routinebetrieb ist effizientes Handeln mit »Downloading« angesagt: Ereignisse werden mit vordefinierten Erwartungs- und Deutungsrahmen verglichen und auf Passung gebracht. Bei Widersprüchen, Entscheidungspatt, grundsätzlichen Fragestellungen ist das Aufmerksamkeitsfeld »Reflexion« indiziert: Es gilt das Primat des genauen Beobachtens, Hinterfragens, der Außensicht. Bei sehr unscharfen, diffusen Kontexten hilft emotionale Intelligenz weiter zu einem ganzheitlichen »Spüren«. Wenn es um etwas völlig Neues geht – wie bei Innovationen – gilt das Primat des »Wollens«: darum, sich selbst als Quelle zukünftiger Entwicklungen zu fokussieren und einen Prozess der selbsterfüllenden Prophezeihung einzuläuten.

44 vgl. Krizanits 2015.

45 ©2015 Scrum.Org and ScrumInc. Offered for license under the Attribution Share-Alike license of Creative Commons, accessible at http://creativecommons.org/licenses/by-sa/4.0/legalcode and also described in summary form at http://creativecommons.org/licenses/by-sa/4.0/. By utilizing this Scrum Guide you acknowledge and agree that you have read and agree to be bound by the terms of the Attribution Share-Alike license of Creative Commons. Siehe auch die deutsche Übersetzung des Scrum Guides mit Kommentaren unter http://www.mohnhaupt.de/files/scrum.pdf, retrieved am 01.09.2016.

46 vgl. Komus/Kuberg 2015.

47 vgl. www.scaledagileframework.com

48 vgl. Leitl 2015.
49 vgl. Bowman 2016, VP Engineering von Zalando in seinem Zalando Tech Blog (dazu siehe auch http://www.scaledagileframework.com/).
50 vgl. Antonakis 2012, S. 275.
51 vgl. Antonakis et al. 2016.
52 Das Podsakoff-Transformational-Transactional Leadership Model (Podsakoff et al. 1990, 1996) verbindet Faktoren transformationalen Leaderships – Identifikation und Artikulation einer Vision, ein (Rollen-)Modell vorgeben, Gruppenziele, Kooperation und Teamwork fördern, hohe Leistungsanforderungen, individuelle Unterstützung und intellektuelle Anregung – mit Faktoren transaktionalen Leaderships wie Feedback geben, Anerkennung aussprechen, und andere für besondere Leistungen loben. Der Unterschied zum Bass-Modell besteht hauptsächlich darin, dass die Faktoren Managament by Exception und Laisser-Faire-Leadership nicht vorkommen.
53 vgl. Conger/Kanungo 1998, S. 38.
54 vgl. Hoppe und Eckart (2012) für eine übersichtliche Zusammenfassung der umfangreichen GLOBE-Studien.
55 vgl. Wolf 2006, Rezension des Buches von House et al. 2004.
56 Ihr Buch erschien zur selben Zeit wie das von Hamel und Prahalad (Hamel/Prahalad 1994), die ebenfalls das Bild eines Entrepreneurs zeichnen. Allerdings plädieren Hamel und Prahalad gegen »Kaminkarrieren« und vielmehr dafür, Manager mit viel Erfahrung außerhalb des eigenen Unternehmens zu rekrutieren, um Vielfalt für die genetische Umcodierung an Bord zu holen.
57 Diszipliniertes Denken kann vor dem fünfstufigen »Weg in die Schande« bewahren. Dabei folgt der »aus dem Erfolg geborenen Überheblichkeit« die »undisziplinierte Verfolgung des Mehr« und dann die »Verleugnung von Risiko und Gefahr«; schließlich folgen die »Suche nach Erlösung« und die »Kapitulation in die Irrelevanz bzw. der Tod«. Dieser Abstieg in die Schande wurde 2010 bei Toyota angesichts massiver Produktionsmängel öffentlich vom Enkel des Unternehmensgründers für das eigene Unternehmen diagnostiziert. – Andere Automobilproduzenten könnten sich heute anschließen.
58 vgl. Antonovsky 1997.
59 In diesem Zusammenhang erscheinen die Prämissen der frühen Organisationsberatung, die das Ideal der ›gesunden Organisation‹ proklamierte, nicht nur normativ geladen, sondern empirisch belegt; es würde sich um eine gesundheitsfördernde und damit letztlich tatsächlich um eine gesunde Organisation handeln.
60 vgl. Grawe 2004.
61 Der Neurologe Gerald Hüther spricht von zwei Grundbedürfnissen, die der Fötus in seiner Zeit im Mutterleib ausgebildet hat und mit denen das Neugeborene in die Welt tritt: das Bedürfnis nach Verbundenheit und das nach Entwicklung (vgl. Hüther 2011, S. 45 f.). Der Neurologe und Psychiater Joachim Bauer (2008, S. 149) sieht Aggression – wie Angst – als ein neurobiologisch basiertes Programm an, das abgerufen wird, wenn vital bedeutsame Ressourcen – soziale Verbundenheit ist eine vitale Ressource – knapp werden, wenn Schmerz abgewehrt werden muss oder die körperliche Unversehrtheit anderweitig bedroht ist.
62 vgl. Seliger 2014, S. 47.
63 Die Chicagoer Soziologieschule des sozialen Interaktionismus besagt, dass die Bedeutung, die wir Dingen geben, nicht in der Natur der Dinge liegt, sondern im Zuge sozialer Interaktionsprozesse vereinbart wird.
64 vgl. Bauer 2006a.
65 Die folgenden Gedanken finden sich ausführlicher bei Seliger 2014, S. 34 ff.
66 vgl. Csíkszentmihályi 1997.

67 vgl. Seliger 2014, S. 56. Sie führt ein Zitat von Dirk Baecker an, das diese Überlegungen auf den Punkt bringt: »Ein Manager ist jemand, der in allen Situationen und bedingungslos an suboptimale Verhältnisse glaubt, die überdies nur auf ihn und seine Optimierungsvorschläge warten. Jede Arbeit kann effektiver geleistet, jede Kostenkontrolle effizienter durchgeführt, jeder Kunde besser bedient und jede Strategie klüger ausgedacht werden. Konfrontiere dich mit einem Manager und du weißt anschließend, was du immer noch nicht gut genug gemacht hast.«
68 Cameron 2008, zitiert in Seliger 2014, S. 99.
69 vgl. Buckingham/Clifton 2007.
70 vgl. Bauer 2006, S. 53.
71 Mintzberg 2005a, S. 11.
72 vgl. Hamel/Zanini 2016, S. 5.
73 Dieser Begriff baut auf dem Führungsverständnis des CEO von GORE auf, das Hamel als beispielhaft beschreibt; vgl. Hamel 2007, S. 124ff und Hamel/Zanini 2016.
74 Rifkin 2011, S. 271 ff.
75 vgl. Ansoff 1965, S. 48.
76 vgl. Wimmer 2002.
77 Mintzberg 2005 (Online-Quellen).
78 vgl. Conger/Kanungo 1998, S. 211 ff.
79 vgl. Mintzberg 2005, S. 185.
80 vgl. Mintzberg 2004.

Teil 2

Foundations for Leadership Development

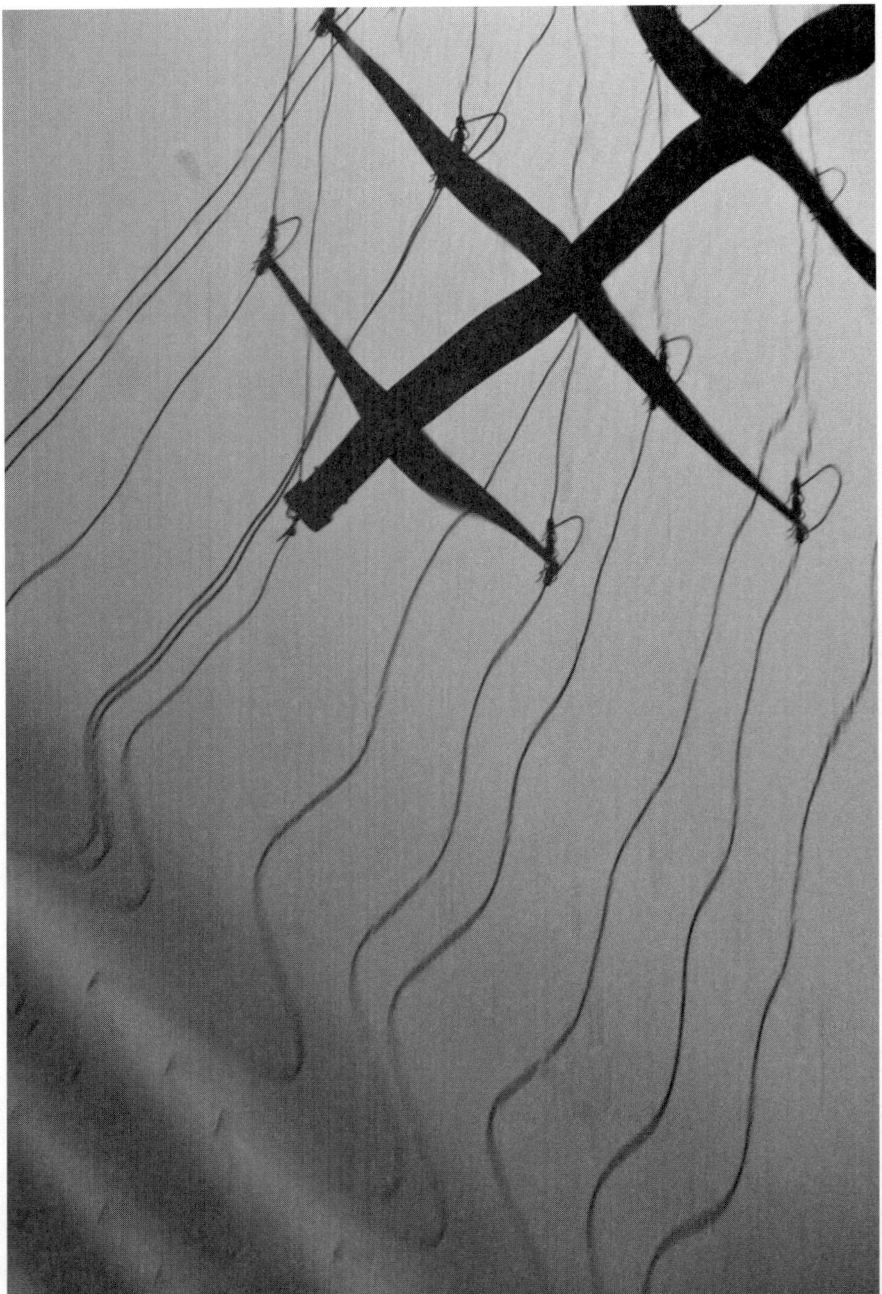

Die Emme in Derendingen

Der erste Teil dieses Buches hat die Entwicklungen in Führung, Organisationen, Wirtschaft und Gesellschaft in den vergangenen hundert Jahren nachgezeichnet. Dabei ist deutlich geworden, dass sich im Industriezeitalter, im Konsumzeitalter und im Change-Zeitalter jeweils ein anderes Verständnis von Führung und Organisation ausgeprägt hat. So wie Organisationen jeweils vor anderen Herausforderungen standen, so hat auch die Funktion Führung immer wieder einen neuen Rahmen, ein neues Selbstverständnis finden müssen, um den Problemen angemessen zu begegnen.

Ein professionell gestaltetes Leadership Development sollte bewusst mit Leadership-Konzepten ›von der Stange‹ umgehen und wissen, welche Konzepte an welchen Verständnisrahmen, an welche Kontexte rückzubinden sind. Woran kann sich aber – angesichts der Vielfalt an Konzepten und ihrer Zeitgebundenheit – heute das Professionsfeld Leadership Development orientieren? Wovon können Profis ausgehen, wie vorgehen?

Diese Fragen stehen im Mittelpunkt des zweiten Teils. Er geht von der These aus, dass Gesellschaft, Wirtschaft und Organisationen – und mit diesen Rahmenbedingungen auch Führung – in einem tief greifenden Wandel begriffen sind. Mit Kurt Lewins Change-Modell gesprochen, befinden wir uns in einer bereits fortgeschrittenen Defreeze-Phase, in der bestehende Deutungsmuster, Erklärungen und Prämissen erodieren, und in der Frühzeit einer Move-Phase, in der neue Ansätze, Konzepte und Deutungsmuster emergieren. In einer solchen Phase lassen sich grundsätzlich keine langfristigen Prognosen und Festlegungen treffen; man ist vielmehr darauf verwiesen, das Heute und den Übergang zu morgen aufmerksam zu verfolgen und Rahmenbedingungen zu schaffen, in denen Management-Innovationen und ›Foresight‹ (siehe S. 81) entstehen können.

In diesem Sinn verändert sich die Aufgabenstellung im Leadership Development: Es geht immer weniger um Qualifizierung und die Zurichtung von Rollenträgern auf ihre Positionen in der Hierarchie. Es geht immer mehr darum, Entwicklungsräume zu gestalten, in denen sich Führung mit sich selbst und mit der Organisation und ihren Herausforderungen auseinandersetzt. Die Zeit allgemeingültiger, normativer Führungskonzepte – wie z. B. die Ansätze transformationaler Führung – ist passé. Trotzdem gibt es Fixsterne, Theorierahmen, an denen sich das Professionsfeld Leadership Development reflektieren und ausrichten kann.

Das dritte Kapitel beschreibt die Herausforderungen an ein Leadership zwischen Nicht-mehr und Noch-nicht. Es zeichnet die Professionsgeschichte des Aufgabenbereichs Leadership Development nach und beleuchtet einige dieser Fixsterne: Führung als Profession, Führung als Funktion, den Mindset-Ansatz, das Modell der Leadership Pipeline, das Modell der Community of Practice und die neuen, empirisch belegten Entwicklungen zum Thema Leadership Brand. Es macht Vorschläge für die Ausgestaltung der Entwicklungsräume und skizziert, wie eine Leadership Brand zu einem neuen, gemeinsamen Aufgabenfokus für verschiedene HR-Funktionen werden kann.

Das Konzept sieht Führung als Marke, die nach innen und außen erkennbar ist und Nutzen stiftet. Dabei geht es nicht nur um wenige vorbildliche Führungspersonen, denen eine deutliche Personal Leadership Brand zugeschrieben wird. Es geht um die Corporate Leadership Brand: um ein Selbstverständnis aller Führungskräfte, das zur Identität, den Stärken des Unternehmens und den Anforderungen im Kontext passt und das den Wertbeitrag der Unternehmensfunktion Führung deutlich macht.

1. Kapitel: Leadership zwischen Nicht-mehr und Noch-nicht

Wirtschaft, Organisationen und Führung waren immer in den Rahmen gesellschaftlicher Entwicklungen gestellt. In dem Maße, wie diese Entwicklungen volatil werden, ist Führung gefragt, diese Rahmenbedingungen laufend zu reflektieren und selbst zu gestalten, um das eigene Selbstverständnis für einen gegebenen Kontext ableiten und monitoren zu können.

Was bedeutet dies für einen Verständnisrahmen von Leadership heute? Welche Herausforderungen kommen aus heutiger Sicht in naher Zukunft auf die Profession Leadership zu? Welche Gestaltungsfelder werden die Hebelpunkte für effektives Leadership sein? Wo und wie kann die Funktion Leadership Development unterstützen und entwickeln?

Als Fazit der Entwicklungen in Wirtschaft und Gesellschaft für das Change-Zeitalter lassen sich heute drei provokative Thesen aufstellen: In der postkapitalistischen Gesellschaft erodiert die normative Grundlage des Systems Wirtschaft: Profit und Konsum sind nicht mehr für alle die lebensbestimmenden Maximen. Die Wirtschaft hat zudem ihre Vorrangstellung im Konzert der gesellschaftlichen Systeme eingebüßt: Migrationsbewegungen, Klimawandel etc. fordern das System Politik wieder als Akteur. Die Weltgesellschaft wie die nationalstaatlichen Gesellschaften befinden sich in der Move-Phase (siehe S. 10) eines tief greifenden Transformationsprozesses; noch ist nicht absehbar, welche Zukunftsoptionen und Entwicklungspfade emergieren werden.

1.1 Wirtschaft und Gesellschaft – selbst im Change?

Rückblickend lässt sich die Zeit des Turbokapitalismus in zwei Phasen einteilen: von 1990 bis ca. 2000 laden sich diverse Schwungräder unter Druck an diversen Reibungsstrecken auf; sie nehmen Schwung auf. Es folgen biblische sieben Jahre, in denen sich die Kraft dieser Schwungräder sich überstürzend ausrollt und alles niedermäht. Dann kommt die Wirtschaft mit einem Mal zum Stillstand: ausgerollt. Mit Verwunderung sieht sie sich plötzlich von den dynamischen Kräften anderer Schwungräder links und rechts überholt – und zurückgelassen. Schwungräder, Systeme, die die Wirtschaft nie gebührend wahrgenommen hatte, hatte sie doch im rasenden Fortschritt immer die Augen vorn gehabt und war sie doch lange Zeit tatsächlich mit der Nase vorn, den anderen voran gewesen. Nun wälzt das Finanzsystem vorbei, die Eurokrise, der Klimawandel, Migrationsbewegungen … .

Der Turbokapitalismus hängte seine Kinder ab. Er plünderte die Kassen der Wohlfahrtsstaaten und teilte die Welt quer über den Globus und quer durch die Nationalstaaten in Arm und Reich, dies in einem Ausmaß wie wir es seit der Zeit der mechanischen Webstühle und der Manufaktur nicht kannten. Ein ums andere Mal zog er die Trumpfkarte der Wachstumsvorgaben aus dem Ärmel und machte alle glauben: Wirtschaft ohne stetiges hohes, am besten zweistelliges Wachstum – das geht doch nicht. Bis die Finanzkrise den Bolzen in das immer schneller laufende Schwungrad fallen ließ und all das Geheule und Getobe ein stilles Ende fand.

Es ist ruhiger geworden um den Fetisch Wachstum. Was das bedeutet, weiß niemand. Da und dort sprießen junge Pflänzchen über neue grundlegende Ansätze des Wirtschaftens hervor – Nachhaltigkeitsansätze könnte man sie kategorisierend nennen, weil sie als Antithesen[1] an den verheerenden Auswirkungen einer unkontrollierten globalisierten Wirtschaft und eines täglich deutlicher spürbaren Klimawandels ansetzen. Ansonsten versuchen wohl die meisten Organisationen, in der Rahmensetzung von wenig bis keinem Wachstum zurechtzukommen.

Die neuen Herausforderungen – Klimawandel, Hunger, Krieg, Ungerechtigkeit, Fundamentalismus, Terrorismus usw. – rufen das System Politik wieder auf die Bühne, das lange Zeit als blasser Statist dem Geschehen beigewohnt hatte. Sie ist in neuer Form gefordert, sich zu internationalisieren und zu vernetzen.

1.2 Die Zukunft des Managements

2007 bringt Gary Hamel mit Bill Breen *The Future of Management* heraus,[2] in dem sie eine fundamentale Runderneuerung des Managements fordern. Nach Hamel ist das Management in einer »Zeitschleife« hängengeblieben; verglichen mit den umwälzenden Veränderungen ringsherum habe es sich nur im Schneckentempo weiterentwickelt. Es verortet sich noch immer in einem Paradigma, das dem Streben nach Effizienz Vorrang gibt und als »bürokratische Klasse« handelt. Denn auch im Zeitalter von Internet und Netzwerken prägen Kreativität, Vernetztheit und Vielfalt unsere Gesellschaft; in den Unternehmen hingegen sind die Uhren noch immer auf Kontrolle, Hierarchie und Bürokratie gestellt. In die »Management-DNA« sind Managementprinzipien aus dem 19. Jahrhundert, Managementprozesse aus dem 20. Jahrhundert eincodiert, das 21. Jahrhundert brauche eine »geistige Revolution«, ein »Postmanagement« mit neuen Werten und Idealen.[3]

1.2.1 Management 2.0

Hamel spricht von einem *Umbau des Management-Genoms;* die Metapher soll veranschaulichen, wie tief gehend und wie prägend das bisherige Management-Paradigma in die Strukturen von Organisation und Führung eingeschrieben sind. Der erste Schritt ist deshalb die Entschlüsselung des bestehenden Management-Genoms, das sich aus zentralen Prinzipien wie Standardisierung, Spezialisierung, Hierarchie, Abstimmung der Ziele, Planung und Kontrolle, dem Einsatz äußerer Belohnungen zur Beeinflussung menschlichen Verhaltens usw. zusammensetzt.

Das Internet mit seinen kollaborativen sozialen Strukturen ist für Hamel das »anpassungsfähigste, innovativste und fesselndste Phänomen, das der Mensch je geschaffen hat«, das sich zudem »rascher als alles andere« entwickelt und auf völlig neue Art menschliche Kreativität und individuelle Leistungen verbindet. Das Internet hat keine Hierarchie; es ist ganz Peripherie, ohne Zentrum[4]. Die notwendige neue Managementtechnologie, wird nach Prognose der Autoren aussehen wie das Internet – deshalb nennen sie sie *Management 2.0:* Interaktive Räume laden zu Kommunikation und Mitgestaltung ein. Rollenmodelle für Organisation auf dem Weg dorthin sind Unternehmen wie Gore oder Google, die weitgehend nicht mehr auf das Prinzip der Hierarchie bauen. Allerdings weiß derzeit niemand, wie die Zukunft des Managements aussehen wird; Hamel selbst schreibt: »Die Zukunft des Managements muss erst noch erfunden werden, und wenn sie eintrifft, wird sie mich vermutlich überraschen […]«[5].

Er nennt einige Prinzipien, und vor allem Herausforderungen[6] auf dem Weg dorthin: eine Demokratie der Ideen aufbauen, die menschliche Vorstellungskraft erweitern, eine dynamische Umverteilung der Ressourcen, das kollektive Wissen bündeln, den Sog der alten Denkmodelle verringern, jedem Chancen geben, sich freiwillig zu engagieren und die Entwicklungen verfolgen, die sich an den Randzonen des Unternehmens zeigen, wo etwas gut funktioniert.

Ansätze zu diesem grundlegenden Wandel zeigen sich bei anderen Autoren. Schon Mintzberg sieht die Adhocracy[7] als einzig zukunftsfähige Organisationsform, die weitgehend auf eine Koordinations- und Akquise-Funktion reduziert ist.

Senge betont »lokale Autonomie als zentrale Haltung der lernenden Organisation« und rund um die New Economy wurde immer wieder das Ende der Hierarchie beschworen.

Dieses Verständnis von Führung ist längst bei den Experten im Leadership Development angekommen. So stellt der »Innvationskreis Führungskräfteentwicklung mit Zukunft« des Swiss Centre for Innovations in Learning« 2016 den Trend zum »Shared Leadership« fest[8]: Die Bedeutung hierarchisch geprägter Führungsbeziehungen, in denen die einzelne Führungsperson im Mittelpunkt steht, geht zurück und macht einem Verständnis von Führung als »sozial geteilter Prozess im Unternehmen« Platz. Führung wird als Aktivität, nicht als Position gesehen.

1.2.2 Mit Management-Innovationen das Genom umschreiben

Um den Transformationsprozess, der im Management wie in den Umwelten im Gange ist, in der gegenwärtigen Move-Phase zu unterstützen, ist es wichtig, Bedingungen zu schaffen, damit neue Mutationen und Variationen emergieren können. Hamel spricht von *Management-Innovationen,* das sind Interventionen, die die Praxis des Managements und die Organisationsformen nachhaltig und wesentlich im Sinne der Ziele der Organisation verändern.

Eine Management-Innovation verschafft einer Organisation einen Wettbewerbsvorteil, wenn sie auf einem neuartigen Managementprinzip beruht, das der seit langem etablierten Orthodoxie widerspricht, wenn sie ›systemumspannend‹ eine Vielzahl von Prozessen und Methoden umfasst und/oder wenn sie Teil eines Programms bzw. eines programmatischen Vorgehens ist, das kontinuierlich solche Erfindungen generiert[9].

Hamel spricht von einer »Innovationspyramide«, an deren Basis Innovationen in den Betriebsabläufen liegen, Produkt- und Dienstleistungsinnovationen bilden die nächste Stufe, dann kommen strategische Innovationen wie z. B. die Einführung neuer Geschäftsmodelle. Die Spitze der Innovationspyramide[10] bilden Management-Innovationen; sie haben ein unvergleichliches Potenzial, schwer nachzuahmende Wettbewerbsvorteile zu erzeugen. In Anlehnung an sein Konzept der Kernkompetenzen sieht Hamel solche Management-Innovationen als tief in den Strukturen der Organisation verankert. Voraussetzung für solche Management-Innovationen ist, dass jeder im Unternehmen sein Bestes geben will – und dass dies auch möglich ist.

Produkte wie Wikipedia, die Suchmaschine Google, Open Source Codes etc. hätten im klassischen Organisationsmodell nicht entstehen können – es gab weder Verantwortungs- und Entscheidungsstrukturen, noch ein Budget, noch einen Profit, noch eine Hierarchie der Arbeitsteilung.

FAZIT

Vor dem Hintergrund der evolutionären Entwicklungen im Management und insbesondere angesichts des Potenzials von Managementinnovationen als Kernkompetenzen heißt die Ableitung für Profis im Leadership Development, dass sie Räume schaffen sollten, in denen eine Auseinandersetzung mit dem eigenen Management-Genom und mit den Herausforderungen, dieses umzugestalten, stattfinden kann, Räume in denen Führungsverantwortliche über vielfache Interaktionen und soziale Deutungsprozesse solche Management-Innovationen entstehen lassen können, Räume, in denen Führungskräfte selbst für die Zukunftsfähigkeit ihrer Funktion Sorge tragen.

1.3 Radikalszenario

Hinter den neuen Technologien von Internet und sozialen Medien steckt möglicherweise Potenzial für viel radikaleren Wandel, als wir es uns gegenwärtig vorstellen. Was, wenn diese Technologien nicht nur, wie bisher und wie wir es wie selbstverständlich annehmen, innerhalb des Denkrahmens der Organisation als neue Formen von Arbeitsorganisation in Erscheinung treten – beispielsweise als Homeoffice Day oder schreibtischloses Büro? Was, wenn sie sich in noch weiter steigendem Maß außerhalb von bzw. parallel zu Organisationen etablieren? Anders gefragt: Wenn die postindustrielle Gesellschaft weniger, wenn sie kaum mehr Wirtschaftsorganisationen benötigen würde? Wenn Menschen, die Shareware produzieren, keinen Profit mehr machen wollen, der Onlinehandel physische Geschäftslokale und gewohnte Branchenteilungen in Groß- und Einzelhandel obsolet macht, digitale Zeitschriften und Bücher Printmedien aushungern, Bankdienstleistungen durch Crowdfunding ersetzt werden, wenn Menschenmassen nicht mehr Auto fahren wollen, sondern lieber virtuell im Internet reisen, wenn dieselben Menschenmassen kein Auto mehr kaufen wollen, wenn sie doch eines teilen können bei Bedarf, wenn es keine Märkte mit Angebot und Nachfrage mehr gibt, Preise ganz beliebig werden und Suchmaschinen den informierten Konsumenten ersetzen? In jedem dieser Bereiche lassen sich erste rekursive Prozesse beobachten, in denen bestehende Wirtschaftsorganisationen angesichts der Opportunität von Internet und Social Media ihre Strukturen zurückfahren, was wiederum den Handlungsrahmen der Ersteren erweitert.

Kurz: Was, wenn unsere Gesellschaft immer weniger auf Organisation, wie wir sie heute verstehen, beruhen würde, wenn es hier um Technologien gehen würde, die in nie gekannter Form das soziale und gesellschaftliche Angesicht der Welt revolutionierten. 1,6 Milliarden registrierte Nutzer von Facebook zwölf Jahre nach seiner Erfindung – das mag Pars pro Toto stehen – aber wofür?

Was würde es für die Materie Leadership bedeuten, wenn ihr Stammterritorium, die Wirtschaftsorganisation, wegbrechen würde?

Anmerkungen

1 z. B. die Gemeinwohl-Bilanzierung, die seit ihrer Erfindung 2010 von einer erstaunlichen Anzahl von Unternehmen und Gemeinden praktiziert wird.
2 Später firmiert Hamel als alleiniger Autor.
3 vgl. Hamel 2007, S. 15, 31, 215, 263.
4 vgl. Hamel/Breen 2007, S. 355 und 358.
5 Hamel 2007, S. 355.
6 vgl. Hamel/Breen 2007, S. 270 ff.
7 vgl. Doblhofer 2008, S. 162.
8 vgl. Fandel-Meyer/Meier 2016, S. 24 f., Arbeitsbericht Nr. 25 des scil, Swiss Centre for Innovations in Learning, das am Institut für Wirtschaftpädagogik der Universität St. Gallen eingerichtet ist.
9 vgl. Hamel/Breen 2008, S. 46.
10 vgl. Hamel/Breen 2008, S. 53 f.

2. Kapitel: Herausforderungen heute für Leadership morgen

»Die Führungskräfte der Zukunft werden versierte konzeptionelle und strategische Denker sein, über absolute Integrität und intellektuelle Offenheit verfügen, neue Wege finden, um Loyalität zu schaffen, zunehmend heterogene und unabhängige Teams führen, die ihnen nicht immer direkt unterstellt sind, und zugunsten der Zusammenarbeit innerhalb und außerhalb der Organisation auf eigene Macht (-ansprüche) verzichten müssen« – so fasst die Hay Group ihre Studie *Führungskräfte für eine neue Welt. Was die Zukunft von Führungskräften verlangt* zusammen.

Diese Studie erschien 2011, nahm »Leadership 2030« ins Visier und setzte auf sechs Megatrends: Verschiebung der globalen Machtverhältnisse, Klimawandel und Rohstoffverknappung, zunehmender Kampf um Talente, Individualisierung, Integration von Digital Natives, Innovationen durch Zusammenwachsen der Nano-, Bio- und Informationstechnologien. Sie ist ein gutes Beispiel dafür, was dabei herauskommt, wenn man in Zeiten der Emergenz Phänomene abgrenzt und über zwei Jahrzehnte fortschreiben will: Appelle, die wenig Handlungsorientierung bieten, Szenarien, die vier Jahre später unwuchtig sind und anders ausfallen würden. Das liegt nicht nur an der anmaßenden Zeitspanne von 20 Jahren – man denke zurück, wie die Welt 1991 aussah, ohne Internet und Social Media z. B. –, sondern daran, dass eine Move-Phase grundsätzlich keinerlei Aussagen über Stetigkeit erlaubt.

Die Spanne zwischen Nicht-mehr und Noch-nicht ist kürzer geworden, sie ist voller Abzweigungen, das Noch-nicht ist kein Ankunftsort, sondern das nächste Nicht-mehr. Es fehlen die Fixsterne zum Navigieren, denn in der globalen Wirtschaft ist uns der abendlandzentrische Sternenhimmel abhandengekommen, jeder Ort – jeder Wirtschaftsraum, jede Branche – scheint andere Fixsterne zu haben. Navigieren, das heißt in diesem Kontext: Fahren auf Sicht. Statt noch mehr Analytik und noch mehr einzelne Problemlösungen braucht es neue Formen von Geländegängigkeit – als Führungsperson, als Team und als Organisation. Neue Kompetenzen werden zu entwickeln sein, die Nebelkompetenz beispielsweise:

die Fähigkeit als Führungskräfte einer Organisation miteinander im Nebel unterwegs zu sein und auf Rufweite in Kontakt zu bleiben. Dabei kann es – wohl für eine längere Zeit – nur darum gehen, vom gegenwärtigen Nicht-mehr zu *einer* nächsten Option des Noch-nicht zu gelangen.

In diesem Sinn sollen die folgenden Ausführungen untersuchen, vor welchen zukünftigen Herausforderungen Leadership und das Professionsfeld Leadership Development aus gegenwärtiger Sicht stehen.

2.1 Neue Skills und Kompetenzen

Experten nennen eine Reihe neuer Skills und Kompetenzen, die Führung aufweisen sollte, um den neuartigen Herausforderungen heute und morgen angemessen in angestammten Aufgabenbereiche wie Mitarbeitendenführung und Selbstführung zu begegnen.

2.1.1 Soll und Ist nach Meinung der Experten

In ihrer explorativen Studie *Die Zukunft der Führung,* sehen Daniela Eberhardt und Anna-Lena Majkovic 2015 folgende Führungsherausforderungen von morgen:[1]

- vermehrt proaktives Handeln, verbunden mit der Reaktion auf vielfältige kurzfristige Anforderungen
- neue Formen von Transparenz, Vernetzung, Kommunikation und Abstimmung, mannigfaltige technische und soziale Kompetenzen wie Kommunikation im Umgang mit sozialen Medien
- neue Formen der Zusammenarbeit zwischen Menschen mit vielfältigem Hintergrund, weltweit
- rasche Ausweitung des Handlungsrepertoires von Personen, Gruppen, ja Organisationen, um der steigenden Vielzahl an Optionen begegnen zu können, dies bei zunehmendem Leistungsdruck und immer schnellerem Wandel der Arbeitswelt
- zunehmende Ansprüche aus den Unternehmensumwelten durch raschere Innovationszyklen, technologische Entwicklungen, Globalisierung, neue Arbeitsformen etc.
- vielfältigere, individuellere Ansprüche der Akteure, die diese in Unternehmen vermehrt einfordern werden
- zunehmende Komplexität des Geschäfts der Führung

Die meisten Änderungen werden im Gestaltungsfeld der Mitarbeitendenführung identifiziert, der brennendste Handlungsbereich scheint aber der Umgang mit der weiter steigenden Komplexität zu sein, der deutlich macht, dass es hier neuartige Herausforderungen an Führungshandeln gibt, die neue Kompetenzen und Skills erfordern.

Die Studie *The Future of Jobs Report* des World Economic Forum 2016 nennt »complex problem solving« als »number one skill«[2]. Wie Andreas Hieronymi ausführt, ist Grundvoraussetzung für den Erwerb solcher Skills, überhaupt ein Verständnis von Komplexität bzw. des VUCA-Konzeptes zu haben.

Der Global Leadership Forecast 2014/2015[3] erhob, dass nur rund 18 % der HR-Professionals ihre Führungskräfte als »very capable« im Umgang mit der VUCA-Welt (siehe S. 91) einschätzen; mehr als ein Drittel schätzte ihre Führungskräfte als »not capable« im Umgang mit diesen Herausforderungen ein. Von den direkt befragten Führungskräften fühlten sich weniger als zwei Drittel »highly confident« oder »very confident«, den Herausforderungen der VUCA Welt gewachsen zu sein. Dafür gibt es gute Gründe; die genannten Haupttreiber von VUCA sind: die wirtschaftliche Depression in Europa, Währungskursschwankungen, die finanzielle Instabilität Chinas, Labor Relations, Cyber Security, die Volatilität auf Energiemärkten, Activist Shareholders und staatliche Regulierungen zur Eindämmung von Bestechung und Korruption. Jeder dieser Haupttreiber kann für sich genommen die Entscheidungsprämissen eines Unternehmens von heute auf morgen erschüttern. Eine IBM-Studie[4] folgerte 2010 auf Basis von Interviews mit 1.500 leitenden Führungskräften, dass die größte Herausforderung im privaten wie im öffentlichen Sektor in der schnellen Eskalation der Komplexität liege; die Befragten erwarten hier eine weitere Verstärkung und Beschleunigung.

Auch in der Studie von Eck et al. sehen sich 93 % der befragten Führungskräfte heute mit einer wesentlich höheren Komplexität konfrontiert als früher: »Das Businessumfeld wird als ›white-water condition‹ beschrieben, was so viel heißt wie Chaos, zufällig und mit höchst wechselseitigen Abhängigkeiten und dynamischen Entwicklungen, die ein gutes Management von Risikofaktoren bis hin zum Aushalten und Bewegen in Unsicherheit und Nebel bedeuten.«[5] Und auch Eberhardt und Majkovic betonen, dass sich Führungskräfte angesichts wachsender ökonomischer, politischer und sozialer Strukturen nicht nur vermehrt in komplexen Wirtschaftszusammenhängen bewegen müssen, sondern auch in unternehmensinternen Prozessen handeln müssen, die in hohem Maß miteinander vernetzt und interdependent sind.[6]

Zu einem großen Teil besteht das Problem der Komplexität in den Strukturen der VUCA-Welt, die gesetzt und nicht veränderbar sind. Es gilt, in diesem Rahmen zu handeln. Zu einem kleineren Anteil besteht das Problem in unserem unangemessenen Umgang mit Komplexität; hier ist noch viel ›Luft nach oben‹ für Verbesserung gegeben, denn hier sind unsere Probleme zu einem guten Teil hausgemacht. Sie bestehen in der starken mentalen Prägung, ja Fixierung, auf das cartesianische Weltbild, die uns zwar erkennen lässt, dass wir mit linearem Denken an Grenzen stoßen, uns aber gleichzeitig mit immer mehr vom Selben – vor allem Analyse von Ursachen und Wirkung – in die Paradoxie schickt. Zu den Kompetenzen, die es auszubauen bzw. neu zu entwickeln gilt, gehören:

- andere Haltungen und Einstellungen, z. B. Widersprüchlichkeiten zulassen, Dinge in Schwebe halten
- mit Orientierungslosigkeit umgehen und sich Stück für Stück neue Handlungsräume erschließen
- einerseits die Verwendung elaborierter Datenanalysen und Statistiken, andererseits die bewusste Akzeptanz von Nichtwissen
- Fertigkeiten für das Hinterfragen von Zusammenhängen und Wirkungsgefügen
- das Einnehmen längerfristiger Perspektiven

Vor allem das Handlungsrepertoire beim Problemlösungs- und Entscheidungsverhalten muss angesichts steigender Komplexität erweitert werden, denn dieses ist noch immer einseitig geprägt vom ingenieurtechnischen und Drucker'schen Operations-Research-Vorgehen nach der Maxime: Problemdefinition, Analyse, Optionen und Entscheidung finden. Dazu benötigt es das Einüben von Tools, die in eine Haltung des Hinterfragens führen und Übungen zur Erschließung der Intuition[7]. Auch alternative Varianten von Entscheidungsprozessen[8] sollten eingeübt werden: das Prinzip der »Low Information Rationality«, das bewusste Auslassen von Informationen, oder Entscheidungsstrategien nach dem Prinzip »Start. Try. Fail. Restart. Retry.« als legitime Business-Strategie.

Neben dem Thema Komplexitätsmanagement werden vor allem die Bereiche Innovation und interkulturelles Management weiter als zukunftskritische Gestaltungsfelder genannt, für die es Kompetenzen neu bzw. weiterzuentwickeln gilt. So bewerten leitende HR-Profis im Global Leadership Forecast 2014/2015 diese zwei Skills als besonders zukunftskritisch: »fostering employee creativity and innovation« und »leading across countries and cultures«; nur 56 % bzw. 34 % der Führungskräfte schätzen sich selbst aber als »highly effective« in diesen Skills ein[9].

Andere Gestaltungsfelder von Führung, die auch in Zukunft große Herausforderungen mit sich bringen, betreffen die auszubauenden organisationalen Kompetenzen. In diesen Bereich dürfte das Thema Change Management gedriftet sein: Führungskräfte dürften sich den Herausforderungen in ihrem persönlichen Skill- und Kompetenzenset grosso modo gewachsen fühlen, sehen sich aber mit stärkerer Notwendigkeit vor die Aufgabe gestellt, eine lernende Organisation zu gestalten.

FAZIT

Profis im Leadership Development sollten sich ständig mit neuen Trends im Leadership[10] auseinandersetzen, um diese daraufhin zu hinterfragen, ob sie neue Skill- und Kompetenzsets im Leadership erfordern. Gleichzeitig kann das Qualifizierungsportfolio durchaus auch entrümpelt werden von Entwicklungsangeboten für Skills, die in bereits ausreichendem Maß vorhanden sind; ein ausreichendes Maß wäre dann gegeben, wenn solche Skills und Kompetenzen zum Wissensbestand der Organisation gehören und über Standards und Sozialisationsprozesse in der Leadership Community vermittelt werden.

2.1.2 Mitarbeitendenführung neu ...

In seiner siebten Erhebung seit 1999 befragte der Global Leadership Forecast 2014/2015[11] 13.124 Führungskräfte und leitende HR-Experten von 2.031 Organisationen in 48 Staaten weltweit nach den Business-Herausforderungen von morgen und wie sie sich selbst dafür gerüstet sehen. Den Ergebnissen zufolge sehen CEOs für die Zukunft die Hauptherausforderung im Human Capital Management, gefolgt von Kundenbeziehungen und – ex aequo – Operational Excellence und Innovation. Bei den einzelnen Handlungsfeldern für Human Capital Management stehen »provide employee training and development« auf Rang 1 und »raise employee engagement« auf Rang 2.

Mitarbeitendenführung wird noch immer als die zentrale Herausforderung für Führung gesehen. Sie steht heute mehr denn je im Spannungsfeld grundlegender Paradoxien, die den Kernwiderspruch des Industriezeitalters zwischen Sach- und Personenorientierung als Bagatelle scheinen lassen. Seit dem Industriezeitalter haben sich die Natur der Arbeitsaufgaben, die Ressourcen der Mitarbeitenden und die Inhalte, die im Interaktionsraum zwischen Führungsperson und Mitarbeitenden prozessiert werden, grundlegend verändert. Was sind die Stellgrößen für die Mitarbeitendenführung der Zukunft? Um welche Herausforderungen an Leadership geht es und welche Paradoxien sind hier aufgespannt?

Beim Thema Mitarbeiterführung werden meist zwei sich weiter verstärkende Megatrends, Individualisierung und Flexibilisierung, angeführt mit der Prognose, dass Führung künftig vermehrt an den sehr unterschiedlichen Wünschen, Bedürfnissen und Erwartungen Einzelner anknüpfen, diese mit den Bedarfen der Organisation in Einklang bringen und Mitarbeitende in ihrem Erfolgsstreben unterstützen[12] müsse. Mitarbeitende sind heute vielfältig informiert und gewohnt, in ihrem Leben autonom eigene Entscheidungen zu treffen. Sie sind gut ausgebildet und erfahren in der Gestaltung sozialer Beziehungen. Da sie selbst – beruflich wie privat – in unterschiedlichsten Rollen agieren – als Kollegen, Partner, Konkurrenten usw. – verfügen sie über hohe soziale Intelligenz. Sie sind grundsätzlich in einer starken Position, denn sie wissen, was sie können und was sie in der Arbeitswelt erwarten können.

Dass Mitarbeitende heute in vielfältige soziale Beziehungen und Zugehörigkeiten eingebunden sind, hat aber auch eine gegenläufige Wirkung. Denn diese Beziehungen sind – z. B. durch wechselnde Teamzugehörigkeiten – instabil und oberflächlich und lassen ein Bedürfnis nach starken und verlässlichen Beziehungen entstehen; dieses äußert sich im Anspruch an Führung nach Orientierung und Sicherheit. Die hohe soziale Vernetzung der Mitarbeitenden in und außerhalb der Organisation führt teils zu einer zunehmenden Verschmelzung von Beruflichem und Privatem – private Beschäftigungen finden im Arbeitsumfeld statt und berufliche im privaten Umfeld. Diese ›Entgrenzung‹ der Arbeit löst räumliche, zeitliche und organisatorische Grenzen von Arbeit zunehmend auf; Führungskräfte haben die Aufgabe, Mitarbeitende bei ihrer Work-Life-Balance zu unterstützen.

Mitarbeitende verfügen heute nicht nur selbst über reichhaltige Ressourcen, ihre Aufgaben eigenständig zu organisieren, häufig suchen sie für ihre Problemlösungen Unterstützung nicht im eigenen Team oder bei ihren Vorgesetzten, sondern in Social Media oder im Internet. Auch die Teams sind eigenständiger unterwegs, sie vereinbaren ihre Aufgabenteilungen und Kommunikationen untereinander. Kurz: In vielen Aspekten agieren sie unabhängig von einer Führungsperson.

Diese Aussagen sind von der Leserin so leicht abzunicken wie sie von den Interviewpartnern formuliert wurden; sie gehören in das Portfolio der sozial erwünschten Bekenntnisse. Für Leadership und für die Verantwortlichen im Leadership Development werfen sie aber Fragen auf, die gestellt werden sollten. Beispielsweise: Wie weit lassen sich unterschiedliche Bedürfnisse und Interessen auf den gemeinsamen Nenner der Organisationsbedarfe bringen? Wie ist umzugehen mit dem Double Bind, einerseits Autonomie, Augenhöhe und Verhandlungsmacht der Mitarbeitenden zu respektieren, andererseits Bedürfnisse nach Orientierung, Sicherheit und Fürsorge zu erfüllen? Und: Können Organisationen oder Führungskräfte heute überhaupt Mitarbeiterbedürfnisse nach starken, verlässlichen Beziehungen erfüllen?

Seit sich unsere Gesellschaft zur pluralistischen Gesellschaft und später zur Postmoderne gewandelt hat, sind ›die Mitarbeitenden‹ nicht mehr ein monolithischer Block, der mit einem Stereotyp zu beschreiben wäre. Vielmehr verändert sich das Bild laufend, die gegebene Mitarbeiterpopulation in einer Organisation besteht aus einer Vielzahl von Kohorten. Die Trendforschung meldet uns regelmäßig neue: Baby Boomer, Generation X, Generation Golf, Generation Y, Millennials, bald auch Generation Z; Yuppies, Dinks, Digital Natives, Generation App, Generation Praktikum, Hipster, Silver Society ..., die jeweils neue Profile von Werthaltungen in die Organisation tragen.

Längst ist *Diversity* zum Standard für die Mitarbeiterrekrutierung geworden: die Belegschaft soll durch die Vielfalt ihrer Herkünfte, Prägungen und Werthaltungen die Varietät der Umwelten organisationsintern abbilden helfen; das verhelfe der Organisation zu einer besseren strukturellen Kopplung an ihre Umwelten und mache sie besser evolutionsfähig.

Wenn Teams heterogener werden, steht Führung vermehrt vor der Herausforderung, die typischen Haltungen und Ressourcen der unterschiedlichen Kohorten empathisch zu verstehen, zu akzeptieren und sodann Leistungen zur Sozialisation und sozialen Integration zu erbringen. Leistungen, wie sie auf gesellschaftlicher Ebene, in Bildungs- und Erziehungsinstitutionen, nur mit spezifischem professionellem Können erzielt werden. Hinter der plakativen Aussage, dass es neue Wege brauche, Loyalität zu gewinnen und zunehmend heterogene, unabhängige Teams zu führen, steht eine umfangreiche Agenda, die differenzierte Skills erfordert.

Das sei am Beispiel der »Silver Society«[13] ausgeführt. Die erwartete längere Lebensarbeitszeit wird Führung vor die Aufgabe stellen, achtsam für die Spezifika der einzelnen Altersgruppen zu sein, Begegnungen zwischen Generationen zu stiften, altersgemischte Teams zu führen und ein gegenseitiges Mentoring der Altersgruppen zu fördern. Ebenso wichtig wird es sein, eine gendersensitive Kultur aufzubauen. »Leading across Generations« gehört aber zu den am wenigsten ausgeprägten Leadership Skills; nur 54 % der im Global Leadership Forecast 2014/2015 befragten Führungskräfte schätzen sich selbst hier als sehr wirksam ein.[14]

Was in Umfragen und Trends grundsätzlich wenig thematisiert wird, ist die Kluft zwischen Führungsalltag und idealisierenden Trends sowie die Paradoxien, die sich hier für Führungshandeln auftun. So heißt es beispielsweise: »Jobembeddedness, also die affektive und nicht affektive soziale Einbindung am Arbeitsplatz, ist das wesentliche Mittel für die langfristige Mitarbeiter-Bindung«[15]. Tatsächlich bewirken Homeoffice-Tage und täglich wählbare Arbeitsorte im schreibtischlosen Büro, dass die Face-to-face-Interaktion, die affektive und nicht-affektive soziale Einbindung am Arbeitsplatz, immer dünner werden. Es gibt wenig Wissen darüber, wie sich das tatsächlich auswirkt.

Eine Paradoxie besteht in der Forderung an Führungskräfte – gerade ›Frontline‹ und im unteren Management – einerseits Kreativität zu fördern und Innovation herbeizuführen und andererseits für maximale Effizienz und Performance zu sorgen und die Arbeit immer weiter zu verdichten. Das kann nicht funktionieren, denn übermäßiges Streben nach Effizienz behindert das Lernen in Organisationen und die Fähigkeit, Innovationen auf die Bahn zu schicken.

Eine andere Kluft besteht zwischen der Forderung, die Work-Life-Balance – die eigene wie die der Mitarbeitenden – in Balance zu halten und der Tatsache, dass Zeit-, Kosten- und Ergebnisdruck zu einem Dauerstresspegel führen, dies vor dem Hintergrund einer nie gekannten Arbeitsdichte, die ein ständig hohes bis maximales Aufmerksamkeitsniveau erfordert. Immer häufiger zeigt auch der Mensch ›Materialmüdigkeit‹ und bricht, nicht selten gehen Führungskräfte als erste in den Burn-out. Das wird in den meisten Unternehmen noch individualisiert – nämlich individuellen Haltungen wie Überidentifikation, Entgrenzung usw. zugeschrieben – und tabuisiert.

Auch andere Fragen werden tabuisiert, die Führungskräfte beschäftigen, die Frage z. B., mit welcher Dauer-Leistungsfähigkeit tatsächlich bei älteren Menschen zu rechnen ist, und was es für ein Team bedeutet, wenn die Leistungsbeiträge für dasselbe Gehalt unterschiedlich verteilt sind. Führungskräfte – wie die Umwelten, die an sie Erwartungen adressieren – sind noch immer im tief verwurzelten, ingenieurtechnischen Glauben, dass alles machbar ist, wenn man es nur richtig managt.

Ein großes Problem ist in diesem Zusammenhang die Führung befristeter Mitarbeitender – nicht im Call-Center, wo fast alle diesen Status haben, aber überall dort, wo sich Befristete und Unbefristete am selben Schreibtisch gegenüber sitzen. Längst hat diese Form des Outsourcings die IT-Abteilungen überschritten und den Weg bis zu höchstqualifizierten Aufgabengebieten z. B. in der Entwicklung gefunden. Es sind nicht Fremde, die hereinkommen, um Spitzen abzudecken, es sind langjährige Teammitglieder, die gestern noch fix angestellt waren, denen Vorgesetzte über die laufende Projektdauer hinaus keine Sicherheit geben können. Was bedeutet dies für das Vertrauensverhältnis von Führung zu Mitarbeitenden, für das Vertrauen von Mitarbeitenden zum Unternehmen, für die Solidarität und Kooperation von Kollegen zu Kollegen – wie soll die Führungsperson in dieser Struktur Loyalität herbei-führen?

Noch ein bedrückender Widerspruch ist hier anzuführen: Führungskräfte sollen 100 % integer sein, sonst verlieren sie Vertrauen. Wie aber lässt sich Integrität halten, wenn Organisationen selbst täuschen? Wenn Weltkonzerne lieber in großem Maßstab Fraud (Betrug) begehen, als Bagatellbeträge für eine korrekte Schadstoffemissions-Messsoftware einzukalkulieren? Wenn Mitarbeitende aus dem Headcount in die Projektkosten verschoben werden, um den Aktionären eine höhere Produktivität vorzutäuschen, wenn Führungskräfte ihre Mitarbeitenden fördern, auf ihre Bedürfnisse eingehen sollen, aber die nächste Kostensenkungswelle mit der nächsten Arbeitsverdichtung schon in der Türe steht? Führungskräften wird von ihren Mitarbeitenden, nicht unbegründet, oft ein grundsätzliches Misstrauen entgegengebracht. Sie bleiben mit diesen tabuisierten Fragen auf sich selbst und ihre Überforderung verwiesen.

Schließlich gehen die meisten Trends besonders im Bereich der Mitarbeiterbeziehung noch immer davon aus, dass Führung eine objektive, unabhängige Instanz sei, dem Einfluss von Strukturdynamiken enthoben bzw. befähigt, kraft Persönlichkeit und Leadership-Können autonom Beziehungsdynamiken wie z. B. transformationale Führung, zu entfesseln.

Dabei sind Führungskräfte selbst Teil demografischer Kohorten, die sich in Bezug auf ihr Führungsverhalten und wohl auch speziell auf Mitarbeiterführung, stark unterscheiden. So ist es Millennials – Führungskräften, die zwischen 1982 und 2000 geboren wurden, im Vergleich zu Führungskräften der Generation X, die zwischen 1965 und 1981 geboren wurden, weniger wichtig, Feedback über Strategie, Kultur nach oben zu geben oder über aufstiegsrelevante Verhaltensweisen und ihre Work-Life-Balance zu kommunizieren. Sie präferieren soziale Medien wie soziale Netzwerke, Wikis und Blogs zum Lernen oder lernen lieber von anderen als von ihren Chefs. Millenials stellen ca. 30 % der Führungskräfte in schnell wachsenden Hightech-Unternehmen; sie beschreiben sich als weniger verbunden mit ihren Rollen in der Organisation; sie haben in höherem Ausmaß die Absicht, ihr Unternehmen in den kommenden zwölf Monaten zu verlassen als Führungskräfte anderer Generationen.[16]

FAZIT

Ein Leadership Development, das unrealistische Lippenbekenntnisse und Idealisierungen über Leadership weiterreicht, trägt zu einer Doppelbödigkeit bei und lässt seine Kunden allein mit ihren tatsächlichen Problemstellungen und Sorgen. Sein Beitrag zu einem postheroischen Leadership kann erst einmal darin bestehen, die Gegebenheiten in der Führungspraxis aufmerksam zu beobachten, die erwartungsbildenden Trends auf unrealistische Heroisierungen hin zu überprüfen und pragmatische, wirkungsvolle Unterstützung für ein postheroisches Leadership zu leisten.

2.1.3 Selbstführung

Letztlich landen alle Herausforderungen aus den Umwelten und Innenwelten der Organisation bei Personen in Leadership-Verantwortung, die sie mit ihrer Psyche, ihrem Bewusstseinsapparat prozessieren. Auch hier gilt in gewisser Weise die Regel von der Requisite Variety: Die Innenwelten müssen die Varietät der Außenwelten angemessen abbilden, die Personen müssen angemessene mentale Skills und Haltungen ausprägen, damit beide Seiten – einander rahmensetzend, irritierend und inspirierend – eine Evolution miteinander durchlaufen können.

Die verschiedenen Entwicklungsperioden des Management haben immer auch Stereotype geliefert, Motti für die Frage: Was mache ich eigentlich?, unter denen Führungskräfte sich einnorden konnten. In den Frühzeiten der Industrialisierung waren es die Captains of Industry, die autokratisch riesige Tanker durch die Weltmeere steuerten; später kam das Rollenmodell des Sozialingenieurs dazu, der Gruppen- und sonstige Beziehungen produktiv stellen konnte. Im Konsumzeitalter war es der ›Macher‹, der mittels Operations-Research-Methoden jedes Problem mit ›kantigem Denken‹ in Teile schnitt; an seine Stelle trat wenig später der charismatische Visionär. Das Change-Zeitalter brachte auf Ebene der Mitarbeiterbeziehung das Rollenstereotyp des Managers als Coach und auf Organisationsebene den Sozialarchitekten. Gegenwärtig, nach der Entzauberung von Leadership, bekommen Führungskräfte nicht viel mehr an die Hand als den Appell: postheroisch!

Was heißen die Entwicklungen im beruflichen Umfeld für die Erfahrungsverarbeitung der Personen in Leadership-Verantwortung? Wie wirken sie sich auf deren Emotionen, Denkprozesse, Bewusstsein aus? Was müssen Führungskräfte heute psychisch anders oder mehr machen? Wie müssen sie sich selbst beobachten, sich selbst führen, um dies zu bewerkstelligen?

Einer der größten Einflüsse liegt im Bereich der *Aufmerksamkeitsfokussierung* und Konzentration[17]. Mintzberg hat schon Anfang der 1970er-Jahre darauf hingewiesen, dass Management de facto aus vielen, fragmentierten Tätigkeiten von kurzer Dauer bestehe. Durch neue Medien, ständige Erreichbarkeit und die inhaltliche Ausweitung des Aufgabengebietes als Folge von Globalisierung, komplizierten Organisationsstrukturen und ständigen Veränderungen in den Unternehmensumwelten haben sich Stimuli-Menge und Häufigkeit von Störungen potenziert. »Denkprozesse in derart ›störanfälligen‹ Umfeldern sind geprägt von eher Assoziativem, Halbfertigem von Aus- und Einblenden, An- und Umschalten«. Gefragt sind Fähigkeiten »der Achtsamkeit auf sich selbst und der mentalen Steuerung der Aufmerksamkeit«. »Bildungsprozesse erfordern daher auch Trainingsmöglichkeiten für mentale Stärke, für eine intelligente Abwehr unnötiger Informationen und die gezielte Aufnahme und Imagination des Wesentlichen, sowie die Ausbildung eines Ethos mit kühlem Kopf (die Welt erkennen), warmem Herzen (menschlich im Umgang) und stabiler Kraft (dauerhaft wirken)«.

Eine weitere große Herausforderung liegt darin, unterschiedlichste Informationen, die vieldeutig, widersprüchlich, ungewiss, fragmentiert sind, zu verarbeiten. Das bedeutet Skills im Umgang mit externen Datenquellen, im Hinterfragen von Informationen, Explorieren von Kontexten, im Umgang mit Vieldeutigkeit und Ambivalenz, der Integration unterschiedlicher Perspektiven. Diese Herausforderungen müssen benannt und dazu jeweils Denk- und Kommunikations-Skills ausdifferenziert und eingeübt werden.

Vor allem die psychischen Prozesse, die mit Entscheidungen verbunden sind, müssen Führungskräfte besser verstehen, damit sie sie bei sich selbst beobachten können. Das starke mentale Modell, dass Entscheidungen sachlogische Kalküle seien, dass eine tief gehende Analyse zwangsläufig zu der richtigen Entscheidung führe, muss beobachtbar gemacht werden. Die psychischen Prozesse im Vorfeld von Entscheidungen müssen erklärt, bewusst gemacht und mit Skills hinterlegt werden.

Für den Umgang mit Komplexität braucht es ein theoretisches Verständnis von Komplexität und die Meta-Fähigkeit, komplexe Kontexte von einfachen, komplizierten oder chaotischen abzugrenzen, um jeweils den geeigneten Steuerungszugang (siehe S. 91 f.) auszuwählen. Um zu einem spielerischen, kreativen Umgang mit Komplexität zurückzufinden, wie wir ihn alle als Kinder besaßen, um die Kraft der eigenen Intuition zu spüren, braucht es Erfahrungen und Trainings mit rechtshirnigem Denken, den eigenen somatischen Markern des Erfahrungsgedächtnisses, einen Erlebniszugang zu den eigenen Ressourcen. Wichtig sind Erfahrungen und Einübung.

Letztlich geht es bei der Anforderung der Integrationsfähigkeit aber nicht nur darum, verstreute Teile einer Materie zu einem Gesamtbild zu integrieren; es geht auf einer tieferen Ebene darum, die eigene Wahrnehmungsfähigkeit, die eigenen Interpretationsrahmen, die eigenen Bewertungskriterien zu öffnen. Nur so lassen sich unterschiedliche Perspektiven in der Organisation oder im interkulturellen Kontext wirklich verstehen: Wenn man das Weltbild der anderen rekonstruiert. Das geht nur, indem man das eigene verlässt oder, wenn das eigene umfassend genug angelegt ist, durch Einnehmen anderer Sichtweisen.

Angstfrei das eigene Weltbild zur Selbst-Beobachtung und in gewisser Weise zur Disposition zu stellen, ist sehr voraussetzungsvoll. Eck et al. (2014) formulieren es so: »jetzt braucht es eine andere Art von ›Berührung‹ […]. Zur Ruhe kommen, mit sich selbst in Kontakt sein, sich tatsächlich von den Sichtweisen und Perspektiven der anderen berühren lassen und darüber die notwendige Toleranz zu entwickeln, die es braucht, wenn es um Eigenständigkeit (Autonomie) einerseits und gute Zusammenarbeit (Bindung) andererseits geht«. Es braucht dazu

Integrationsfähigkeit, um flexibel und kohärent »mit sich, dem Umfeld, und im Sinne des Ganzen (des Auftrags, der Einheit, des Unternehmens) zu sein.«

Gerade für den Aspekt der Kohärenz mit sich selbst benötigt es Angebote im Leadership Development, Erfahrungsrahmen, die Raum geben für die Reflexion der eigenen Persönlichkeit, die Erweiterung des eigenen Wahrnehmungs- und Deutungsrahmens, den Zugang zu eigenen Ressourcen und Lebensthemen, die die eigene Erfahrungsverarbeitung integrieren, kurz: Räume für persönliche Identitätsarbeit in der Führungsverantwortung.

FAZIT

Angesichts der sich abzeichnenden zukünftigen Anforderungen an Leadership, gilt es, auch für das Kompetenzfeld der Selbstführung den passenden Content und die richtigen Erfahrungsräume anzubieten. Führungskräfte bei der Einschwingung auf ein postheroisches, verbindendes Leadership-Verständnis zu unterstützen, bedeutet auch, gegenwärtig angebotenen Content zu überprüfen, inwieweit dieser weiterhin einseitig Haltungen und Skills für ein charismatisches, heroisierendes Leadership vermittelt.
Für die kommenden Herausforderungen scheint es zweckmäßig zu sein, den Schwerpunkt auf Unterstützung in der psychischen Erfahrungsverarbeitung vor allem hinsichtlich Aufmerksamkeitslenkung, Komplexitätsmanagement, Entscheidungsverhalten und Integration zu legen. Dazu bieten sich Ressourcen-orientierte Ansätze an, wie z. B. Achtsamkeitstrainings, das Zürcher Ressourcenmodell, die Ansätze des Positive Leadership bzw. Erkenntnisse aus Neurobiologie oder Hypnotherapie. Wichtig ist es, die Reflexion bestehender mentaler Modelle zum Fokus der Selbstbeobachtung zu machen.
Angebote zur Persönlichkeitsentwicklung, die einen Fokus auf persönliche Identitätsarbeit legen, unterstützen Führungskräfte in der Ausbildung hilfreicher Mindsets, im Zugang zu ihren Ressourcen und in ihrer Stabilisierung in ihrem persönlichen Lebenssinn.

2.2 Baustelle Organisation

Seit den Frühzeiten der Industrialisierung hat Führung die Organisation des Aufgabenvollzugs ständig verbessert und perfektioniert. Besonders in den letzten 30 Jahren war die Professionalisierung der Organisation ein zentrales Gestaltungsfeld. Hieß es früher »Structure follows Strategy«, kann man heute zu Recht »Structure is Strategy« sagen; dabei gelten speziell die kulturelle ›Software‹ und organisationale »Capabilities« wie Agilität, Resilienz, Innovationsfähigkeit usw. als Wettbewerbsvorteile (siehe S. 78). Was werden auf der Baustelle Organisation die zukünftigen Gestaltungsfelder für Leadership sein?

Mit den Funktionen, Systemen und Policies, die im Lauf der Jahrzehnte in Organisationen angelegt wurden, wurden auch bestimmte Problemlösungszugänge in die Strukturen eingeschrieben. Gerade die *Systeme* – MbO, Prozessmanagement, Controlling-, HR-, Qualitätsmanagementsysteme usw. – entlasten Führung einerseits, indem sie Entscheidungsprämissen verteilen, Koordinations- und Kontrollfunktionen ausüben; andererseits transportieren sie Selbstverständlichkeiten wie lineares Denken in Ursache-Wirkungsketten, die Norm geradliniger Prozesse, die Aufteilung von Zusammenhängen in Kaskadierungen, Prinzipien von Rationalität bzw. Berechenbarkeit, Vorgabe und Kontrolle.

Wiewohl diese Steuerungssysteme und die von ihnen transportierten Prinzipien in gewissem Maß unverzichtbar für Organisationen sind, haben sie drei gravierende Nachteile, die zukünftig schwerer wiegen werden:

- Zum einen haben sie sich in einem Ausmaß verbreitet, dass kaum anderes Denken, kaum andere Steuerungsansätze wachsen können.
- Zum anderen sind sie grundsätzlich nicht geeignet für komplexe Kontexte, sie führen dort zu falschen Lenkungseingriffen – indem sie kleine Abweichungen aussteuern, die Hinweise auf eine Turbulenzphase sein könnten –, zu einem falschen Sicherheitsgefühl – das auf den Erfahrungen der Vergangenheit fußt – und zu Fehlentscheidungen.
- Drittens behindern sie die Flexibilität der Organisation, sowohl, wenn es um schnelle Anpassungen an Störungen geht als auch, wenn es um Entwicklungen und Innovationen nach der Art evolutionärer Mutationen oder spontaner Emergenz geht.

Alle drei Wirkungen sind angesichts der zukünftigen Herausforderungen an Leadership kritisch zu beobachten; es wird zu untersuchen sein, wo Systeme bzw. deren Wirkungen zurückgefahren werden sollen.[18]

Besonders eine Logik ist ubiquitär in allen Organisationen verbreitet und behindert den Umstieg auf ein postheroisches Management: Das ist die *Hierarchie.* Sie ist der wesentliche Baustein der »Management-DNA«, die laut Hamel und Breen die Uhren noch immer auf Kontrolle, Hierarchie und Bürokratie stellt. Dabei gibt es in den Organisationen nach Jahren der Appelle doch bereits spürbare Veränderungen. So berichtet eine Studie aus 2009, dass 84 % der befragten Führungskräfte feststellen, dass Führung sich immer stärker verändere »von einer ›Position‹, die man besetze, hin zu einem täglichen Prozess, den es zu gestalten gelte.«[19] – Wie würde man diesen Prozess parametrisieren und auslegen, müsste man ihn neu erfinden oder reengineeren?

Jeremy Rifkin (2011) sieht die Gegenwart als »kollaboratives Zeitalter«[20], das völlig neue Formen der Zusammenarbeit und neue Foren der Führung brauche. Hamel und Breen sehen die Zukunft im »Management 2.0«, in dem interaktive Räume zu Kommunikation und Mitgestaltung einladen und sich menschliche Kreativität und individuelle Leistungen – wie im Internet – auf völlig neue Art verbinden, sodass Führung zum »Distributed Leadership« wird, zu einer Wirkung, die überall in der Organisation anzutreffen und nicht mehr an spezifische Positionen gebunden ist. Angesichts dieser Utopien wird besonders deutlich, wie deren Ausbildung von hierarchischen Strukturen verunmöglicht bzw. stark behindert wird. Warum ist das so?

Die soziologische Systemtheorie versteht Organisationen als Ketten von Kommunikationen bzw. Entscheidungen. Kommunikation und Kommunikationsanschlüsse können nur stattfinden, wenn Personen zeitgleich zu bestimmten Inhalten zusammenkommen. Die Vorlaufgröße für die Kommunikationsräume der Organisation liefert noch immer die *Regelkommunikation,* die mit der hierarchischen Aufbau- und Ablauforganisation angelegt ist; sie besteht aus Meetings, Jours fixes, Teambesprechungen usw. Nach dem »Linking-Pin-Prinzip« ist üblicherweise jede Führungskraft in zwei Leitungsteams eingebunden: In einem bekommt sie Entscheidungsvorgaben, im anderen gibt sie dieselben weiter. Hält man sich vor Augen, wie viel Kommunikationszeit und -Aufmerksamkeit in einem Unternehmen in diesen Gefäßen der Regelkommunikation verbracht wird, wird deutlich, wie groß die ›Strukturremanenz‹ der Hierarchie ist und wie schwierig es ist, andere als die von der Logik der Hierarchie aufgegleisten Kommunikationsanschlüsse in der Organisation zu generieren.

Das bedeutet, dass Verantwortliche im Leadership Development zukünftig einen Schwerpunkt darauf legen sollten, in der Organisation alternative bzw. *hierarchieergänzende Kommunikationsräume* anzulegen. Wie wirkungsvoll diese Kollaborationen das Finden neuer Lösungen unterstützen, zeigt sich in den Erfahrungen von Change-Prozessen und Projektarbeit, die immer Kommunikationsräume parallel zur Hierarchie mit sich bringen. Anders gesagt: Verfolgt man die Leadership-Zielsetzung, die Kreativität der Menschen einzubinden und Innovationen zu generieren, sollte man dazu eigene, entsprechende Kommunikationsräume anlegen, wie dies früher z. B. in Form von Qualitätszirkeln und KVP-Teams praktiziert wurde. Denn diese Zielsetzungen lassen sich nur sehr begrenzt im Rahmen der Regelkommunikation – z. B. durch einen entsprechenden Führungsstil – erreichen, da diese Kommunikationsräume sozial, inhaltlich und zeitlich ›belegt‹ sind und nicht in hinreichendem Maß Wahrscheinlichkeiten für andere Anschlüsse fördern könnten.

Inbesondere Unternehmen, deren Wettbewerbsvorteile auf Technologie und Innovation beruhen, sind gut beraten, sich laufend und intensiv mit ihrer Organisation auseinanderzusetzen und deren »genetischen Code« immer wieder umzuschreiben, wenn sie nachhaltig Innovation hervorbringen, die Regeln ihrer Branche umschreiben oder gar neue Branchen schaffen wollen. Die laufende Auseinandersetzung mit den eigenen mentalen Modellen ist Voraussetzung für die Entwicklung von Kernkompetenzen (siehe S. 81 f.).

FAZIT

Ein zentrales Aufgabengebiet von Leadership wird weiter die Gestaltung der Organisation sein, allerdings wird es in Zukunft nicht um die Ausstattung mit immer ausgefeilteren Systemen und Regelwerken gehen, sondern um einen Ausbau der Kommunikationsräume für die Logik eines Distributed Leadership, d. h. um die Schaffung von Kommunikationsräumen, in denen Führungsverantwortliche aus unterschiedlichen Bereichen interagieren und Netzwerke formen können, damit verteilte Führungswirkungen zusammenspielen. Gerade in Hinblick auf die Baustelle Organisation kann das Professionsfeld Leadership Development Führung heute gut unterstützen, z. B. durch Moderationstätigkeit in solchen Kommunikationsräumen. Die meisten Organisationen haben im Change-Zeitalter die Funktion einer internen Organisationsberatung – wie auch immer sie bezeichnet wird – eingerichtet; in dem Maß wie Personalentwicklung und Organisationsentwicklung zusammenwachsen (siehe S. 149), lassen sich diese Ressourcen auch einsetzen, um Leadership zu unterstützen bei der Entwicklung der Organisation.

2.3 Vom einsamen Wolf zum Rudel

Führungspersonen bewegen sich heute angesichts wachsender ökonomischer, politischer und sozialer Strukturen zunehmend in hochkomplexen Wirtschaftszusammenhängen. Einerseits gibt es mehr Daten und Informationen als jemals zuvor, andererseits steigen Vieldeutigkeit und Unsicherheit, wie diese in einem gegebenen Kontext zu interpretieren, zu bewerten sind.

Das ist nicht nur eine Frage der Betroffenheit der einzelnen Führungspersonen.[21] In einer Zeit der Emergenz neuer Entwicklungen ist Leadership gefordert, »durch regelmäßige Reflexion die multiplen Ansprüche, die auf das Unternehmen zukommen, zu analysieren und auf ihre Bedeutung für das Unternehmen zu bewerten«; vor allem müsse das aktuelle Weltgeschehen über die Branche und die Wirtschaft hinaus aufmerksam beobachtet werden, und daraufhin bewertet werden, ob politische, ökologische oder sonstige Grundsatzentscheidungen vorliegen, die das Unternehmen strategisch betreffen können. Die ständige aktive Auseinandersetzung und Interpretation der Geschehnisse in den Umwelten sind unerlässlich, um sich die maximal möglichen Chancen auf proaktives Handeln zu sichern oder zumindest die Unternehmensziele flexibel an sich ändernde Rahmenbedingungen anpassen zu können.

Diese Anforderungen nach Rundblick und Durchblick sind von solitären Helden nicht zu erfüllen, im Gegenteil: Die multiperspektivische realitätsnahe Wachsamkeit und Beobachtung Vieler tragen mehr zu Einblick und Durchblick bei als Visionen und Charisma Einzelner. Hier gilt auch für Leadership der Gruppenvorteil. So betonen auch Eck et al., dass angesichts der weltweiten, kulturellen und zudem virtuellen Vernetzung ein »global workout« hergestellt werden müsse, in dem »abteilungs-, länder- und funktionsübergreifende Zusammenhänge und Sachverhalte im Dialog wechselseitig erkundet werden, das Einsichten liefert und Horizonte erweitert.«[22]

Eine ganz wesentliche Funktion solch *dialogischer Leadership-Foren* besteht darin, Führungskräfte untereinander zu koordinieren und in ein Alignment zu bringen. Denn die Vielfältigkeit, Schnelligkeit und Gleichzeitigkeit von Entwicklungen bewirken, dass allgemeine Entscheidungsprämissen erodieren, Kontexte fragmentieren und die Führungspersonen zunehmend vereinzeln, d. h. in ihrem Agieren ganz auf ihre persönliche Erfahrungsverarbeitung verwiesen werden. Damit büßen Organisationen insgesamt Koordination und Führungswirkung ein.

Dazu kommt, dass es kaum mehr möglich ist, das Heute vom Morgen abzugrenzen, systematisch Maßnahmen abzuleiten und diese über den normalen Kommunikationsweg der Hierarchie hinunter zu spielen. Veränderungen können häufig gar nicht antizipiert werden, vielmehr ist schnelles ad hoc Handeln vor Ort unumgänglich. Dann ist es umso wichtiger, schnell einen Informationsgleichstand herzustellen und Erfahrungen kollektiv auszuwerten, um für die nächsten Schritte zu lernen.

Während der Wirtschaftskrise 2008/2009 wurden die Begriffe ›Fahren auf Sicht‹ und ›Nebelkompetenz‹ geprägt. Auch wenn die Situation heute und im kommenden Zukunftsausschnitt nicht so krisenhaft und dramatisch ist wie damals, machen doch die Metaphern deutlich, dass es ein Zusammenrücken, ein Ausschau halten in der Nähe, ein einander Zurufen sowie ein vorsichtiges, abgestimmtes Bewegen braucht, um sich gemeinsam ständig an neue Erkenntnisse anzupassen. Dies alles passiert nicht von allein im Rahmen der Hierarchie; dazu benötigt es Prozesse und Kommunikationsräume, in denen sich Verantwortungsträger aus allen Leadership-Bereichen mit den Verhältnissen, den Herausforderungen, mit ihren Antworten und mit ihrem Selbstverständnis von Leadership auseinandersetzen.

So kann *Schwarmintelligenz* entstehen, indem jeder sich an kleinen Verhaltensänderungen der Akteure im Umfeld orientiert und man sich miteinander in ständiger Konfiguration befindet. Gleichzeitig gewinnt die einzelne Führungsperson im Peer Setting implizit Feedback, mehr Sicherheit und Orientierung, sie kann Schwierigkeiten nutzen, um die eigene professionale Identität zu schärfen.

Die – meist tabuisierte – Überforderung des heroisierten Einzelkämpfertums hingegen schwächt die Führungspersonen, das spüren oft die Mitarbeitenden zuerst. Für die Organisation besteht das Risiko, mittelfristig Führungskräfte oder zumindest deren Leistungsfähigkeit zu verlieren. Wenn sich Führungskräfte hingegen als Mitglied eines handelnden Kollektivs mit gemeinsamen Zielen und gemeinsamer Zukunftsverantwortung erleben können, vermittelt das grundsätzlich Zugehörigkeit und Kraft. Es stärkt den Kern der Identität als Führungskraft.

Auch aus der Perspektive der Organisation können solche Leadership-Dialogforen die Folge haben, dass einzelne Führungskräfte entlastet werden. Es ist wie beim Chorsingen: Chorisches Atmen gibt jedem die Gelegenheit, einmal durchzuatmen, Luft zu schöpfen, ohne dass der Gesang unterbrochen wird. Wenn Energie und Wirkkraft von Leadership in der Organisation spürbar sind – z. B. durch schnelle, koordinierte, Perspektiven schaffende Entscheidungen und Aktionen oder durch eine Stimmung der Zuversicht –, ist es nicht so verheerend, wenn eine einzelne Führungsperson vorübergehend einmal ausfällt oder Fehler macht. Wenn genug Führungswirkung – als distributed Leadership – in der Gesamtorganisation spürbar ist, werden zunehmend autonom und selbstorganisierend agierende Mitarbeitende einen Weg finden, ihre Leistungen einzubringen.

FAZIT

Ein Leadership Development, das die Funktion Leadership in Phasen von Move und Emergenz entwickelt, wird – höchstwahrscheinlich ohnedies im Auftrag des Boards – Prozesse und Settings für dialogorientierte ›Workouts‹ der individuellen Erfahrungen und Führungspraktiken anbieten. Es wird – z. B. in der Moderationsfunktion – dafür sorgen, dass unterschiedliche Perspektiven, vor allem auch Entwicklungen außerhalb des Unternehmens, zusammengetragen und reflektiert werden. Es wird zudem ein soziales Setting schaffen, das kollektive Aktion und wirklichen Horizont erweiternden Dialog erlebbar macht.

Anmerkungen

1 vgl. Eberhardt/Majkovic 2015, S. 12.
2 vgl. Fandel-Meyer/Meier 2016, S. 18. Auf S. 19 des Arbeitsberichts wird auf die Website www.vuca-tools.com verwiesen, die die aktuellen Entwicklungen zum VUCA-Konzept verfolgt.
3 vgl. DDI/The Conference Board (2014/2015), S. 11.
4 vgl. Berman, 2010, S. 3.
5 Eck et al. 2014, S. 40.
6 vgl. Eberhardt/Majkovic 2015, S. 27.
7 Dazu gehören persönliche Erfahrungen mit der Aktivierung der rechten Hirnhälfte, Anleitungen, die den neurobiologischen Erkenntnissen folgen, um das Erfahrungsgedächtnis zu aktivieren, Übungen zum Positive Leadership wie das Definieren von Motto-Zielen u. a. m.
8 vgl. Gürtler 2013 und Gigerenzer 2008, zitiert in Eberhardt/Majkovic 2015, S. 28.
9 vgl. DDI/The Conference Board 2014/2015, S. 21.
10 Dazu ist m. E. die US-amerikanische Managementforschung, bei allen interkulturellen Irritationen, noch immer der State of the Art; Quellen für neue Trends sind neben den zahlreichen Journals und dem »Digest« im Harvard Business Manager auch die »Hall of Fame« oder namhafte Business Schools.
11 vgl. DDI/The Conference Board 2014/2015, S. 5. Der Global Leadership Forecast 2014/2015 wird durchgeführt von DDI, Development Dimensions International, das ist eine Talent-Management-Beratungsfirma; The Conference Board ist eine unabhängige, gemeinnützige Organisation aus Mitgliedsunternehmen und Forschern, 1916 gegründet und heute global aufgestellt, die Praxiswissen in den Feldern Corporate Leadership, Economy & Business und Human Capital erhebt und verbreitet.
12 vgl. Eberhardt/Majkovic 2015, S. 10 ff. und 23ff.
13 vgl. Horx et al. 2009, zitiert in Eberhardt/Majkovic 2015, S. 20.
14 vgl. DDI/The Conference Board 2014/2015, S. 6.
15 Eberhardt/Majkovic 2015, S. 95.
16 vgl. DDI/The Conference Board 2014/2015, S. 15.
17 vgl. Eck et al. 2014 S. 41 ff. für diese und die folgenden Ausführungen.
18 Einen solchen Zugang vertritt z. B. der Ansatz des »Beyond Budgeting« des Beyond Budgeting Transformation Network, der inzwischen allerdings selbst zu einem Führungssystem ausgebaut wurde, zum »Beta-Komplex«, vgl. Pfläging 2009.
19 Martin 2009, zitiert in Eck et al. 2014, S. 39.
20 vgl. Rifkin 2011, S. 271 ff.
21 vgl. für die folgenden Ausführungen Eberhardt/Majkovic 2015, S. 92, 93, 77.
22 Eck et al. 2014, S. 40.

3. Kapitel: Leadership Development heute

Shareholder Value Management und Value Management haben auch vor den Türen des Aufgabengebietes Leadership Development nicht Halt gemacht. So schreiben Eck et al. (2014): »Denn der Auftrag an die Führungskräfteentwicklung hatte sich vielerorts an die weltweit verbreitete Logik der Gewinnmaximierung angepasst und wurde häufig von kurzfristiger Machbarkeit, Ressourcenoptimierung und gezielter Messbarkeit dominiert.«[1] Noch vor wenigen Jahren wurde HR-Abteilungen selbst – in einem falschen Verständnis von Kundenorientierung – ein Outside-in-Denken verschrieben,[2] sie sollten ihre Dienstleistungen kategorisieren, standardisieren, industrialisieren, um Economies of Scale zu erreichen.

Diese Ansätze sind heute überholt. Sie haben dem *Resource-based-Zugang* Platz gemacht (siehe S. 79): Führung, Führungskultur und eine eigene ›Leadership Brand‹ (siehe S. 170) gelten zunehmend als wettbewerbsrelevante Kernkompetenzen einer Organisation; im selben Atemzug wird auch das Leadership Development zunehmend als eine professionelle Expertenfunktion gesehen, die ihre Organisation Inside-out mit Impulsen versorgen soll.

Aber wie? So wie die Funktion Führung in einem tief greifenden Transformationsprozess steckt, so fehlen auch dem Leadership Development die konkreten Entscheidungs- und Planungsgrundlagen. Eberhardt und Majkovic betonen auf Basis ihrer Experteninterviews, dass es kaum möglich ist, zu unterscheiden »was auf uns zukommt und in welchen Zukunftsanforderungen wir bereits stecken. Es ist eine große Anzahl von Publikation, Vorträgen und Abhandlungen zu Megatrends verfügbar. Dennoch wissen wir nicht, was die Zukunft für uns bereithält. Während wir über Inhalte und mögliche Implikationen der Megatrends reflektieren, findet die Entwicklung bereits statt.«[3]

Was sind vor diesem Hintergrund Orientierungspunkte für das eigene Selbstverständnis? Was sind Fixpunkte für die professionelle Gestaltung von Strategien und Maßnahmen für ein zeitgemäßes Leadership Development? Das folgende Kapitel trägt einige Beiträge zu diesen Fragen zusammen, die jeweils mit einer Ableitung für das Professionfeld Leadership Development enden.

3.1 Entwicklungen im Professionsfeld Leadership Development

Über viele Jahre war Leadership Development eine Aufgabe externer Managementinstitute mit ihren Insignien des zentimeterdicken Seminarkatalogs und opulenter Verpflegungsrituale in Vier-Sterne-Hotels. Gegen Ende der 1990er-Jahre richteten immer mehr große Unternehmen eigene Management-Akademien für ihr Management Development ein.

In jüngster Zeit haben diese ihr Angebot ausgeweitet bzw. bekommen sie häufig den Auftrag, angesichts – z. B. im Zuge von Fusionen und Umstrukturierungen – gewachsener Strukturen Doppelgleisigkeiten und Insellösungen zu integrieren. Dies kommt in aller Regel einem ›Reset‹ gleich, das die Erarbeitung einer Leadership-Development-Funktionsstrategie voraussetzt.

3.1.1 Vom Managementinstitut zur Corporate Academy

Seit Ende der 1960er-/Anfang der 1970er-Jahre die ersten, meist von den Handelskammern oder Unternehmerverbänden initiierten und getragenen Managementinstitute entstanden, zeigen sich klare Trends. Lange Zeit bezogen Managementinstitute ihren USP aus den Themen, die sie anboten: Anfangs waren dies klassische Themen wie Kommunikationsskills bei Präsentation, Verhandeln, Rhetorik, Fachwissen aus Finanz- und Rechnungswesen, Arbeitstechniken und Zeitmanagement, Mitarbeiterführung und Motivation, Gruppendynamik, Konfliktmanagement. Neben Seminaren wurden bald Curricula für das Topmanagement bzw. General Management, später auch für mittlere Managementebenen angeboten.

In den vergangenen fünfzehn Jahren verschwanden die betriebswirtschaftlichen Themen und wurden durch neue Themen ergänzt, wie Projektmanagement, Change Management, interkulturelles Management, Leadership, Manager als Coach, Strategie, Work-Life-Balance, Selbstmanagement und Selbsterfahrung von Meditation bis Spiritualität. In letzter Zeit sind wieder neue Themen dazugekommen – z. B. Systemtheorie, insbesondere systemische Fragetechniken, Umgang mit hoher Komplexität, Treffen schwieriger Entscheidungen, Resilienz, neurobiologische Grundlagen von Führung, Achtsamkeit, Gesundheit usw.

Der Markt für überbetriebliche Seminare wird aber nicht mehr von Themen angetrieben; er ist vielmehr grundsätzlich erodiert. Die Branche der Managementinstitute hat zwar durch maßgeschneiderte innerbetriebliche Seminardurchführungen immer wieder durchhalten können; grundsätzlich befindet sie sich jedoch seit einigen Jahren in einem stetigen Schrumpfungsprozess. Das liegt daran, dass im Bereich der Basisqualifikationen für Management heute Fachhochschulstudiengänge oder -Aufbaukurse mit ECTS punkten und die ambitionierteren Qualifizierungsangebote durch zahlreiche postgraduale MBA-Lehrgänge konkurrenziert werden. Dazu kommt, dass sich einerseits das Management ohnedies in den letzten zwanzig Jahren akademisiert hat und andererseits, auf gesellschaftlicher Ebene, Themen aus der Managementwelt auf das Niveau von Samstagzeitungs-Beilagen trivialisiert wurden.

Hauptsächlich liegt es aber daran, dass die *innerbetriebliche Management-Ausbildung* gewachsen ist, sich professionalisiert hat und heute viel differenzierteren und umfassenderen Nutzen stiften kann als externe Seminar- oder Kursbesuche dies vermögen.

Das Lernsetting des überbetrieblichen Seminars hatte wegen isoliert stehender Themen, geringem Unternehmensbezug und mangelndem Transfer in die Handlungspraxis im beruflichen Umfeld immer eine begrenzte Leistungsfähigkeit. Vor allem ein Problem konnte und kann es nicht lösen: über individuelles Lernen auch kollektives oder organisationales Lernen auszulösen. Genau das ist der USP des internen Management Development.

Die ersten internen Akademien – wie auch die regionalen Schulungsverbände für kleinere Unternehmen – hatten anfangs zwei Aufträge: finanzielle Einsparungen durch Economies of Scale zu erwirtschaften und die Transferproblematik so weit in den Griff zu bekommen, dass eine kritische Menge von Führungskräften zeitnah mit denselben Inhalten versorgt werden konnte. So stellte man sich organisationales Lernen vor. Sie starteten mit einem eigenen Seminarkatalog und boten bald Management-Curricula an, in denen Führungskräfte einer Hierarchieebene sich sozial vernetzen sollten. Sie verstanden sich als Lehrbetriebe und nannten sich deshalb auch Akademien. Sie praktizierten den Frontalvortrag im Klassenraum, nicht selten mit Abschlussprüfungen, entlehnten vielleicht noch den MBA-Ausbildungen die Methode der Fallarbeiten, verstanden sich aber hauptsächlich als Vermittlungsinstitution, als Makler von Managementwissen.

In diesen Rahmenvorgaben – und wie so oft unter Beibehaltung der ersten Namensgebungen – entwickelten sich unter dem Einfluss von Action Learning, Konzepten wie lernende Organisation, Wissensmanagement usw. zunehmend *interaktivere Lernformen*. Gleichzeitig nahm die Bedeutung von Off-the-Job-Lernen in Seminaren und Curricula zugunsten von *On-the-Job-Lernen* und *E-Learning* ab, bis sich die Daumenregel etablierte: Effektives Management Development setzt zu 70 % auf On-the-Job-Lernen – im eigenen Linienjob wie im Rahmen von Assignments zu Projekten, Task Forces, Trainee Placements usw. – zu 20 % auf Lernen von anderen – durch interaktive Lernformen, Mentoring, Coaching, kollektive Intervision usw. – und zu 10 % auf »Formal Learning« in eigens formalisierten Settings wie Off-the-Job-Seminaren und -Lehrgängen.

Neueste Untersuchungen zeigen, dass die Dinge hier in Bewegung sind und Leadership Development gegenwärtig de facto nur noch 52 % der Lernzeit für On-the-Job-Lernen ansetzt, dafür 27 % für Lernen von anderen und 21 % für formalisierte Off-the-Job-Lernsettings. Befragte Führungskräfte äußern den Wunsch nach einer 50 %igen Steigerung ihrer Lern- und Entwicklungszeit (von 5,4 Stunden im Monat auf 8,1), nur einen kleinen Teil dieser Zusatz-Lernzeit würden sie für Lernen im Job verwenden, der mit Abstand höchste Bedarf liegt nach ihrer Selbstbeschreibung beim formalisierten *Off-the-Job-Lernen* und der nächsthöhere beim Lernen von anderen. Die Studienautoren schließen daraus, dass Organisationen von formalisiertem Off-the-Job-Lernen profitieren würden, weil dieses heute einen Rahmen und eine Basis für On-the-Job-Lernen etabliere[4].

Anders ausgedrückt: Heute sagen Führungskräfte über sich selbst, dass sie Wissen von außen benötigen und auch das Lernen von und die Orientierung an anderen Führungskräften, dass ihnen hingegen das Lernen im bestehenden Job weniger Entwicklungschancen bietet. Brauchen Führungskräfte in der gegenwärtigen Evolutionsphase mehr Theorieimpulse von außen, um ihr Handeln zu rahmen? Brauchen sie mehr Orientierung und Austausch mit Peers? Wenn ja, wie kommt es zu diesem Austausch? Wird die Sozialisierung auf bestehende Rollen und das mit diesen verbundenen implizite Wissen vielleicht deshalb als weniger wichtig bewertet, weil insgesamt die Rollengefäße erodieren und das Selbstverständnis von Leadership für die Organisation in deren Praxisrahmen nicht mehr angemessen weiterentwickelt werden kann? Und was bedeuten all diese Fragen für die Agenda des Leadership Development? Wofür, für welche Themen, muss es bei der Gestaltung von Angeboten für das formalisierte Off-the-Job-Lernen Sorge tragen? Wie lässt sich ein größerer Anteil von Peer-to-Peer-Lernen herbeiführen – was ist dabei die Verantwortung des Leadership Development?

Das Leadership Development steht heute praktisch in allen Organisationen vor einer mehr oder weniger ausgeprägten Neuorientierung. Unter der Fragestellung »Wie können Learning Professionals eine innovative und wirkungsvolle Führungskräfteentwicklung gestalten?« explorierte der »Innovationskreis Führungskräfteentwicklung mit Zukunft« am scil drei Szenarien[5]: Szenario 1 geht davon aus, dass ein gut etabliertes Leadership-Development-Programm existiert, dessen Angebote lediglich um heute benötigte Themen und Lernformen anzureichern ist. Szenario 2 geht von einer umfassenden methodisch-didaktischen Überarbeitung aus, um über neue Lernformate und -Architekturen eine höhere Wirkung zu erzielen. Szenario 3 geht von einer Neu-Entwicklung des Leadership Development aus, um strategisch relevanten Entwicklungen Rechnung zu tragen.

FAZIT

Ein Leadership Development wird sich mit der Frage des angemessenen Lernmixes auseinandersetzen müssen. Wenn Wirtschaft, Organisationen und Leadership in der Move-Phase eines grundlegenden Wandelprozesses sind, benötigen Führungskräfte viele variantenreiche Impulse von außen, um ihr Handeln aus der automatischen Rekursivität ihrer Rollengefäße und Entscheidungsketten herauszulösen und in andere Zusammenhänge zu stellen. Nur so kann sich die Organisation strukturell an emergente Entwicklungen in ihren Umwelten koppeln und Stimuli für Leadership-Innovationen im Leadership Development einrichten.

3.1.2 Wie Personalentwicklung und Organisationsentwicklung zusammenwachsen

Seit 1987 Jahren führen Dave Ulrich und seine Partner in fünfjährigen Abständen den *Human Resources Competencies Survey* (HRCS) durch. Nach dem Modell eines 360-Grad-Feedbacks werden leitende HR-Vertreter, ihre Mitarbeitenden aus HR und hausinterne Kunden befragt, welche Kompetenzen kritisch zum Erfolg von HR und im Business beitragen.

Nach der Erhebung 2007 stellen Ulrich et al. (2008) fest, dass die HR-Tätigkeiten in zwei Aufgabenkerne zerfallen: einen Bereich mit operativen, meist in Shared Services ausgelagerten Tätigkeiten und einen Kern mit managementnahen Beratungstätigkeiten. Letzterer gliedert sich inhaltlich in zwei Kompetenzfelder, die die Autoren 2008 »Steward for Culture and Change« bzw. »Talent Manager/Organizational Designer« nennen.

Wie der Name zeigt, besteht das zweitgenannte Kompetenzfeld wiederum aus zwei Aufgabenfeldern: Talent Management fokussiert darauf, wie sich Personen vom Einstieg über Aufstieg und Umstieg bis zum Ausstieg durch die Organisation[6] bewegen, die Kompetenz des Organisationsdesigners richtet sich darauf, wie ein Unternehmen seine Capabilities in Strukturen, Prozesse und Politiken einbettet,[7] damit sie wirksam werden.

Der Cluster »Talent Management/Organization Designer« macht also für sich schon deutlich, wie weit die HR-Funktionen der Personalentwicklung und der Organisationsentwicklung zusammengewachsen sind. Dieser Trend hat sich seither weiter verstärkt. So werden 2012 in der Zusammenfassung der Ergebnisse überhaupt nur diese beiden Pole benannt: »HR schafft Werte, indem es die Performance und Agilität des Talents (Humankapital) und der Kultur (Organizational Capabilitiy) der Organisation steigert.«[8]

Von den sechs faktorenanalytisch bestimmten Kompetenzfeldern[9] haben – nach Wahrnehmung der Befragten – »Capability Builder« und »HR Innovator« den stärksten Einfluss auf Business-Performance.

Capability Builder hat sich also zu einem eigenständigen Kompetenzfeld ausdifferenziert, das so definiert wird:[10] »Wirksame, professionelle HR-Arbeit trägt dazu bei, kritische Organizational Capabilities zu definieren und aufzubauen; dadurch verbindet sie die Fähigkeiten von Individuen mit einer wirksamen, starken Organisation.«

Am deutlichsten zeigt das neue Kompetenzfeld HR Innovator and Integrator selbst das Zusammenwachsen von Personalentwicklung (PE) und Organisationsentwicklung (OE) und die daraus neu entstehenden bzw. neu gewichteten HR-Tätigkeitsfelder:[11] »Wirksame, professionelle HR-Arbeit [...] muss den State of the Art in HR Praxisfeldern kennen, die mit Humankapital (Talent Sourcing und Talent Development), Leistungsmessung (Leistungsbeurteilung, Prämien), Organisationsdesign (Teamwork, Organisationsentwicklung) und Kommunikation zusammenhängen. HR muss außerdem in der Lage sein, diese besonderen Praxisfelder in integrierte Lösungen zu verwandeln, üblicherweise um den Fokus des Führungsverständnisses der Organisation.« (siehe S. 182)

Die jüngste und bislang umfassendste HRCS-Umfrage aus 2016 arbeitet mit einem neuen, komplizierteren Modell – das u. a. zwischen Organization Enablers und Delivery Enablers unterscheidet. Die wichtigsten Ergebnisse: Die Befragten schätzen die Aktionsfelder Organizational Capabilities und Integrated HR Practices als die wichtigsten ein;[12] der gemeinsame Fokus auf Leadership treibt die Integration der HR-Funktionen.

FAZIT

Durch die neuen Entwicklungen im Management, durch die größere Bedeutung, die der Funktion Führung in Zeiten von Umbruch und Emergenz zukommt, werden Leadership Development und Support zu neuen Schwerpunkten im HR-Bereich. In dem Maß, wie sich die Bedarfe verschieben von der klassischen Management-Ausbildung für Rollenträger zu Kommunikationsräumen für das Kollektiv der Führungsverantwortlichen, in dem Maß geht es auch immer weniger um die Definition von Seminarportfolien und immer mehr um die wirkungsvolle Gestaltung dieser Kommunikationsräume.

Damit werden sich Aufgabenverständnis und die Zusammenarbeit der Professionsfelder Personalentwicklung und Organisationsentwicklung verändern und bestehende Trends verstärken: Um integrierte Leistungen zu erbringen werden PE- und OE-Maßnahmen im gemeinsamen Fokus auf Führung zukünftig noch enger zusammenwirken, wenn sie nicht gar – aus Sicht ihrer Kunden –verschmelzen. Ein HR, das sich des eigenen Wertbeitrags zum Unternehmenserfolg bewusst ist, wird diese Entwicklungen aufmerksam verfolgen bzw. aktiv gestalten, da Umwelten, insbesondere Linienmanager integrierten HR-Leistungen sehr hohe Bedeutung für den Businesserfolg zuschreiben.[13]

3.2 Der Auftrag: Leadership Development! – Fixsterne für Profis

Die strategische Bedeutung von Leadership Development ist heute unbestritten: Wirksames Leadership Development ist ein starker Treiber für Führungsqualität. So weisen Organisationen, die ein als hochstehend eingeschätztes Leadership Development haben, 8,8-mal häufiger als Organisationen mit minder eingeschätzten Entwicklungsprogrammen eine hohe Leadership-Qualität auf. Unternehmen mit hochstehendem Leadership Development haben eine 7,4-mal so hohe Wahrscheinlichkeit, dass ihre Führungskräfte mit dem Unternehmen eng verbunden sind und dort bleiben wollen. Effektives Leadership Development prägt die Erfahrungen von Führungskräften in ihrer professionalen Entwicklung und mit ihrem Unternehmen, es stärkt ihre Bindung ans Unternehmen und ihre Retention.[14]

Erfolgreiche Unternehmen investieren in ihr Leadership Development und beauftragen die Funktion Leadership Development immer häufiger damit, die bestehende Landschaft von Förder- und Entwicklungsmaßnahmen zu überarbeiten. Denn als Folge zahlreicher Umstrukturierungen, Ein- und Ausgliederungen und Einzelinitiativen auf Geschäftsfeldebene liegt hier mittlerweile meist ein Flickenteppich aus gewachsenen Strukturen vor, mit Doppelgleisigkeiten, Insellösungen und weißen Flecken nicht bedienter Nachfrage.

Wie aber kann die Funktion Leadership Development diesen Auftrag erfüllen, wenn Leadership als Materie selbst im Umbruch ist? Welche fixen Orientierungspunkte können Verantwortliche im Leadership Development heute finden? Wie lassen sich hauseigene Systeme strategischer Personalentwicklung, wie z. B. Talent Management, Kompetenzmodelle, Potenzialkriterien usw. mit einem effektiven Leadership Development verbinden?

Das folgende Kapitel stellt einige solcher Orientierungspunkte vor: Es beleuchtet Führung als Profession und als Funktion, Führungskräfte als Entscheidungsprämissen, stellt den Mindset-Ansatz vor, das Modell der Leadership-Pipeline und das Konzept der Communities of Practice, um jeweils Ableitungen für das Professionsfeld Leadership Development vorzuschlagen.

3.2.1 Führung als Profession

Schon Peter Drucker verstand *Führung als Profession* (siehe S. 30), die ihre Praxis gezielt immer weiter professionalisieren müsse. Wenn immer wieder selbstverständlich von Führung als Profession gesprochen wird, sollen im Folgenden die Kriterien der Professionssoziologie auf die Funktion Führung angewandt werden, um an diesem Anspruch zu rütteln – und um den Blick zu schärfen, worauf es bei der Entwicklung dieser Profession, bei ihrer weiteren Professionalisierung konkret gehen kann.

Der Begriff *Profession* leitet sich aus dem lateinischen professio – ich bekenne – ab. Die enge Verbindung der Tätigkeit mit den eigenen Überzeugungen und Werten, zu denen man sich durch Ausübung der Tätigkeit bekennt, unterscheidet die Profession vom Beruf, der lediglich dem Erwerb dient oder gar dem Job, der darüber hinaus nur eine vorübergehende Tätigkeit bezeichnet. Klassische Professionen sind z. B. Ärzte, Juristen, Wirtschaftstreuhänder, Ziviltechniker, Architekten, Wissenschaftler usw.; der Begriff wird auch verwendet, um Untergruppen zu bezeichnen, z. B. Onkologen, Historiker, Rechtsanwälte usw.

Eine Profession weist folgende Merkmale auf:

Sie verfügt über eine eigene, spezialisierte Expertise, die wissenschaftlich begründet ist und über lange, üblicherweise akademische Qualifikationswege erreicht wird. Sie zeigt sich unter anderem in einer eigenen Fachsprache, eigenen Methoden und Instrumenten.

- In leitenden Führungsfunktionen gibt es heute kaum jemanden ohne akademische Ausbildung, meist ein BWL-Studium; zur Grundausbildung kommen häufig Zusatzausbildungen wie ein MBA, jedenfalls aber die Absolvierung interner Managementcurricula.
- Management ist inzwischen eine wissenschaftliche Disziplin; die 1936 gegründete US-amerikanische Academy of Management, die sich der Förderung des Managements – in 25 Spezialdisziplinen – verschrieben hat, zählt heute über 19.000 Mitglieder in mehr als 115 Staaten.
- Management hat eine eigene Fachsprache ausgeprägt, mit Anglizismen und Termini, die weltweit die gleiche Bedeutung haben. Führung bedient sich eigener Methoden, Systeme und Instrumente, die in Organisationen implementiert sind.

Professionsträgern werden aufgrund ihrer Expertise und ihrer Berufsnormen ein eigenständiges, sozial unabhängiges Urteil und eine persönliche und sachliche Gestaltungs- und Entscheidungsfreiheit zugeschrieben.

- Sehr oft unterliegen Führungskräfte nicht mehr den Regelungen des Tarifvertrages, sie werden außertariflich bezahlt; in einem leitenden Status sind sie sogar nicht mehr Arbeitnehmer im Sinne des Gesetzes.
- Vorständen einer Aktiengesellschaft wird per Gesetz die umfassende Leitungsmacht im Unternehmen zugesprochen; bei anderen Rechtsformen unterliegen die Leitungsorgane zwar gewissen Weisungsrechten, in jedem Fall aber verfügen sie über weite Handlungsspielräume und das Recht bzw. die Pflicht, die Organisation nach außen zu vertreten. Auch für untere Managementebenen gilt das Prinzip, dass unternehmerische Tätigkeit ohne weite Handlungsräume nicht denkbar ist und
- dass leitende Führungskräfte in ihren Entscheidungen nur den anerkannten Erkenntnissen und Erfahrungsgrundsätzen ihrer Branche verpflichtet sind.

Alle Professionen arbeiten an Menschen und erbringen ihre Leistungen in der Interaktion mit Menschen. Erst in der Interaktion mit Menschen konkretisieren sich ihre Leistungen. Wesensmerkmal von Professionen ist deshalb auch die Übersetzung von Fachexpertise in praktische Handlungskontexte. Ihre Leistungen haben dabei die Qualität von Rat, Beratung oder Anleitung.

- Im Management steht die Mitarbeiterführung im Mittelpunkt sowie die Interaktion mit Funktionsinhabern; für beide Gruppen ist Führung rahmensetzend.
- Das Rollenbild des Managers als Coach und Mentor bringt die Dimension der Beratung zum Ausdruck.

Typisch für eine Profession ist, dass sie über eine erkennbare Professionskultur und Ethik verfügt und Interessen- und Standesvertretungen unterhält.

- Management wird heute oft als globaler Kulturstil bezeichnet.
- Innerhalb von Organisationen beschreiben Führungsleitbilder das Verständnis der eigenen Professionskultur.
- Die Verpflichtung auf ethische Standards ist immer wieder Thema in gesellschaftlichen Foren und Managementjournalen, Zeitungen, TV. Innerhalb der Organisation sind ethische Verpflichtungen in Compliance-Regeln und Policies dargestellt. In Summe werden dadurch auch Selbstbeobachtung und Selbstkontrolle praktiziert.
- Zu den Interessenvertretungen gehören Verbände und von Verbänden betriebene Institutionen wie z. B. Managementinstitute.

Ein Merkmal von Professionen ist, dass es Evaluierungsverfahren für ihre Praktiken und Leistungen gibt.

- Im Management ist einerseits das ständige Benchmarking für Funktionen, Prozesse, Systeme in der Organisation zu einem Prinzip geworden.

- Andererseits wurden in den vergangenen fünfzehn Jahren zahlreiche Verfahren wie 360-Grad-Feedback, Management Audit, Assessment Center usw. implementiert, um Führungsleistungen direkt zu bewerten.

Eine Profession hat in der Regel ein hohes gesellschaftliches Prestige. Das resultiert auch aus der Tatsache, dass eine Profession für die Gesellschaft Problemlösungen von grundsätzlicher Bedeutung erbringt. Dies gilt auch für Führung: In einer modernen Gesellschaft, die auf Organisationen beruht, ist die professionelle Führung von Organisationen ein zentrales gesellschaftliches Anliegen.

Nicht nur Führung lässt sich als Profession verstehen. Dieselben soziologischen Kriterien lassen sich auch auf das Professionsfeld Leadership Development anwenden. So betonen Eck et al. z. B., dass wirklich effektive Managemententwicklung in einem Ethos wurzelt.[15]

FAZIT

Wenn Führung als Profession aufgefasst wird, sollte sich das Leadership Development auch als Beitrag zur Professionalisierung von Führung verstehen und die konstitutiven Merkmale der Profession im Blick haben. Für interne HR-Profis betrifft dies vor allem die Merkmale der Professionskultur, Professionsethik bzw. des Code of Practice, den Beitrag zur Qualifizierung für die sachlogischen Expertisefelder, die Management Policies, -Systeme, und Tools und insbesondere die Interaktion mit Menschen sowie die Evaluierung von Führungsleistungen.

3.2.2 Führung als Funktion, Führungskräfte als Entscheidungsprogramme

Die soziologische Systemtheorie Luhmanns bietet zwei Ankopplungspunkte für HR-Profis: das Verständnis von Führung als Funktion und die Definition von Führungskräften als Entscheidungsprämissen.

Eine *Funktion* ist in Luhmanns Begriffsverständnis ein abgegrenztes Aufgabengebiet, das sich auf die Beobachtung bestimmter Ereignisse spezialisiert (siehe S. 74), diese Ereignisse bündelt, typische Sinn-volle Erfahrungswerte ableitet und durch diese gesammelte Expertise Planung bzw. planvolles Handeln möglich macht. Als Folge ihrer systematischen Beobachtungen entsteht eine gewisse Redundanz, Erwartbarkeit und damit eine gewisse Sicherheit; durch Planung können Organisationen Kontingenz[16] und Komplexität reduzieren.

Überträgt man dies auf die *Funktion Führung*, stellt sich die Frage, auf welche Ereignisse – in der Organisation und in den Umwelten – sich Führung spezialisiert hat, um sie selektiv zu beobachten. Es handelt sich dabei um zwei Klassen von Ereignissen: um Ereignisse, die mit Produktivität zusammenhängen und um Ereignisse, die mit Entwicklung zusammenhängen. Für Dirk Baecker geht es bei der Ereignisklasse Produktivität um die Erzielung von Kausalität und Berechenbarkeit in den internen Abläufen. Er sieht dies als Aufgabengebiet des Managers. Bei der Ereignisklasse Entwicklung kommt die Kontingenz aus den Umwelten wieder in den Blick, der Möglichkeitsraum von Sinn- und Handlungsbezügen wird grundsätzlich wieder unendlich; hier liegt das Aufgabengebiet von Führung.[17]

Auch ohne die stereotype Dichotomie von Management versus Leadership zu bemühen, lässt sich sagen, dass Führung eine Funktion im Unternehmen ist, die sich auf die Beobachtung von Produktivität und Entwicklung spezialisiert hat, ihre Beobachtungen bündelt, um daraus typische Sinn-volle Erfahrungswerte abzuleiten, auf Basis derer Planungen erstellt werden können.

FAZIT

Eine Führungsentwicklung, die Führung als Funktion versteht, wird mitführen, welche neuen Ereignisse in die Beobachtung kommen und welche im Sinn des »organisationalen Gedächtnisses«[18] auszumustern wären. Dieses würde die aus den gebündelten Beobachtungen abgeleiteten Erfahrungswerte als Kommunikationsanschlüsse ins System spielen, damit auf ihrer Basis planvoll gehandelt werden kann. In Umgangssprache übersetzt heißt das: Ein Leadership Development, das die Funktion Führung entwickeln will, macht – gerade bei mangelnder Übersicht und fehlendem Fokus – Benchmarks für Produktivität und Trends sowie frühe Signale für Entwicklungen zum Thema des Austauschs zwischen Führungskräften.

Kernaufgabe von Führung ist nach Luhmann das Treffen von Entscheidungen; *Entscheidungen* ermöglichen es Organisationen, Unsicherheit zu absorbieren. Denn bedingt durch ihre Selbstbezüglichkeit und ihr Rekurrieren auf die Vergangenheit befinden sie sich in einem »Dauerzustand der Unsicherheit über sich selbst im Verhältnis zur Umwelt«.[19]

Entscheidungen sollten bei aller Spannbreite eine gewisse Konsistenz aufweisen; sie verlaufen in ›Kanälen‹, die von Entscheidungsprämissen gebahnt sind. *Entscheidungsprämissen* stellen schnelle Daumenregeln dafür auf, was in einem gegebenen sozialen System zulässige Entscheidungen sind und was als nicht relevant auszufiltern ist. Sie lenken also die Kommunikation. Dabei dienen sie nur als »Oszillatoren«, legen aber künftige Entscheidungen nicht fest. Sie führen für den

Umgang mit Ereignissen eine gewisse Redundanz ein und entlasten die Organisation von überfordernder Einzelfall-Informationsverarbeitung.[20]

Luhmann unterscheidet drei Arten von Entscheidungsprämissen: Entscheidungsprogramme, Kommunikationsstrukturen und Personen.

Entscheidungsprogramme lassen sich in die Input-orientierten Konditionalprogramme und die Output-orientierten Zweckprogramme einteilen;[21] es handelt sich um Regelwerke, Pläne, Ziele, Strategien oder Prinzipien (siehe Abb. 3, S. 210). Mit *Kommunikationsstrukturen*[22] sind die in der Organisation angelegten sozialen Räume gemeint, die für die Regelkommunikation in der Aufbau- und Ablauforganisation bestimmt sind. Man müsste die Kommunikationsräume in Projekten und anlassbezogene Kommunikationsräume hier ergänzen.

Luhmanns dritte Kategorie von Entscheidungsprämissen betrifft Personalentscheidungen und Stellenbesetzungen einerseits und die dadurch rekrutierten Entscheidungsträger als *Personen*[23] andererseits. Kriterium für Personalauswahl und Stellenbesetzung ist, dass Personen sich für bestimmte Aufgaben eignen. In dieser Hinsicht werden Personen als Entscheidungsprämissen ähnlich wie Entscheidungsprogramme gesehen. Andererseits gelten Personen als »greifbare Symbole für das Unbekannt-sein der Zukunft«.[24] Ihre Personenmerkmale, z. B. ihre Entscheidungsstile, machen sie zu einer Art »vorgeschalteten Kompetenz« für das »Erkennen von Gelegenheiten«.

So fungiert aus Perspektive der Organisation die Persönlichkeit einer Führungskraft wie ein Entscheidungsprogramm, d. h., sie setzt über ihre persönlichen Werte und Entscheidungsstile Entscheidungsprämissen ab. Für Organisationen ist es deshalb wichtig, die strukturelle Kopplung zu den Personen[25] in Führungsverantwortung besonders gut auszubauen: damit diese ihren persönlichen Sinnvorrat in die Organisation hineintragen und umgekehrt die der Organisation wichtigen Kommunikationsanschlüsse in ihrem persönlichen Sinnvorrat anlegen.

Wenn Unsicherheit und Volatilität steigen, die Änderung von Entscheidungsprämissen zur Alltagsroutine und die Entscheidungsabhängigkeit des Systems zum Thema werden, steigt die Bedeutung von Personen als Entscheidungsprämissen und damit auch das Interesse an Personen. Dieser Trend zum Fokus auf Personen spiegelt sich in der boomenden Leadership-Literatur und in den vielen personenbezogenen Systemen und Policies – Talent Management, Performance Management, Gender und Diversity Policies etc. – die in Organisationen eingerichtet wurden.

FAZIT

Ein Leadership Development, das Personen in Führungsverantwortung als Entscheidungsprämissen versteht, wird sich mit der Differenz zwischen der Sozialisierung auf eine bestimmte Führungskultur und dem Erhalt von Diversität von Führungsstilen – nach Unternehmensbereichen und Personen – beschäftigen und überlegen, welche Mischung der Organisation gegenwärtig und zukünftig die nötigen Ressourcen bereitstellen kann. Es gilt zu beobachten, welche Entscheidungen, welche Personen morgen wo gefragt sein werden: es gilt, sich mit Systemen zur Stellenbesetzung und Personalauswahl zu vernetzen, um z. B. Potenzialträger als Kundengruppe anzusprechen. Auch hier zeigt sich ein Trend zur Integration von anderen HR-Aufgabenbereichen – wie Recruiting, Talent Management usw. – durch den gemeinsamen Fokus auf die Beiträge zum Leadership Development.
Das Thema Entscheidungsprämissen und Entscheidungsstile sollte explizit in die Selbstbeobachtung und Reflexion der Entscheidungsträger eingespielt werden.

3.2.3 Der Mindset-Ansatz

In seinem Buch *Managers not MBAs* kritisierte Mintzberg nicht nur heftig, dass die klassische MBA-Ausbildung zu einer ›Anbetung‹ der linken Hirnhälfte geführt habe, und dass Intuition und Erfahrung zu kurz kämen, er propagierte in dem von ihm und Jonathan Gosling 1996 ins Leben gerufenen IMPM-Programm[26] auch einen neuen Zugang zur Management-Entwicklung.

Vorab: Die Autoren halten die Trennung zwischen Management und Leadership für gefährlich: Management ohne Leadership fördere einen fantasielosen Führungsstil, der Initiativen erstickt, und Leadership ohne Management fördere einen abgehobenen, heroischen Führungsstil und Hybris. In der alltäglichen Praxis müssen Führungskräfte noch viel mehr Widersprüche in Ausgleich bringen: globales und lokales Denken, Kooperation und Wettbewerb, Change vorantreiben und Stabilität geben, Profit erzielen und Menschen fördern, zum Beispiel. Das funktioniere nicht, wenn man die Zielsetzungen selbst in Einklang zu bringen versuche, sondern nur über eine tief gehende Integration auf der Metaebene. Führungskräfte benötigen dazu verschiedene Mindsets, innere Haltungen, mit denen sie auf die Welt zugehen, die ihnen helfen, tatsächliches Handeln mit abstrakter Reflexion zu verbinden.

Mintzberg und Gosling unterscheiden fünf Mindsets, die jeweils einen dominanten Fokus haben.

Die fünf Mindsets von Mintzberg und Gosling

- das Reflective Mindset für das Selbstmanagement
- das Analytical Mindset, um die Organisation zu steuern
- das Worldly Mindset, das welterfahrene Mindset bzw. das Mindset, das in unterschiedlichsten Wirklichkeitskonstruktionen erfahren ist, um unterschiedlichste Kontexte zu managen
- das Collaborative Mindset, um Beziehungen zu gestalten
- das Action Mindset, um Change zu betreiben

Das *Reflective Mindset* ist die innere Haltung, Erfahrungen zu machen, diese zu reflektieren und zu generellen Mustern zu verdichten bzw. zu integrieren. Dazu wird die Aufmerksamkeit nach innen gelenkt – aber nicht im Sinn einer Introspektion, einer Selbsterkundung, sondern mit dem Ziel, Verbindungen zwischen Ereignissen und Erklärungen herzustellen, mit denen man sich wieder dem Außen zuwenden kann. Mit Kurt Lewins Begriffen könnte man von praxisbasierter Theorie – Theorie aus Erfahrungen ableiten – und theoriebasierter Praxis – Handeln auf Basis eines theoretischen Erklärungsmodells – sprechen. In einem Reflective Mindset entstehen Visionen nicht wie die »unbefleckte Empfängnis«, sondern als Bilder, die »Strich für Strich aus den verdauten Erfahrungen der Vergangenheit gemalt« werden.

Das *Analytical Mindset* hilft, komplexe Phänomene in Bestandteile herunterzubrechen. Jede Organisation ist in ihrer Struktur der Arbeitsteilung grundsätzlich nach dem analytischen Mindset gebaut. Ein wirksames analytisches Mindset geht aber über oberflächliche, konventionelle Analyseprozeduren hinaus und erfasst die grundlegenden Bedeutungen von Strukturen und Systemen. Dabei geht es z. B. darum, die Tragweite von Aufgabenstellungen zu erfassen: Einfache Aufgaben (Simple Tasks) – z. B. ein Boot zu konstruieren – kann man relativ direkt einschätzen und umsetzen. Komplizierte Aufgabenstellungen – z. B. einen Flugzeugträger zu bauen – erfordern die Koordination aller möglichen Subsysteme und Netzwerke. Komplexe Kontexte – z. B. die Entscheidung, einen Flugzeugträger in einem potenziellen Krisengebiet einzusetzen – erfordern ein viel tieferes Analyseniveau, das die Bewertung von Optionen umfasst. Die besondere Herausforderung gerade bei komplexen Problemstellungen besteht darin, parallel zu tief gehender Analyse die Handlungsfähigkeit der Organisation zu erhalten.

Das *Worldly*, d. h. das welterfahrene *Mindset*, betrifft die Fähigkeit, verschiedenste Weltbilder bzw. Wirklichkeitskonstruktionen wahrnehmen und sich darauf einstellen zu können. Dazu braucht es praktische Lebenserfahrung und Differenzierungsvermögen (Sophistication). Dieses Mindset ist besonders wichtig für global agierende Organisationen und interkulturelles Management. Erwerben lassen sich diese Fähigkeiten durch das vorbehaltlose Eintauchen in fremde Kontexte, um die Welt aus anderen Augen zu sehen. Das veranschaulichen die Autoren mit einer Metapher: Auf die Frage: Wie kann man in Indien in diesem Verkehr überhaupt Auto fahren? Lautet die Antwort: Einfach in den Fluss einfädeln. Das Worldly Mindset ist nötig, um Kontexte verstehen und managen zu können, die sich an den Rändern, zwischen der Organisation und ihren Umwelten – Kulturen, Branchen, Unternehmensgruppe – manifestieren.

Im *Collaborative Mindset* geht es nicht um People Management oder Empowerment, – das hängt eher mit einem heroischen Führungsstil zusammen –, sondern um die Gestaltung von Beziehungen. Das betrifft Beziehungen zwischen Personen, in Teams und Projekten, zwischen Divisionen und Allianzen; das entspricht dem »Engaging Style«, einem Führungsverhalten, das verbindet und die Teile zusammenführt. Es äußert sich in Zuhören und Zurückhaltung, um Mitarbeitenden Raum zu geben, in der Förderung von Kooperation zwischen anderen Personen. Führungskräfte mit einem kollaborativen Mindset verstehen sich als Mitglied eines von jemand anderem geführten Teams, nicht als diejenigen, die ein Team prägen und zum Ruhm führen. Sie sehen sich als Teil von Netzwerken, in die sie involviert sind und aus denen heraus sie steuern. Hier finden sich Elemente von Level 5 Management wieder (siehe S. 98).

Das *Action Mindset* ist wichtig für Führung im Change, eine Situation, in der die eigene Organisation von den Emotionen, Hoffnungen und Motiven gezogen wird wie eine »Kutsche von wilden Pferden«. Hier kommt es nicht darauf an, die Pferde mit der Peitsche noch mehr anzutreiben, sondern darauf, mit Sensibilität für das Terrain und die Leistungsfähigkeit der Teams zum einen eine neue Richtung einzuschlagen und zum anderen einen stabilen Kurs zu halten. Handlungen sollen mit entsprechender Reflexion und einer Haltung von Demut begleitet sein, denn Change und im Change auf Kurs zu bleiben, ist immer ein Lernprozess.

Die fünf Mindsets sind wie Fäden, die eine effektive Führungskraft zu einem robusten Tuch verwebt. Eine Organisation wird dann zu einem Kollektiv mit einem gemeinsamen Ziel, einer gemeinsamen Bestimmung, wenn ihre Führungskräfte zusammenarbeiten, um ihre reflektierten Handlungen analytisch und unter Mitdenken der vielfältigen Wirklichkeitskonstruktionen zu kombinieren – und so aus einzelnen Tuchteilen nützliche Kleidungsstücke fertigen. Diese Zusammenarbeit ist auch deshalb wichtig, weil Individuen und Organisationsrollen unterschiedliche Schwerpunktsetzungen für die jeweiligen Mindsets mit sich bringen.

FAZIT

Eine Orientierung am Konzept der Mindsets bedeutet für Verantwortliche im Leadership Development die Verlagerung des Fokus von der Vermittlung bestimmter Lerninhalte auf die Metaebene von Deutero-Lernen, wo es darum geht, Lernen zu Lernen. Von den von Mintzberg und Gosling beschriebenen Mindsets sind wohl das Analytical, das Reflective und das Action Mindset in den meisten Organisationen gut ausgeprägt bzw. im Fokus von Leadership-Development-Maßnahmen. Entwicklungsbedarf liegt hingegen beim Worldly und beim Collaborative Mindset, um die vorherrschende einseitige mentale Prägung auf MbO, Silo-Denken, lineares Denken, Operations-Research-basierte Entscheidungsprozesse usw. im Management zu erweitern (siehe S. 105). Eine Förderung dieser Mindsets setzt einmal mehr soziale Settings mit intensiven dialogischen Austauschprozessen zwischen Führungskräften aus unterschiedlichen Erfahrungswelten voraus.

3.2.4 Leadership Pipeline – Führung als Brennstoff der Organisation

2001 brachten Ram Charan, Stephen Drotter und James Noel ihr Buch *The Leadership Pipeline* heraus. Mit der Metapher der Pipeline drücken sie aus, dass Leadership der Brennstoff ist, der die gesamte Organisation mit Energie versorgt. Damit dieser Brennstoff in alle Winkel der Organisation gelangen kann, muss er über eine Infrastruktur verteilt werden: Die Rohre der Erdöl-Pipeline symbolisieren die Rollengefäße der Führungskräfte für die Verteilung von Leadership-Wirkung. So lässt sich ein Organigramm der Führungshierarchie lesen wie ein Rohrsystem, in dem größere Rohre in kleinere und kleinste Verzweigungen führen. Kernaussage des Modells ist, dass die Energie im Gesamtsystem nur fließen kann, wenn jede Führungskraft die Erfordernisse ihrer Führungsrolle richtig lebt und damit den Energieverbund in Fluss hält.

Das *Modell der Leadership Pipeline* definiert allgemeine Kriterien für die Rollengefäße unterschiedlicher Hierarchieebenen. Es unterscheidet

- Managing Self, das ist die Ebene der Fachkraft ohne Personalverantwortung.
- Managing Others, das ist die Ebene der ersten Führungsverantwortung, z. B. Teamleitung.
- Managing Managers entspricht dem Mittelmanagement, z. B. eine größere Abteilungsleitung.

- Functional Head bezeichnet die Leitung von Funktionsbereichen wie Marketingleitung, Produktionsleitung, Leitung Finanz- und Rechnungswesen. In kleineren Organisationen ist die Berichtsebene unter der Gesamtleitung.
- Business Manager entspricht dem General Manager, d. h. bei größeren Organisationen der Sparten- oder Geschäftsfeldleitung, bei kleineren der Geschäftsführung.
- Die Ebenen Board Member (Vorstand) und Enterprise Manager (Konzernvorstand) finden in großen Konzernen Anwendung.

Für jedes dieser Rollengefäße beschreibt das Modell der Leadership Pipeline allgemeingültige Anforderungen und zwar
- die wichtigsten Verantwortungen und die dafür notwendigen Skills,
- den angemessenen Umgang mit Zeit,
- die angemessenen »Work Values«, d. h. die Überzeugungen – man könnte wieder von mentalen Modellen sprechen –, die ihre Aufmerksamkeit und ihr Engagement fokussieren und
- typische Fallstricke, Fehlhaltungen und Lessons to learn in der neuen Position.

Diese Kriterien können einer Führungskraft helfen, ihren eigenen Entwicklungsstand, ihre Maturität, auf einer Funktionsebene zu reflektieren, denn die Autoren vertreten die Meinung, dass viele dieser Rolleninhaber »not yet full performance« zeigen und nur wenige »exceptional performance«. In der Metapher der Rohrleitungen gesprochen, würde dies quasi den Innendurchmesser und die Fließmenge und -Geschwindigkeit betreffen. Durch die Exceptional Performance eines Funktionsinhabers würden also auch die in seinem Einflussbereich liegenden unteren Führungsebenen mehr mit Leadership bzw. Energie versorgt werden.

Noch wichtiger als der Reifegrad der Performance in einer Rolle ist es allerdings, dass die Rohrleitungen nirgends »verstopft« sind, denn die Verstopfung an einer Stelle blockiert die Energieversorgung aller dahinterliegenden Verzweigungen.

Solche Blockaden ergeben sich besonders häufig an den Übergängen von einer Führungsebene in die nächste, wenn Führungskräfte die mentalen Modelle, die sie über ihr erfolgreiches Führungsverhalten gebildet haben, auf das nächsthöhere Aufgabengebiet übertragen.[27] Deshalb sind die Passagen von einer Rolle zur anderen kritische Punkte für die Versorgung mit Leadership-Energie im Gesamtsystem. In diesen Passagen muss die Führungskraft aktiv frühere Erfolgsmuster erkennen, entlernen und neue Haltungen lernen und einüben. Tabelle 1 zeigt eine Übersicht mit den für jede Führungsebene typischen Verantwortungen und Skills, den mentalen Modellen und Werthaltungen, Mustern im Umgang mit Zeit und den Lernfeldern in der Passage.

Rollengefäße nach dem Modell der Leadership Pipeline

Pipeline Level	Skills	Mental Models Values	Time Patterns	Lessons to Learn
Managing Self (MS) Fachkraft	Fachkennt-nisse aus-bauen, Kooperation, Selbstorgani-sation	Unterneh-menskultur internalisieren professionale Standards	Planung, Pünktlichkeit, Verlässlichkeit, Qualität	schärfen & erweitern der Skills für die Fachaufgabe, Dilemma: Eigeninitiative vs. Auftrags-erfüllung
Managing Others (MO) Teamleiter	Aufgaben & Ressourcen planen, Arbeit zuteilen, motivieren, coachen; Förderung anderer, statt selbst produk-tiv zu sein; Feedback geben, sanktionieren		delegieren, Zeit für Personal-führung ein-planen	Dilemmata: Beziehungs- vs. Leistungs-orientierung, Fach- vs. Führungs-orientierung
Managing Managers (MM) Gruppenleiter	Personal ent-wickeln, Performance bewerten, Coaching, strategieorien-tiertes Führen	Priorität Führung, nicht sich selbst klonen, Ressourcen strecken, Silodenken überwinden	Gestaltung von Meetings, Monitoring von delegierten Aufgaben über die Zeit	Die Lehm-schicht/ Lähmschicht überwinden, allgemeine Führungs-dilemmata
Functional Manager (FM) Bereichsleiter	Kommunika-tion, Report-ing, Competi-tion for Resources mit anderen BMs, Funktions-strategie ab-leiten aus Un-ternehmens-strategie	den eigenen Bereich perso-nell, technisch-instrumentell, kulturell ent-wickeln, Inno-vation fördern, Businessbei-trag verstehen, Systemdenken	Langzeitpers-pektive, mehr Flughöhe, Teilnahme an Business Team Meetings	Increase Mana-gerial Maturity, Zukunftspers-pektive Dilemmata: Linie vs. Quer-schnittsfunkti-onen, Silo- vs. Prozessdenken

Pipeline Level	Skills	Mental Models Values	Time Patterns	Lessons to Learn
Business Manager (BM) General Manager	Strategisches Denken, leiten und motivieren von Querschnittsfunktionen und Stäben, komplexe Systeme steuern, Vertrauen aufbauen, Feedback annehmen	Profit-Perspektive, Sensibilität für Functional Diversity, Abwägen zwischen zukünftigen Zielen & gegenwärtigen Notwendigkeiten, Systemdenken	Freiräume, Langzeitperspektive, Dilemma zwischen 3–5-Jahresplanung + Quartalsergebnissen	Stakeholderinteressen adressieren, Außenorientierung, Kultur prägen Dilemmata: bewahren vs. verändern, optimieren vs. entwickeln, Standards vs. Individualität, Teil vs. Ganzes
Group Manager (GM) Konzernvorstand	Portfoliomanagement, knappe Ressourcen allokieren, aus verborgenen Chancen Diversifizierungen aufbauen; BMs, ihre Leitungsteams und deren Kultur beurteilen, Strategien kritisch hinterfragen, Coaching	Erfolg der anderen fördern, Verbindung von Unternehmen zum Konzern monitoren, ausgleichende, zurückhaltende Rolle, für Compliance mit Konzernpolitiken und -werten sorgen, Erfahrung, Glaubwürdigkeit	breite Perspektive, die auch das noch nicht Sichtbare einschließt	Verzicht auf Businessverantwortung, keine Feuerwehr-Aktionen als »besserer« BM, Dilemma: Produktivität vs. Entwicklung, Optimierung vs. lose Kopplung, Einzelunternehmen vs. Portfolio

Tab. 1: Das Modell der Leadership Pipeline (Krizanits nach Charan/Drotter/Noel 2001)

Das Modell der Leadership Pipeline macht deutlich, dass Leadership kontextbezogen sehr unterschiedliche Schwerpunkte hat: Mit den unterschiedlichen Rollen sind unterschiedliche Management-Agenden, unterschiedliche mentale Modelle und unterschiedliche Erfolgsfaktoren verbunden. Von zentraler Bedeutung ist das Konzept des bewussten Entlernens bislang erfolgreicher Handlungsmuster beim Umstieg auf einen neuen Führungskontext. Was das Modell auch deutlich macht, ist, wie stark die Gesamtführungswirkung beeinflusst wird, wenn – in der Metapher der Pipeline gesprochen – an einer Stelle die Energiezufuhr blockiert ist.

Ein Leadership-Development-Konzept, das ausschließlich auf dem Konzept der Pipeline aufbaut, muss jedoch unbedingt ergänzt werden mit allgemeinen Themen von Führung und Organisation, die quer über alle Führungskontexte wichtig sind, wie z.B. die Stellgrößen der eigenen Organisation, Strategie, Systeme, Policies etc., insbesondere die aktuellen ›Baustellen‹ der Organisation und relevante neue Managementkonzepte, das Selbst-verstehen als Führungskraft, um bei allen kontextbedingten Unterschieden an ein gemeinsames Führungsverständnis anzuschließen. Vor allem muss dafür Sorge getragen werden, dass über alle Führungskontexte und Rollenbilder hinweg ein gemeinsamer Begriffs- und Sprachvorrat vermittelt wird, sonst besteht die Gefahr, dass die Teilnehmer aus gleichen Führungsebenen zu Kohorten mit eigener Sprache und eigenem Denken werden – was eine ähnliche Wirkung im System Führung auslösen kann wie das Silo-Denken zwischen Geschäftsbereichen. Auch das Ziel des Aufbaus und der Pflege von Netzwerken sollte deshalb unbedingt erweitert werden auf Netzwerke außerhalb der eigenen Führungsebene – und zwar nicht nur Netzwerke nach oben.

FAZIT

Das Modell der Leadership Pipeline liefert den wertvollen Hinweis, dass zeitnah für das Um- und Neulernen der neuen Führungshaltung gesorgt werden sollte. Dazu muss nicht auf die Teilnahme an einem Curriculum gewartet werden – die meist nur in den unteren Ebenen mit Placement-naher Frequenz durchgeführt werden können. Andere, bedarfsorientierte Methoden wie Coaching, Mentoring sind flexibel und zeitnah zu organisieren. Auch die Differenzierung in unterschiedliche Verantwortungen, Skills und Führungsverständnisse für die unterschiedlichen Rollengefäße ist hilfreich, um zielgruppenspezifische Ansätze für ein Leadership Development zu rahmen. Es benötigt aber unbedingt Maßnahmen, um die unterschiedlichen Rollen wieder mit einer gemeinsamen Sprache, einem gemeinsamen Führungsverständnis und einem gemeinsamen Verständnis der Stellgrößen und Baustellen der eigenen Organisation zu verbinden. Nur so können die unterschiedlichen Rollen aneinander anschließen.

3.2.5 Führung als Community of Practice

Eine Kernkritik Mintzbergs an der MBA-Ausbildung ist, dass sie junge Menschen ohne Erfahrung in Organisationen und Führung Glauben mache, durch betriebswirtschaftliche Kenntnisse und Kalküle, durch wissensbasiertes Vorgehen (Science), ein Unternehmen führen zu können. Management könne man nicht in der Vorlesung lernen, es beruhe vielmehr auf Lebenserfahrung und Berufspraxis. Gutes, verbindendes, »engaged« Management sei immer eine Mischung aus »Craft, Art and Science« – aus Handwerk, Kunst und Wissenschaft (siehe auch

Druckers Definition S. 30). Wie lässt sich aber ein Handwerk lernen? Wie kann man jemanden in Ästhetik und Kunst ausbilden?

Hier lassen sich die Ansätze aus dem *Wissensmanagement* von Ikujirõ Nonaka und Hirotaka Takeuchi und das Konzept der Community of Practice von Etienne Wenger einbinden.

Nonaka und Tacheuchi unterscheiden zwei Arten von Wissen: Codiertes Wissen, das in Form von Begriffen, Konzepten, Methoden vorliegt und »Tacit Knowledge«, implizites oder Erfahrungswissen. Sie unterscheiden weiter vier Wege der Vermittlung von Wissen:

- Explizites Wissen kann durch einen Prozess der Internalisierung (Verinnerlichung) zu operationalisierbarem Wissen, zu Handlungswissen werden, das entspricht einer deduktiven Didaktik.
- Explizites Wissen kann mit anderem expliziten Wissen kombiniert und vernetzt werden und so zur Kreation neuen Wissens führen.
- Implizites Wissen kann zu einem Teil expliziert bzw. »externalisiert« werden, indem in einem induktiven Vorgehen, Erfahrungen ausgewertet und Konzepte daraus abgeleitet werden.
- Ein großer Anteil des Tacit Knowledge bleibt immer sogenanntes Bauchwissen, das sich nicht explizieren, sondern nur über Sozialisationsprozesse verbreiten lässt. Diese Sozialisationsprozesse benötigen, ähnlich wie eine Meister-Lehrlings-Beziehung, lange Zeiträume für Modellbeobachtung, Erfahrungssammlung und Feedback im Tun.

Nonaka und Takeuchi haben mit dem Wissensmanagement einen eigenen Prozess der Wissensverbreitung konzipiert. Dabei handelt es sich um den *SECI-Prozess,* der alle vier Vermittlungswege – Sozialisation, Externalisierung von Erfahrungswissen, Kombination (Combination) verschiedener expliziter Wissensgebiete und Internalisierung von expliziertem Wissen durchläuft. In einer *Knowledge Creating Company,* einer Organisation, die die Ressource Wissen kreiert und nutzbar macht, verläuft der SECI-Prozess spiralförmig: er manifestiert sich auf den Ebenen Individuum, Team und Organisation.

Das von Etienne Wenger 1998 verbreitete Konzept der *Communities of Practice*[28] hilft, die Vermittlung von Erfahrungswissen genauer zu verstehen. Wenger geht davon aus, dass jede Form von Lernen und Wissensvermittlung einen sozialen Kontext und soziale Interaktion voraussetzt. Er definiert Communities of Practice (CoP) als den sozialen Lernprozess, der entsteht, wenn Menschen, die ein gemeinsames Interesse bzw. eine gemeinsame Aufgabe haben, über längere Zeit zusammenarbeiten und in diesem Zusammenhang Ideen und Lösungen entwickeln und austauschen und Innovationen schaffen. Eine CoP ist eine Gruppe von Personen, die an gemeinsamen Aktivitäten teilhaben und eine gemeinsame

Identität erfahren bzw. selbst laufend kreieren – und zwar dadurch, dass sie sich für die Praktiken in ihrer Community, in ihrer Praktiker- oder Berufsgemeinschaft, einsetzen und zu deren Entwicklung beitragen.

Seine Theorie hat Wenger selbst aus der Beobachtung praktizierender CoPs abgeleitet, vor allem aus dem Beispiel eines Teams in der Schadensabwicklung einer Versicherung. Communities of Practice haben folgende Merkmale:

Merkmale einer Community of Practice

- gemeinsame historische Wurzeln und ineinander verwobene Aufgabenvollzüge, die ein gemeinsames Ziel in einer Organisation verfolgen
- anhaltende wechselseitige Beziehungen, ob sie nun harmonisch oder konfliktreich sind
- geteilte Vorgehensweisen, wie man Dinge angeht und erledigt und spezifische Werkzeuge, Instrumente, Vorgehensweisen, Abbildungen oder andere Artefakte
- einen schnellen Informationsfluss, die schnelle Verbreitung von praktischen Innovationen in einem kontinuierlich fortlaufenden Prozess von Interaktionen und Gesprächen ohne einleitende Präambeln
- Wenn Probleme diskutiert werden müssen, kann das sehr schnell organisiert werden. Man weiß, was die anderen wissen und können und wie jeder zu einem Vorhaben, einem Aufgabenvollzug, beitragen kann; das ist wichtiger als selbst alles zu wissen.
- die wechselseitige Definition von Identitäten über die gemeinsame Aufgabenstellung und die Abgrenzung von ineinander verwobenen Tätigkeits- und Aufgabengebieten
- die Fähigkeit, die Angemessenheit von Aktionen oder Produkten zu überprüfen
- eine gewisse Kultur, geteilte Geschichten, Insiderjokes, Jargon und Abkürzungen in der Kommunikation

---

In Communities of Practice sind die Mitglieder für einander Ressourcen, sie tauschen miteinander Informationen aus, sie helfen einander bei schwierigen Problemen, sie deuten Situationen, sie entwickeln und tauschen Tricks und neue Ideen aus, sie pflegen ein soziales Beziehungsnetz, z.B. durch gemeinsame Mittagessen oder gemeinsame Feiern und reichern den Arbeitsalltag auch durch private Geschichten und Erlebnisse an.

Die Lernprozesse in einer CoP beruhen laut Wenger auf einem Prozess, den er »Negotiation of Meaning« nennt; dieser Prozess des *Aushandelns von Bedeutung* verläuft im Wechselspiel zwischen »Reification« und »Participation«.

- Reification ist ein ›Verdinglichungsprozess‹, in dem sehr abstrakte, oft implizite Konzepte und individuelle Vorgehensweisen in eine vereinfachte, standardisierte Form gebracht werden, z. B. als Formulare, Symbole, Handbücher oder Checklisten. Reification ist notwendig, um angesichts einer Vielzahl individueller Aktivitäten Kommunikation und wechselseitiges Verstehen der Aufgabe zu fördern.
- Damit aus formalisierten Prozeduren Handlungswissen wird, benötigt es aber soziale Partizipation: Teilnahme und Teilhabe, das aktive Engagement der Mitglieder einer CoP in sozialen Prozessen, um – beispielsweise über schnelle Nachfrage, spontane Hilfestellung usw. – die Bedeutung von z. B. Formularen jeweils beim Arbeiten rekontextualisieren und so die reifizierten Vorgehensweisen in gelebte Praxis umsetzen zu können. Partizipation, Teilhabe, ist essenziell, um die Starre und Ambiguität von Verfahrensweisen zu mildern.

Ohne Partizipation und Bedeutungsaushandlung können abstrakte Ziele in Organisationen nicht verhaltenswirksam werden.[29] Wenn Reifikation und Partizipation gut zusammenspielen, entsteht *Alignment,* das heißt eine gemeinsame Ausrichtung von Personen auf ihre Aufgaben, die man mit der Metapher des Fischschwarms veranschaulichen kann, der immer eine Form und Gerichtetheit aufrechterhält, ohne dass ein bestimmter Leitfisch vorne schwimmen würde.
Eine CoP führt zu individuellen Lernprozessen ihrer Mitglieder, entwickelt aber zugleich – durch Verteilung neuen Wissens, ständige Verbesserungen und Innovationen – den Wissensbestand des Kollektivs weiter, sodass individuelles und kollektives Lernen nicht voneinander zu trennen sind.

CoPs konfigurieren sich in *Constellations of Practice,*[30] das sind Beziehungsgefüge mehrerer CoPs, die sich für übergeordnete Ziele und Vorhaben zusammenschließen. Die übergeordnete Zielsetzung Kundenorientierung würde beispielsweise eine Constellation von CoPs aus Verkauf, Schadensabwicklung und kontrahierten Versicherungsmaklern aufweisen; umgekehrt wäre die CoP Schadensabwicklung in mehrere Constellations wie Kundenorientierung, Einhaltung von Verträgen, Rechtsvorschriften u. a. m. eingebunden. *Organisationales Lernen* findet statt, wenn die Strukturen der vielen miteinander verbundenen CoPs und die Constellations of Practice gut entwickelt sind und angemessen gefördert werden. Dies lässt sich wiederum erreichen, indem selbstorganisierenden sozialen Prozessen Raum gegeben wird.

Organisationale Strukturen können Communities of Practice nicht – z. B. über Rollendefinitionen – Top-down instruieren. Sie können nur Raum für Selbstorganisation geben, damit sich das Gewebe des sozialen Lernens entwickeln kann. CoPs lassen sich kultivieren, und zwar indem spezifisch vier Prinzipien gefördert werden: Raum geben für die Aushandlung von Bedeutung und Sinn, Wissen bewahren und kreieren, Informationen verteilen, interpretieren und verwenden können, Heimat für Identitäten sein.

Lernarchitekturen und -Designs zur Förderung organisationalen Lernens

- Um ein angemessenes Zusammenspiel von Reification und Participation zu begünstigen, braucht es eine hinreichende Menge von Richtlinien und Methoden für ein Aufgabengebiet und ›Räume‹ für soziale Interaktion.
- CoP-Mitgliedern muss es möglich sein, sich bei gemeinsamen Aufgabenstellungen zu engagieren.
- Um Kompetenzen aufzubauen braucht es Raum für Initiative, das Ausprobieren von Skills, Problembearbeitung und das Finden neuer Lösungen – verbunden mit der Verbreitung von Tools und Instrumenten, die Kompetenz unterstützen; das können auch Diskurse, Begriffe, Konzepte sein.
- Es ist für »Accountability« zu sorgen, d. h. für Transparenz über Beiträge und Leistungen der CoP Mitglieder
- und ebenso für Kontinuität, indem einerseits ein »Reificative Memory« geschaffen wird.
- Lerndesigns müssen Möglichkeiten zur Imagination[31] aufmachen und so Orientierung, Reflexion und Exploration ermöglichen.
- Lerndesigns sollen Alignment erlebbar machen durch gemeinsamen Fokus auf Visionen, Werte, Prinzipien, Inspirationsquellen, durch Koordination und effektive Kommunikation, durch Möglichkeiten für Boundary-Kontakte mit anderen CoPs etc.

FAZIT

Mit dem Ansatz der Communities of Practice lässt sich die Funktion Führung als lernendes Kollektiv für eine lernende Organisation verstehen und fördern. Jenseits von Qualifizierung, Rollenlernen und Behebung von Skill-Defiziten bei Personen ginge es darum, Lernräume für Leadership Communities zu schaffen, Interaktionsräume, um miteinander Begriffe, Vorgehensweisen und Prinzipien auszuhandeln bzw. zu schaffen. Gleichzeitig ginge es um die Begünstigung von Constellations in Form von Netzwerken entlang zentraler gemeinsamer Vorhaben – z. B. hinsichtlich Selbstverständnis von Führung, Baustellen in der Organisation, Mitarbeiterführung, Stakeholder-Politiken usw. So kann ein Alignment zwischen den heute vielfältigen und hoch differenzierten Führungsaufgaben erzielt werden, ebenso die rasche Bearbeitung neuartiger Problemstellungen, die Reflexion übergeordneter Zusammenhänge in Gesellschaft, Wirtschaft und Branche, die Auswertung der Praxiserfahrungen; hier können Management-Innovationen (siehe S. 124) entstehen oder sich verbreiten.

3.2.6 Eine Leadership Brand bauen

2007 prägten Dave Ulrich und Norm Smallwood den Begriff der *Leadership Brand*, sie markierten damit einen frühen Trend in HR und gaben ihm einen Namen, ähnlich wie sie Ende der 1990er-Jahre den Trend zu einem neuen HR-Aufgabenkern – nämlich Management-nahen Beratungsaufgaben – mit dem Begriff des Businesspartners versahen. Nach einer Latenzphase setzte sich damals das Selbstverständnis des Businesspartners durch und zwar in einem so weitreichenden Ausmaß, dass auch benachbarte interne Beratungsfunktion wie Controlling, Revision etc. sich bald als Businesspartner bezeichneten.[32] Mit hoher Wahrscheinlichkeit ist auch für den Begriff der Leadership Brand zu erwarten, dass er in HR auf breiter Ebene rezipiert werden wird, zumal sich die Trends, die Ulrich und Smallwood mit diesem Begriff hervorheben wollten, weiter konkretisieren – wie am Ende dieses Unterkapitels ausgeführt wird.

Ein Unternehmen habe – so Ulrich und Smallwood – eine Leadership Brand, wenn seine Führungspersonen die Versprechen verkörpern, die das Unternehmen Kunden und Investoren gegenüber macht. Diese Leadership Brand sei ein Differenzierungsmerkmal, das die leitenden Führungspersonen und das Unternehmen selbst zu etwas Besonderem mache. Eine Leadership Brand entstehe, wenn die eigenen persönlichen Stärken der Führungspersonen anderen, die sie verwenden, Wert – Value – stiften, dies in einem Ausmaß, dass in den Augen der anderen daraus eine Identität entsteht, eine Zuschreibung, wofür Leadership steht, die Reputation begründet.

Ulrich und Smallwood sprechen einerseits von einer Personal Leadership Brand und andererseits von einer Leadership Brand, die die Organisation auszeichnet; beide bedingen einander wechselseitig: Eine *Personal Leadership Brand* vermittle einerseits einen einzigartigen und authentischen Stil, der zur Position passen sollte und die eigene individuelle Führungswirkung effektiver als die anderer Personen mache[33]. Der Wert für das Unternehmen sei, dass durch die erkennbare Personal Leadership seiner Topmanager auch das Unternehmen für Mitarbeitende, Markt, Kapitalgeber usw. unterscheidbar und einzigartig werde. Die Personal Leadership Brand der Führungspersonen sei andererseits mit der Leadership Brand des Unternehmens in Übereinstimmung zu bringen. Die Leadership Brand wiederum habe übereinzustimmen mit Erwartungen der Umwelten – und sei Outside-in aus diesen Erwartungen abzuleiten –, Erwartungen, die diese wiederum aus den Versprechen der Organisation ableiten.

Wenn dies alles gegeben ist, habe das Unternehmen eine Leadership Brand und damit die Reputation, ausgezeichnete Führungskräfte mit deutlichen Talenten zu entwickeln, mit Stärken, die auf einzigartige Weise die Erwartungen ihrer Kunden und Investoren erfüllen. Eine Leadership Brand baut Vertrauen auf, dass die Führungskräfte und Mitarbeitenden des Unternehmens die Versprechen des Unternehmens zum Guten erfüllen.

Der Begriff der Leadership Brand wurde in der Folge aufgenommen und zwar hauptsächlich unter dem Aspekt der Wertsteigerung für das Unternehmen.[34] Vor allem in der Marketing-Beratung ergab sich zudem die Frage, in welcher Relation eine Leadership Brand zu anderen Brands wie der Product Brand, Corporate Brand oder der Employers Brand stehe, wobei weitgehende Übereinstimmung besteht, dass die Corporate Brand den Kern darstelle und alle anderen Marken sich aus ihr ableiten sollten – wie Funktionsstrategien aus der Unternehmensstrategie.

Der Vorteil, den eine Leadership Brand im Unternehmen bringt, bestehe darin, dass das gelebte Führungsverhalten auf die Vorgaben der Unternehmensstrategie hin fokussiert wird und die vielen im Unternehmen existierenden Botschaften in Form von Führungsleitbildern, Philosophien, Codes of Conduct usw. auf eine gemeinsame markenspezifische Führungshaltung in Alignment gebracht werden.[35]

Auch Christina Grubendorfer betont diesen Aspekt des Alignment. Sie verwendet die Metapher, dass das Führungsverständnis einer Person wie ein Scheinwerfer fungiere, mit dem sie bestimmte Aspekte ausleuchte. Statt dass jede Führungskraft in eine selbstgewählte Richtung leuchte, sollte ein gebündelter Lichtstrahl Erhellung und Strahlkraft bringen, sonst sei »der Raum aller Möglichkeiten eröffnet und es beginnt das Fest der Beliebigkeit«.[36] Sie argumentiert, dass es eigentlich nur die Unternehmensmarke geben müsse, die aber identitätsbasiert abzuleiten sei – nicht Outside-in aus den Erwartungen der Umwelten. Da Führung die Identität der Organisation präge, sei sie immer integrierter Bestandteil der Unternehmensmarke; Unternehmensmarke und Führung seien zwei Seiten einer Medaille. Aufgabe von Führung ist es, »die Kraft der Marke in die Märkte zu tragen«. Statt von einer neuen Marke, der Leadership Brand, zu sprechen, plädiert sie für den Begriff »Leadership Branding«[37], der einen kontinuierlichen Synchronisationsprozess zwischen Corporate Brand und Führung bezeichnet. Sie weist darauf hin, dass die Identität einer Marke immer von innen komme, nicht aus den Erwartungen der Umwelten und dass ein Outside-in-Zugang zur Modellierung eines allgemeinen Führungsverständnisses, die Identität, die Basis der Marke sogar gefährden könne.

Die HR Fachcommunity hat seit 2007 weder nennenswerte Praktiken zur Förderung von Personal Leadership Brands entwickelt, noch hat sich wirklich ein Beratungsmarkt für Organisationsentwicklungsprozesse zu einer Leadership Brand oder zu einem Leadership Branding herausgebildet. Wie die HRCS-Umfragen zeigen, ist der Begriff der Leadership Brand aber in der globalen HR-Community inzwischen angekommen, ja fest verankert; es lässt sich – wie vor zehn Jahren beim Begriff des HR-Businesspartners – überall mühelos daran anschließen.

Schon aus der HRCS-Umfrage[38] von 2012 geht hervor, dass die Befragten ein neues Kompetenzfeld ausmachen, und zwar das des »HR Innovator and Integrator«, dem sie wesentlichen Einfluss auf den Business Erfolg zuschreiben (siehe S. 150). In diesem Kompetenzfeld geht es darum, durch Integration und Neugewichtung der HR-Praxisfelder die vielen Einzellösungen dort in integrierte Lösungen zu verwandeln, und zwar üblicherweise um den Fokus des Führungsverständnisses der Organisation herum. Einer der Unterfaktoren dieses Kompetenzbündels in der HRCS-Erhebung heißt dementsprechend »Building Leadership Brand«.

In der jüngsten und bislang umfassendsten HRCS-Umfrage aus 2016 von Ulrich (junior) et al. schätzen die (über 30.000) Befragten die HR-Aktionsfelder »Organizational Capabilities« und »Integrated HR Practices« als die wichtigsten für Businesserfolg und Erfolg in der HR-Rolle ein.[39] Wie weit sich HR inzwischen pragmatisch auf einen integrativen Fokus im Leadership Development orientiert, zeigt sich an – in Vorstudien mit Experten und Fokus-Groups entwickelten – Fragebogenitems wie: (beim Aktionsfeld Organizational Capabilities) »Leadership: identifiziert und kreiert Leadership Merkmale«; »unterscheidet Leadership Attribute für verschiedene Levels, stellt sicher, dass Merkmale von Leadership mit Business-Resultaten verbunden sind, baut eine Leadership Brand«; (beim Aktionsfeld Human Capital Curator) »Develops Leaders: investiert in zukünftige Führungspersonen, stellt einen Business Case für Investitionen in Führungspersonen auf«; (beim Aktionsfeld Culture and Change Champion) »macht das Management der Organisationskultur zu einer Priorität im Unternehmen« und (beim Aktionsfeld Organizational Capabilities) »trägt zu Ausbau und Weiterentwicklung von Kernkompetenzen bei«.

Bei all diesen Tätigkeitsbereichen geht es um die Schaffung bzw. Entwicklung einer Leadership Brand – nicht in Form eines Projektes, sondern als emergente Praxis in einem Professionsfeld.

FAZIT

Bei den erfolgreichen HR-Praktiken, denen Einfluss auf den Businesserfolg zugeschrieben wird, hebt sich ein Kern von Tätigkeiten heraus, die zur Ausprägung und Weiterentwicklung einer Leadership Brand beitragen; dies wird in der HR-Fachcommunity zunehmend so benannt. Die Leadership Brand wird gleichzeitig zum gemeinsamen Fokus für die Integration verschiedener HR-Praxisfelder zu integrierten Leistungen.
Der Aufgabenbereich des Leadership Development kann sich also ohne Präpotenz als zentraler – aber interdisziplinär in Kollaboration zu organisierender – Aufgabenkern von HR verstehen.

3.3 Leadership – to be defined ... by you!

Es ist das Ziel jeder Führungslehre, Richtlinien und Prinzipien zu bestimmen, die für die Ausübung der Praxis und für das Management Development allgemein gültig sind. Wie in anderen Wissenschaftsmaterien, beruht aber auch die gesamte Management- und Leadership-Lehre auf mentalen Modellen und Prämissen, die sich im Lauf der geschichtlichen Entwicklung immer wieder verändert haben. Zentrale Begriffe sind geblieben; ihr Bedeutungsinhalt hat sich aber immer wieder verschoben und verändert.

Welche Zusammenhänge sollte der Praktiker bedenken, wenn das Leadership Development antritt, sein Funktionsverständnis zu explizieren und schließlich eine eigene Leadership Brand zu schaffen?

Sprache macht Denken, Denken macht Sprache. Ziel der folgenden Ausführungen ist, die Bedeutungen und Konnotationen zentraler Begriffe der Leadership-Materie zusammenzutragen und so eine Verständnisbasis für Profis herzustellen. Auf dieser Grundlage lassen sich eine zeitgemäße Begriffsdefinition von Leadership bzw. ein Leadership-Verständnis für die eigene Organisation und eine Funktionsstrategie für den Aufgabenbereich Leadership Development entwickeln.

3.3.1 Leadership: ein Begriff wie ein Chamäleon

Der Begriff Leadership trägt eine Vielzahl von Konnotationen. Der ingenieurtechnische Ansatz stellte ab Anfang des 20. Jahrhunderts der Willkür und mangelnden Professionalität der Born Captains of Industry das Management als ein System aus wissenschaftlich abzuleitenden Practices zur Seite. 50 bis 60 Jahre später erfand Peter Drucker eine umfassende Ideologie des Managements bzw. die Managementlehre. Sie umfasste neue Gestaltungsfelder wie MbO, Marketing und Kundenorientierung, die Professionalisierung des Selbstverständnisses von Management in der Gesellschaft und dessen Standardisierung zu einer ubiquitär gültigen General Management Practice. Als gebürtiger Österreicher, in dessen Elternhaus Joseph Schumpeter ein- und ausgegangen war, sprach Drucker nicht von Leadership, sondern webte das Verständnis des Entrepreneurs – des Unternehmensführers – in sein Professionsbild des Managers ein. Management war der Oberbegriff, der den methodisch vorgehenden Entrepreneur subsummierte.

Ab den 1970ern, wirksam mit den 1980ern, mehrten sich in den USA Ansätze – Zaleznik, Kotter, Bennis und Burns –, die eine Dichotomie zwischen Management und Leadership herstellten und grundsätzlich Gegensätzliches darunter verstanden; die Argumentation dafür schwankte zwischen sachlogischen Begründungen und platter Polemik. Die meisten Autoren – Kotter, Mintzberg, Burns und Bass – waren allerdings doch der Meinung, dass die Organisation beides, Management und Leadership, benötige.

Im Zuge dieser Polarisierung entstanden die ›New-Leadership‹-Ansätze der charismatischen und der transformationalen Führung. Immer neue Aspekte charismatischer Führung wurden exploriert, bald wurde der Begriff des transformationalen Leadership so bekannt, dass er zu einer Art Synonym für Leadership überhaupt wurde. Gleichzeitig integrierten die verschiedenen Modelle den Gegenpol der früheren Dichotomie, Management, nun unter dem Begriff des transaktionalen Leadership wieder in ein Gesamtmodell (siehe z. B. das Full Range Leadership Modell von Bass, S. 53). Damit war Leadership zum Oberbegriff geworden, der das Management mit umfasste.

In den späten 1990er- und frühen 2000er-Jahren führten Turbokapitalismus, Shareholder Value, Fraud und Wirtschaftskrise zu einer Entzauberung; Henry Mintzberg prägte den Begriff des postheroischen Managements. In jüngster Zeit helfen die neurobiologischen Ansätze, Führungswirkungen ganz ohne Rückgriff auf Konzepte wie Persönlichkeit, Vision oder Moral zu untersuchen.

In dieser Zeitspanne lässt sich beobachten, dass neben den MBA-Ausbildungen der Business-Schools und den Angeboten der Management-Institute große Organisationen zunehmend beginnen, ihre Führungskräfte in internen Akademien zu qualifizieren (siehe S. 147). Sie lehnen sich dabei sowohl an das Drucker'sche Verständnis von Management als auch – fortschreitend in stärkerem Maß – an die charismatischen Leadership-Ansätze aus den USA an, die in jenem Zeitraum eine ungeheure Verbreitung in der wissenschaftlichen Community finden (siehe S. 96).

Im Deutschen ist das Leadership-Gelände ›vermint‹. Wir sprechen zwar von Leadership oder bevorzugt von ›Führung‹, verwenden aber die zugehörige, im Amerikanischen unbelastete Bezeichnung ›Leader‹ kaum, wenn doch, dann als Anglizismus, aber nicht in der Übersetzung. Lieber weichen wir auf die Abstrakta ›Führungskraft‹, ›Führungsperson‹ aus. Denn ›Führer‹ ist ein hochkonnotierter Begriff, der in Deutschland politisch inkorrekt, ja tabu ist. Mit dem Begriff Führer beschreitet man brüchigem Boden: Er bezeichnet einen charismatischen Menschen, einen Staatsmann, der sein Volk transformiert und moralisch soweit erhoben hat, dass Millionen für ihn sterben wollten und mit Begeisterung Millionen ihrer Mitmenschen ermordet haben. Genau dieselben Interaktionsmuster zwischen Führer und Geführten haben nicht in die strahlende Zukunft, sondern in abgrundtiefes Menschheitsverderben und Schuld geführt. Da hilft es wenig, dass Burns und Bass für sich vereinbart haben, dass Hitler nicht wirklich charismatisch gewesen sei – ein fragwürdiger Kompromiss, um eine fragwürdige Theorie zu retten. Das ›Dritte Reich‹ erfüllt – wie viele nachkommende totalitäre Regime mit einem charismatischen Führer bis hin zum IS – alle Kriterien ihrer Theorie. Die Theorie lässt sich nicht retten, ohne sie zu erweitern, ohne der Sehnsucht die Warnung an die Seite zu stellen.

Die Managementlehre wurde überwiegend in den USA und in Großbritannien entwickelt; in den USA entstanden auch die namhaften akademischen Einrichtungen: Lehrstühle, Business Schools, Forscher-Netzwerke wie die Academy of Management und internationale Forscher-Praktiker-Netzwerke wie die Society for Organizational Learning. Damit wurden und werden die Theorien und Begriffe in englischer Sprache verfasst. In den meisten global agierenden Organisationen ist zudem Englisch heute Konzernsprache; damit werden auch die internen Strukturen in Organisationen – Positionen, Abläufe, Funktionen, Systeme, Policies – mit englischen Begriffen benannt. So hat sich eine Fachsprache des Managements ausgeprägt, die sich weltweit auch in Übersetzungen in die jeweiligen Landessprachen in Form von Anglizismen niederschlägt, unter denen man international dasselbe versteht.[40]

Die deutschen Begriffe Führung und Führungsentwicklung scheinen zwar als Übersetzungen sprachlich kompatibel, haben aber für sich stehend eine weniger reichhaltige Bedeutung. Sie stehen relativ unverbunden mit den Materien Strategie und Organisationsdesign und bieten einen schmaleren Konzept- und Denkraum für Profis. Zudem filtert die deutschsprachige Führungsliteratur bis heute zentrale Entwicklungen der Managementlehre aus; in den deutschsprachigen Lehrbüchern dominieren noch immer veraltete Führungs- und Motivationsansätze aus den 1950er-Jahren, übermäßig strukturiert in einzelne Theorieschulen, die heute weder international im wissenschaftlichen Diskurs noch in der Managementpraxis irgendeine Bedeutung haben. Daneben gibt es selektive Übernahmen von Managementthemen – z. B. das Thema transformationale Führung –, eigene Variationen US-amerikanischer Literatur – z. B. beim Thema Change Management – und einige verstreute, eigenentwickelte Themenfelder wie die Mikropolitik, das systemisch-evolutionäre Management, neurobiologische Führungsansätze usw.

FAZIT

Aus diesen Gründen führt kein Weg daran vorbei, in der Fach-Community heute mit den Begriffen Leadership bzw. Leadership Development zu operieren. Das entbindet aber nicht von der Notwendigkeit, den Begriff Leadership für einen gegebenen Kontext und Verwendungszweck explizit zu definieren, um auf gemeinsames Verständnis referenzieren zu können.

3.3.2 Die Vision: Offenbarung, Trugbild, Zukunftstraum?

Was für den Begriff des Führers gilt, gilt auch für den Begriff der Vision: Er ist in der deutschen Sprache mit Vorbehalten und Ängsten belegt, kann doch wiederum die Vision des ›tausendjährigen Reichs‹ wohl nur als eine starke und wirksame beurteilt werden, für die sich Millionen bereitwillig zu Verbrechen mobilisieren ließen.

In der Tat verwendet jeder den Begriff Vision und doch gibt es bis auf einige plakative Polemiken – »Wer Visionen hat, soll zum Arzt gehen« – kein expliziertes Verständnis, was eine Vision im Zusammenhang mit Führung ist oder sein soll. Der Begriff der Vision ist aber so zentral in der Leadership-Literatur, dass man ihn nicht einfach aussparen oder undefiniert als blinden Passagier mitführen sollte.

Der Duden führt drei Bedeutungsstränge für *Vision* an: eine übernatürliche Erscheinung als religiöse Erfahrung, eine optische Halluzination und ein in jemandes Vorstellung – besonders in Bezug auf Zukünftiges – entworfenes Bild. Diese Gemengelage aus Offenbarung für den Berufenen, Trugbild des Traumtänzers und persönlichem Zukunftstraum lösen beim Mitteleuropäer wohl erst einmal Sorge um Realitäts- und Kontrollverlust aus. Zwar kennt auch das Amerikanische Bedeutungen im übertragenen Sinn wie Gesicht, Vorstellung, Traumbild oder Zukunftsbild; daneben steht aber eine Vielzahl konkreter Bedeutungen wie Sehkraft, Sehvermögen, Sehen, Blick, Sicht, Sichtweite, Weitblick. Das Wort Vision hat im Amerikanischen einen viel umfassenderen Bedeutungshof, der auch viel undifferenzierter ist und nicht zwischen profanen Bezeichnungen und kontextspezifischen Begrifflichkeiten unterscheidet.

Auch innerhalb der US-amerikanischen Leadership-Literatur wird der Begriff Vision mit vielfältigen Bedeutungen verwendet, was für den Mitteleuropäer aufgrund des viel zugespitzteren Bedeutungskanals oft nicht wahrnehmbar ist. So spricht Zaleznik von »Vision and Imagination« und meint Vorstellungskraft. Kotter spricht explizit von Change Leadership statt von Change Management und sieht als Leadership-konstituierendes Merkmal die Fähigkeit von Führungskräften, Mitarbeitende auf der Strecke von Nicht-mehr und Noch-nicht begleiten zu können. Nicht eine Vision steht bei Change Leadership im Mittelpunkt, sondern die Funktion von Change Leadership, dass Führungspersonen die Perspektiven von Organisation und Mitarbeitenden verbinden und das Unternehmen zu einer lernenden Organisation entwickeln. In ähnlicher Weise verwenden Hamel und Prahalad zwar den Begriff Vision; sie definieren Visionen aber explizit nicht als Träume oder Erscheinungen des Topmanagements, sondern als die gesamthafte Erfassung der in der Organisation existierenden Voraussicht (siehe S. 81).

Entrepreneure erweisen sich meist als bestens informiert über kleinste Details aus allen Bereichen des Unternehmens, während die Fachleute, denen sie eine

Detailfrage stellen, erst Unterlagen zusammentragen müssen. Es sind ihr Wille und ihr ständiger innerer Fokus auf die Strecke des Noch-Nicht, die ihre Wahrnehmung selektiv schärfen und ihr Unterbewusstes ständig zu zahlreichen kreativen Szenarien und Intuitionen anregen; dabei befinden sie sich selbst in einem ständigen emergenten Lernprozess, der nur für Außenstehende durch – für diese – überraschende Entscheidungen interpunktiert wird.

Claus Otto Scharmer stellt den Zusammenhang auf, dass das Wollen zum »Presencing« führt, dazu, dass die Felder von Zukunft und Gegenwart »zusammenfallen« bzw. die »Zukunft in die Gegenwart tritt«. Die moderne, von der Hirnforschung beeinflusste, Motivationsforschung[41] kommt ohne Esotherik aus: Sie belegt mit bildgebenden Verfahren, dass das Wollen dem Denken vorausgeht. Überzeugende, richtige Pläne und Strategien können allein kein Wollen auslösen, dies findet vielmehr im emotionalen Erfahrungsgedächtnis statt, das nach dem Prinzip von mag-ich oder mag-ich-nicht auf positive Bilder und Analogien reagiert.

Für viele der Verwendungen des Wortes Vision in Leadership-Ansätzen wäre also die Übersetzung mit »Vorstellung« bzw. »Vorstellungskraft« oder »Bild« sinngemäßer und auch der Absicht vieler Autoren entsprechend.

Andererseits wird der Begriff Vision aber sehr wohl eingesetzt, um überragende Utopien zu bezeichnen, wie Henry Fords Vision vom Massenkonsumenten, Steve Jobs Vision vom iPhone. Rückblickend mögen solche Erfindungen wie Offenbarungen anmuten, und die charismatische Leadership-Literatur referenziert meist tatsächlich auf solche Durchbruch-Innovationen, wenn sie sehr persönliche Zukunftsträume als programmatischen Bestandteil von Leadership einfordert. Dabei liefert sie alle möglichen Paradoxien mit, denn einige Ansätze behaupten, dass nur außergewöhnliche Charismatiker zu solcherlei erwählt sein können, andere vermitteln in Ratgeber-Literatur Anleitungen, mittels derer jeder Mensch zu solchen Visionen kommen könne.

FAZIT

Wenn Profis im Leadership Development den Begriff Vision verwenden oder – in einem Leitbild z. B. – verwendet sehen, tun sie gut daran, auch diesen Begriff explizit für sich zu definieren.

3.3.3 Die ethische Dimension im Leadership

Wenn hier auf die Wichtigkeit hingewiesen wird, verwendete Begriffe auf ihre Bedeutung hin zu reflektieren, ist neben den Begriffen Leadership und Vision auch der Komplex der Ethik zu berücksichtigen. Unter Ethik versteht der Duden die Lehre vom Handeln nach der Unterscheidung von gut und böse; die Moral liefert die Kriterien dafür.

Was versteht man unter *Ethik im Leadership?*

- Wie Burns eine transformierende ›höhere Moral‹, d. h. das Erlebbar-machen eines höheren Sinnzusammenhangs, zu dem einfache Erdenbürger ohne staatsmännische bzw. charismatische Führung keinen Zugang fänden?
- Die Reflexion eigener Charakterdispositionen und Verhaltensweisen als Führungskraft, um nicht zur Gefahr für die Geführten und für Organisationen zu werden (siehe S. 105 f.)?
- Versteht man unter Ethik im Leadership die Verantwortung für die unparteiische Interessenwahrnehmung der unterschiedlichen Stakeholder-Gruppen? Wie z. B. Peter Drucker Kundenorientierung als oberste moralische Maxime forderte?
- Oder einen Professionscode of Practice der Gesellschaft gegenüber, der in Compliance-Vorschriften formalisiert ist?
- Versteht man ein konkretes Gutmenschen-Werteset darunter, das z. B. Nachhaltigkeit, faire Beziehungen zu Lieferanten, Ehrlichkeit und Transparenz der Öffentlichkeit gegenüber usw. fordert?
- Oder die klare Positionierung in einer kompromisslos humanistischen Haltung, die Würde und Wert von Individuen achtet und ihre Begeisterung nicht missbraucht, um sie zu Fahnenträgern und ›Soldaten‹ zu instrumentalisieren?

Max Weber hat die Entstehung und Entwicklung von Ethik bzw. von moralischen Regeln im Kontext der gesellschaftlichen kulturellen Evolution untersucht. Auch die zu großen Teilen US-amerikanisch und britisch geprägte Management- und Leadership-Lehre transportiert natürlich nicht moralfreie Theorien, sondern ein gesellschaftskulturell bestimmtes, normatives Verständnis von Führung. Leadership an sich wird aber auch in den abendländischen Kulturen sehr unterschiedlich bewertet; die Schwankungsbreite reicht von bedingungsloser Idealisierung von Leadership bis zur Stigmatisierung (siehe S. 98).

FAZIT

Jede Profession, die Führung ausübt oder entwickelt, sollte sich damit beschäftigen, welches Verständnis von Leadership, Vision und Ethik sie zugrunde legt und wie sie mit den Entwicklungen in diesen Feldern in Kontakt bleiben, sie reflektieren und steuern kann. Denn Führungsverhalten ist nicht monolithisch – kein Leitbild könnte dies bewirken – sondern komplex und kontextualisiert. Es ist in Strukturen eingebunden, die aufgrund ihrer immanenten Widersprüche – z. B. zwischen den unterschiedlichen Stakeholder-Gruppen – oder wegen korrumpierender Effekte – z. B. Shareholder Value – einem Monitoring unterzogen werden sollten. Schließlich geht es bei Leadership auch um Macht und Interessen.

3.3.4 Leadership Brand statt Führungsleitbild?

Weil letztlich jedem Leadership Development ein Verständnis von Leadership zugrunde liegen muss, sollte dieses expliziert und definiert werden. Das ist vielfach nicht gegeben; mitunter sprechen alle von Leadership, von Leadership Development, Leadership Academy usw. wie von des Kaisers neuen Kleidern. Die Füllung des Begriffs wird Referenten und Trainern überlassen; sie rollen dann ihre eklektizistischen Repertoires aus und folgen dabei nicht selten nur zwei, drei Büchern, die sie besonders beeindruckt haben. So kann man in den Seminaren eines Unternehmens alles antreffen: von diffusen Appellen an Visionen, Kraft, Charisma und Spiritualität über Ansätze aus dem Industriezeitalter bis zum Vorbild des nährenden, fürsorglichen Übervaters für bedürftige Mitarbeitende auf deren Weg der Selbstentfaltung u. a. m. Gemeinsam ist diesen verschiedenen Zugängen, dass sie nicht nur untereinander nicht abgestimmt, sondern auch standalone und unverbunden mit der HR-Systemlandschaft des Unternehmens sind.

Eine bewusste Definition von Leadership ist die Grundlage für ein wirksames Leadership Development. Umgekehrt gilt: Wenn der Begriff Leadership nicht bewusst definiert wird, sondern sich ungesteuert mit verschiedensten Inhalten und Zuschreibungen füllt, wird auch die Wirkung von Leadership-Development-Aktivitäten streuen und wenig zur Entwicklung von Leadership-Qualität beitragen.

Gerade die Tatsache, dass es keine einheitliche, normative Definition von *Leadership* gibt, macht es möglich, eine Definition festzulegen, die diejenigen Leadership-Qualitäten in den Fokus nimmt, die dem Wesen, der Tiefenstruktur der Organisation, den jeweiligen kontextspezifischen Herausforderungen und den Ambitionen ihrer Führungspersonen angemessen sind.

Die Praxis zeigt, dass verschiedene Organisationen und jede ihrerseits in verschiedenen Kontexten ihr Leadership unterschiedlich auslegen. So spurt schon der Gründungszweck einer Organisation natürlich ganz spezifische Führungslogiken auf: Hochinnovative Unternehmen haben ein grundsätzlich anderes Leadership-Verständnis als klassische Produktionsunternehmen oder High-Reliability-Organisationen. Selbst innerhalb ein und desselben Typus von Organisation kann die entwicklungsgeschichtliche Prägung Pfade für ganz unterschiedliches Leadership anlegen; Apple zu Zeiten von Steve Jobs und Google mögen gleichermaßen als hochinnovative Unternehmen gelten, während das eine von einem autokratischen Charismatiker geführt wurde, gilt das andere als Rollenmodell für ein Management 2.0 (siehe S. 123).

Schließlich manifestiert sich in den organischen, mit dem Alter und Größenwachstum der Organisation verbundenen Entwicklungsphasen auch jeweils ein anderes Selbstverständnis von Führung (siehe S. 44, 46). So geht in der Pionierphase Führungswirkung immer von ganz wenigen zentralen Personen aus, in der Differenzierungsphase entsteht sie durch Formalisierung, Regelwerke und hierarchische Strukturen, in der Integrationsphase durch postheroisches Teamwork, in der Assoziationsphase durch Selbststeuerung in Netzwerken. Auch der Kontext, in dem sich eine Organisation befindet, bestimmt ihren spezifischen Leadership-Bedarf (siehe S. 205 f.). Schließlich können sich einzelne Einflüsse von außen – wie Merger, Branchen-Deregulierung, der Übergang auf Fremdmanagement im Familienunternehmen usw. – auf die Tiefenstruktur der Organisation auswirken und grundsätzlich andere Leadership-Zugänge als die traditionell praktizierten erfordern.

Und genau das erleben wir in Unternehmen: Ein Führungsleitbild ist nicht mehr für die Ewigkeit gemacht, in fast jedem größeren Change-Prozess – ausgelöst durch einen Merger, einen Technologie- und Innovationssprung, durch eine Änderung in den regulatorischen Umfeldern, eine Globalisierungsstrategie usw. – kommt auch das Führungsverständnis im Unternehmen auf den Seziertisch. So ist es in den vergangenen 15 Jahren in den meisten Unternehmen zu einer Abfolge von Leitbildern gekommen. Anders und ganz pragmatisch ausgedrückt: Die Halbwertszeit von Führungs-Leitbildern sinkt.

Ein weiteres Muster zeigt sich in der Praxis in vielen Unternehmen: Ist ein Leitbild einmal verkündet und auf den Weg gebracht – d. h. operationalisiert und ins MbO eingearbeitet – wendet sich die Aufmerksamkeit des Topmanagements wieder anderen Dingen zu – bis zur nächsten Reparatur. Selten werden die Wirkungen eines Führungsleitbildes nachhaltig beobachtet und nachgestellt.

Dabei ist das Geschäft der Führung gerade in Zeiten von Change und Emergenz komplex und löst verstrickte, unberechenbare sozialpsychologische Dynamiken aus, die den ursprünglichen Ansatz mitunter ad absurdum führen. So lässt sich z. B. bei charismatischem Leadership immer wieder beobachten, dass sich nach einer Phase allgemeiner Mobilisierung durch einen von außen hereingeholten Charismatiker meist eine völlig gegenteilige Interaktionsdynamik zeigt: Je mehr Impulse und Initiativen die charismatische Führungskraft an der Spitze ausschickt, desto abwartender und passiver werden die Führungskräfte darunter. Ist so ein Interaktionsmuster einmal etabliert, schleift es sich nach dem Motto ›Mehr vom Selben‹ meist in ein stabiles komplementäres Handlungsmuster ein. Bald setzt sich dieses bis in die Winkel der Organisation fort: Die meisten Führungskräfte werden ihrerseits klagen, dass ihre Mitarbeitenden passiv bleiben oder immer passiver werden, obwohl sie selbst einen Impuls nach dem anderen in die Führungsbeziehung eintakten.

Organisationsberater wie Edgar Schein empfehlen Führungskräften grundsätzlich eine Haltung der Demut bezüglich der inhärenten Anmaßung, die das Geschäft der Führung mit sich bringt.[42] Führungskräfte sind gut beraten, ihre Aufgabe als komplexe Tätigkeit zu verstehen, die jenseits klarer Ursache-Wirkungs-Zusammenhänge auf oft undurchschaubare Art unberechenbare Wirkungen hervorbringt. Nur ein ständiges Monitoring der erzielten Leadership-Wirkungen kann helfen, Muster wahrzunehmen und zeitnah zu lernen.

Angesichts dieser Probleme – sinkende Halbwertszeit von Führungsleitbildern und fehlende Feedbackschleifen über erzielte Führungswirkungen – kommt das Konzept einer Leadership Brand nicht von ungefähr daher. Es kann bedeutend mehr Komplexität und Unsicherheit absorbieren als das Instrument eines Leitbildes und macht außerdem aus einer Not eine Tugend: Wenn ein Führungsleitbild aufs andere folgt, heißt das nun nicht mehr, dass Führungsleitbilder an und für sich fragwürdig sind und ihre normative Strahlkraft verlieren müssen. Vielmehr wird das einzelne Führungsleitbild in der Metapher der Markenwelt zu einer Rezeptur – die blaue Nivea-Dose mit der weißen Schrift gibt es seit 1925, aber hunderte Chemiker sorgen dafür, dass immer wieder – für Kunden kaum merkbar – etwas anderes drin ist.

Gibt es einmal eine starke Marke für die Handcreme, greift der Kunde auch bei Shampoo oder Gesichtswasser zu, wenn ihn nur ein schneeweißer Schriftzug im blauen Kreis durch die unendliche Vielfalt von Plastikflaschen mit flüssigem Inhalt – opak oder transparent, in allen Farben – führt. Auch hier trägt die Metapher von Leadership als Marke: Große Unternehmen treten heute als Gruppen mit einem Portfolio von Geschäftsfeldern und Produkten auf und tragen Sorge dafür, sich als Marke darzustellen – siehe BMW Group, Apple usw. Ganz automatisch kommt der Führung dieser Unternehmen auch ein Markenstatus zu; schon bei der Frage: »Wie haben die das gemacht, dass sie so erfolgreich sind?«, sucht der Fragende nach den Machern und nach ihren Rezepten.[43]

Führung ist eine so zentrale Funktion in Organisationen, dass sie sich anbietet für Markenzuschreibungen bzw. sich solchen Zuschreibungen kaum entziehen kann. Unter diesem Aspekt mag es fahrlässig erscheinen, Leadership in einem Unternehmen nicht als Marke zu bilden, zu positionieren und zu pflegen. Statt das gemeinsame Führungsverständnis vor sich hin dümpeln zu lassen, um es dann immer wieder anlassbezogen und reaktiv neu aufzurollen und in ein wieder neues Leitbild zu gießen, ist gerade hier eine ständige Markenpflege angesagt, ein ständiges Monitoring der Wirkungen von Führung, ein ständiges Nachschärfen des Selbstverständnisses – mit den Worten von Gary Hamel: ein ständiger Umbau der Management-DNA, um Management-Innovationen zu generieren (siehe S. 123).

Wie die HRCS-Umfragen belegen, hat es sich in HR als eine emergente Praxis eingespielt, Aufgaben und Verantwortungen wahrzunehmen, die zum Aufbau einer Leadership Brand beitragen (siehe S. 172). Diesen Tätigkeiten wird einerseits ein zentraler Stellenwert für den Business-Erfolg beigemessen; andererseits wird die Aufgabe, eine Leadership Brand zu schaffen, zunehmend zum gemeinsamen Fokus für die Integration von HR-Professionsfeldern, insbesondere des Leadership Development und der Organisationsentwicklung.

Von einer Entwicklung einer Personal Leadership Brand ist dagegen in der gelebten HR-Praxis nicht die Rede; dieser Begriff taucht in keinem der Items der HRCS-Umfragen auf. Es ist anzunehmen, dass der Trend zur Ausdifferenzierung einer Leadership Brand in der HR-Profession vorrangig die Interessen der Organisation betrifft und sich aus mehreren Quellen speist.

- Eine davon wird wohl sein, dass in VUCA-Zeiten auch der Bedarf der Stakeholder-Umwelten nach Orientierung wächst und dass diese ganz automatisch zuerst darauf schauen: Was macht unter diesen Umständen die Führung eines Unternehmens? Eine eindeutige Zuschreibung auf erkennbare, überzeugende Führungsleistungen wird Unsicherheit nehmen und Vertrauen aufbauen. Aber das ist nicht der einzige Treiber für den Trend zu Leadership Brand.
- Eine weitere Quelle ist tatsächlich die Notwendigkeit, Führungspersonen, die in den unterschiedlichsten Kontexten und Herausforderungen unterwegs sind, in ihrem Selbstverständnis in ein Alignment zu bringen. Viele würden die Metapher der einzelnen Scheinwerfer (siehe S. 171), die zu bündeln sind, damit das Terrain gut ausgeleuchtet werden kann, weiter ausschmücken:
- Sie würden statt von Scheinwerfern möglicherweise von Grubenlichtern sprechen, sich als vereinzelt in einem Bergwerk vorankämpfend erleben. Ganz wesentlich für eine Leadership Brand ist nicht eine MbO-mäßige Ableitung von Haltungen aus der Unternehmensstrategie, sondern eine affektive Bindung der Führungspersonen untereinander – nicht nur einzeln an das Abstraktum einer Unternehmensidentität –, sondern eine emotionale Stärkung als Kollektiv.

- Schließlich bringen VUCA-Zeiten auch eine Fragmentierung der Aufmerksamkeit, erodierende Entscheidungsprämissen und eine allgemeine Desorientierung der handelnden Personen mit sich. Es gilt, gemeinsam eine Nebelkompetenz zu entwickeln, d. h., sich bei fehlender Sicht auf Zuruf abstimmen und eine Schwarmintelligenz entwickeln zu können.

Besonders für Unternehmen, deren Wettbewerbsvorteile Technologie- und Innovations-basiert sind, sind zudem eine starke Kohäsion im Führungskollektiv, ein ständiger Austausch über Entwicklungen und Best Practices, ein ständiges Hinterfragen der eigenen mentalen Modelle und ein laufendes Umschreiben des ›genetischen Codes‹ unabdingbar, um Management-Innovationen hervorzubringen, die die Basis für nachhaltige Kernkompetenzen sind, für Foresight‹ (siehe S. 124), die dazu führen kann, neue Branchen zu prägen oder die Regeln der eigenen Branche umzuschreiben.

Es gibt also viele Gründe, eine Leadership Brand anzusteuern. Von einer ›Corporate Leadership Brand‹ zu sprechen, liegt dann auf der Zunge, wenn es sich – analog zur diversifierten Produkt-Range der Nivea-Marke – um viele sehr unterschiedliche Kontexte, Geschäftsfelder, Unternehmensteile, Orte usw. handelt, die in einem gemeinsamen Selbstverständnis von Führung zu rahmen sind.

Diese unterschiedlichen Quellen für den Bedarf nach einer Leadership Brand erfordern auch entsprechende Umsetzungsprozesse für die Förderung einer Leadership Brand. Mit kognitiven Ableitungen à la Unternehmensstrategie – Funktionsstrategie – Objectives geht man an der Natur der Problemstellung vorbei. Wenn HR sich um die Ausprägung und Entwicklung einer Leadership Brand kümmert, geht es nicht um ein lineares Projektmanagement, sondern darum, für einen Fokus im Leadership-Verständnis zu sorgen und einen Rahmen für Inspiration und Selbstorganisation bereitzustellen, und zwar nachhaltig, auf lange Sicht.

Es geht darum, einem Prozess der Markenbildung und Markenpflege Gefäße bereitzustellen, d. h. konkret: *Kommunikationsräume.* Denn wenn es für die Ausprägung einer Leadership Brand mit den oben beschriebenen Funktionen keine eigenen Kommunikationsräume und -anschlüsse gibt, bleibt die Organisation auf die Kommunikationsstrukturen der Hierarchie verwiesen, die immer eine Meta-Kommunikation transportiert (siehe S. 156). So wird auch das inspirierendste Leadership-Leitbild befrachtet mit der Management-DNA aus dem 20. Jahrhundert, mit Konnotationen von Vereinzelung, Kontrolle, Bürokratie, Führung durch Personen in Machtpositionen usw.

Die Gefäße und Kommunikationsräume, die das Leadership Development für die Bildung und Pflege einer Corporate Leadership Brand bereitstellt, sollten zum Inhalt dieser Marke passen, der ein normativer Rahmen vorzugeben ist. So sollte z. B. eine Marke, die auf postheroisches Leadership setzt, in Räumen mit dichter

Interaktion und Kollaboration erfahrbar sein. Sie sollte allen Führungspersonen die Möglichkeit geben, eine persönliche Leadership Brand auszuprägen, wenn sie möchten, und die Corporate Brand mit reichhaltigen Ressourcen zu unterlegen.

Eine Kritik ist bei aller Wertschätzung an den HRCS-Auswertungen anzubringen: Sie sind im mentalen Modell des Konsumzeitalters befangen, wenn sie wieder und wieder den – für Markenartikelunternehmen zweckmäßigen – Outside-in-Ansatz predigen. Innovative Unternehmen wie Apple, Google, Gore usw. wären so nie entstanden, weil die Umwelten keine Fantasie von iPhones, Wikipedia oder Funktionstextilien gehabt hätten, ihre Fantasien und Begeisterung sind nur durch die normative Kraft des Faktischen in die Welt gekommen.

Dies ist deshalb so wichtig hervorzuheben, weil auch Professionskulturen immer Inside-out funktionieren, auch wenn ihre Vertreter und deren Umwelten durch Outside-in Appelle – z. B. nach Kunden- oder Serviceorientierung, Kostenoptimierung usw. vor zweckloser Perfektion und ›Liebhabereien‹ bewahrt werden müssen. Vertreter von Professionen sind einem grundsätzlichen Werte-Set verbunden, das weiter reicht als der spezifische Steuerungskontext einer bestimmten Organisation. Per Definition fühlen sie sich in ihren Urteilen und ihrem Handeln sozial unabhängig und in erster Linie mit ihren professionellen Standards und ihrem Ethos verbunden.

Auch Führung ist eine Profession; eine Leadership Brand speist sich deshalb nicht nur aus dem Identitätskern einer Organisation, sondern auch aus dem Identitätskern der Profession Führung. Die Prämisse, dass eine Leadership Brand mit einer Unternehmensmarke – bzw. deren gegenwärtiger Wahrnehmung durch die Umwelten – in Übereinstimmung zu bringen ist, ist deshalb zu hinterfragen. In Technologie- und Innovations-basierten Unternehmen, wie z. B. Google oder Apple, geht die Leadership Brand ohnedies einer Product Brand und der Unternehmens-Brand voraus. Aber auch in allen anderen Organisationen ist zu hinterfragen, warum Leadership Brand und Corporate Brand eigentlich deckungsgleich sein sollen? Es ist doch viel zweckmäßiger, für eine stimmige Varietät, für Vielfalt zu sorgen, wenn es um normative Möglichkeitsräume geht. Und das entspricht ja auch der gelebten Praxis in erfolgreichen Unternehmen: Wenn bei Apple alle Führungskräfte zwänglerische Autokraten gewesen wären, wäre Apple nicht, was es ist und was es wird; umgekehrt hätte sich Steve Jobs auch unter Zwang nicht an die Unternehmensmarke angleichen können; wäre dies gefordert worden, wäre er ein zweites Mal vor die Türe gesetzt worden.

FAZIT

Ein organisations- und kontextspezifischer Leadership-Zugang wird einerseits einen stabilen Markenkern anlegen, andererseits, im Sinn der laufenden Markenpflege, Raum für Bewegung und Veränderung im Leadership-Verständnis lassen. Das Leadership Development sollte Räume und Methoden dafür anbieten, damit eine erkennbare Corporate Leadership Brand sich formen und über die Selbst- und Fremdbeobachtung der Führungspersonen auf ihre Wirkung überprüft werden kann. Es muss Sorge für die Markenpflege tragen, damit die Corporate Leadership Brand selbst in Beobachtung und bis zu einem gewissen Grad ›Under Construction‹ bleiben kann.

Anmerkungen

1 Eck et al. 2014, S. 38.
2 Dies wird z. B. von der Gruppe um Dave Ulrich vertreten, vgl. Ulrich et al. 2009.
3 Eberhardt/Majkovic 2015, S. 87.
4 vgl. DDI/The Conference Board 2014/2015, S. 32 f.
5 Am Innovationskreis 2015/2016 »Führungskräfteentwicklung mit Zukunft« nahmen Praktiker aus namhaften Unternehmen teil. Der Arbeitsbericht ist kostenlos als Download verfügbar (siehe Fandel-Meyer/Meier 2016 unter Online-Quellen).
6 und zwar nach der Formel: »Talent = Competence × Commitment × Contribution«.
7 Ein Beispiel soll den Zusammenhang zwischen Talent Management und Organizational Design veranschaulichen: Wenn die Polizei den strategischen Auftrag hat, den demokratischen Rechtsstaat zu schützen, ist es Aufgabe des Talent Management vom Recruiting über die Ausbildung bis zur Karrieregestaltung Personen mit Kompetenzen für demokratisches Verhalten zu fördern. Wie sich immer wieder bei Übergriffen der Polizei zeigt, ist das allein jedoch nicht genug. Menschen handeln in Strukturen. Aufgabe des Organizational Design ist es, diese Kompetenzen zu demokratischem Verhalten in Prozesse und Strukturen einzubauen – z. B. in der Form, dass die Polizisten, die eine Verhaftung vorgenommen haben, nicht mehr selbst das Verhör führen, dadurch, dass Beamte mindestens zu zweit zu Einsätzen gehen, dadurch, dass nach schwierigen Einsätzen gemeinsam reflektiert wird usw.
8 Ulrich et al. 2012.
9 Strategic Positioner, Credible Activist, Capability Builder, Human Resource Innovator and Integrator und Technology Proponent.
10 Ulrich et al. 2012: »An effective HR professional melds individual abilities into an effective and strong organization by helping to define and build critical organization capabilities.« Die hier zusammengefassten Kompetenzen heißen capitalizing organizational capability, aligning strategy, culture, practices, and behavior, creating a meaningful work environment.
11 Ulrich et al. 2012: »Effective HR professionals innovate and integrate HR practices into unified solutions that solve business problems. They must know the latest insights on key HR practice areas related to human capital (talent sourcing, talent development), performance accountability (appraisal, rewards), organization design (teamwork, organization development), and communication. They must also be able to turn these unique HR practice areas into integrated solutions, generally around an organization's leadership brand. These innovative and integrated HR practices impact business results by ensuring that HR practices maintain their focus over the long run.

12 vgl. Ulrich et al. 2016, Folien 58 und 63: der Delivery-Enabler »Integrated HR Practices« subsummiert u. a. die Handlungsfelder »contributes to building and/or maintaining core competencies of the organization« und »ensures that the different subgroups within HR work effectively with each other to provide integrated HR solutions«. Folgende Items werden von den Befragten als sehr wichtig für den Delivery Enabler »Organizational Capability« eingeschätzt: (Folien 69, 70): »Leadership: identify and create leadership attributes«. Unter dem Organization Enabler »Human Capital Curator« findet sich dazu auch das Item »Develops Leaders: invests in future leaders, assesses leaders against established leadership metrics, builds a business case for investing in leaders [...]« sowie (Folie 69): »distinguish leadership attributes at different levels; ensure that leadership attributes are linked to business results; build leadership brand.« »Knowledge management: identify and leverage best practices from its own organization and from other organizations; learn from successes and failures; create learning cycles; manage knowledge across internal boundaries«, und auf Folie 70: »Culture or shared mindset: identify and create a new culture that is required by the marketplace for products; services; and capital. Unter dem Organization-Enabler »Culture and Change Champion« findet sich dazu auch das Item (Folie 78): »Makes managing organizational culture a priority for organizations«. Einige dieser Items werden für den weiteren Text sinngemäß ins Deutsche übersetzt.

13 vgl. Ulrich et al. 2016, Folie 71.

14 vgl. DDI/The Conference Board 2014/2015, S. 58.

15 vgl. Eck et al. 2014, S. 21.

16 vgl. Luhmann 2000, S. 406. Der Begriff Kontingenz meint hier die Beliebigkeit von Konstruktionen, die vielfältigen Möglichkeiten, wie Zusammenhänge auch bzw. anders sein könnten.

17 vgl. Baecker 2005.

18 vgl. Luhmann 2000, S. 192 ff.: Luhmann hat das organisationale Gedächtnis als eine ständige Konstruktionsleistung definiert. Organisationen operieren immer in der Gegenwart. Sie können nicht wieder in einen früheren Zustand geraten. Das bedeutet, dass sie nur heute und mit den Augen von heute das Gestern beobachten können. In der Praxis bedeutet das, dass Organisationen ununterbrochen (neu) entscheiden müssen, was sie vergessen und was sie erinnern wollen. So konstruieren sie sich ständig aus den Augen der Gegenwart für eine bestimmte Zukunft die passende Vergangenheit.

19 Luhmann 2000, S. 47.

20 vgl. Luhmann 2000, S. 224 und 227.

21 vgl. Luhmann 2000, S. 261. Konditionalprogramme unterscheiden zwischen Bedingungen und Konsequenzen nach dem Motto »immer wenn ... dann ...«, Zweckprogramme unterscheiden zwischen Zwecken und Mitteln nach dem Motto »um ... zu erreichen, mache ...«.

22 Kommunikationsstrukturen – die in der Aufbau- und Ablauforganisation angelegte Regelkommunikation – wirken als Entscheidungsprämissen, weil sie sozial, inhaltlich und zeitlich festlegen, wer wann mit wem worüber reden bzw. Entscheidungen treffen kann.

23 Die Person ist für Luhmann der Anteil des Menschen, der in sozialen Systemen in Kommunikation eingebunden ist.

24 Luhmann 2000, S. 282.

25 Die Systemtheorie betrachtet Systeme, Wirkungsgefüge, die vom Beobachter inhaltlich, zeitlich und sozial abgegrenzt werden. Die Luhmann'sche Systemtheorie versteht Organisationen – soziale Systeme – als Ketten von Kommunikationen bzw. Entscheidungen und Personen mit ihren Bewusstseinsprozessen – psychische Systeme – als deren Umwelten. Die Systeme Person und Organisation haben das Potenzial zu einer besonders starken strukturellen Kopplung, und zwar über Sinn, denn Sinn ist einerseits das stärkste wahr-

scheinlichkeitsleitende Medium für Kommunikationsanschlüsse in der Organisation und andererseits das wichtigste Medium/Kriterium für Erfahrungsverarbeitung im psychischen System.

26 vgl. Gosling/Mintzberg 2003: International Masters Program in Practicing Management.

27 Ein erfolgreicher Teamleiter, der zum Abteilungsleiter befördert wird, behält beispielsweise seine Angewohnheit bei, jeden Mitarbeitenden mit Handschlag zu begrüßen und ein paar private Worte zu wechseln. Er ist überzeugt, dass das gute Führung ist. Was im Team mit sieben Mitarbeitenden erfolgsbringend war, kehrt sich in der Abteilung mit 34 Mitarbeitenden schnell ins Gegenteil: Die Zeit wird zu knapp werden, um alle zu begrüßen, es werden Unterschiede in Nähe und Distanz zu einzelnen Mitarbeitendenn entstehen, vielleicht bildet sich eine Ingroup und eine Outgroup, die Teamleiter werden ausgehebelt, wenn er direkt in Kontakt mit deren Mitarbeitenden geht, es entstehen Dreieckskommunikation, Vertrauensverlust, möglicherweise ein schlechtes Klima, Intrigen usw.

28 vgl. Wenger 1998. Der Begriff Communities of Practice (CoP) wurde 1991 von Jean Lave und Etienne Wenger im Zusammenhang mit ihren Untersuchungen zum Situated Learning am Institute for Research on Learning eingeführt.1998 wandte Etienne Wenger das Konzept auf andere Kontexte an, insbesondere auf organisationale Kontexte. In jüngster Vergangenheit wurde das Konzept der Communities of Practice auch im Zusammenhang mit den Themen Sozialkapital, Wissensmanagement, Stimulierung von Innovationen und generell als Thema der Organisationsentwicklung – Stichwort lernende Organisation – verwendet.

29 Wenger 1998, S. 10: »If we believe that people in organizations contribute to organizational goals by participating inventively in practices that can never be fully captured by institutionalized processes [...] we will have to value the work of community building and make sure that participants have access to the resources necessary to learn what they need to learn in order to take actions and make decisions that fully engage their own knowledge ability.«

30 Dies geschieht über eigene Austauschprozesse der CoPs an ihren Rändern; dazu gibt es eigene »Boundary Encounters« von Personen, die mehreren CoPs angehören und in einer Art Maklerrolle (Brokeridge) unterschiedliche Perspektiven übersetzen, koordinieren und in ein Alignment bringen können.

31 Imagination hat drei Funktionen: Orientierung durch analoge Darstellungen schaffen, Reflexion durch Vergleiche, Mustererkennung und Modellbildung sowie Exploration durch Szenarien, Simulation, Ausprobieren.

32 vgl. Krizanits 2011, S. 255.

33 Die Autoren, und in ihrem Gefolge etliche Unternehmensberater, boten bald die üblichen Leitfäden an, mithilfe derer jede Führungsperson mit fünf oder sechs oder sieben oder acht Schritten ihre Personal Leadership Brand ausprägen würde (vgl. Smallwood 2010). Zu Recht und zum Glück hat sich dieser Unfug nicht nennenswert in tatsächlichen HR-Praktiken niedergeschlagen.

34 vgl. das Whitepaper der Mercer Unternehmensberatungsgruppe (Mercer 2016) und die diesem zugrunde liegende wissenschaftliche Publikation von McLaughlin/Mott 2010.

35 vgl. Haufschild 2011.

36 Grubendorfer 2012, S. 16.

37 vgl. Grubendorfer 2012, S. 20.

38 Die HRCS-Umfragen sind, anders als die zitierten populärwissenschaftlichen Leitfäden zur Erstellung einer Personal Leadership Brand, durchaus wissenschaftlich profund und empirisch valide belegt: Die Fragebogen-Items werden in aufwendigen Verfahren mit Fokus-Groups und Experteninterviews entwickelt. Es gibt zwischen den Umfragen eine hohe Austauschrate von Items weil sich laufend etwas ändert in HR, die empirische Datenbasis ist riesig und differenziert, und die Auswertungen sind ebenfalls umfassend.

39 vgl. Ulrich et al. 2016: Folien 58, 63: der Delivery-Enabler »Integrated HR Practices« subsummiert u. a. die Handlungsfelder »Contributes to building and/or maintaining core Competencies of the Organization« und »Ensures that the different subgroups within HR work effectively with each other to provide integrated HR solutions«. Folgende Items werden von den Befragten als sehr wichtig für den Delivery Enabler »Organizational Capability« eingeschätzt (Folie 69, 70): »Leadership: Identify and create leadership attributes«. Unter dem Organization Enabler- »Human Capital Curator Breakdown« (Folie 79) findet sich dazu auch das Item »Develops Leaders: Invests in future leaders Assesses leaders against established leadership metrics – Builds a business case for investing in leaders ...« sowie unten den Organizational Capabilities (Folie 69): »Leadership: [...] distinguish leadership attributes at different levels; ensure that leadership attributes are linked to business results; build leadership brand.« und unter »Knowledge management: identify and leverage best practices from its own organization and from other organizations; learn from successes and failures; create learning cycles; manage knowledge across internal boundaries« sowie unter (Folie 70) »Culture or shared mindset: identify and create a new culture that is required by the marketplace for products, services, and capital.« Unter dem Organization-Enabler »Culture and Change Champion Breakdown«(Folie 78) findet sich dazu zudem das Item: »Makes managing organizational culture a priority for organizations.«

40 Sprachwissenschaftler laufen zwar regelmäßig Sturm gegen Anglizismen und fordern deren Übersetzung in die Landessprache ein, allein, sie stehen auf verlorenem Posten, da sich hinter Begriffen wie Balanced Score Card, Talent Management, Compliance, Governance, Diversity, Capabilities usw. eben differenzierte Konzepte verbergen, die sich gar nicht wörtlich übersetzen lassen – was übrigens bei vielen anderen Innovationen nicht anders ist – wie wollte man Website, iPhone, Smartphone usw. übersetzen?

41 vgl. z. B.Storch/Krause 2002; Storch 2005.

42 Radikale Systemiker würden Führung als Instruktion/Anleitung selbstbezüglich operierender, autopoietischer Systeme – die ihren Möglichkeitsraum aus den Erfahrungen der Vergangenheit ableiten und ihre Strukturen aus ihren Strukturen schaffen und fortschreiben – ohnedies gleich als Paradoxie verstehen.

43 In diesem Zusammenhang hat aus Kundensicht eine Leadership Brand wohl Vorrang vor einer Employers Brand, auch wenn letztere Marken-theoriegeschichtlich zuerst da war. Denn die Frage: »Wie kann ich mitarbeiten?«, stellt sich wohl erst nach der Frage nach Machern und Rezepten.

4. Kapitel: Handlungsfelder für ein Leadership Development

Die Funktion Leadership Development organisiert Kommunikations- und Lernräume für die Funktion Führung on und off the Job, und zwar auf Ebene der Person, von Teams und des Führungskollektivs, die dazu beitragen, die Funktion Führung für die Organisation zu entwickeln.

Inhaltlich müssen Leadership-Development-Maßnahmen auf allen Ebenen Raum geben für

- ausgewählte Inhalte zur Organisationstheorie z. B. in den letzten Jahren zu den Themen Innovation, Komplexität, interkulturelles Management, Mindfulness und Resilienz,
- das Verständnis der Stellgrößen der eigenen Organisation, Strategie, Systeme, Policies etc. betreffend,
- das Einüben von rollen- und kontextrelevanten Skills,
- die Sozialisation auf das Aufgabengebiet, d. h. ein Werteset erwerben, Haltungen entlernen, gezielte selektive Selbstbeobachtung, Feedback, gegenseitige Erwachsenen-Sozialisation im Peerkreis,
- das Sich-selbst-Verstehen als Führungskraft, um kongruent unternehmerischen Antrieb entfalten und an ein gemeinsames Führungsverständnis anschließen zu können,
- Aufbau und Pflege von Netzwerken; dazu gehört: Raum geben für gemeinsame Anliegen, Vertrauen, Kontakte, Informelles,
- Organisationsbaustellen und Transfersituationen im Rahmen von Projekten, Learning Journeys und anderen Transferelementen mit der Laborsituation.

Die Funktion eines Leadership Development besteht heute außerdem darin, Kommunikationsräume dafür zu schaffen,

- dass Führung sich als Community of Practice versteht,
- eine Leadership Brand (weiter-)entwickeln kann und

- dass die wesentlichen Themen und Issues, für die es in der gesamten Organisation Leadership-Bedarf gibt, von Führungskräften auf allen Ebenen als Kommunikationsanschlüsse erkannt und praktiziert werden.

Welche konkreten Gestaltungsfelder obliegen einem zeitgemäßen Leadership Development? Wie sind sie abzustecken und auszufüllen?

4.1 Kommunikationsräume für Leadership Development entwickeln und bespielen

Ein solches Verständnis von Leadership Development wird den klassischen Ansatz, nur die Führungsperson in Bezug auf ihr Führungswissen und ihre Skills auf ihre Rolle ›zuzurichten‹, erweitern, um allgemeine Organisationsthemen in die Leadership-Development-Maßnahmen aufzunehmen. Neben der einzelnen Person sind auch Teams Zielgruppe für Leadership-Development-Maßnahmen. Schließlich gilt es, die Gesamtheit der Führungskräfte zu einer lebendigen Community of Practice zu entwickeln.

4.1.1 Qualifizierung und Sozialisation von Führungskräften auf ihre Rollen und die Themen der Organisation

Der Global Leadership Forecast 2014/2015 empfiehlt, unbedingt einen umfassenden Pipeline Approach (siehe S. 160) zu implementieren, der die Führungsebenen Frontline, Mid-level, Higher-level und Senior Level mit entsprechend kaskadierten Kompetenzkriterien und Performance-Messungen verbindet. Ein fehlender Pipeline-Approach korreliert mit unterdurchschnittlichen finanziellen Ergebnissen des Unternehmens.

Dafür werden für das untere und mittlere Management meist Placement-nah Curricula für durchgehende Lehrgangsgruppen angeboten, die grundlegende Inhalte der Managementlehre sowie Kenntnisse in den wesentlichen Managementsystemen der Organisation vermitteln und sich inhaltlich schwerpunktmäßig an den Kompetenzkriterien orientieren. Da in den oberen Führungsebenen weniger Stellen zu besetzen sind, geht es hier weniger um Placement-nahe Rollensozialisation, sondern eher darum, den Kontakt in formalisierten Lernsettings zu erhalten; hier werden Potenzialträgerprogramme angeboten. Führungskräfte auf den hierarchisch obersten Positionen haben in der Regel auch ein umfassenderes Programm bei einer externen Business School absolviert. Diese zielgruppenspezifischen Entwicklungsschienen umfassen meist ein Portfolio von Lernsettings, in dem neben den Lehrgängen, Projektarbeiten, Jobrotation, kollegiale Intervision, Mentoring und Coachings angeboten werden.

Wie bereits ausgeführt (siehe S. 164), ist es allerdings unbedingt nötig, die Angebote an unterschiedliche Hierarchieebenen nicht nur didaktisch zu integrieren, sondern auch zielgruppenübergreifend Themen, Begriffe und Konzepte einzuspielen, die im besonderen Kontext der Organisation strategisch relevant sind. Dabei kann es sich um Folgendes handeln:

- relevante neue Managementkonzepte von außen, die zur Weiterentwicklung der Leadership Brand beitragen
- Führungsleitbild und Leadership-Competencies
- Unternehmensstrategie, Systeme und Policies
- wettbewerbsrelevante Organizational Capabilites
- organisationstypische gemeinsame Begriffe und Erklärungsmodelle
- die Einladung zur gemeinsamen Reflexion und Interpretation von besonderen Situationen oder Kontexten, von ›Baustellen‹ für Leadership

Diese zielgruppenübergreifenden Themen, Begriffe und Konzepte sind quasi die roten Fäden für organisationsweites Leadership; sie liefern die Kommunikationsanschlüsse, die Verantwortungsträger im Leadership befähigen, zu kooperieren, gemeinsame Aufmerksamkeitsfoki zu halten und das Führungshandeln zu bündeln.

In den unteren Managementebenen werden Qualifizierung und Rollensozialisation proportional einen höheren Anteil von Management, Produktivitätssteuerung und Optimierung aufweisen, während in den mittleren und höheren Ebenen der Fokus eher auf der Leadership-Kompetenz liegen wird, Mitarbeitende bzw. die Organisation vom Nicht-mehr ins Noch-nicht zu entwickeln.

Grundsätzlich sollten alle zielgruppenspezifischen Maßnahmen immer ergänzt werden mit Lernräumen zur Selbsterfahrung und individuellen Entwicklung der eigenen Stärken und Begabungen.

4.1.2 Die strategische Leadership-Intelligenz von Teams stärken

Neben dem personenbezogenen Leadership Development besteht ein grundsätzlicher Bedarf für Teamentwicklung, der sich häufig nur bei besonderen Anlässen wie Führungsübername, Change-Prozessen oder Veränderungen in der Zusammensetzung bzw. im Aufgabenspektrum von Teams artikuliert. Dann werden meist spezielle Workshops und Teamentwicklungsmaßnahmen angeboten.

Peter Senge sieht in der Kompetenz des Team Learning eine der fünf Schlüsselfähigkeiten der lernenden Organisation (siehe S. 84). Nach Jim Collins setzen erfolgreiche Unternehmen darauf, erst starke Teams aufzubauen und dann eine Vision zu entwickeln (siehe S. 99). Neben einem akuten Bedarf für Teamentwicklungen ist es also grundsätzlich sinnvoll, Leadership-Development-Maßnahmen generell zur Steigerung der strategischen Leadership-Intelligenz von Führungsteams anzubieten. Sie erhöhen die Schwarmintelligenz für bestimmte Handlungsfelder von Führung, indem sie die unterschiedlichen Rollen auf mehreren Hierarchieebenen im Miteinander deutlich machen, Raum geben für Feedback und Orientierung aneinander, Teamressourcen und -stärken erfahrbar machen, die dem Einzelnen oft nicht bewusst sind und dem Team durch erfolgreiche Kooperationserfahrung Zusammenhalt und Kraft geben.

Gerade, wenn ein Unternehmen Leadership weniger in Personen und hierarchischen Strukturen sondern mehr in Kooperationsmustern auf Teamebene verankern will, sollte es Maßnahmen für das *Team Leadership Development* setzen. Inhaltlich bietet sich hier vor allem die Auseinandersetzung mit dem Leitbild und den Handlungsfeldern für Leadership an, sowie Themen mit Change-Impact in der Organisation, die die Zusammensetzung oder die Arbeitsweisen von Teams verändern. Aber auch konkrete Arbeitsaufgaben, wie eine Strategieklausur, die Bewertung von Ereignissen in den Umwelten etc. können im Rahmen von Workshops bearbeitet werden.

Hier liegt ein weites Tätigkeitsfeld für die Funktion Organisationsentwicklung in HR. Die Aufgabe des Team Leadership Development hat einen hohen Moderations- und Beratungsanteil. Lernen erfolgt eher beim Tun bzw. induktiv: Vor und nach dem Tun werden Methoden und Wissen eingespielt bzw. implizites Wissen expliziert. Zur Beratungsaufgabe gehört die Entwicklung der Corporate Leadership Brand auf Teamebene.

4.1.3 Kommunikationsräume für eine Leadership Community of Practice

Besonders in den oberen Führungsebenen geht es beim Leadership Development nicht mehr um Qualifizierung oder Rollentraining. Gerade diese Ebenen kommen ohne zusätzliche Angebote aber nur mehr im Rahmen der Regelkommunikation jeweils zwei Hierarchiestufen umfassend zusammen; so wird Führung ›vom Kopf‹ her in hierarchischen Strukturen zementiert. Eck et al. stellen 2014 die folgenden Fragen: »Lernt das Senior Management? Immer noch? Oder *hat* es gelernt – früher? Was aber wäre *jetzt* zu lernen?« »Wie können Führungskräfte selbst zukunftsfähig bleiben und wie kann eine umsetzungsstarke Führungskräfteentwicklung diese Veränderungen und Anforderungen berücksichtigen«?[2]

Je fragmentierter Leadership als Funktion verteilt ist – z. B. in Form von ausgeprägter Hierarchie oder in globalisierten Unternehmen – desto wichtiger werden gemeinsame Leadership Foren, um miteinander Koordination, Alignment und Schwarmintelligenz zu entwickeln. Was auf Ebene von Team Leadership Development gilt, kommt hier in noch viel stärkerem Ausmaß zum Tragen, gilt es doch, unterschiedliche Aufgabengebiete, Geschäftsfelder, Landeskulturen und unterschiedliche Leadership-Kohorten (siehe S. 181) zu einer gemeinsamen Leadership-Praxis zu verbinden.

Dieser Bedarf nach Leadership Development kann durch die Entwicklung und Pflege einer Community of Practice adressiert werden. Es geht um regelmäßige Kommunikationsräume, in denen Führungskräfte zusammenkommen, ihre gelebte Praxis explizieren und reflektieren, Leadership-relevante Ereignisse und Entwicklungen teilen und deuten, neue Konzepte von außen und eigene Managementinnovationen auf ihren strategischen Leadership-Beitrag scannen und verbreiten.

Ein solcher Prozess, der laufend das kollektive Wissen zusammenführt, sich mit dem Business von morgen auseinandersetzt, die eigenen Entscheidungsprämissen und das eigene Führungsverständnis, quasi den genetischen Code der Organisation, immer wieder umschreibt, ist nach Hamel und Prahalad unabdingbar, um Foresight im Wettbewerb zu entwickeln. Dies ist – insbesondere für Unternehmen, deren Wettbewerbsvorteile auf Technologie und Innovation beruhen – der Weg, um Kernkompetenzen auszubilden oder gar die Regeln ihrer Branche maßgeblich zu schreiben.

4.2 Unterwegs zu einer Corporate Leadership Brand

Das bedeutet umgekehrt, dass es nur darum gehen kann, einen Leadership-Ansatz zu explizieren, der auf die Bedarfe der Organisation in einem Fenster von jetzt bis morgen zugeschnitten ist. Ausgangspunkt für ein solches Unterfangen wird sein, das Business, die Führungstradition und den Kontext, in dem das Unternehmen steht, zu verstehen und die Herausforderungen an die Funktion Führung (siehe S. 155) in diesem Spannungsfeld zu klären.

Fragen für die Definition eines eigenen Leadership-Ansatzes

- Was muss die Funktion Führung heute und morgen spezifisch beobachten? Worüber muss sie Expertise bilden, um planen zu können? Welche relative Bedeutung haben gegenwärtig und in näherer Zukunft die Verantwortungsfelder Produktivität einerseits und Entwicklungsfähigkeit der Organisation andererseits?
- Welches Selbstverständnis von Leadership passt zum Business des Unternehmens, zur spezifischen Organisationskultur, zum Kontext: Leadership als Fortschreibung der Organisationskultur, Leadership als Wirkung, die von den Fähigkeiten einzelner Personen und Persönlichkeiten ausgeht, Leadership als Wirkung eines Führungskollektivs mit hohem Alignment, postheroisches Leadership, das in Strukturen verteilt und spürbar ist?
- Wie weit sollen Führungspersonen auf bestehende Strukturen wie Rollen, Systeme sozialisiert werden, wie weit sollen umgekehrt die Strukturen von Personen geprägt werden können?
- Wo würde ein Benchmarking zur Leadership-Qualität Ansatzpunkte für die Professionalisierung von Führung offenlegen?
- Welche Ressourcen und Stärken im gegenwärtigen Leadership lassen sich zu einer Marke ausbauen, weil sie Werte schaffen?
- Wenn es um den Kern von Leadership geht, die Organisation, Mitarbeitende und Kollegen, sich selbst, durch die Strecke von Nicht-mehr zum Noch-nicht zu führen, wie sieht diese Strecke aus heutiger Sicht aus? Worauf wird es ankommen? Was ist von Führungspersonen allein zu stemmen, was im Kollektiv?
- Was wird in nächster Zeit auf der Management-Agenda stehen? Welche Kommunikationen und Skills wird es benötigen, um diese Agenda zu bespielen? Auf welchen Gebieten soll Leadership Wirkung entfalten?

Im Kasten sind beispielhafte Fragen aufgelistet, die helfen können, das Feld zu explorieren und Thesen zu entwickeln, die einen organisations- und kontextspezifischen Leadership-Ansatz begründen. Dieser kann Grundlage für das Leadership Development sein. Meist besteht ein solcher Ansatz aus zwei Bausteinen:

- aus einem Leitbild oder Mission Statement, das die Identität im Leadership ankert,
- und aus einer Konkretisierung der Handlungsfelder für Leadership in Form eines Instruments, das Landkarte, Kompass, Monitor oder anders genannt wird und die Aufgabe hat, Führungshandeln beobachtbar und vergleichbar zu machen.

Denn eine Maßschneiderung des Leadership-Verständnisses setzt voraus, dass Leadership als Funktion beobachtet wird bzw. dass sich die Funktion Leadership selbst beobachtet und monitort und zwar in zwei Richtungen: hinsichtlich der Herausforderungen, die es proaktiv zu gestalten unternimmt, und hinsichtlich der Wirkungen, die es erzielt.
Ein solches spezifisches Leadership-Verständnis, das aus den Herausforderungen an Führung abgeleitet und auf Wirkungen hin beobachtet wird, kann die Grundlage für die Entwicklung einer Leadership Brand bilden, wenn es zudem auf den besonderen Fähigkeiten und Ressourcen der Führungspersonen bzw. der Organisation fußt und Kunden und anderen Stakeholdern außerdem einen spürbaren Nutzen stiftet. Das Leadership Development und die Prozesse, in die es einzubetten ist, sorgen dann für die Herausbildung und Konturierung einer solchen Marke im Wechselspiel zwischen Leadership-Ansatz und gelebter Praxis bzw. später für die Markenpflege der Leadership Brand.

Anmerkungen

1 vgl. DDI/The Conference Board 2014/2015, S. 57.
2 Eck et al. 2014, Vorwort und S. 14.

Teil 3

Reinventing Leadership Development – das Modell der fünf Wetten

Die Aare in Bern

Das Modell der fünf Wetten bietet Ihnen als Praktiker einen Ansatz für den Aufbau eines integrierten Leadership Development, das die Grundlagen für eine Leadership Brand legt. Dieses Modell wurde in der Praxis entwickelt, im Zuge eines Neudesigns des Leadership Development der Swisscom AG.

Die Ausführungen im dritten Teil dieses Buches sind aus der Perspektive der Projektverantwortlichen Martina Eissing und Kurt Stettler verfasst.

Viele Unternehmen sehen sich heute vor ähnliche Herausforderungen gestellt: Ein volatiler Markt, auf dem es mit immer neuen Innovationen im Wettbewerb zu punkten gilt, eine zunehmende Schnelligkeit und Komplexität in den Entwicklungen in allen Umwelten, insbesondere im technologischen und gesellschaftlichen Umfeld, hohe Qualitätsanforderungen, Kosten- und Zeitdruck und vor allem die Herausforderung, ein Leistungsklima bereitzustellen, das sehr qualifizierten, hoch engagierten Mitarbeitenden den Raum gibt, ihre Begabungen zu entfalten, ihre Potenziale zum Nutzen des Unternehmens einzubringen.

Die Entwicklung dieses Konzeptes war kein geradliniger Prozess; sie verlief vielmehr in vielen Schleifen und Iterationen wie ein klassischer Innovationsprozess. Vor allem leitete sie sich nicht eins zu eins aus der Managementtheorie ab, sondern zu großen Anteilen aus Erfahrungswissen. Wir – Martina Eissing und Kurt Stettler – sahen unsere Aufgabe als Projektverantwortliche darin, dieses Erfahrungswissen in vielen Begegnungen und sozialen Prozessen immer wieder zusammenzutragen – einerseits in Form von Inputs von außen durch Berater, andererseits durch Inputs und Feedbacks vieler engagierter Führungsverantwortlicher der Swisscom AG. Auf der Basis dieses Erfahrungswissens nutzten wir die Freiräume, zu zweit und in sehr kleinen Teams – unserer Inspiration und einem gewissen radikalen, fachlichen Ehrgeiz folgend – neue Konzepte für ein Leadership Development zu entwickeln und zu erproben.

Wir starteten mit wenig Theorie-Gepäck:

- mit unseren Überzeugungen dazu, was wir unter Organisation und unter Führung verstehen – nämlich zwei Seiten der gleichen Medaille, Yin und Yang, die mit der zunehmenden Vielfalt von neuen Organisationsansätzen und Führungsherausforderungen viel stärker gemeinsam gedacht und bearbeitet werden müssen, um damit ein integriertes Leadership Development zu gestalten;
- mit Überzeugungen, dass Führung nicht mehr nur die heroische Leistung einzelner Personen ist, sondern die Fähigkeit eines gesamten Unternehmens. Wirksame Führung entsteht erst durch das bewusste Zusammenwirken der einzelnen Personen und verschiedenen Teams;
- mit der Überzeugung, dass das Unternehmen ein passendes Führungssystem braucht, welches sich auf breiter Basis viel bewusster als bisher mit den sich verändernden Anforderungen mitentwickelt;

- und zuletzt mit der Überzeugung, dass das Professionsfeld Leadership Development seine eigenen Fähigkeiten und seine Formen der Leistungserbringung weiterentwickeln muss, um diesen Anforderungen zu begegnen. Die Verantwortlichen dort können, dürfen und müssen eine stärkere Gestaltungs- und Governance-Funktion entwickeln, als sie das heute oft wahrnehmen.

Im Zuge des gemeinsamen Unterfangens, dieses Buch zu schreiben, waren wir drei AutorInnen immer wieder selbst überrascht, wie gut das – Bottom-up aus der Praxis entwickelte – Fünf-Wetten-Modell schließlich mit der in Teil 1 und Teil 2 beschriebenen Theorie zum Thema Leadership und Leadership Development zusammenpasste. Um dieses zu veranschaulichen, haben wir bei der Schilderung unseres Modells an einigen Stellen Bezüge zu den ersten zwei Teilen dieses Buches hergestellt.

Im diesem Teil 3 des Buches finden Sie zunächst Gedanken zum Fundament und zur Methodik des Entwicklungsprozesses der fünf Wetten, die Ihnen bei der Ausgestaltung eines ähnlichen Projektes einen sinnvollen Rahmen für Ihr Vorgehen geben können. Nach der Einführung des Fünf-Wetten-Modells werden die einzelnen Wetten mit ihren Bausteinen sowie möglichen Inhalten und Tools ausführlich vorgestellt.

1. Kapitel: Fundament und Entwicklungsprozess im Modell der fünf Wetten

Schon mal gehört?
»Wie man bei uns in Führung investieren muss? Schwierige Frage. [...] wissen wir eigentlich, was wir unter Führung in unserem Unternehmen verstehen? Und: Wer ist denn eigentlich die relevante Zielgruppe?«
»Die Teamleiter – in die muss man investieren. Die müssen am meisten Menschen führen – denen muss man was beibringen.«
»Das mittlere Management – hier haben wir doch die Lehmschicht! Wie man da was investieren muss? Vielleicht müssen die mal mehr Kostenbewusstsein bekommen [...].«
»Führungskräfteentwicklung? Ja, da gibt es ein paar Trainings bei uns. Aber irgendwie ist da für mich nicht das richtige dabei. Meine Fragen entstehen immer im Alltag. Da hilft es mir nicht, wenn ich monatelang auf einen Termin warten muss.«
»Die Unternehmensleitung braucht eine Begleitung, um sich mit Führung und Organisation der Zukunft auseinanderzusetzen. Das Thema umgehen die ja gerne.«

Dieses erste Kapitel beschreibt den Prozess von der Erteilung des Auftrags, das Leadership Development im Unternehmen auf neue Beine zu stellen, und die Erarbeitung eines Fundamentes dafür. Der Entwicklungsprozess für das Neudesign des Leadership Development folgt dabei der grundsätzlichen Methodik des Knowledge Funnels nach Roger Martin[1]. Für die methodischen Schritte im Entwicklungsprozess werden dann einerseits Denkrahmen-setzende Konzepte und andererseits konkrete Ableitungen für ein Leadership Development nach dem Modell der fünf Wetten vorgestellt.

1.1 Der Auftrag: Redesign des Leadership Development

Bei der Neuausrichtung des Leadership Development fängt man nie auf der grünen Wiese an, sondern immer im Kontext gewachsener Strukturen. Vieles wurde im Unternehmen schon eingeführt, es existieren unausgesprochen oder ausgesprochen viele Erfahrungen und Glaubenssätze dazu, was hilfreich ist und was nicht. Zahlreiche Trainer und Berater bieten ihre Leistungen für Leadership Development an – unter den unterschiedlichsten Schlagwörtern.

Oft sind aber die Anforderungen an Führung und Leadership Development in einem Unternehmen sehr unklar. Wie schafft man es, die für das Unternehmen richtigen Hebel zu finden und die Investitionen in Leadership Development zukunftsgerichtet zu entscheiden und wirtschaftlich umzusetzen?

1.1.1 Das Modell des Knowledge Funnel – Denkrahmen für den Design-Prozess für ein Leadership Development

Ein Auftrag für die Überarbeitung der Führungskräfteentwicklung ergibt sich häufig im Rahmen von Kostensenkungsmaßnahmen oder als Folge von Umstrukturierungen. Nach Mergern, Ein- oder Ausgliederungen sollen auch im HR durch Integration der diversen Leadership-Development-Programme Synergien verstärkt und Kosten eingespart werden. Auf den ersten Blick mag es so aussehen, als bestehe die Aufgabenstellung darin, verschiedene Leadership-Development-Portfolien übereinander zu legen und von Doppelgleisigkeiten zu bereinigen. Sehr schnell wird aber deutlich, dass hinter verschiedenen Praktiken auch verschiedene Ansätze der Führungskräfteentwicklung liegen, die ihrerseits auf unterschiedlichen Annahmen und Prämissen beruhen. Der Versuch, diese unterschiedlichen Ansätze zu integrieren, führt schnell zu den grundlegenden Fragen, auf die diese Ansätze implizit Antwort geben. So wird der Auftrag zur Überarbeitung der Führungskräfte-Entwicklungsmaßnahmen für den Profi de facto zu einem Auftrag für ein Redesign des Leadership Development. Manchmal kommt aber auch genau dieser explizite Auftrag zu einem Redesign direkt von oben, z. B. wenn ein neuer Vorstand ein neues Führungsverständnis implementiert sehen will.

Wie geht man methodisch an ein Redesign des Leadership Development heran? Wir folgen Roger Martins *Design-Thinking-Ansatz,* der Value Creation für Unternehmen als Verbindung von Innovation – als Exploration neuen Wissens – mit Effizienz – der Nutzung bestehenden Wissens – versteht. Dabei geht es vor allem darum, die Geschwindigkeit zu erhöhen, in der sich Wissen trichterförmig vom Status unverstandener, rätselhafter Problemstellungen, zum Status von Daumenregeln bis zum Status wiederholbarer Erfolgsformeln entwickelt.

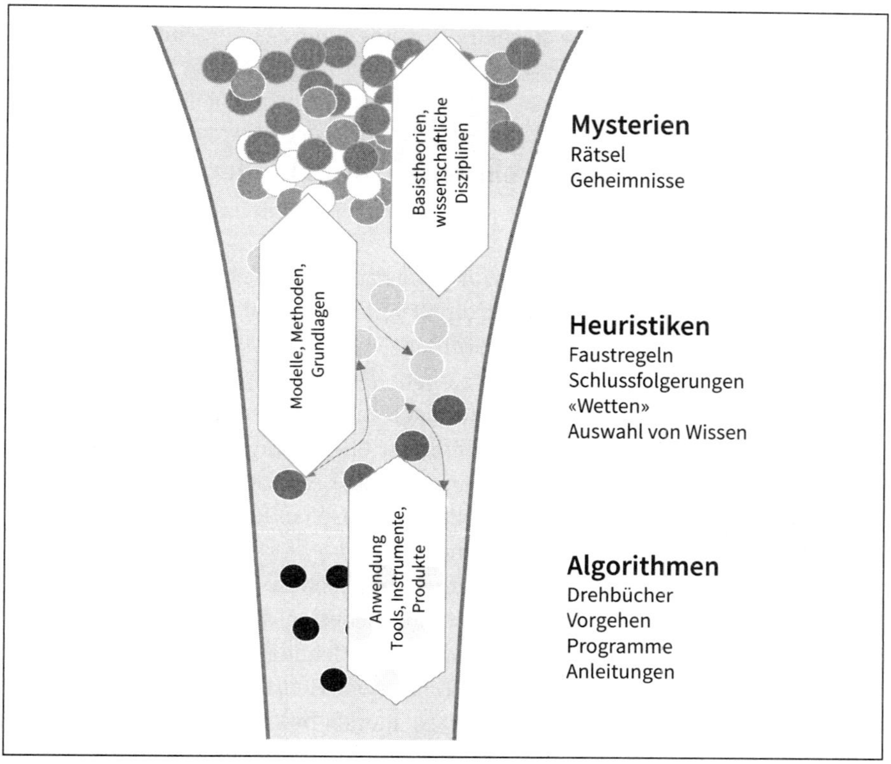

Abb. 1: The Knowledge Funnel (Martin 2009, S. 8)

Nach Martin‹s Modell des Knowledge Funnel (siehe Abb. 1) beginnt man einen Entwicklungsprozess, wie den eines Redesign des Leadership Development, auf der Ebene der *›Mysterien‹:* Man erkundet die grundlegenden Fragestellungen, die Rätsel und Geheimnisse einer Problemstellung. Hier geht es um offene Fragen wie: Was ist Führung? Wie lässt sich Leadership verstehen? Welche Überzeugungen zu Führung und Organisation legen wir zugrunde? Dann folgt die Phase der *›Heuristiken‹,* mit deren Hilfe man das Untersuchungs- und Gestaltungsfeld auf einen machbaren Umfang fokussiert: Man versucht die Zusammenhänge zu verstehen und die maßgeblichen Schlussfolgerungen programmatisch zu ziehen, das sind in unserem Modell die konkreten fünf Wetten auf eine Leadership Brand. Schließlich gießt man das Ganze in *›Algorithmen‹:* Auf Basis der Heuristiken leitet man konkrete, standardisierbare, Erfolg versprechende Vorgehensweisen ab. Diese Ebene entspricht den konkreten Programm-Portfolien[2] und Drehbüchern für die einzelnen Angebote zum Leadership Development. Natürlich ist das Ganze kein linearer Prozess, man durchläuft ihn in Schleifen.

In den Kapiteln 1.2 bis 1.4 dieses Teils werden wir das Vorgehen anhand des Knowledge Funnel konkret vorstellen.

1.1.2 Die Ausgangslage für ein Redesign des Leadership Development

Oft beginnt man nach Erteilung eines Auftrags zur Überarbeitung bzw. zum Neudesign des Leadership Development direkt mit der Gestaltung von Angeboten, d.h., man startet auf Ebene der Algorithmen, ohne die Mysterien tief erkundet und die Heuristiken für sich definiert zu haben – häufig mit der Folge, dass man sich bei konkreten Programmentscheidungen mit ressourcenraubenden Endlosdiskussionen, Entscheidungspatts, Konflikten oder Kompromissen konfrontiert sieht. Es ist wichtig, sich bewusst zu sein, dass die Entwicklung eines integrierten Leadership Development methodisch alle drei Phasen braucht, und zu verstehen, in welcher Ebene man sich gerade befindet.

Zu diesem Zweck lassen Sie uns kurz darauf schauen, auf welche Ausgangslage der Auftrag zur Überarbeitung und zum Redesign des Leadership Development heute in Unternehmen häufig trifft. Denn in den meisten Unternehmen lässt sich der Status quo in Hinblick auf die Mysterien, Heuristiken und Algorithmen der Führungskräfteentwicklung heutzutage ähnlich beschreiben.

Algorithmen, insbesondere in der Form von Programmen und Entwicklungsangeboten liegen vielfältig vor, sowohl in Form des vorhandenen internen Angebotsportfolios als auch in Form von Katalogen externer Anbieter. Das Angebotsportfolio ist historisch gewachsen und thematisch breit angelegt, weist aber auch weiße Flecken auf. In der Regel setzt man stark auf ›hierarchiebezogene‹ Programme, d.h. auf spezielle integrierte Curricula für Leistungsträger und Talente unterschiedlicher Hierarchieebenen; die Teilnehmer an diesen Programmen werden von ihren Vorgesetzten nominiert.

Die Aufgaben der Funktion Leadership Development sind, als ein eigenes ›Silo‹,[3] meist arbeitsteilig aufgestellt nach Konzeptarbeit, Beratung und Qualitätsmanagement in Themen- oder Kompetenzzentren einerseits und Organisations- und Abwicklungsaufgaben in internen Shared Services oder bei outgesourcten Partnern andererseits. Die Professionsfelder Leadership Development und Organisationsentwicklung sind wenig integriert in ihrer konkreten Arbeit und Wirkung auf Führung in den Unternehmensbereichen.

Als Folge historischer Entwicklungen im Verständnis von Führung und als Folge des schnellen Wandels in den Unternehmen existiert als Basis für die Ebene der Heuristiken oft nur bedingt ein geteiltes Führungsverständnis, sodass man auf die Fragen, in *was* wir im Leadership Development investieren und *wie* wir das wirkungsvoll tun wollen, selten klare und gemeinsam getragene Sichtweisen zur Antwort erhält. Dazu kommt, dass das Thema Führung kaum konkret besprechbar ist: Interviews mit Führungsverantwortlichen und Mitarbeitenden zeigen, wie wenig gemeinsame Sprache hinsichtlich Führung im Unternehmen vorhanden ist. Als Folge davon können von den Auftraggebern meist nur wenig prägnante Anforderungen benannt werden, was genau das Leadership Development leisten soll.

Meist existiert zwar ein Führungsleitbild, dieses ist aber häufig allgemein *deskriptiv,* d. h., es beschreibt gewünschte Einstellungen und Haltungen von Führungskräften. Es beinhaltet gerne die klassischen Aufgaben einer Führungskraft, wie z. B. Ziele vereinbaren, Feedback geben, Veränderungen begleiten, und richtet sich traditionell ausschließlich an Linienverantwortliche. Oder es liegt ein Führungsleitbild vor, welches appellhaft eine Mischung aus Werten oder Verhaltensnormen formuliert, wie z. B. Vertrauen schenken, delegieren, Vorbild sein, häufig ergänzt durch ein Kompetenzprofil mit verschiedenen Anforderungen an eine Führungskraft.

Der Fokus dieser Instrumente liegt auf Einstellungen, Haltungen und Verhalten von Personen, nicht auf Wirkungen, die im Unternehmen zu erzielen sind, obwohl letztere leichter zu beobachten sind und in Kommunikation gehalten werden können. Wirkungsorientierte Instrumente sind im Tun verankert; sie formulieren, was das Unternehmen neu oder stärker ausprägen will, welche Fähigkeiten in der Führung als besonders erfolgskritisch für den wirtschaftlichen Erfolg des Unternehmens gesehen werden. Deskriptive Führungsleitbilder sind dagegen weniger handlungsanleitend – sowohl für den Fokus, den einzelne Führungskräfte in ihrem Handeln setzen, als auch für die Weiterentwicklung im Thema Führung und die Investition im Leadership Development.

Zudem fokussieren Diskussionen in Unternehmen über die eigene strategische Wettbewerbsfähigkeit noch immer maßgeblich auf Business und Technologie; die Zukunft von Führung und Organisation ist selten ein explizites, strategisches Thema. Dies, obwohl als Reaktion auf externe Veränderungen des Wettbewerbsumfelds sowie Kosten- und Innovationsdruck laufend große Veränderungen in Unternehmen stattfinden, die Führung und Mitarbeitende intensiv fordern. Um diesem hohen Veränderungsdruck zu begegnen, starten einzelne Unternehmensbereiche immer wieder anlassbezogen eigene Initiativen zur Stärkung von Führung für ihre spezifischen Transformationsbedürfnisse, besonders wenn sie diese Leistungen nicht vom zentralen Leadership Development erhalten. Diese Dynamiken tragen dazu bei, dass sich ein Wildwuchs von Führungszugängen ansammelt, die lediglich auf pragmatischen Handlungserfordernissen beruhen und einen diffusen Sprachvorrat begründen, mittels dessen es sich nur schwer über Führung denken und sprechen lässt.

Wenn schon die Heuristiken – die Daumenregeln dafür, wie das Gestaltungsfeld Führung bzw. Führungsentwicklung abzustecken ist – nicht klar sind, sind die Mysterien – die Grundsatzfragen, wie Führung überhaupt zu verstehen ist – meist gar nicht erschlossen in Unternehmen. Je nach Befragten gibt es keine oder unterschiedlichste Glaubenssätze, wie sich die Funktion Führung überhaupt im Unternehmen entwickeln soll.

Es ist diese gesamte Gemengelage, die dazu führt, dass es bei der Neuausrichtung des Leadership Development oft unterschiedlichste Meinungen dazu gibt, ob es einfach nur wenige neue Trainings braucht, um die weißen Felder zu füllen oder ob man weiter ›oben‹ im Knowledge Funnel starten müsste.

Die meisten Unternehmen stehen vor einer ständig wachsenden Komplexität, die mit bisherigen, lange erfolgreichen Verhaltensweisen und Haltungen bei Führung immer weniger beherrscht werden kann. Wir vertreten den Standpunkt, dass es in Zeiten tiefen Wandels in den Unternehmen und beim Thema Führung unerlässlich ist, die Mysterien und die Heuristiken zu dieser Kernfunktion gut zu erkunden. Nur dann kann über Investitionen im Leadership Development sowohl für das Gesamtsystem als auch die einzelne Person profund entschieden werden. Die in Teil 1 und Teil 2 dieses Buches ausführlich dargestellte Betrachtung zum Thema Führung macht dieses nachvollziehbar.

Im Folgenden werden Sie durch den Entwicklungsweg des Leadership-Development-Konzeptes der fünf Wetten geführt. Dazu werden nacheinander die Ebenen der Mysterien, der Heuristiken und der Algorithmen durchschritten und so weit konkretisiert, dass das Modell der fünf Wetten auf eine Leadership Brand in Form von Prozessen und Angeboten umgesetzt werden kann. Die detaillierte Darstellung der einzelnen Wetten – im Leadership Canvas, Personal Lab, Team Lab, Community Lab und im Leadership Evolution Process – finden Sie anschließend in den folgenden Kapiteln.

1.2 Die Ebene der Mysterien – von welchem Verständnis von Führung und Organisation gehen wir aus?

Schon mal gehört?
»Wie, ihr wollt an unserer Organisation arbeiten? Was hat das mit Leadership zu tun? Unsere Struktur ist Aufgabe der Konzern- oder Bereichsleitung!«
»Wir haben Herausforderungen bei uns im Bereich, die versteht so ein HR-Bereich eh nicht. Was das für Führung in der Zukunft heißt? Hab ich noch nicht drüber nachgedacht. Aber irgendwie müssen wir was ändern.«
»Führung – macht ja eh jeder so, wie er meint. Wonach man in unserem Unternehmen gemessen wird, ob man gut oder schlecht führt? Keine Ahnung ...«
»Führung ist doch die Aufgabe im Linienmanagement. Da spricht man von Führungskräften. Irgendwie führe ich in meiner Fachaufgabe auch, aber das sieht hier keiner so.«

Den Ausgangspunkt der Arbeiten zur Neupositionierung bzw. Entwicklung des Leadership Development bildet die *Ebene der Mysterien*. Hier stellen wir uns konkret folgende Fragen: Von welchem Verständnis von Führung und Organisation gehen wir aus? Welches Grundverständnis ist den heutigen Anforderungen an Führung angemessen, die sich aus den besonderen Herausforderungen ergeben, vor denen unser Unternehmen steht?

1.2.1 Das Konzept der Führungsparadigmen – Denkrahmen für ein Grundverständnis von Führung

Bei der Reflexion dieser Fragen unterstützt uns das von Krizanits weiterentwickelte *Modell der Führungsparadigmen*[5] (siehe Abb. 2), das ähnlich wie das Cynefin-Modell (siehe S. 91) das angemessene Führungsverhalten für einfache, komplizierte, komplexe und chaotische Kontexte spezifiziert. Es bildet die rahmensetzenden Entscheidungsprämissen für alle Entscheidungen im Unternehmen in einem Spannungsfeld zwischen stabilen bzw. volatilen Umweltbedingungen und niedriger bis hoher Vielfalt der zu koordinierenden Verhaltensoptionen in der Organisation ab. Die Vielfalt der von Führung zu koordinierenden Verhaltensoptionen steigt mit der Größe der Organisation, der Anzahl an Produkten, Verfahren, Märkten, Kunden usw. In dieser Matrix lassen sich vier prototypische *Führungsparadigmen* unterscheiden:

- Bei hoher Umweltstabilität (d.h. geringer Volatilität von Entwicklungen und Entscheidungsprämissen und geringer zu koordinierender Verhaltensvielfalt gilt das Paradigma von *Ordnung und Effizienz:* Die vorherrschenden kausalen Input-Output-Relationen sind mit dem klassischen Management-Regelkreis des Plan-Do-Check-Act zu steuern.

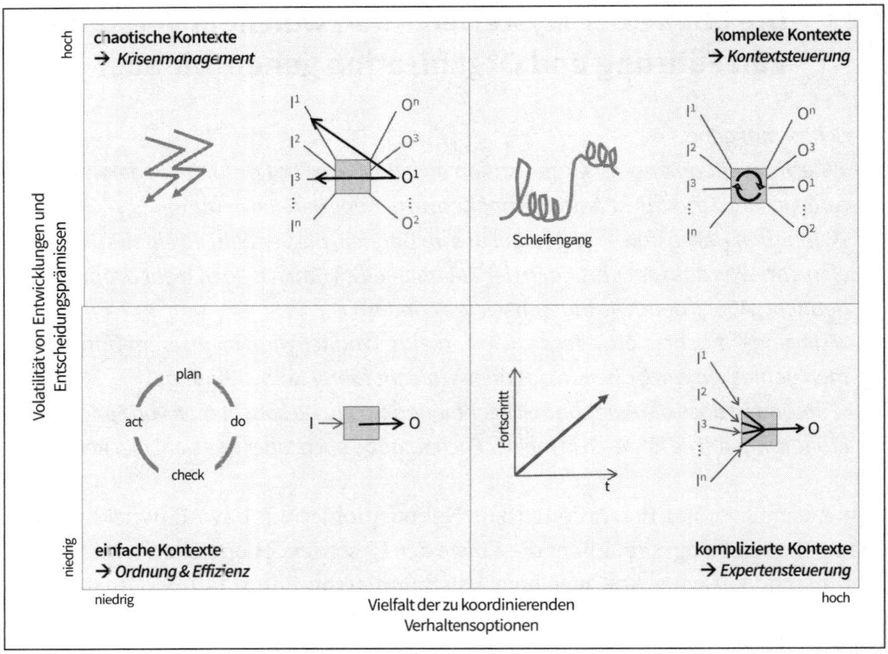

Abb. 2: Das Modell der Führungsparadigmen (Krizanits nach Jarmai[5])

- Bei hoher Umweltstabilität und hoher zu koordinierender Verhaltensvielfalt gilt das Paradigma der *Expertensteuerung:* Nach der Logik des Management by Objectives sind Aufgaben in Teilpakete zu zerlegen, sodass viele verschiedene Inputs schließlich zu einem richtigen Output, der Zielerreichung, führen. Dabei gibt es über die Zeit einen linearen Fortschritt, sodass man jederzeit einen Soll-Ist-Vergleich des Status quo auf die Planung vornehmen kann.
- Bei hoher Volatililtät von Entwicklungen und Entscheidungsprämissen (d. h. bei niedriger Umweltstabilität) gibt es zwei mögliche Führungsparadigmen. Das eine betrifft Krisen, in denen die Verhaltensmöglichkeiten in der Organisation sich auf sehr wenige überlebenswichtige Optionen reduzieren. Hier muss Führung *Krisenmanagement* leisten, d. h. die überlebenswichtigen Outputs durch Anspielen der zwei bis drei wesentlich darauf einwirkenden Inputs erzielen.
- Das andere Führungsparadigma betrifft hohe Volatilität von Entwicklungen und Entscheidungsprämissen einerseits und hohe Vielfalt der zu koordinierenden Verhaltensoptionen andererseits – das ist heute die typische Situation der meisten größeren Unternehmen. Hier sind die Verhältnisse komplex, d. h., es gibt keine klaren Input-Output-Relationen mehr (siehe S. 92). Vielmehr bilden sich Ereignisketten, die vorherige Entscheidungsprämissen und damit die

Funktionsweisen des Gesamtsystems immer wieder verändern. Die Verhältnisse sind pfadabhängig, sie lassen sich nicht rückabwickeln. Führung bedeutet in diesem Paradigma *Kontextsteuerung:* Es gilt, die Verhältnisse in einem gegebenen Zeitfenster gründlich zu verstehen, kontextbezogen Lenkungseingriffe zu setzen und deren Wirkungen zu verfolgen. Es ist nicht möglich, in komplexen Kontexten linear durchzusteuern. Der folgende Kasten zeigt ein Beispiel, das die typischen Dynamiken und Entscheidungsräume in komplexen Kontexten veranschaulicht.

E10 als Beispiel für ein komplexes Wirkungsgefüge

Die Politik, mit ›E10‹ für neue PKWs in Europa einen Treibstoff einzuführen, der 5 % mehr biogene Treibstoffe enthält als bisher, sollte auf Basis der Klimaziele von Rio dazu beitragen, bis 2020 die globalen Treibhausgasemissionen zu reduzieren. Sie führte zu einer Ereigniskette, die u. a. die Ausweitung von Agrarflächen und die Verdrängung von Weide- bzw. Waldflächen bewirkte und den Ankauf großer Agrarflächen zum Anbau von Pflanzen – in der ersten Biomasse-Generation handelte es sich dabei um Lebensmittel – in Entwicklungs- und Schwellenländern auslöste. Als Folge davon büßten Gebiete und Georäume an Fähigkeit ein, sich mit Nahrungsmtteln selbst zu versorgen und waren auf überregionale bzw. internationale Märkte verwiesen. Dies löste auf dem Finanzmarkt Spekulationswellen, vor allem Derivat-Geschäfte aus. In einigen Schwellenländern kam es zu Nahrungsmittelknappheit, Preiserhöhungen und sozialen Unruhen. Gleichzeitig wurden große Flächen extensiv mit Monokulturen bewirtschaftet; überdüngte Böden setzen Lachgas (N_2O) frei, das als Treibhausgas 298-mal so wirksam ist wie Kohlendioxid (CO_2). Jede weitere Entwicklung in diesem System ist pfadabhängig, d. h., sie setzt auf den rahmensetzenden vorherigen Ereignissen auf, die sich nicht rückabwickeln lassen. Kontextsteuerung heißt in diesem Fall, dass nur jeweils ein Problemausschnitt in einem Zeitfenster angegangen werden kann. So hat die deutsche Bundesregierung z. B. den Absatz von E10 durch Förderungen unterstützt, als deutlich wurde, dass die Autofahrer aus Angst um die Leistungsfähigkeit des Motors den neuen Treibstoff nicht tankten. Dieses Beispiel zeigt auch sehr deutlich, dass eine solche Ereigniskette nie entstanden wäre, hätte man im Vorfeld das Thema E10 als komplexes Thema mit den typischen Merkmalen – unvorhersehbare, nicht-lineare Entwicklungen mit Aufschaukelungsdynamiken und Kippeffekten, springende Systemgrenzen, Pfadabhängigkeit usw. erkannt.

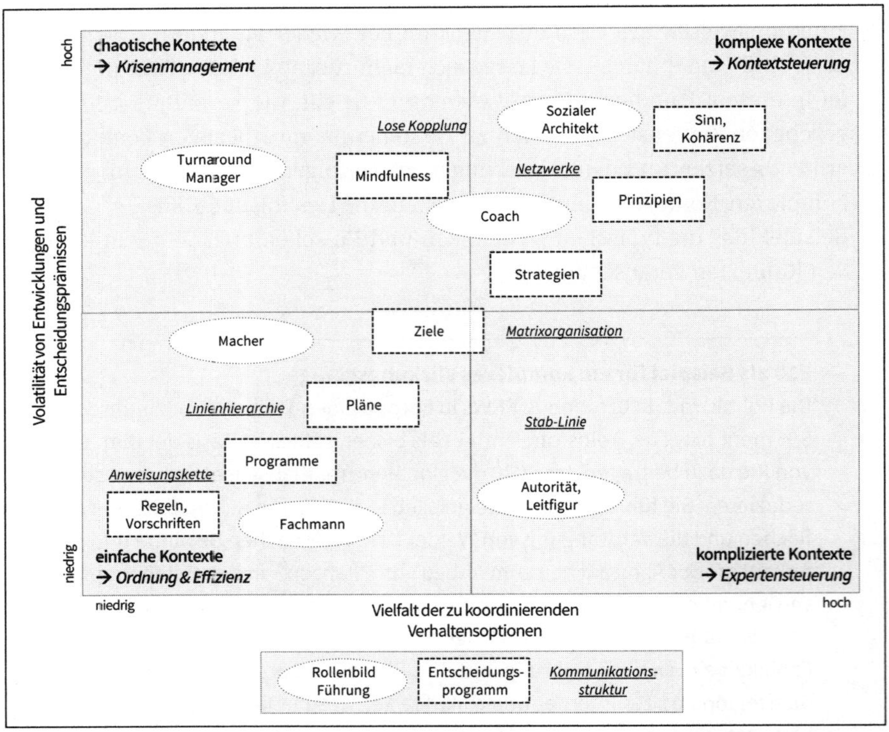

Abb. 3: Führungsparadigmen und ihre Rollenbilder, Entscheidungsprogramme und Kommunikationsstrukturen(Krizanits nach Heitger/Jarmai 1994, S. 24 ff.)

Jedem dieser Paradigmen von Führung lassen sich bestimmte Rollenbilder für Führung, bestimmte Festlegungen für Entscheidungsrahmen und bestimmte Kommunikationsräume zuordnen, in denen Probleme prozessiert und Entscheidungen zugeführt werden. Dieser Gedankengang lehnt sich an den Soziologen Niklas Luhmann an, der die Hauptaufgabe von Unternehmen darin sah, Entscheidungen zu treffen und dafür *Entscheidungsprämissen* zu definieren; er unterschied nämlich drei Typen von Entscheidungsprämissen (siehe S. 156): Entscheidungsprogramme wie Regeln, Pläne, Ziele, Strategien, Prinzipien und Sinn usw., die Organisationsstrukturen – von einfachen Anweisungsketten, über die Linien-, Stab-Linien- und Matrixorganisation bis hin zur Netzwerkorganisation –, in deren Bahnen Entscheidungen fallen, und schließlich Führungspersonen mit ihren Entscheidungsstilen. Wesentlich für diese Zuordnungen ist der Gesichtspunkt, dass die Rollenbilder, Kommunikationsräume und Rahmensetzungen für Entscheidungen der Natur der Problemstellungen angemessen sein sollen. Das bedeutet, ein Führungsparadigma und die jeweiligen Rollenbilder für Führung, die Gefäße für die Regelkommunikation und die Entscheidungsrahmen müssen zusammenpassen (siehe Abb. 3).

1.2.2 Gelebte Führungs-Praxis zwischen Nicht-mehr und Noch-nicht

Was heißt das nun für das Leadership Development? Die gelebte Praxis von Führung in Unternehmen entspricht heute noch immer den Paradigmen von Ordnung und Effizienz oder von Expertenführung; der Management-Regelkreis wird heute noch an Universitäten als Dogma von Führung schlechthin gelehrt. Führung wird in vielen Unternehmen mit der Rolle der ›Führungskraft‹ gleichgesetzt, dem klassischen Vorgesetzten in der Linienfunktion. Und dieser verhält sich oft wie der ›Macher‹, der selbst alles am besten kann. Die Organisation wird im Selbstverständnis der Expertensteuerung noch immer als Maschine verstanden, die man lenken, und weniger als System, das man nur kontextbezogen beeinflussen kann.

Legt man zugrunde, dass Führungsarbeit in Unternehmen heute zumeist in komplexen Kontexten stattfindet – und das ist wohl bei allen Unternehmen mit volatilen Umfeldern und einer hohen innerorganisationalen Varietät, d. h. mit vielen unterschiedlichen Leistungsbereichen, laufend neuen Produkten, aufwendigen Verfahren und Diversität in Kundengruppen und Märkten, der Fall – ergeben sich im Paradigma der *Kontextsteuerung* folgende *Anforderungen an Organisation und Führung:*

- In Bezug auf die Kommunikationsstrukturen betonen Unternehmen heute die Notwendigkeit von ›Netzwerken‹ und ›agiler Zusammenarbeit‹ Aus ihrer Historie sind sie aber noch maßgeblich in ›Linie oder Matrix‹ organisiert und prägen durch diese Formen der Zusammenarbeit das Handeln. Das wirkt oft gegenläufig zu dem Gesprochenen; hier müssen neue Verhältnisse gestaltet werden. Organisationen müssen eine neue Balance zwischen zentralen und dezentralen Entscheidungen finden und generell mehr Selbstorganisation ermöglichen.
- Führungspersonen müssen sich zunehmend als Coaches und soziale Architekten verstehen. Mit den Rollenmodellen des besten Experten oder des Machers kommt man in einfachen Kontexten zurecht; in komplexen Kontexten sind solche Rollenbilder für Führung eher hinderlich als förderlich.
- Regeln, Pläne und Ziele sind zwar nach wie vor notwendig zur Steuerung einer Organisation, sie sind aber nicht mehr hinreichend, um in der turbulenten Führungspraxis Prämissen für gute, wettbewerbs- und überlebensrelevante Entscheidungen zu bahnen. Dazu müssen zunehmend wirksame Strategien, Leitbilder, Prinzipien oder, ganz abstrakt gesprochen, dem Kontext

angemessene sinnvolle Vorgangsweisen erarbeitet werden, die das Kollektiv der Führungsverantwortlichen und letztlich alle Mitarbeitenden in der Organisation koordinieren.

- Wie gesagt, die drei Faktoren – Rollenbilder, Kommunikationsstrukturen und Rahmensetzungen für Entscheidungen müssen nicht nur für sich genommen adäquat ausgeprägt sein, sie müssen auch zusammenpassen und zusammenspielen: Hoch komplexe Aufgabenstellungen benötigen flexible Kommunikationsräume, in denen Menschen mit ihren Anliegen sozial und zeitlich flexibel in Netzwerken zusammenkommen, um kohärente, sinnhafte Erklärungen und Lösungen auszuarbeiten. Aufgabe der Führungsperson ist dabei, die richtige soziale Architektur für solche komplexen Problemlösungen und Entscheidungsprozesse zu entwerfen und bereitzustellen.

Fazit: Unternehmen sind in einer intensiven Transformation. Sie spüren, dass die bisherige Art von Zusammenarbeit und Führung nicht mehr passt, verstehen aber noch nicht, wo es genau hingehen kann und müssen es für sich erkunden. Fähigkeiten als sozialer Architekt müssen erschlossen und erlernt werden. Je nach Größe und der Unterschiedlichkeit der Kontexte eines Unternehmens gibt es zudem auch nicht die *eine* richtige Form von Organisationsdesign und Führungsverständnis, sondern eine Vielfalt. In manchen Bereichen des Unternehmens oder im selben Bereich zu unterschiedlichen Zeitpunkten mag tatsächlich das Führungsparadigma von Ordnung und Effizienz angemessen sein, in anderen die Expertensteuerung, in wieder anderen wird Kontextsteuerung oder gar Krisenmanagement angesagt sein. Die Herausforderung ist, diese zunehmend erforderliche Diversität zu verstehen, sich als Handelnder darin verorten zu können, sie zu gestalten und sie zu einem funktionierenden Ganzen zusammenbringen.

1.2.3 Führung im Spannungsfeld zwischen überlieferten Selbstverständlichkeiten und neuen Anforderungen

Die Anforderungen an Führungsleistung wandeln sich und diese Veränderungen und speziell die gegenwärtig und zukünftig neu bzw. verstärkt zu erzielenden Wirkungen müssen in den Fokus der Aufmerksamkeit gelangen, damit sich Verhalten ändern kann. Dies lässt sich am Konzept der *Spannungsfelder von Führung* veranschaulichen (siehe Abb. 4), die sich zwischen überlieferten Selbstverständlichkeiten der gelebten Praxis und den neuartigen Anforderungen manifestieren.

Besonders bezüglich der Haltung und der Vernetzungsfunktion von Führung wird es künftig verstärkt darum gehen, über den eigenen Tätigkeitsbereich hinaus gemeinsam übergreifend und vernetzend zu denken. Die Steuerungsfunktion muss sich weniger an Plänen, Zielen und dem Prinzip der Kontrolle orientieren und stattdessen mehr auf Vertrauen und Sinn setzen. Entscheidungen können sich weniger über Pläne und einmal gesetzte Ziele absichern lassen. Stattdessen gilt es, intuitiv Muster zu erkennen und mit weniger Sicherheit Entscheidungen zu treffen.

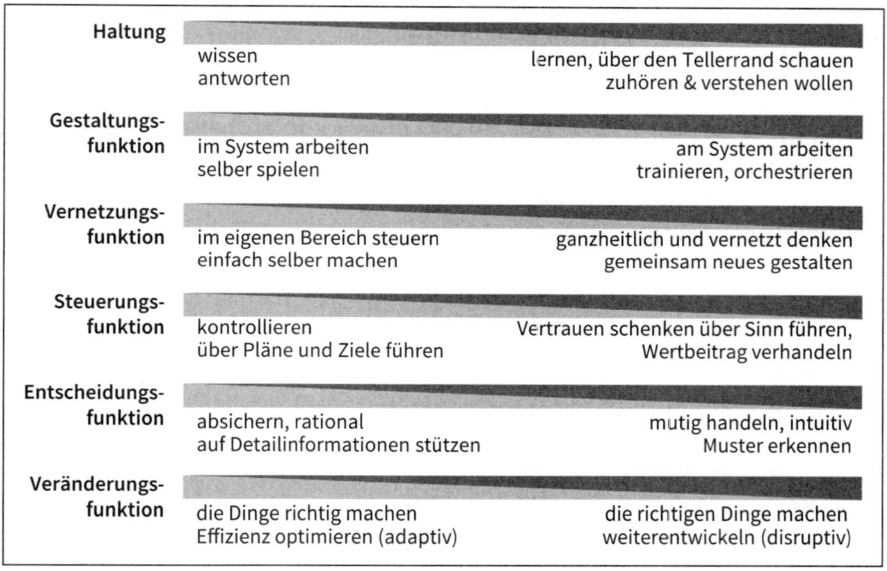

Abb. 4: Spannungsfelder der Führung (Swisscom AG 2014)

Ein Spannungsfeld ist heute von besonderer Bedeutung: Statt maßgeblich *im* System zu arbeiten gilt es zunehmend, mehr *am* System zu arbeiten. Die Führungsverantwortung, das Design von Organisationen auslegen und entwickeln zu können, richtet sich nicht nur auf die formelle Organisation, welche die offiziellen Strukturen und Regeln umfasst, sondern vor allem auf die gezielte Entwicklung günstiger Organisationskulturen. Die *informelle Organisation* mit ihren ungeschriebenen Gesetzen ist die Grundlage für die Capabilites, Stärken und Ressourcen des Unternehmens. Sie stellt neben konsequenter Ausrichtung auf Kunden, Märkte und technische Innovationskraft einen zentralen Wettbewerbsfaktor und strategischen Hebel für den künftigen Erfolg von Unternehmen dar. Im Führungsparadigma der Kontextsteuerung bzw. in Zeiten von Netzwerkstrukturen wird die informelle Seite der Organisation relevanter; sie muss gut verstanden und bewusst gestaltet werden. Flexible Zusammenarbeit innerhalb und außerhalb von Organisationen und die oft beschworene Reaktionsfähigkeit von Unternehmen setzen eine intakte Kultur voraus, die Menschen zusammen wirksam werden lässt.

Dazu kommt, dass in den aktuellen Strukturen, Regelungen und Mustern ein erheblicher ungehobener Effizienz- und Effektivitäts-Schatz liegt. Statt diesen Schatz immer wieder durch Veränderung der Aufbaustrukturen oder durch radikale Kostensparmaßnahmen heben zu wollen, ist die Arbeit an der Unternehmenskultur – z. B. die langfristige, hartnäckige Bearbeitung von hinderlichen Verhältnissen und Verhalten – zwar meist anstrengender, aber auch gewinnbringender.

Jede Organisationsstruktur erzeugt intendiertes und nicht intendiertes Verhalten; jede hat ihre spezifischen Schattenseiten und Dysfunktionen. Führung hat die Aufgabe, die jeweils gewählte Organisationsform zu ›bewirtschaften‹, ihre Vorteile zu fördern und zu sichern und ihre Schattenseiten einzudämmen.

Da die Gestaltung der formellen und informellen Organisation ein zentraler strategischer Hebel ist, sind diese Fähigkeiten durch Maßnahmen des Leadership Development zu stärken. Dazu sehen wir es als erforderlich an, dass die Gestaltungsfelder Organisation und Führung zu einem ausformulierten Bestandteil der Unternehmensstrategie und damit regelmäßig Teil des Strategieprozesses des Unternehmens werden.

1.2.4 Das Mysterium Führung – unsere Rahmensetzung

Ausgangspunkt für eine Neuausrichtung des Leadership Development ist die Ebene der Mysterien, speziell die darin liegenden, grundlegenden Fragen: Von welchem Verständnis von Führung und Organisation gehen wir aus? Welches Grundverständnis ist den heutigen Anforderungen an Führung angemessen, die sich aus den besonderen Herausforderungen ergeben, vor denen unser Unternehmen steht? Es ist Aufgabe der Verantwortlichen im Leadership Development einen konzeptiven Rahmen zur Funktion Führung bereitzustellen, der zu den Herausforderungen passt, vor denen die Unternehmung im Übergang von heute auf morgen steht. Und es ist ihre Aufgabe, einen Prozess bereitzustellen, der diese Anforderungen konkretisiert.

Der konzeptive Rahmen, den wir anbieten, lautet:

DEFINITION

Wir verstehen Führung als die Wirkung im System, durch welche die Rahmenbedingungen für die Produktivität im Hier und Jetzt gesetzt und die Entwicklung des Unternehmens für die Zukunft vorangetrieben wird. Im Paradigma der Kontextsteuerung entsteht diese Wirkung nicht nur durch das Handeln einzelner Personen, sondern vielmehr in den Interaktionen, in der Kollaboration zwischen Führungsverantwortlichen und Mitarbeitenden, auf Ebene der Teams, in Netzwerken, in der gesamten Leadership Community.
Wir sprechen von ›Führungsverantwortlichen‹ anstelle des üblichen Begriffs der Führungskraft. Und meinen damit alle Mitarbeitenden im Unternehmen, welche entscheidend die oben beschriebene Wirkung erzeugen. Und das ist unabhängig davon, ob sie eine Linienfunktion oder eine Projektleitungsfunktion innehaben oder ein fachliches Thema führen.

Im Grunde führt jeder Mitarbeitende in einem Unternehmen – mindestens sich selbst. Jeder richtet sein persönliches Handeln, seine Talente und Energien auf die Ziele des Unternehmens aus (Selbstführung). Er ist aufgefordert und eingeladen, seine Mitverantwortung zu leben und das Handeln in der jeweiligen Gruppe (Team, Projekt, Prozess etc.) effizient mitzugestalten. Umgekehrt haben alle Mitarbeitenden Anspruch auf professionelle formale (fachliche und personelle) Führung.

Wir gehen von einem Verständnis von Führung aus, das Gosling und Mintzberg[6] im *kollaborativen Mindset* als Engaging Style beschrieben haben (siehe S. 159): Dabei geht es um die Gestaltung von Beziehungen – zwischen Personen, in Teams und Projekten, zwischen Divisionen und Allianzen – mit der Wirkung, zu verbinden und die Teile zusammenzuführen, die Kooperation zwischen anderen Personen zu fördern. Führungsverantwortliche mit einem kollaborativen Mindset verstehen sich als Mitglied eines von jemand anderem geführten Teams, als Teil von Netzwerken, in die sie involviert sind.

Dabei stellen sich an Führung unterschiedliche Anforderungen, abhängig von der konkreten Rolle und dem jeweiligen realen Kontext. Da sich für das Unternehmen die Herausforderungen in Bezug auf die Sicherstellung von Produktivität und Entwicklung immer wieder ändern, muss auch das Selbstverständnis von Führung in Bewegung und Entwicklung bleiben. Es muss zudem hinreichend konkretisiert werden, damit es beobachtbar und handlungswirksam werden kann. Diese Konkretisierung der Herausforderungen, vor die sich ein Unternehmen gegenwärtig und im Übergang auf die Zukunft gestellt sieht, lässt sich nur interaktiv zwischen den Führungsverantwortlichen selbst erarbeiten. Dazu stellen die Verantwortlichen aus dem Leadership Development einen Prozess[7] bereit, der auch später immer wieder einzusetzen ist, um Veränderungen in Herausforderungen an und im Selbstverständnis von Führung zu monitoren.

In diesem Prozess werden die Anforderungen aus dem Business mit der Leadership Community erarbeitet. Sinnvoll ist es, zunächst fokussiert mit einem repräsentativen Querschnitt von Führungsverantwortlichen deren Sichtweisen und Gedanken zu den Herausforderungen des Business in den nächsten Jahren und den dazu erforderlichen Fähigkeiten in der Führung zu besprechen. Die aus dieser Diagnose resultierenden Thesen werden als Ausgangspunkt genommen, um auf breiterer Basis, z. B. in einem Großgruppenformat, mit der Unternehmensleitung, dem oberen Management und weiteren Führungsverantwortlichen diese Zukunftsbilder zu vertiefen und die Entwicklungsfelder in der Führung gemeinsam zu entwerfen. Abhängig von der Klarheit bezüglich der Unternehmenssituation braucht es mehrere Iterationen in diesem Vorgehen. Dieser Prozess schafft Sprache und gemeinsam getragene Schwerpunkte, auf deren Fundament die Heuristiken, die groben Daumenregeln, für das Vorgehen im Leadership Development ausgearbeitet werden.

1.3 Die Ebene der Heuristiken – wie wollen wir es angehen?

Im Rahmen des oben definierten Verständnisses von Organisation und Führung – der Mysterien bzw. grundsätzlichen Fragestellungen – geht es in einem nächsten Schritt darum, die wesentlichen Zusammenhänge auszuleuchten und maßgebliche Schlussfolgerungen für das Leadership Development zu ziehen.

Denn zwischen einem grundsätzlichen Verständnis von Leadership eines Unternehmens und der Ebene der operativen Ausgestaltung eines Leadership Development liegt immer eine Ebene der *Heuristik:* Sie betrifft die Annahmen und Thesen darüber, worauf es ankommt, wie grundsätzlich vorzugehen ist und welcher formale Rahmen gesetzt werden soll.

1.3.1 Wetten statt Thesen

Diese Thesen und Annahmen sollten bewusst und explizit miteinander entwickelt und getroffen werden. Wir sprechen darüber hinaus bewusst nicht von Thesen und Annahmen, sondern mit Jens-Peter Abresch von »Wetten«.[8]

DEFINITION

Mit der Denkfigur der Wette wollen wir zum Ausdruck zu bringen, dass auch diese Ebene der Heuristik selbst immer wieder einer Überprüfung unterzogen werden sollte, um Fehlannahmen korrigieren, Erkenntnisse schärfen und neue Erkenntnisse einarbeiten zu können.

Modelle beruhen üblicherweise auf Thesen, was in Umbruchszeiten und im Diskurs über die Zukunft zu einem trügerischen Sicherheitsgefühl verführen kann: Thesen, auf denen man Entscheidungen aufsetzt, haben die Tendenz, sich zu nicht mehr hinterfragbaren Annahmen, zu einer diffusen Gewissheit, zu verformen, die sich durch wieder anschließende Entscheidungen immer weiter verfestigt. Bei der Denkfigur der Wette hingegen ist man zwar sehr überzeugt vom eigenen Wissen, positioniert sich aber trotzdem auf der Seite der Ungewissheit. Je mehr man auf eine Wette setzt, mit desto größerer Spannung wird man die Entwicklungen verfolgen und den Ausgang, das Ergebnis, einer Wette überprüfen.

Unsere *Wetten auf der Ebene der Heuristiken* betreffen konkret die Fragestellungen:

- Welche Stoßrichtung soll das Leadership Development einschlagen?
- Welche grundsätzlichen Prinzipien sollen dabei verbindlich sein?
- In welcher Form, in welchem Rahmen sollen die Maßnahmen des Leadership Development strukturiert werden?

1.3.2 Der Fokus: Exzellenz im System Führung und Organisation

Unternehmen betreiben die Entwicklung ihres Business und der dazu erforderlichen Technologien bzw. Produktinnovationen heute meist mit hoher Professionalität; sie haben dazu in den letzten Jahrzehnten ausgeklügelte Prozesse ausgearbeitet. Sie streben operative Exzellenz an und erwerben zunehmend transformationale Exzellenz, d. h. sie lernen, sich immer wieder zu transformieren, um sich an neue Herausforderungen anzupassen. Sie zeigen zudem strategische Exzellenz: Sie haben gelernt, sich mit den Entwicklungen in ihren Markt- und Wettbewerbsumfeldern auseinanderzusetzen. Angesichts ständig steigender Volatilität in den Unternehmensumfeldern wird zudem zunehmend auch Exzellenz benötigt für die Auseinandersetzung mit noch völlig unscharfen, unbestimmten Themen, gewissermaßen für den ›Blick in die Glaskugel‹ der unbekannten Zukunft (siehe Abb. 5). Während über operative Exzellenz unter Führungsverantwortlichen noch relativ leicht ein gemeinsames Verständnis zu erzielen ist, steigt die Diffusität von Verständnisrahmen schon mit der transformationalen Exzellenz. Um als Führungskollektiv strategische Exzellenz auszuprägen, braucht es bereits intensive Prozesse des Aushandelns von Bedeutung. Für eine *Glaskugel-Exzellenz* aber sind gemeinsame Wahrnehmungs- und Deutungsprozesse notwendig – und zwar nicht nur für die Themenfelder des Business und der Technologieentwicklung, sondern in verstärktem Maß auch für die Themen Organisation und Führung.

Zwei Bezüge zur Management-Theorie lassen sich hier herstellen: Hamel hat eine Innovationspyramide (siehe S. 124) beschrieben, an deren Spitze – über der Wettbewerbsrelevanz von operativen und strategischen Innovationen – die Management-Innovationen stehen: die Fähigkeiten der Führung, ihre eigenen mentalen Modelle zu reflektieren und die DNA, den genetischen Code, der Organisation immer wieder umzuschreiben. Die Fähigkeit zu Management-Innovationen hat für Hamel ähnlich zentrale Bedeutung für nachhaltige Wettbewerbsvorteile wie die Fähigkeit, Kernkompetenzen auszudifferenzieren. Dazu kommt, dass insbesondere Technologie- und Innovations-basierte Unternehmen durch das laufende Zusammentragen kollektiven Wissens Foresight entwickeln können (siehe S. 81 f.), eine Voraussetzung dafür, die Regeln der eigenen Branche umzuschreiben oder neu zu schreiben.

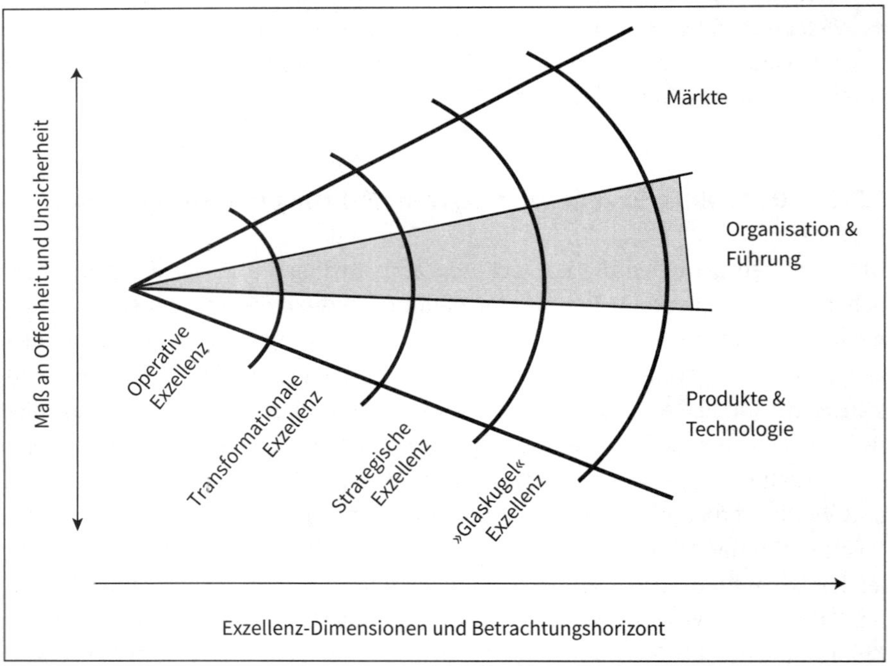

Abb. 5: Dimensionen von Exzellenz der Führung (nach Abresch)

Die Themenfelder Organisation und Führung haben in den meisten Unternehmen bis heute nicht dieselbe Aufmerksamkeit wie Fragen der Märkte und der Technologieentwicklung, obwohl ihre zunehmende strategische Relevanz für die Wettbewerbsfähigkeit eines Unternehmens unbestritten ist. Hier werden die in der Vergangenheit bewährten Ansätze von Linienorganisationen und heroischer Führung unreflektiert und oft unbewusst weitergeschrieben. Zwar kommt man in größeren Transformationsphasen des Unternehmens nicht daran vorbei, sich auch – als Reaktion – mit der Frage auseinanderzusetzen, was die neuen Verhältnisse für das Verhalten und die Haltungen von Führungsverantwortlichen bedeuten. Aber nach Verabschiedung eines neuen Leitbilds, vielleicht noch nach Durchführung einer ›Qualifizierungsoffensive‹ verschwinden die Themen Führung und Organisation wieder vom Radar.

Im Führungsparadigma der Kontextsteuerung steigen die Ansprüche an Führung und Organisation; deshalb muss die proaktive Entwicklung des Organisations- und Führungssystems eine gleichwertige integrierte Bedeutung bekommen wie die Kernfelder des Unternehmens Business und Technologie bzw. Produktinnovationen. Diese Themenfelder müssen ständig in Aufmerksamkeit und Entwicklung gehalten werden.

Genau diese Aufgabe kommt heute den Verantwortlichen im Leadership Development zu: Sie entwickeln Ansätze, die das System Führung und Organisation in Hinblick auf die zu erzielenden Exzellenzen stärken und entwickeln. Sie bieten Menschen für ihre Führungsherausforderungen im Hier und Jetzt Entwicklungsoptionen an, um sie für ihre Führungsarbeit selbst zu operativer Exzellenz zu befähigen. Sie gestalten Kommunikationsräume, in denen sich die Leadership Community mit der Weiterentwicklung des Unternehmens auseinandersetzen und die Konsequenzen auf die Funktion Führung und auf die Organisation klären und so strategische Exzellenz in eigener Sache entwickeln kann. Zuletzt initiieren und verfolgen sie die längerfristige Weiterentwicklung des Führungssystems, um so transformationale Exzellenz im System Führung und Organisation zu befördern.

Nach welchen Heuristiken, nach welchen Daumenregeln, ist also ein solches integriertes Leadership Development aufzubauen? Ein Leadership Development, das sich von der Zurichtung von Rollenträgern auf ihre Positionen in der Hierarchie weitgehend verabschiedet, und stattdessen die Wirkung von Führung im System bestmöglich stärkt, Personen und Teams in der Entwicklung ihrer Fähigkeiten unterstützt und die Weiterentwicklung des gesamten Führungssystems als laufenden Lernprozess ermöglicht?

1.3.3 Offener Zugang für alle Führungsverantwortlichen

Wie im vorangegangenen Kapitel definiert, sehen wir alle Personen in Führungsverantwortung als Zielgruppe für das Leadership Development.

Wenn man Führung postheroisch definiert und damit die Zielgruppe des Leadership Development breiter macht, muss dieses auch in der Angebotsstruktur erkennbar werden. Bisherige Angebote, insbesondere die historisch gewachsenen hierarchiebezogenen Leadership-Programme für klassische Führungspositionen in der Linie, sollten bis auf Angebote zur integrierten Basisausbildung weitgehend heruntergefahren werden. Ein nicht unwichtiger Nebeneffekt ist, dass dadurch Freiraum für Neues im Budget und bei den konzeptionellen Ressourcen geschaffen wird.

Es ist wichtig, eine bewusste Botschaft dafür zu setzen, dass sich das Leadership Development neu orientiert: weg von Nominationsprozessen[9], weg von aufwendigen, aber für das Gesamtsystem wenig effektiven Angeboten für einen kleinen Teil der Zielgruppe hin zu einem breiten, leicht zugänglichen Angebot für viele.

Nach dem Prinzip des 70-20-10 sollten ausgewogene *Lernsettings* bereitgestellt werden. Lernen findet maßgeblich durch konkretes Erleben statt, aber auch durch gezielte, strukturierte Interventionen. Führungsverantwortliche lernen zu 70 % direkt in ihrer Aufgabe, d. h. on the Job, zu 20 % über soziale Kontakte und Kommunikation, d. h. near the Job und nur zu 10 % über Seminare, E-Learnings oder Bücher, d. h. off the Job. Maßnahmen des Leadership Development dürfen sich nicht auf die 10 % begrenzen, sondern müssen durch Angebote zur Teamarbeit, zur Selbstbeobachtung und zur direkten Anwendung in der Praxis ergänzt werden.

Im Sinne der Ausgewogenheit sollten auch neue Medien für Zwecke des Leadership Development genutzt werden, da wir zunehmend offener dafür sind, auch auf diesem Weg miteinander in Austausch zu kommen. Dies kann die Sprache über Führung prägen und Menschen inspirieren, auch wenn sie sich nicht aktiv beteiligen. Es wird ›Lust auf Führung‹ machen, Freude daran wecken, sich mit den Veränderungen auseinanderzusetzen – und sie nicht als Bedrohungen der eigenen Person zu empfinden.

Neue Medien eignen sich besonders für Selbstlernformate, die Führungsverantwortlichen zudem die Möglichkeit bieten, zu lernen, was und wann sie es benötigen. Selbstlernformate können kostengünstig bereitgestellt werden und für viele Themen die klassischen Präsenzangebote, die immer längere Planungszeiten und fixe Termine voraussetzen, substituieren.

Aus Sicht des Unternehmens soll das Leadership Development Angebote für folgende Entwicklungsfelder machen:

- die Ausbildung und Weiterentwicklung von – vom Unternehmen normativ vorzugebenden – Schlüsselfähigkeiten für Leadership heute und morgen
- eine Basisausbildung, die den Personen eine professionelle Grundversorgung mitgibt und dem Unternehmen einen gemeinsamen Standard bereitstellt
- Support bei den Evergreens – den klassischen Entwicklungsfeldern von Führung – die anlassbezogen besucht bzw. aufgefrischt werden können
- Transformationsthemen, d. h. zukunftsrelevante Themen für das Unternehmen, für die Führung – in Bezug auf das Selbstverständnis, Wissen und die Praxis – einen Hebel darstellt. Transformations-Angebote helfen Führungsverantwortlichen, sich für neue Herausforderungen zu rüsten und sorgen aus Sicht des Unternehmens proaktiv für eine laufende Weiterentwicklung des Gesamtsystems Führung.

1.3.4 Auf Ressourcen setzen: Eigenverantwortung, Peer-to-Peer-Lernen und Leaders develop Leaders als Kernprinzipien

So individuell jede Führungsverantwortung ist, so individuell entwickelt sich jeder Führungsverantwortliche. *Eigenverantwortung*, die Verantwortung zur Gestaltung des eigenen Entwicklungsweges, ist ein fundamentales Prinzip des Leadership Development. Daher stellt das Angebot des Leadership Development genau das dar: ein Angebot und keine Verpflichtung. Die Führungskräfte sitzen im »Driver Seat«[10], nicht auf dem Nebensitz oder gar auf der Rückbank. Neben dem Prinzip der Eigenverantwortung ist eine weitere Säule die Lernform des Peer-to-Peer-Lernens: Mit der Förderung und Stärkung von *Peer-to-Peer-Lernformen* werden selbstorganisierende Prozesse angelegt, um Leadership zu einer Community of Practice im Unternehmen zu machen (siehe S. 168).

Von zentraler Bedeutung ist dabei der Ansatz des ›*Leaders develop Leaders*‹ (siehe S. 229). Damit möchten wir einen Schatz heben: Durch einen gezielten Einsatz von hervorragenden Führungsverantwortlichen in Development-Maßnahmen lässt sich ein Schub erzeugen. Sie kennen Identität und Kultur des Unternehmens, ihr implizites Wissen, ihre Erfahrungen und Expertisen verteilen sich in der Leadership Community. Die einen lernen am Rollenmodell, die anderen lernen nach dem Motto: Niemand lernt mehr in Trainingsangeboten als der Trainer. So fließt das Wissen intern und nicht nur, wie im Fall externer Trainer, zwischen Internen und Externen. Unternehmen können dieses Lernsetting sehr viel stärker für das gemeinsame Entwickeln ihrer Führungspotenziale nutzen. Der Leaders-develop-Leaders-Ansatz ist eine zentrale Intervention, um einen verbindenden Führungsstil, einen Engaging Style, im Sinn eines kollaborativen Mindsets wachsen zu lassen, der grundlegend für unser Führungsverständnis ist (siehe S. 159).

Man mag sich die Frage stellen, wie die Ressourcen für den Leaders-develop-Leaders-Ansatz in der Realität verfügbar gemacht werden können. Es ist damit zu rechnen, dass Führungsverantwortliche trotz Commitment zu solchen Einsätzen dann doch aufgrund kurzfristig anders zu setzender Prioritäten abspringen. Nach den Erfahrungen des Swiss Centre for Innovations on Learning liegen die Gründe dafür hauptsächlich am mangelnden Wissen und fehlenden Ideen für eine lernförderliche Führungsarbeit (siehe S. 265 f.). Gleicheitig betonen sie, dass das wichtigste Element bei der Entwicklung von Führungskompetenz im Unternehmen die Entwicklung einer Lernkultur für gutes Führungshandeln ist[11]. Es braucht Zeit und Ausdauer sowie die laufende Beobachtung und Anerkennung dieses Engagements im Unternehmen, um die Bedeutung des Leaders-develop-Leaders-Prinzips zu vermitteln und eine neue Führungskultur aufzubauen.

Auch hier braucht es den Mut, Ressourcen umzuschichten: Führungskompetenz dem gesamten System und nicht nur der konkreten Linienabteilung zukommen zu lassen und umgekehrt die eigenen Linien-Mitarbeitenden in gesamtunternehmerischen Zusammenhängen zusammenarbeiten zu lassen. Es mag anfangs etwas Fantasie brauchen, um Ressourcen freizumachen. Eine Möglichkeit wäre, den Aufwand für sinnentleerte bilaterale Zielvereinbarungsgespräche in der Abteilung für einen Leaders-develop-Leaders-Ansatz umzuwidmen.

1.3.5 Das Modell der fünf Wetten auf eine Leadership Brand

Mit der Heuristik des *Modells der fünf Wetten* auf Führung morgen, wetten wir, dass mit fünf Bausteinen ein integriertes Leadership Development gestaltet werden kann, durch welches Führungsverantwortliche im Wandel von Organisation und Führung der heutigen Zeit bestmöglich unterstützt werden und durch welches ein wesentlicher Beitrag zur Entwicklung einer Corporate Leadership Brand geleistet werden kann.

Die fünf Wetten für ein integriertes Leadership Development (siehe Abb. 6) heißen Leadership Canvas, Personal Lab, Team Lab, Community Lab und Leadership Evolution Process.

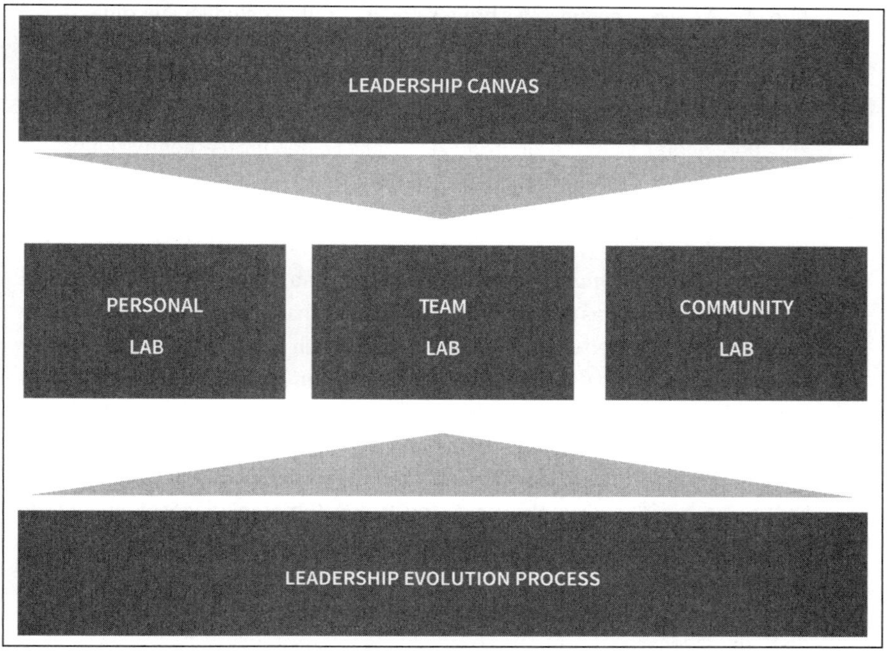

Abb. 6: Das Fünf-Wetten-Modell für ein integriertes Leadership Development (Eissing/ Stettler)

Im folgenden Kasten werden die fünf Wetten kurz vorgestellt; sie werden in den weiteren Kapiteln im Einzelnen beschrieben.

Die fünf Wetten auf eine Leadership Brand (Eissing/Stettler)

Wette Nr. 1 – der Leadership Canvas: Im Leadership Canvas wird eine bewusste Auswahl an Schlüsselfähigkeiten von Führung festgehalten, die im Heute und für die nahe Zukunft relevant sind und die normative Grundlage für die Wahrnehmung und Entwicklung von Leadership in der Organisation bilden. Es geht nicht darum, Führung vollständig zu beschreiben (was sowieso nicht möglich wäre), sondern die Aufmerksamkeit auf die für den Kontext des Unternehmens wesentlichen Fähigkeiten zu legen.

Wette Nr. 2 – das Personal Lab: Das Personal Lab ist der Raum für gezielte Investitionen in die persönliche Entwicklung von Führungsverantwortlichen. Dabei sind grundlegende Qualifizierungsangebote und Evergreens zu ergänzen mit Transformationsangeboten – Angeboten, die Führungsverantwortliche für ihre Aufgaben in Transformationsprojekten qualifizieren. Für das Gesamtsystem nur bedingt effektive klassische Programmschienen für wenige Nominierte

sind durch ein kostengünstiges breites Angebot unterschiedlichster didaktischer Zugänge zu substituieren, das auf Eigeninitiative und Kooperation setzt.
Wette Nr. 3 – das Team Lab: Das Team Lab bietet Teams Entwicklungsräume, die sie in ihrer gemeinsamen Wirkung in ihren Führungsherausforderungen stärken. Angebote richten sich zum einen auf klassische Felder der Teamentwicklung, zum anderen auf Transformationsthemen, die Selbstverständnis, Rollen und Kooperationsformen im Teams verändern, und zum Dritten auf die längerfristige beraterische Begleitung von Teams in herausfordernden Business-Situationen.
Wette Nr. 4 – das Community Lab: Das Community Lab bietet Kommunikationsräume an, in denen das gesamte Führungssystem, insbesondere aber die Führungsverantwortlichen der oberen Hierarchieebenen, sich regelmäßig mit Themen der Organisation und Führung austauschen, um auch hier den strategischen Entwicklungsprozess zu etablieren. So lassen sich erfolgreiche Leadership-Praktiken explizieren und verbreiten, neue Entwicklungen und Erfahrungen reflektieren und neue Trends in Management- und Organisationstheorie auf ihren Nutzen für die eigene Organisation testen. In den Kommunikationsräumen des Community Lab macht sich Führung selbst zum Thema und bietet den Einzelnen in Führungsverantwortung einen Erfahrungs- und Erlebnisraum, um Identität zu gewinnen und Ansporn für die eigene Weiterentwicklung zu finden. Hier werden die Grundlagen einer Corporate Leadership Brand geprägt.
Wette Nr. 5 – der Leadership Evolution Process: Der Leadership Evolution Process sorgt für die ständige Evaluierung und Weiterentwicklung der Funktion Leadership und des Professionsfeldes Leadership Development. Neben den klassischen Aufgaben der Maßnahmenevaluation ist hier auch eine Governance-Funktion für die Funktion Leadership Development angelegt: Stimmt die im Leadership Canvas beschriebene normative Grundlage noch mit den Anforderungen an das Corporate Leadership für morgen überein, oder deuten Entwicklungen in der Organisation, in den Umwelten, in Managementtheorie usw. darauf hin, dass diese Grundlagen zu überarbeiten sind?

Wir haben uns mit dem Fünf-Wetten-Modell für ein Leadership Development im Führungsparadigma der Kontextsteuerung verortet. Auch innerhalb dieses Denkrahmens gilt es, gewahr zu sein, dass sich die Heuristik dieses Entwicklungsmodells oder die konkrete Ausprägung der einzelnen Bausteine für Leadership Development verändern können – z. B. in der Folge neuer grundsätzlicher Fragen auf der Ebene der Mysterien oder infolge neuer Erkenntnisse zu den grundsätzlichen Zusammenhängen in Leadership und Leadership Development. Deshalb ist das Fünf-Wetten-Modell zirkulär angelegt: Die fünfte Wette des Leadership Evolution Process zieht wieder eine Überprüfungsschleife zur ersten Wette des Leadership Canvas und zu den Wetten des Personal, Team und Community Lab.

Welchen *Wettgewinn* versprechen wir uns vom Fünf-Wetten-Modell für Führung morgen? Wir versprechen uns davon nicht weniger, als dass Führung wirksamer den Herausforderungen im Unternehmen begegnen kann und sich Organisationen bewusster entwickeln können. Und zuletzt sehen wir das Fünf-Wetten-Modell als wichtigen Schritt, um das Professionsfeld Leadership Development weiterzuentwickeln und damit einen wirksamen Beitrag zum Unternehmenserfolg zu liefern.

1.3.6 Grundlagen für eine Corporate Leadership Brand legen

Wir gehen davon aus, dass institutionalisierte Leadership-Development-Maßnahmen das Selbstverständnis von Führung im Unternehmen immer mehr oder weniger prägen. Sie werden von Teilnehmern als Botschaft des Unternehmens verstanden, wie Führung sein sollte – wenn diese Botschaft inhaltlich diffus, unscharf, lückenhaft oder widersprüchlich ist, wird dies unter Umständen genau solche Folgen für das Selbstverständnis der Führungsverantwortlichen haben.

Unsere übergreifende Wette ist, dass das Fünf-Wetten-Modell als integriertes Leadership-Development-System die Grundlage für eine Corporate Leadership Brand legen kann, die das Verständnis von Führung nach innen und außen erkennbar abbildet und gleichzeitig Führungsverantwortliche in ihrer Identität im Unternehmen prägt. Um die Wirkung einer Marke entfalten zu können, muss der Kern des grundlegenden Führungsverständnisses zum Wesen des Unternehmens und zu den Herausforderungen passen, vor denen es heute und im Übergang auf morgen steht.

Ein integriertes Leadership-Development-System liegt dann vor, wenn die einzelnen Ebenen – Mysterien, Heuristiken und Algorithmen – so verbunden sind, dass Programme, Prämissen und ein grundsätzliches Verständnis von Leadership jeweils in sich schlüssig sind und schlüssig aufeinander aufbauen. Das bedeutet, dass in Aufbau und Inhalten bei jeder der fünf Wetten des Modells klare Beiträge zu einer Corporate Leadership Brand erkennbar werden.

Eine starke Corporate Leadership Brand wird sich in einem Vertrauenszuwachs der verschiedenen Interessengruppen manifestieren. Ein integriertes Leadership Development, das auf eine Corporate Leadership Brand einzahlt, ist ein eigener Wertbeitrag, der über die direkte Nutzenstiftung einzelner Leadership-Development-Maßnahmen hinausgeht.

1.4 Die Ebene der Algorithmen – nach welchen Kriterien entwickeln wir konkrete Angebote?

Führungshandeln ist als ein nie endender Entwicklungsprozess zu verstehen. Das macht dieses Aufgabengebiet so spannend – und auch so herausfordernd. Und das nicht nur für die Führungsverantwortlichen, sondern auch für die Verantwortlichen im Professionsfeld Leadership Development. Bei der Gestaltung des konkreten Angebotsportfolios sind aus unserer Sicht einige liebgewonnene, tradierte Prinzipien im Leadership Development über Bord zu werfen und neue konsequent umzusetzen.

Ein Leadership Development, das inhaltlich die Fragen bespielt, die die Funktion Führung heute herausfordern, stellt sich Fragen wie: Welche neuen Formen von Zusammenarbeit braucht es mit Blick in die Zukunft? Was bedeutet es für die Strukturen und Grenzen des Unternehmens, wenn die Wertschöpfung mehr in Netzwerken innerhalb und außerhalb der Organisation stattfindet? Wie werden Rahmenbedingungen geschaffen, um die notwendige Innovationskraft in der Zusammenarbeit zu entwickeln? Welche Fähigkeiten braucht wer in der Führung, damit die richtigen Kompetenzen zusammenkommen, die notwendigen Entscheidungen getroffen werden und die Themen bearbeitet werden? Wie sind die Schritte zu gestalten, um in diesen Themen vom Heute zum Morgen zu kommen? usw.

Auf der Ebene der Algorithmen setzen wir auf folgende *Prinzipien:*

- die relevanten Schlüsselfähigkeiten für Führung wirkungsorientiert verankern
- ein ausgewogenes Angebotsportfolio gestalten
- die Prinzipien Eigenverantwortung, Peer-to-Peer-Lernen und Leaders develop Leaders konkret ausgestalten
- Aufmerksamkeit erzeugen – Führung zum Thema machen
- sich austauschen über Führung – Ideen und Sprache für eine Leadership Community finden

Diese Prinzipien, die als Algorithmen für die konkrete Angebotsgestaltung dienen, werden in den folgenden Unterkapiteln näher beschrieben.

1.4.1 Die relevanten Schlüsselfähigkeiten für Führung wirkungsorientiert verankern

Um die Grundlage und die Richtung für Führung heute und im Übergang zu morgen verbindlich vorzugeben, benötigt es ein normatives Instrument. Im Unterschied zu vielen Führungsleitbildern, die das bewährte, allgemein geteilte

Führungsverständnis eines Unternehmens ausformulieren, sollte dieses nur ausgewählte Fähigkeiten definieren, die heute und im Übergang zu morgen eine Schlüsselstellung für das Unternehmen einnehmen. Es sollte außerdem nicht – wie viele Führungsleitbilder – eine deskriptive Fassung von Führung zum Ziel haben, sondern wirkungsorientiert sein, d. h. auf zu erzielende Führungswirkungen abstellen.

Damit dieses Instrument selbst Wirkung erzielt, sollte es durch Tools ergänzt werden, die es Führungsverantwortlichen ermöglichen, ihre eigene Führungswirkung in diesen Schlüsselfähigkeiten zu überprüfen und zu reflektieren. Persönliche Verortungen gegenüber klaren Anforderungen des Unternehmens werden so möglich und auch abverlangt, und Führungsverantwortliche können gezielt in ihre Entwicklung investieren. Gleichzeitig wird konkret, was das Unternehmen an gezielten Entwicklungsmaßnahmen anbietet. Alle Unterlagen, Tools und Informationen, die das Leadership Development dazu zu bieten hat, sollten für alle Mitarbeitenden leicht zugänglich sein.

1.4.2 Ein ausgewogenes Angebotsportfolio gestalten

Alle Führungsverantwortlichen brauchen zum einen eine Basisausbildung zur Profession Führung, und sie müssen diese Angebote immer wieder bei Bedarf abrufen können. Zum anderen sind die für die Transformation des Unternehmens relevanten Führungsfähigkeiten aufzubauen. Klassische Führungsthemen, Evergreens, wie z. B. Kommunikation oder Motivation, sind also zu ergänzen mit neuen Themen wie z. B. agiles Management oder Design-Thinking.

Ein wichtiges Prinzip auf der Ebene der Algorithmen ist die Bereitstellung eines ausgewogenen *Angebotsportfolios*.

- Es sind also für das Personal Lab und für das Team Lab jeweils die einzelnen Portfolien für
  - Basisthemen
  - Evergreens
  - und Transformationsthemen

  zu gestalten. Und diese Teilportfolien sind inhaltlich und bezogen auf die Zielgruppe zueinander ausgewogen zu gestalten.
- Die einzelnen Labs sollen einander zuarbeiten: Tools und Themenbausteine aus dem Personal Lab sollen im Team Lab eingesetzt bzw. weitergeführt werden können.

Ausgewogenheit bedeutet auch, den Dreiklang zwischen Verhältnissen – Verhalten – Haltung stimmig zu halten. Verhältnisse, d. h. das Organisations-Design, prägen Verhalten, manifest in der Organisationskultur, und Haltung der Führungsverantwortlichen. Die Fähigkeit, die richtigen Verhältnisse für eine gute Zusammenarbeit zu erkennen und zu gestalten, ist eine wesentliche Fähigkeit von Führung, und das Angebotsportfolio sollte diese Themen ausgewogen umfassen. Ein ausgewogenes Angebot zu gestalten, bedeutet zudem, die Ressourcen und Schwerpunkte gut zu verteilen auf Präsenzangebote, Selbstlernangebote und selbstorganisierte Peer-to-Peer-Lernformen.

1.4.3 Die Prinzipien Eigenverantwortung, Peer-to-Peer-Lernen und Leaders develop Leaders

Die Prinzipien der Eigenverantwortung, des Peer-to-Peer-Lernens und des Leaders develop Leaders sind wichtige Säulen, um das neue Führungsverständnis zu transportieren und zu leben. Alle drei Prinzipien sind aber vor dem Hintergrund der gegenwärtig gelebten Praxis in Leadership und Leadership Development besonders voraussetzungsvoll und müssen deshalb gut konkretisiert und vermittelt werden.

Das Prinzip der *Eigenverantwortung* setzt einerseits voraus, dass die Angebote des Leadership Development transparent und leicht verständlich sind und Führungsverantwortliche ohne Barrieren darauf zugreifen können. Dem Marketing (siehe nächstes Unterkapitel) kommt ein besonderer Stellenwert zu; ebenso der leichten Online-Verfügbarkeit von Selbstlernmaterialien.

Von zentraler Bedeutung als Entwicklungsschiene ist das *Peer-to-Peer-Lernen,* um der Ausbildung von Leadership Communities Raum zu geben: Führungsverantwortliche werden ermutigt, sich zu kollegialer Intervision zusammenzufinden, sich gegenseitig für den Erfahrungsaustausch einzuladen u. a. m.

Im Peer-to-Peer-Lernen ist der Grundgedanke des *Leaders develop Leaders* von herausragender Bedeutung, denn Peer-to-Peer-Lernen und Leaders develop Leaders sind zwei Seiten einer Münze: Das Leadership Development soll sowohl die Nachfrage nach dieser Lernform als auch das Angebot aktiv stimulieren. Hervorragende Führungsverantwortliche engagieren sich aktiv in der Entwicklung anderer; sie vermitteln diesen ihre Erfahrungen, ihr Wissen und lernen umgekehrt von anderen Führungsverantwortlichen.

Der Leaders-develop-Leaders-Ansatz kann auf unterschiedliche Weise konkret praktizert werden: Führungsverantwortliche können als Trainer der eigenen Mitarbeitenden wirken oder Auftraggeber für ein Thema sein. Sie können die Rollen eines Coaches oder Mentors einnehmen oder als Experte, Trainer oder Komoderator in Development-Maßnahmen eingebunden werden. Der folgende Kasten zeigt die vielfältigen Kontexte, in denen der Leaders-develop-Leaders-Ansatz praktiziert werden kann.

Ausprägungen des Leaders-develop-Leaders-Ansatzes (Eissing/Stettler)
Trainer der eigenen Mitarbeitenden: Insbesondere Linienmanager haben eine Verantwortung als ›Trainer‹; zum einen im Alltag durch Gestaltung von Lernsituationen durch anspruchsvolle Aufgaben und stärkenorientierten Einsatz, zum anderen im Kontext eines Trainings durch Begleitung ihrer Mitarbeitenden vor und nach der Teilnahme an einem Angebot (Warum nehmen sie teil? Was wollen sie lernen? Wie setzen sie das Gelernte im Alltag ein? Was brauchen sie dazu? Was können sie im Team weitergeben?).
Auftraggeber für ein Thema/Angebot: Führungsverantwortliche aus dem Topmanagement engagieren sich in einem bestimmten Lernfeld (Was braucht es, damit sich diese Führungsfähigkeit im Unternehmen entwickeln kann? Was hindert heute? Wie können wir Hindernisse beseitigen? Was und wie investieren wir?). Sie werden damit Partner für die Verantwortlichen im Leadership Development und zwar in der Konzeption, Umsetzung und Evaluation für dieses Entwicklungsfeld im Unternehmen.
Mentor oder Coach im Rahmen eines Angebotes: Führungsverantwortliche stellen sich als Berater für einen begrenzten Zeitraum anderen als ihren direkten Mitarbeitenden zur Verfügung – entweder als Mentor oder als Coach. Insbesondere interne Coaches werden gezielt dafür ausgebildet. Sie können selbstständig von anderen über einen internen Marktplatz angesprochen werden.
Experte im Rahmen eines Angebotes: Führungsverantwortliche engagieren sich in Angeboten des Leadership Development mit ihrem Fachwissen.
Trainer oder Komoderator im Rahmen eines Angebotes: Führungsverantwortliche engagieren sich in Angeboten des Leadership Development als Komoderator zusammen mit einem externen (oder internen) Trainer oder als Trainer in voller Verantwortung für die Umsetzung des (vorbereiteten) Angebotes.

Hier lässt sich ein weiterer Bezug zur Managementtheorie herstellen. Der Leaders-develop-Leaders-Ansatz ist ein Format, das im Unternehmen die Ausprägung eines kollaborativen Mindset (siehe S. 159) unterstützt. Führungskräfte mit einem kollaborativen Mindset sehen sich als Teil von Netzwerken, in die sie involviert sind, für die sie sich engagieren und in denen sie verbindend wirken wollen, weil sie überzeugt sind, dass wirksame Steuerung aus den Netzwerken heraus erfolgt.

1.4.4 Aufmerksamkeit erzeugen – Führung zum Thema machen

Zumeist reduzieren sich Marketing-Maßnahmen des Leadership Development auf den obligatorischen Intranetauftritt, vielleicht ergänzt mit einer Hochglanzbroschüre. Vielleicht gibt es noch einen Newsletter an die Zielgruppe und einen Jahresbericht an die Unternehmensleitung.

Um den Wandel im Thema Führung in den Alltag zu bringen, braucht es einen erweiterten Ansatz – insbesondere, um Eigenverantwortung und Selbstbeobachtung zu fördern, eine breitere Zielgruppe zu erreichen und Ansätze wie den des Leaders develop Leaders umzusetzen. Es braucht eine andere Form von Bekanntheit, Aufmerksamkeit und Inspiration zum Thema Leadership.

Wie kann dieses gefördert werden? Neben klassischen Marketing-Maßnahmen wie Namen, Wort- bzw. Bildmarke sollte eine Neukonzeption des Leadership Development auch neue Wege der Kommunikation mit der Zielgruppe und ihrer Inspiration einführen. Die passive Form eines gut strukturierten *Intranetauftritts* zur Orientierung der Zielgruppe über die Angebote ist weiterhin wichtig, sollte aber ergänzt werden durch aktivere Kommunikationsformate wie *Blog* und *Newsfeed,* die schnell und unkompliziert Inspirationen und Informationen in der Zielgruppe verteilen und diese zum Austausch anregen. Teilnehmer können im Newsfeed z. B. direkt ihr Feedback zu einem Angebot geben und dieses damit ihren Peers empfehlen. Führungsverantwortliche können selbst zum Blogger werden.

1.4.5 Sich austauschen über Führung – Ideen und Sprache für eine Leadership Community finden

Das Selbstverständnis von Führung befindet sich im Wandel, viele Menschen innerhalb und außerhalb der Organisation probieren neue Wege aus und machen sich Gedanken über wirksame Führung. Diese Gedanken zu teilen und damit die Vielfältigkeit von Fragen und Lösungsansätzen aufzuzeigen, öffnet Menschen für die Reflexion ihrer eigenen Wege und Möglichkeiten. Ideal ist es daher, eine Plattform zum Austausch und zur Community-Bildung anzubieten – technisch in Form einer *Intranetseite,* die z. B. einem konkreten Entwicklungsfeld in der Führung gewidmet ist, auf der Führungsverantwortliche ihre Erfahrungen austauschen können – und in *Face-to-Face-Situationen* in Form von Einladungen zu Meetings für den gegenseitigen Austausch.

Dieser Erfahrungsaustausch kann sich um bestimmte Schwerpunktthemen herum organisieren, die man im Leadership Development vorantreiben möchte: neue Arbeitsformen z. B. oder die Führung von Innovationsprozessen, kreatives Kostenmanagement usw. Das würde dazu beitragen, *Netzwerke* zu Leadership-

Themen zu bilden: Anliegen-basierte, selbstorganisierende soziale Foren, die Kompetenzen und Problemlösungspotenzial aufbauen. Auch themenunabhängig kann zum Austausch eingeladen werden, was sozial bestimmte Netzwerke fördern kann, in denen Führungsverantwortliche sich gegenseitig in ihren Alltagsfragen unterstützen indem sie z. B. kollegiale Fallberatung praktizieren.

Je mehr ein Leadership Development auf die Aktivierung interner Ressourcen setzt, desto mehr sollte es gegenbalancierend auch Inspirationen von außen fördern: beispielsweise durch Einladungen an externe Gäste zu kurzen Impulsvorträgen zu ihrer Sicht auf Leadership oder zu bestimmten Organisationsthemen. Solche Veranstaltungen lassen sich leicht ohne Anspruch auf technische Perfektion aufzeichnen und der Leadership Community zur Verfügung stellen.

Um den Austausch über Führung anzuregen und Ideen und Inspirationen in die Leadership Community zu tragen, bietet es sich an, den Führungsverantwortlichen eine bewusste Auswahl aus den *Internet-Beiträgen* zur Verfügung zu stellen, insbesondere TED-Talks, Links zu Foren, Literaturtipps etc. Damit halten sich Funktionsträger im Leadership Development selbst auf dem Laufenden.

Anmerkungen

1 vgl. Martin 2009.

2 Das Swiss Centre for Innovations in Learning (scil) spricht von »drei unterscheidbaren Sinnhorizonten betrieblicher Bildungsarbeit: normative Orientierung, Strategieentwicklung und operative Umsetzung«; vgl. Fandel-Meyer/Meier 2016, S. 100.

3 Mit ›Silo‹ wird das Mindset, die Haltung, bezeichnet, dass Abteilungen in einem Unternehmen ihre Informationen nicht mit anderen Unternehmensbereichen teilen. Die Metapher des Silos bringt zum Ausdruck, dass solche Abteilungen sich mit hohen Mauern umgeben, ihre Ressourcen horten und keine Verbindung zu ihren Umwelten halten. Silo-Denken behindert die Effizienz und Produktivität der gesamten Organisation und untergräbt das Leistungsklima.

4 Das Modell geht zurück auf einen Austausch zwischen Niklas Luhmann und Mitgliedern der Beratergruppe Neuwaldegg; siehe dazu auch Heitger/Jarmai 1994.

5 vgl. Jarmai 2009, interne Seminarunterlagen zum Neuwaldegger Curriculum. Auf Anfrage erhältlich bei der Autorin und Koleiterin J. Krizanits.

6 vgl. Gosling/Mintzberg 2003.

7 Es handelt sich um den Strategieprozess, der im Konzept der fünf Wetten in der Wette Nr. 4, dem Community Lab, verortet ist (Beschreibung siehe Teil 3, Kap. 5).

8 Der Aufbau der Leadership Academy für die Swisscom AG erfolgte u. a. in Zusammenarbeit mit Dr. Jens-Peter Abresch (siehe Danksagungen im Vorwort).

9 Mit dem Begriff ›Nominationsprozess‹ ist die Paxis gemeint, dass die Teilnahme an Management-Development-Curricula dadurch zustande kommt, dass Vorgesetzte Mitarbeitende benennen, die sie für eine zukünftige Führungsposition für förderungswürdig halten.

10 Der Innovationskreis Führungskräfteentwicklung mit Zukunft sieht im Trend »Führungskräfte im Driver Seat« eine wesentliche Stellgröße für das Leadership Development: »People must own their development [...] People develop fastest when they feel responsible for their own progress«. (vgl. Fandel-Meyer/Meier 2016, S. 24).

11 vgl. Fandel-Meyer/Meier 2016, S. 25 f.

2. Kapitel: Der Leadership Canvas – die Schlüsselfähigkeiten für heute bis morgen vorgeben

Schon mal gehört?
»In unserem Führungsinstrument stehen so viele Banalitäten – worauf es wirklich ankommt, wie wir uns verändern müssen, das umgehen wir damit gerne.«
»Wir haben in unserem Bereich unser eigenes Führungsverständnis entwickelt. Das zentrale Instrument ist für uns zu generisch, das passt für uns nicht.«
»Für meine Form der Führungsverantwortung gibt es bei uns keine klare Anforderung. Ich verantworte bereichsübergreifend ein fachliches Thema – dazu bekomme ich keine Orientierung.«

In diesem Kapitel wenden wir uns der Wette Nr. 1, dem *Leadership Canvas* zu. Er ist das Instrument, welches Führungsverantwortlichen im Unternehmen Orientierung gibt und den normativen Rahmen für das Investment in Leadership Development setzt.

DEFINITION

Die erste Wette zum Leadership Canvas lautet:
Wir setzen darauf, dass wir in der Prägung von Leadership mit einem wirkungsorientierten Führungsansatz bewusst auf die spezifischen Schlüsselfähigkeiten der Führung fokussieren, welche für das Unternehmen speziell im aktuellen Kontext und mit Sicht auf die antizipierten Herausforderungen (Herkunft, Kultur, Markt, Branche) zukunfts- und wettbewerbsrelevant sind.
Diese Schlüsselfähigkeiten der Führung gilt es in einem gemeinsamen Prozess auszuwählen und durch die Ausarbeitung in einem Leadership Canvas im Unternehmen zur Sprache zu bringen und verbindlich zu machen.
Der Leadership Canvas stärkt die Selbstbeobachtung der Führungsverantwortlichen zu ihren Führungsfähigkeiten und ihrer Führungswirkung und ist zugleich Basis für die Investition des Unternehmens in das Leadership Development.

Zunächst stellen wir Ihnen das normative Instrument des Leadership Canvas vor, mit seinen Funktionen und seiner Bedeutung für eine Corporate Leadership Brand und mit seinen Beobachtungsfeldern – Wirkungen von Führung, Schlüsselfähigkeiten und Entwicklungswege. Dann beschreiben wir die wirkungsfördernden Tools, den Leadership Explorer, die Leadership Personas und das Workbook MyLeadership Canvas, die die Kraft des Instruments breiter und tiefer zur Entfaltung bringen. Abb. 7 bringt diese Zusammenhänge zum Ausdruck.

2.1 Das Instrument des Leadership Canvas

Das Konzept des Leadership Canvas überträgt den Ansatz des ›Business Model Canvas‹ von A. Osterwalder[1] auf das Thema Führung; es geht also darum, eine Art Business-Modell für die Funktion Führung zu entwerfen. In der Metapher geht um eine anfangs weiße Leinwand, auf der ein Unternehmen die Gestaltungsfelder markieren und nach seiner Kultur die Farbakzente setzen soll, die Antwort auf die Fragen geben: Welche Wirkungen soll Führung entfalten, welche Fähigkeiten müssen dazu stärker ausgeprägt werden und wie kann diese Ausprägung erfolgen?

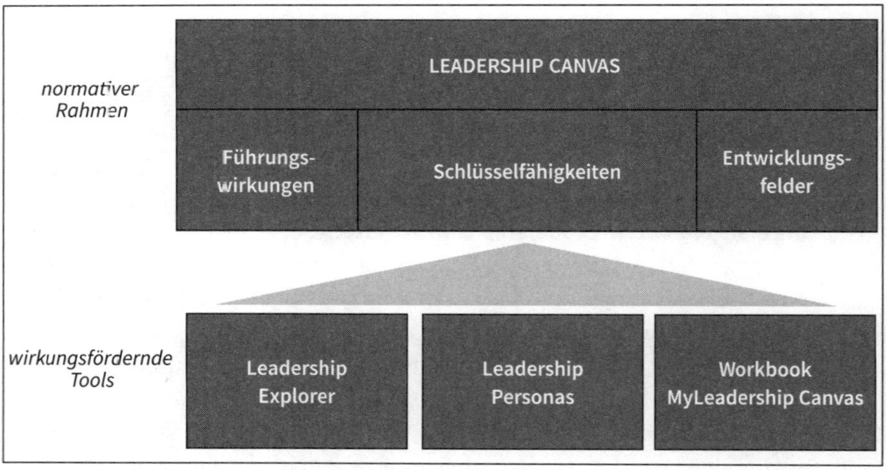

Abb. 7: Die erste Wette – der Leadership Canvas (Eissing/Stettler)

So wie jedes Unternehmen sein Business Modell aus seiner Wettbewerbssituation und seinen Ressourcen individuell entwickelt, so muss es auch seinen Leadership Canvas für sich individuell gestalten. Es muss seine spezifische Situation gut verstehen und herausarbeiten, welche einzigartigen Schlüsselfähigkeiten bei Entscheidungen, im alltäglichen Führungshandeln oder in besonderen, herausfordernden Situationen von innen und von außen wahrgenommen werden sollen.

Die erstmalige Erarbeitung des Leadership Canvas, insbesondere die Identifizierung der Schlüsselfähigkeiten für heute im Übergang zu morgen, ist ein strategischer Prozess, der die Führung fordert, sich über die Entwicklungsfelder des Unternehmens und ihre eigene Funktion Gedanken zu machen. Der erarbeitete Leadership Canvas, das fertige Gemälde, ist dann Basis für regelmäßige Reviews im Rahmen des Leadership Evolution Process (siehe Wette Nr. 5). Schwerpunkte in den Schlüsselfähigkeiten können sich im zeitlichen Verlauf ändern oder müssen konkretisiert werden.

2.1.1 Funktionen des Leadership Canvas für das Leadership Development

Der Leadership Canvas stellt das Fundament für das Leadership Development dar, indem er auf die erwünschte Wirkung von Führung fokussiert und Sprache und Bilder dazu prägt. Führungsverantwortliche lädt er zusammen mit den aus ihm abgeleiteten Tools zur Selbstbeobachtung und Reflexion ein. Und er bietet die Basis zur gezielten Investition in das Leadership Development.

Normativer Rahmen für Führung – Fokus setzen

Der Leadership Canvas hebt zum einen die Schlüsselfähigkeiten hervor, die im Heute gestärkt werden sollen – die ungehobenen Schätze, das sind z. B. die positiven Abweichungen, die Leistungen, die über den formulierten Erwartungen liegen (siehe S. 103). Zum anderen formuliert er die Fähigkeiten, die für die Weiterentwicklung des Unternehmens in der nahen Zukunft neu sind oder an Bedeutung gewinnen werden – die Wetten auf die Anforderungen von Morgen. Er gibt den normativen Rahmen vor, in dem sich Führung entwickeln und ausprägen soll. Er gibt Führungsverantwortlichen einerseits Fokus, lässt ihnen andererseits Freiräume, ihr Handeln an die Notwendigkeiten des speziellen Kontextes anzupassen.

Selbstbeobachtung – sich persönlich und kollektiv entwickeln

Der Leadership Canvas ist damit auch ein Spiegel zur Selbstbeobachtung für die persönliche und kollektive Entwicklung von Leadership im Unternehmen; das Instrument mit seinen unterstützenden Tools fordert und unterstützt die laufende Selbst- und Fremdbeobachtung. Führungsverantwortliche können auf dieser Basis eine Standortbestimmung machen und reflektieren, in welchen Feldern sie ihre Führungswirkung verändern und welche Schlüsselfähigkeiten sie entwickeln müssen. Dies fördert das persönliche Lernen der Führungsverantwortlichen und das kollektive Lernen der Leadership Community. Durch die selektive Fokussierung auf Schlüsselfähigkeiten von Führung heute und im Übergang zu morgen dient er als Transformationsinstrument für die Funktion Führung.

Sprache über Führung – Kultur prägen

Die Definition der für das Unternehmen wichtigen Begriffe lenkt die Aufmerksamkeit und markiert den Sprachvorrat für den Diskurs von Führung über Führung. Durch die Auswahl von Begriffen werden bewusste Akzente gesetzt, die besprechbar, einforderbar und verhandelbar werden. Dabei ist wichtig, dass die Sprache anschlussfähig bleibt für die verschiedenen Realitäten, die im Unternehmen vorkommen, da Führung in unterschiedlichsten Kontexten stattfindet, als Linienfunktion, Projekt- oder Fachführung, stark operativ bis hin zu sehr konzeptionell. Gleichzeitig sollten neue Begriffe verwendet werden, um neue Entwicklungen zu markieren. Die Irritation, die neue, anfangs schwer verständliche Begriffe auslösen, wird zu ihrer Verbreitung beitragen.

Basis für Investition in Führung – Ressourcen richtig einsetzen

Der Leadership Canvas bildet den Ausgangspunkt und die Legitimationsbasis für Investitionen und konkrete Maßnahmen zum Leadership Development.

2.1.2 Beitrag zu einer Corporate Leadership Brand

Der Leadership Canvas beschreibt in Form der Schlüsselfähigkeiten die grundsätzlich erwünschten Handlungs- und Haltungsziele auf allen Ebenen von Führung und in allen Handlungskontexten und koordiniert damit die Menschen mit Führungsverantwortung durch eine gemeinsame Ausrichtung. Er gibt der Funktion Führung dadurch einen Fokus. Damit bildet der Leadership Canvas das inhaltliche Fundament für die Corporate Leadership Brand.

2.1.3 Aufgaben und Verantwortung für das Professionsfeld Leadership Development beim Leadership Canvas

Verantwortliche im Professionsfeld Leadership Development steuern den Prozess zur Entwicklung des Leadership Canvas, sowohl in seiner erstmaligen Erarbeitung als auch in der Weiterentwicklung im Rahmen des Leadership Evolution Process (siehe Wette Nr. 5). Dazu muss das Leadership Development die passenden Kommunikationsräume schaffen, in denen die Leadership Community sich damit auseinandersetzt, welche Schlüsselfähigkeiten im Heute und in der nahen Zukunft für den Erfolg des Unternehmens besonders relevant sind und wie diese konkret im Unternehmen zum Leben gebracht werden können. Die Wette Nr. 4, das Community Lab, bietet diese Räume an.

Der Leadership Canvas bildet den inhaltlichen Kern für eine Corporate Leadership Brand, der auch andere Unternehmensfunktionen, z. B. die Funktionen Talent Management, Performance Management, Recruiting usw. zuarbeiten sollten. Zudem muss er konsistent sein zu weiteren Führungselementen wie sie z. B. das Controlling in der Art der Budgetsteuerung prägt.

Um diese Aufgaben der Prozesssteuerung und Vernetzung wahrnehmen zu können, muss das Leadership Development sowohl im Unternehmen als auch außerhalb eine gute Wahrnehmung der relevanten Veränderungen entwickeln, um der Leadership Community bei der Erarbeitung der Schlüsselfähigkeiten Inspiration und ein Sparring bieten zu können.

2.2 Die Gestaltungsfelder des Leadership Canvas

Der Leadership Canvas hat drei Gestaltungsfelder, an denen sich das Führungsverständnis im Unternehmen ausrichtet. Sie werden im Folgenden beschrieben; der wichtigste Baustein, die Definition der Schlüsselfähigkeiten heute und im Übergang auf morgen, wird an einem Beispiel veranschaulicht.

2.2.1 Schlüsselfähigkeiten, Wirkungen und Entwicklungspotenzial von Führung beobachten

Der Leadership Canvas spannt drei Beobachtungsfelder auf (siehe Abb. 7):

- Zum einen geht es um die *Wirkungen*, die Führung auslöst. Hier können KPIs[2] festgeschrieben werden, die unternehmensweit als Referenzwerte für ›gute‹ Führung definiert sind, z. B. Mitarbeiterzufriedenheit, Kundenzufriedenheit.

Zudem können hier Reflexionsfragen zur Wirkung und Wirksamkeit von Führung gestellt werden. Sie fordern Führungsverantwortliche auf, zu hinterfragen, welche Wirkung ihre ganz spezielle Führungsverantwortung und -leistung haben muss, welche neuen Herausforderungen sich stellen, welche bisherigen Wirkungen künftig nicht mehr relevant sind.

- Zum anderen geht es um die *Entwicklungsfelder und -wege,* die der oder die Führungsverantwortliche zu beschreiten hat. Da sich die fachlichen oder wirtschaftlichen Anforderungen ständig verändern, Menschen in neuen Konstellationen zusammenarbeiten, muss auch Führung die eigene Aufmerksamkeit immer wieder auf andere Themen lenken. Da zudem die spezifischen Herausforderungen und die Ausgangsbasis überall anders sind, muss jeder Führungsverantwortliche, jedes Team, für sich immer wieder einen eigenen Weg zur Entwicklung der neuen Fähigkeiten erarbeiten. Neben dem normativen Rahmen hat der Leadership Canvas also auch die Funktion als Template und Arbeitsinstrument, um konkrete Entwicklungsfelder abzuleiten.
- Im Mittelteil des Leadership Canvas steht das Herzstück, die *Schlüsselfähigkeiten* von Führung heute und im Übergang zu morgen, die grundsätzlich erwünschten Handlungs- und Haltungsziele, die auf allen Ebenen von Führung – Selbstführung, Mitarbeiterführung, Teamführung, fachliche Führung – gelten und in verschiedenen Handlungskontexten Orientierung für erwünschtes und wirksames Führungshandeln geben.

Die Fokussierung auf wenige Schlüsselfähigkeiten folgt der Überzeugung, dass wir nicht allgemein über Leadership reden und pauschal investieren wollen, sondern uns auf diejenigen ausgewählten Aspekte konzentrieren, die speziell für das Unternehmen – seine Herkunft, Kultur, aktuelle Lage, Markt, Branche – heute und im Übergang zu morgen relevant sind, eben Schlüssel-Fähigkeiten. Denn um die Funktion Führung im Unternehmen zu entwickeln, müssen diese heute und für die nahe Zukunft relevanten Anforderungen an Führungsleistung beobachtbar und besprechbar gemacht werden. So gelangen sie in den Fokus der allgemeinen Aufmerksamkeit und heben sich vom ›Grundrauschen‹ der allgemeinen, selbstverständlichen und für den Kontext des Unternehmens nicht mehr zweckmäßigen Anforderungen ab[3].

Ein breiter Diskurs über Führung, wie er in vielen Unternehmen gepflegt wird, wenn nach Art einer taxativen Liste immer mehr und mehr Attribute von Führung besprochen werden, hat dagegen Unverbindlichkeit und nicht selten die Vermeidung konkreter, transparenter Weiterentwicklungen zur Folge. Denn wenn Führung alles ist und alles Führung ist, kann sich jeder irgendwo verorten; Führungsverantwortliche können in ihrer jeweiligen Komfortzone verharren, sie müssen nicht mit schmerzlicher persönlicher Betroffenheit und substanziellen Wandlungen eigener Gewohnheiten rechnen.

Daher braucht es den Fokus auf die für das Unternehmen relevanten Schlüsselfähigkeiten, welche heute und im Übergang zu morgen die erwünschten Wirkungen von Führung beschreiben, die wunden Punkte treffen und Energie für die Auseinandersetzung und Entwicklung der Fähigkeiten erzeugen.

2.2.2 Die Auswahl von Schlüsselfähigkeiten am Beispiel

Bei der unternehmensspezifischen Erarbeitung dieser Schlüsselfähigkeiten sind verschiedene Aspekte zu beachten, um eine Anschlussfähigkeit im Unternehmen sicherzustellen. Das soll an einem Beispiel veranschaulicht werden, das die folgenden vier Schlüsselfähigkeiten als Bündel von Fähigkeiten stichwortartig definiert: Unternehmer – Zukunft gestalten, konsequent managen, Trainer – Menschen stärken, Lernen gestalten, Netzwerker – Kräfte verbinden, zusammen wirken, mich führen – bewusst sein, selbst lernen (siehe Abb. 8).

Bei der Auswahl der Schlüsselfähigkeiten und der darunter liegenden Detaillierung ist eine ausgewogene Balance von heutigen Entwicklungsfeldern in der Führung und von neuen Fähigkeiten für die Zukunft sicherzustellen.

In unserem Beispiel sind die Schlüsselfähigkeiten ›Unternehmer‹ und ›mich führen‹ im Kern eher Fähigkeiten, die vielleicht schon bislang als wichtig erachtet wurden. Die Auswahl des Unternehmers kann für die kommende Zeitspanne aber besonders wesentlich sein, um damit die Aufmerksamkeit auf Eigeninitiative, Innovationskraft, Kostenbewusstsein oder Entscheidungsverhalten zu lenken. Die Schlüsselfähigkeit des Mich-führens ist zwar die Basis für Führungsverantwortliche in allen Unternehmen, wird aber vielleicht für die kommende Zeitspanne zum Schlüsselfaktor, weil mit der besonders starken Unsicherheit und Veränderungsgeschwindigkeit in der Branche auch besondere Herausforderungen an die Selbstführung der Führungsverantwortlichen verbunden sind.
Für die Zukunft kann die neue Schlüsselfähigkeit eines Trainers dazukommen: Es braucht neue Fähigkeiten in der Gestaltung der richtigen Organisation, im Gestalten von ›Spielsystemen‹, in denen Probleme gelöst, Innovationen entwickelt werden; es braucht bei allen Beteiligten neue Fähigkeiten, die im Alltag vermittelt und trainiert werden müssen. Auch die Schlüsselfähigkeit des Netzwerkers ist neu; sie betont die Bedeutung, Menschen innerhalb und außerhalb der Organisation wirksam zusammen zu bringen.

Diese Schlüsselfähigkeiten prägen in ihrer Ausformulierung sowohl erwünschtes Verhalten als auch die dahinterstehende Haltung eines Führungsverantwortlichen: Ein Unternehmer prüft genau, wofür er Ressourcen investiert. Ein Trainer definiert sich nicht dadurch, dass er selbst die Tore schießt. Ein Netzwerker verhindert nicht aus Bereichsegoismus heraus die Umsetzung von übergreifend relevanten Entscheidungen. Und jemand, der sich seiner Handlungen selbst bewusst ist, nimmt mehr aus seinem Umfeld wahr. Das Beispiel veranschaulicht eine mögliche Auswahl, in einem anderen Unternehmen können ganz andere Themen besonders zu stärken bzw. in den Vordergrund zu stellen sein.

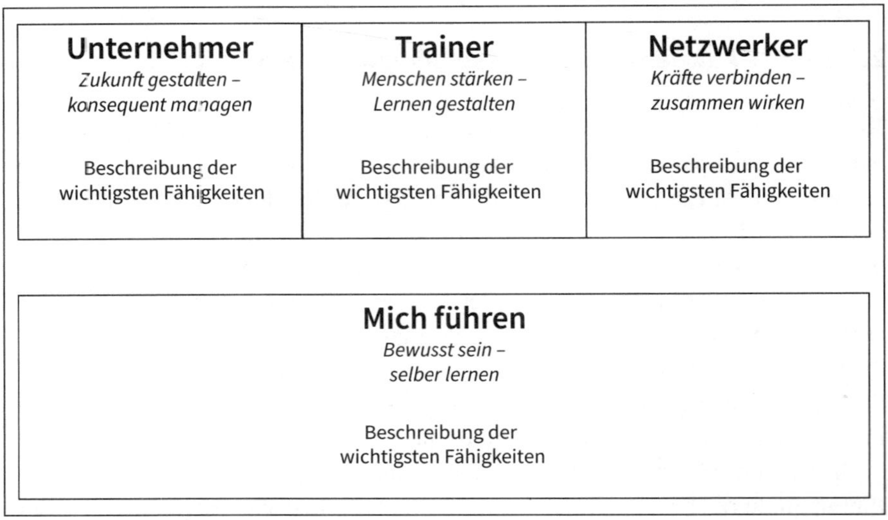

Abb. 8: Beispiel für ausgewählte Schlüsselfähigkeiten in einem Leadership Canvas (Swisscom AG 2015)

Für die Bezeichnung der Schlüsselfähigkeiten sollte man Begriffe nutzen, unter denen sich Führungsverantwortliche konkret etwas vorstellen können. Zu den Schlüsselfähigkeiten z. B. eines Unternehmers oder eines Netzwerkers haben viele ein Bild, und der Begriff lässt sich schnell im Unternehmen verankern. Erst nach der Verankerung eines solchen Begriffs wird eine Auswahl von Dimensionen beschrieben, die jeweils mit verhaltensbeschreibenden bzw. Haltung beschreibenden Items weiter veranschaulicht werden. Der folgende Kasten illustriert dies am Beispiel der Dimension ›Kräfte verbinden, gemeinsam wirken‹, die der Schlüsselfähigkeit Netzwerker zugeordnet ist.

Konkrete Verhaltensweisen bzw. Haltungen für die Dimension ›Kräfte verbinden, gemeinsam wirken‹ der Schlüsselfähigkeit Netzwerker
Gemeinsam gestalten – gemeinsam erfolgreich sein. Dieser Aspekt betont die Relevanz, dass wirkungsvolle Zusammenarbeit vor Bereichs- oder auch individuellem Egoismus steht. Das häufig erlebte Silo-Verhalten, welches die Gesamtauswirkung für das Unternehmen und den Kunden ausblendet, wird damit besprechbar.
Perspektivenvielfalt und Konflikte kreativ nutzen. Hier wird die Bedeutung hervorgehoben, dass verschiedene Perspektiven und auch Konflikte nutzbar gemacht werden müssen – und zwar kreativ. Mit der Aufnahme dieses Items wird angekündigt, dass die Nutzung von Konflikten allgemeines Augenmerk finden wird.
Die informelle Organisation für ein gutes Zusammenwirken pflegen und nutzen. Da die formale Organisation immer Schattenseiten hat und nie auf alle Anforderungen im Unternehmensalltag vordenkbar ist, müssen Handelnde ihr internes Netzwerk bewusst pflegen und nutzen.
Externe Netzwerke aufbauen und produktiv machen. Die wachsende Notwendigkeit von externen Netzwerken wird explizit betont.

Für die Ausformulierung konkretisierender Items gilt: Weniger ist mehr. Wichtig ist es, die erfolgsentscheidenden Fähigkeiten herauszuarbeiten und die relevanten Unterschiede zu heutigem Handeln zu betonen, die Aufmerksamkeit und Bewegung erzeugen.

2.3 Die wirkungsfördernden Tools zur Vertiefung des Leadership Canvas

Der Leadership Canvas als normatives Instrument ist bewusst schlank gehalten, um die Sprache und den Fokus im Unternehmen auf die wesentlichen Fähigkeiten, die Schlüsselfähigkeiten, zu lenken. Tatsächlich steckt in jeder Fähigkeit sozusagen ein gesamtes Konzept, welches es zu entfalten gilt. Um vom Appell – »diese Schlüsselfähigkeit erwarten wir von euch« – zum Handeln – »dadurch lebe ich diese Schlüsselfähigkeit in meinem Alltag« – zu kommen, braucht es Konkretisierung.

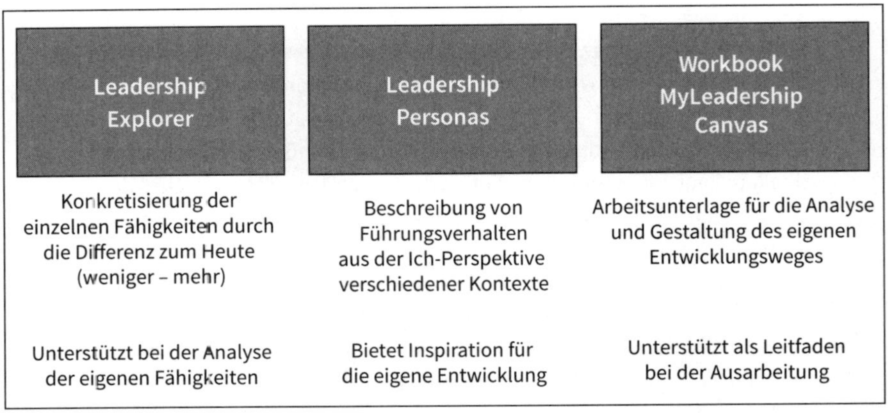

Abb. 9: Tools zur Vertiefung des Leadership Canvas (Eissing/Stettler)

Um Führungsverantwortliche bei ihrer Selbstbeobachtung zu unterstützen, ihre Fantasie bezüglich eigener Entwicklungsfelder und -optionen anzuregen und ihre Initiative anzustoßen, einen eigenen Entwicklungsweg auszuarbeiten, muss das Verständnis der Schlüsselfähigkeiten vertieft und kontextualisiert werden. Die Instrumente dazu stellen wir im Folgenden vor: den Leadership Explorer, die Leadership Personas und ein Workbook zur Arbeit mit dem Leadership Canvas (siehe Abb. 9).

Wirkung und Kraft des Leadership Canvas kommen nicht aus einer pauschalen Sollbeschreibung der Schlüsselfähigkeiten; sie entstehen vielmehr in der Auseinandersetzung mit – vorzugsweise spielerischen – Tools, die konkrete Unterschiede im Alltagsverhalten aufzeigen, Unterschiede, die einen Kontrast zur bisherigen Praxis machen, d. h. Informationen generieren können.

2.3.1 Der Leadership Explorer – die Schlüsselfähigkeiten verstehen

Im *Leadership Explorer* werden die Beschreibungen der Dimensionen, die jeder Schlüsselfähigkeit hinterlegt sind, weiter mit typischen Verhaltenskontexten konkretisiert. Sie beschreiben, was das Unternehmen eher ›weniger‹ und was es ›mehr‹ erleben möchte. Durch die Verdeutlichung der Differenz zu heute wird das erwünschte Verhalten greifbar.

Ein solches Tool kann als pdf, integriert in eine Leadership App oder als ein reales Kartenset zur Verfügung gestellt werden.

Abb. 10: Beispiel für die Ausformulierung einer Fähigkeit im Leadership Explorer (Swisscom AG 2015)

Abb. 10 zeigt ein Beispiel in der Form des Kartensets, das für jede der einzelnen Konkretisierungen von Schlüsselfähigkeiten eine Karte mit beobachtbarem Verhalten enthält. Das Beispiel zeigt die Karte für das Item »Perspektivenvielfalt und Konflikte kreativ nutzen«, eines von vier Items für die Schlüsselfähigkeit des Netzwerkers (siehe oben): »Kritische Sichtweisen wegreden und dagegen arbeiten« soll es weniger geben, stattdessen soll es mehr vom Verhalten geben, »kritische Sichtweisen als Perspektivenerweiterung managen«; statt »Konflikte aussitzen« mehr »Konflikte aktiv bearbeiten«, statt »die Moderation von (Ziel-)konflikten wegzudelegieren«, sollen »(Ziel-)konflikte professionell moderiert und produktiv gemacht werden«.

Je nach Kultur des jeweiligen Unternehmens ist die passende Sprache zu finden, die bei den ›Weniger-von-Beschreibungen‹ die Realität spiegeln und ein Schmunzeln auslösen und bei den ›Mehr-von-Beschreibungen‹ vielleicht ein Stirnrunzeln und ein leichtes Unwohlsein aufkommen lassen kann. Wenn dies glückt, ist ein Anker zur persönlichen Verhaltens- oder Haltungsveränderung gelegt. Um möglichst treffende Verhaltensanker und eine berührende Sprache sicherzustellen, sind daher die Führungsverantwortlichen bei der Entwicklung des Leadership Explorer einzubinden.

Der Leadership Explorer dient als Instrument zur Analyse der einzelnen Fähigkeiten und zur eigeninitiativen Ableitung von Entwicklungsschritten. Er kann auf vielfältige Art zur Vertiefung des Leadership Canvas genutzt werden:

- Führungsverantwortliche können damit arbeiten, um ihr persönliches Führungsverhalten anzuschauen. In welchen Fähigkeiten sind sie heute noch eher im ›Weniger-von-Bereich‹ – und warum? In welchen Aspekten sehen sie den größten Veränderungsbedarf? Wo haben sie ihre besonderen Stärken? Sie können sich zu ihrer eigenen Analyse auch von Peers, Vorgesetzten und Mitarbeitenden Außensichten abholen.
- Teams können das Kartenset gemeinsam nutzen. Welche Fähigkeiten sind für den Teamerfolg besonders wichtig? Wie können sie durch ein besseres Zusammenspiel gestärkt werden? Wer im Team kann bestimmte Fähigkeiten besonders gut einbringen? Von wem können andere lernen?
- Zur Analyse der eigenen Maturität, des eigenen Reifegrades oder desjenigen des Teams bietet sich ein einfaches Arbeitsblatt mit einer Beurteilungsskala an. In diesem können einzelne Führungsverantwortliche oder auch Teams ihre Einschätzung zu jeder einzelnen Fähigkeit und ihre Entwicklungsfelder visualisieren. Zudem können verschiedene Spielanleitungen bereitgestellt werden, wie man individuell oder als Team mit dem Kartenset kreativ arbeiten kann.
- Neben der selbstständigen Nutzung kann der Leadership Explorer im Rahmen von Präsenztrainings oder Development Centers zur Vertiefung eingesetzt werden – sei es in einer Basisausbildung oder in Angeboten zur Vertiefung von bestimmten Schlüsselfähigkeiten.

2.3.2 Leadership Personas – Inspiration zum eigenen Führungskontext bekommen

Das Instrument beschreibt die Schlüsselfähigkeiten des Leadership Canvas in Form von Leadership Personas. *Leadership Personas* bilden die maßgeblichen, unterscheidbaren Führungskontexte und Rollenskripte von Führungsverantwortlichen im Unternehmen ab; vorstellbar ist die Ausarbeitung folgender Personas:

- *Unitleader,* Linienführung, führt meistens weitere Linienverantwortliche
- *Team Leader,* Linienführung, führt Mitarbeitende
- *Project Leader,* Projektführung, führt zeitlich befristet / fachlich
- *Topic Leader,* fachliche Führung, für ein Thema verantwortlich

- *Agile Teams,* neue Shared-Leadership-Ansätze, verschiedene Führungsrollen, neue Rollen in agilen, selbstorganisierenden und Shared-Leadership-Organisationsformen.

Für jede dieser Personas werden für jede der Schlüsselfähigkeiten des Canvas Alltagsszenen aus der Perspektive eines Ich-Erzählers beschrieben (siehe Abb. 11). Ergänzt werden diese Beschreibungen durch die Erzählung einer ›Dark Side‹, eines Verhaltens, das das Unternehmen bei dieser Persona wirklich nicht erleben möchte. Damit soll – wie bei der Struktur des Leadership Explorers – ein Unterschied aufgezeigt werden, der die Schlüsselfähigkeiten plastischer macht.

In den *Ich-Erzählungen* der Leadership Personas werden Gedanken und Handlungen beschrieben, die im konkreten Alltagskontext die Schlüsselfähigkeiten typischerweise veranschaulichen. Es geht sozusagen um Tiefbohrungen im Eisberg, die das Verständnis und die Fantasie des oder der einzelnen Führungsverantwortlichen anreichern. Sie zeigen an Beispielen Differenzen zum heutigen Verhalten auf und inspirieren Führungsverantwortliche zu neuem Verhalten, das sie ausprobieren könnten. Als Format für diese Leadership Personas bietet sich ein einfaches Dokument an oder die Integration in eine App zum Thema Leadership.

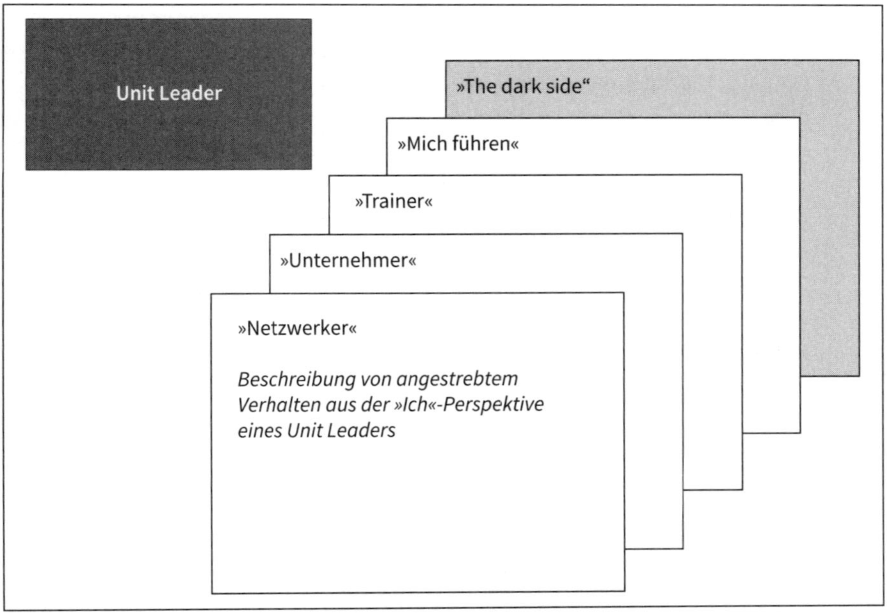

Abb. 11: Leadership Personas – am Beispiel der Persona eines Unit Leaders (Eissing/Stettler)

Um einen Bezug zur Managementtheorie herzustellen, sei angemerkt: Das Konzept der Personas unterscheidet – wie das der Leadership-Pipeline – unterschiedliche Führungskontexte und -Rollen. Im Unterschied zum Pipeline-Modell orientiert sich die Auswahl der Personas nicht vorrangig an Hierarchieebenen. Auch geht es hier nicht um eine ausführliche, umfassende Rollenskizze, sondern um das Ausleuchten unterschiedlicher Betroffenheiten bzw. Manifestationen der Schlüsselfähigkeiten des Leadership Canvas.

Das Beispiel im Kasten soll deutlich machen, wie unterschiedlich sich die Schlüsselfähigkeit des Netzwerkers in der Erfahrungswelt der unterschiedlichen Personas manifestieren kann. Jeder kennt in seinem Unternehmen verbreitete, aber nicht so ohne Weiteres offen ansprechbare Führungsmuster, über die an Schreibtischen und in Gängen viel geredet wird. Durch die Leadership Personas können sie in Form positiver Beispiele besprechbar werden.

Erzählungen zur Schlüsselkompetenz des Netzwerkers von unterschiedlichen Personas (Swisscom AG 2015)

Ein *Unit Leader* könnte als ›Netzwerker‹ Folgendes erzählen: »Neulich gab es eine Eskalation im Managementteam meiner Division, bei der es um die Zielkonflikte zwischen meiner und einer anderen Unit ging. Wir hatten uns echt gut aufgerüstet im Vorfeld. Die haben uns da zum Glück wieder schnell auf den Boden gebracht. Aus ihrer Gesamtsicht waren die strittigen Fragen um Stabilität und Menge gar keine Konflikte, sondern etwas, das es unternehmerisch immer auszubalancieren gilt. Künftig, hoffe ich, brauchen wir dafür keine Eskalation mehr, sondern können die unterschiedlichen Perspektiven früher unter uns sichtbar machen und konstruktiv aushandeln. Es ist wie mit einer gemeinsamen Seilschaft am Berg: Wir hängen da gemeinsam in der Wand.«

Zum Vergleich hier die Gedanken eines *Team Leaders* zum gleichen Thema: »Letzte Woche im Teammeeting haben viele eine bestimmte Situation sehr kritisch beurteilt. Normalerweise hätten ich und andere jetzt einfach zur ›Gegenrede‹ angesetzt. Diesmal habe ich es anders gemacht: Ich habe erst einmal mit verschiedenen Nachfragen ›neutral‹ versucht, die Sichtweise der Kritiker tief und wertschätzend zu verstehen: Warum ›ticken‹ sie so, welche Annahmen haben sie zum Sachverhalt? Was ist das ›Gute‹ an dieser Haltung? Und so weiter… Erst dann habe ich die anderen ›Gegenargumente‹ gebracht und sie aufgefordert, meine Perspektive durch Nachfragen auch ›tiefer‹ zu verstehen. Diese Übung hat unsere Perspektivenvielfalt im Team deutlich erhöht und den Knoten gelöst.«

…und die eines *Project Managers:* »Letzte Woche kam ein Teilprojektleiter auf mich zu und berichtete mir von einem Konflikt mit einem anderen Teilprojektleiter. Ich hab mir das kurz angehört und dann gesagt, dass wir ein Gespräch mit allen Beteiligten brauchen, bei dem diese Punkte auf den Tisch kommen. Auf einmal ist mein Teilprojektleiter zurückgerudert wie ein Weltmeister und meinte, dass es ›so schlimm‹ ja auch wieder nicht sei. Ich hab das Gespräch dann trotzdem mit allen geführt. Ich werde nicht länger schwelende Konflikte sehenden Auges laufen lassen, nur weil wir noch nicht besonders gut darin sind, miteinander Klartext zu reden.«

... und die ›*Dark Side*‹ – was das Unternehmen wirklich nicht beim Unit-Leaders sehen möchte: »Netzwerker gibt es in meiner Unit schon mehr als genug. Das ist doch das Problem! Die informelle Organisation in unserem Unternehmen ist doch das, was uns im Alltag die Arbeit schwer macht. Ich werde das bei meinen Führungsverantwortlichen ganz bestimmt nicht fördern. Das schwächt nur meine formale Machtposition!«

Genauso wie beim Leadership Explorer können die Personas auf vielfältige Art zur Vertiefung des Leadership Canvas genutzt werden: einfach im Selbststudium, zusammen im Team, im Rahmen von Präsenzangeboten oder in Development Centers. Sie geben Entwicklungsanregungen: Wie kann ich die Fähigkeit im Alltag umsetzen, was kann ich ausprobieren?

2.3.3 Workbook MyLeadership Canvas – den eigenen Entwicklungsweg erarbeiten

Mit dem Leadership Explorer vertiefen die Führungsverantwortlichen ihr Verständnis der einzelnen Fähigkeiten und analysieren ihren eigenen Entwicklungsbedarf. Mit den Leadership Personas werden ihnen die Differenzierungen zwischen den einzelnen Führungskontexten aufgezeigt und sie erhalten Inspiration, wie unterschiedliche Führungsrollen dieselben Fähigkeiten im Alltag er-/leben könnten. Das *Workbook MyLeadership Canvas* unterstützt sie, ihre eigene Entwicklung zu gestalten, d. h. selbstorganisiert oder begleitet durch Präsenztrainings oder Peer Coaching, ihren eigenen Leadership Canvas zu erarbeiten.

Das Workbook MyLeadership Canvas bietet eine logische Struktur (siehe Abb. 12), wie sich jemand schrittweise seinen Entwicklungsthemen nähern kann, indem es zu den einzelnen Bausteinen Anleitungen, Empfehlungen und Templates gibt, mit denen der oder die Führungsverantwortliche arbeiten kann.

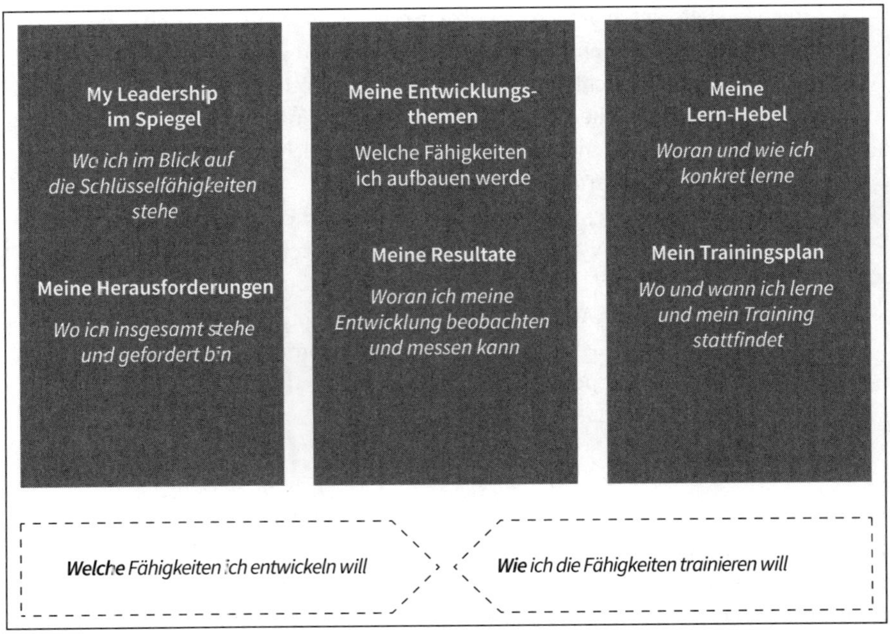

Abb. 12: Bausteine im Workbook MyLeadership Canvas (Eissing/Stettler)

Die Bausteine unterstützen folgende Schritte:

- *My Leadership im Spiegel* ermöglicht eine Bestandsaufnahme der eigenen Fähigkeiten durch die Selbsteinschätzung von Maturitätsleveln,[4] die von »schon mal gehört« bis »beherrsche ich sehr professionell« reichen.
- *Meine Herausforderungen* leitet zur Reflexion über die maßgeblichen Herausforderungen in der eigenen Führungsarbeit an und zur Einschätzung wie gut die dafür notwendigen Führungsfähigkeiten schon ausgeprägt sind.
- *Meine Entwicklungsthemen* benennen die drei bis fünf Themen, die der oder die Führungsverantwortliche im nächsten halben Jahr oder Jahr entwickeln muss und möchte.
- *Meine Resultate* konkretisieren, was anders, besser bzw. neu sein wird, wenn diese Fähigkeiten aufgebaut sein werden.
- *Meine Lern-Hebel* legen fest, welche Lernwege – kollegiales Lernen, Selbststudium von Büchern, Trainings … – eingeschlagen werden.
- *Mein Trainingsplan* gießt die Vorhaben in einen alltagstauglichen Maßnahmenplan.

Das Workbook MyLeadership Canvas ist ein Kernelement, um die Auseinandersetzung mit dem eigenen Entwicklungsweg zu stärken. Auch hier werden Sprache und Kultur geprägt; daher ist das Workbook möglichst breit einzusetzen. Optimal ist es, wenn es Basis der Performance- und Entwicklungsgespräche im Unternehmen ist und Bestandteil in geeigneten Präsenzangeboten im Leadership Development. Damit bekommen die Konzepte und Begriffe sowie der Austausch über die Schlüsselfähigkeiten Bedeutung und Wertschätzung im Alltag des Unternehmens. Neben der individuellen Nutzung kann es natürlich auch von Teams genutzt werden, die ihre gemeinsame Führung stärken wollen.

Anmerkungen

1 vgl. Osterwalder 2010.

2 KPIs steht für Key Performance Indicators, das sind Kennzahlen, die über wichtige Leistungen – in diesem Fall über Führungsleistungen – informieren.

3 Auch der Innovationskreis Führungskräfteentwicklung mit Zukunft des Swiss Competence Centre for Innovations in Learning (scil) weist auf die Bedeutung des Fokus hin und betont, dass »guiding principles« bzw. Referenzrahmen zentral für eine strategieorientierte und konsistente Führungskräfteentwicklung sind (vgl. Fandel-Meyer/Meier 2016, S. 24).

4 Maturitätlevel sind Reifegrade in der Ausprägung einer Kompetenz.

3. Kapitel: Das Personal Lab – die Führungswirkung der Person entwickeln

Schon mal gehört?
»Meine Ausbildung im Thema Führung ist schon zehn Jahre her. Wäre mal wieder gut, das aufzufrischen – aber da finde ich kein Angebot dazu. Und im Internet wird man ja erschlagen mit der Fülle an Büchern.«
»Wir hören von oben immer häufiger, dass wir die Operational Excellence in unserem Job stärken sollen. Kann das mal jemand konkretisieren und uns unterstützen, wie wir damit umgehen können?«
»Alle zwei Jahre haben wir ziemlich große Umorganisationen. Jeder von uns sucht dann immer wieder neu danach, wie man diesen Neustart im Team möglichst gut macht. Da wäre ein gemeinsames Verständnis, so ein Leitfaden, echt klasse.«

Das *Personal Lab* ist der Raum für die Entwicklung und Stabilisierung der Leadership-Kompetenz der Person. Vom Angebotsportfolio her gesehen ist es der umfangreichste Entwicklungsraum. Es enthält viele, aber nicht alle Elemente, die heute in der klassischen Management-Entwicklung auch vorzufinden sind, ergänzt diese aber durch eine Vielzahl neuer Themen und Lernformen. Das Konzept des Personal Lab setzt vor allem auf ein breites niederschwelliges Angebot und geht von bestimmten Prämissen über Entwicklung aus.

DEFINITION

Die zweite Wette zum Personal Lab lautet:
Wir setzen darauf, dass wir Personen mit Führungsverantwortung ein reichhaltiges Portfolio an Entwicklungsoptionen anbieten, mit dem sie in starker Eigenverantwortung ihre persönlichen Bedürfnisse an Wissen und Erfahrungen im Thema Führung reflektieren und entwickeln können.
Dazu braucht es neben Inspiration zum Thema eine gute Basisausbildung, ergänzt durch klassische Angebote zu Evergreens der Führung und Transformations-Angebote, die aktuelle Themen des Wandels in Organisation und Leadership aufgreifen.

Klassische hierarchiebezogene Programme nehmen wir weitgehend aus dem Portfolio, da hier oft mit einer hohen Investition nur wenige Menschen erreicht werden. Durch Selbstlernangebote, vertiefende, in Eigenverantwortung organisierte Präsenzangebote und Peer-to-Peer- Lernen, vor allem durch den komplementären Leaders-develop-Leaders-Ansatz, erreichen wir mit gleichem Ressourceneinsatz eine breitere Zielgruppe – und das häufiger.

Im dritten Kapitel stellen wir Ihnen das Konzept des Personal Lab und die Funktionen dieses Entwicklungsraumes vor sowie die Prämissen, die dem Konzept zugrunde liegen. Es folgt ein Überblick über das Angebotsportfolio zur Basisausbildung, zu Management-Evergreens und Transformationsthemen. Schließlich werden beispielhaft unterstützende Tools vorgestellt, die Führungsverantwortlichen in Form von Selbstlernformaten zur Verfügung gestellt werden können. Abb. 13 zeigt den Überblick.

3.1 Das Personal Lab – Der Entwicklungsraum für die Person

Das Personal Lab stellt Personen in Führungsverantwortung einen Lern- und Experimentierraum – ein persönliches Labor für Leadership – zur Verfügung, in dem diese ihre Führungswirkung aufbauen, ausbauen und weiterentwickeln können. Denn wie jede Profession, ist auch Führung immer unterwegs vom Werden zum Sein.

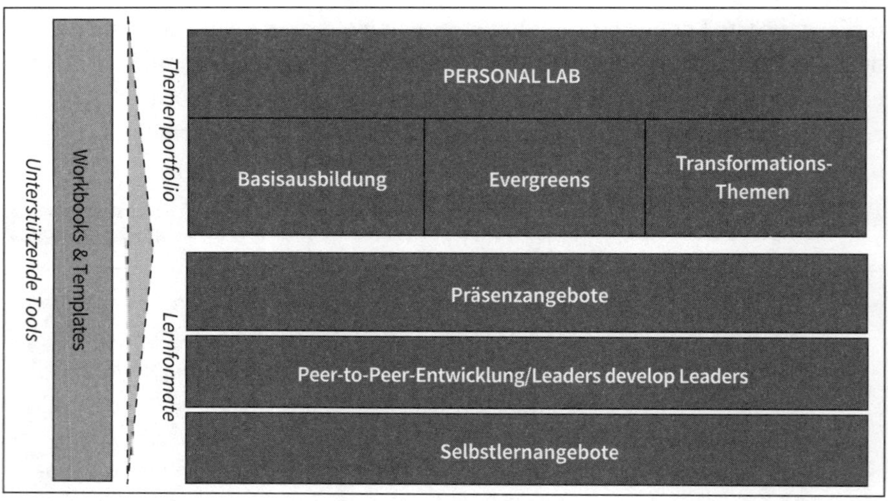

Abb. 13: Die zweite Wette – Das Personal Lab: Entwicklungsraum für die Person (Eissing/Stettler)

Welche Funktionen hat das Personal Lab für das Leadership Development? Nach welchen Prinzipien ist es ausgelegt? Was sind die Unterschiede zwischen dem Konzept des Personal Lab und klassischen Ansätzen des Management-Development?

3.1.1 Funktionen des Personal Lab für das Leadership Development

Durch seine vielfältigen, niederschwelligen Angebote für eine breite Zielgruppe ist das Personal Lab ein Kernelement für das Leadership Development im Unternehmen.

Erlernen und Vertiefen der Profession Führung

Im Personal Lab können Führungsverantwortliche das Handwerkszeug ihrer Profession erwerben, sich anlassbezogen bei Management-Evergreens Unterstützung holen und sich für die Transformations-Herausforderungen der Organisation rüsten. Das Personal Lab bietet ihnen den Raum für das Erlernen und Vertiefen des spezifischen Führungsverständnisses, insbesondere der gegenwarts- und zukunftsrelevanten Schlüsselfähigkeiten im Leadership. Aus Sicht des Unternehmens wird im Personal Lab umgekehrt das Fundament zu Führung gelegt und ein professioneller Standard in Bezug auf Wissen, Vorgehensweisen und Skills in Sachen Führung gesetzt.

Stärkung der Eigenverantwortung

Das Prinzip der Eigenverantwortung (siehe S. 221 und S. 228) ist fundamental im Personal Lab: Keines der Angebote ist obligatorisch. Eigenverantwortung kann aber nur ›zum Fliegen‹ kommen, wenn Führung zum allgemein beobachteten und besprochenen Thema wird, wenn dieses Thema im Alltag in vielen Kontexten erkannt und adressiert wird und wenn niederschwellige Angebote für die Entwicklung der eigenen Führungswirkungen kontext- bzw. handlungsnah genutzt werden können.

Angebote zur Reflexion und Vernetzung

Hinreichend für gute Führungswirkungen sind aber nicht nur Wissen und Kenntnisse; auch Verhalten, Haltungen und Einstellungen spielen eine wichtige Rolle. Die zwei wichtigsten Lernhebel dafür sind Sozialisationsprozesse in Peer to Peer Settings sowie Prozesse der Selbst- und Fremdbeobachtung und der Reflexion. Das Personal Lab bietet deshalb neben Präsenzangeboten und E-Learning-Material zu vordefinierten Management-Themen selbstorganisierte Peer-to-Peer-Entwicklungsräume und Tools zur persönlichen Standortbestimmung und Entwicklungs-Reflexion an. Das Personal Lab unterstützt damit das Lernen und die Vernetzung im ganzen Unternehmen über die Organisationsgrenzen hinweg.

Ansprache einer breiten Zielgruppe

Ausgehend von der These, dass die Führung über Rollenträger in der Hierarchie allein heute ausgedient hat, dass Organisationen angesichts komplexer Herausforderungen heute mehr und andere Führungswirkungen benötigen, steht das Personal Lab einer breiten Zielgruppe von Menschen mit Führungsverantwortung offen: Linienverantwortlichen, Projektverantwortlichen, Mitarbeitenden mit einer fachlichen Führungsaufgabe.

Führung soll von einem Thema für Eliten zu einem allgemeinen Handlungsrahmen für Verantwortungsträger werden. Dazu braucht es eine gemeinsame Sprache, die besonders in Hinblick auf transformationsrelevante Konzepte und Zugänge immer wieder ergänzt und in Fluss gehalten werden muss, um für die Anschlussfähigkeit von Führungshandeln – über Organisationsbereiche und Hierarchieebenen hinweg – zu sorgen.

3.1.2 Unterschiede zwischen dem Personal Lab und klassischen Ansätzen des Management Development

Das Personal Lab als Raum für die Entwicklung der Führungswirkung der Person hat viele Gemeinsamkeiten mit herkömmlichen Ansätzen der Führungsentwicklung. Einige wichtige Unterschiede sollen aber hervorgehoben werden, um das Konzept deutlich zu machen.

Das Personal Lab ist zwar der Entwicklungsraum mit den meisten Angeboten; dieser wird aber im Fünf-Wetten-Modell durch zwei weitere Entwicklungsräume ergänzt: durch das Team Lab und durch das Community Lab.

Das Personal Lab umfasst, wie klassische Management-Development Ansätze, Angebote für die grundlegenden Management-Themen und die klassischen Management-Evergreens. Besonderer Wert wird aber darauf gelegt, zeitnah thematische Angebote zu machen für Themen, die einen Transformations-Impact auf die Organisation haben können.

Außerdem werden im Personal Lab neben den Präsenzangeboten andere Lernformate zu eigenständigen Entwicklungssäulen ausgebaut, die in klassischen Management-Development-Ansätzen oft nur den Status haben, den Lerntransfer zu begünstigen. Das sind im Besonderen die Formate des Peer-to-Peer-Lernens und die Selbstlernangebote. Als Anhängsel zu Management-Programmen zerfallen diese Formen meist nach dem Ende des Programms. Das Personal Lab setzt darauf, sie als Lernhebel für den Erwerb von Fähigkeiten, Einstellungen und Haltungen zu Anliegen-basierten, eigenständigen Entwicklungsschienen auszubauen.

Bei klassischen Management-Development-Ansätzen ist das Angebotsportfolio zum Leadership Development in Unternehmen oft so ausgerichtet, dass Menschen nur in größeren zeitlichen Abständen, meist im Zusammenhang mit dem Antritt einer neuen, hierarchisch höheren Führungsposition, an Entwicklungsmaßnahmen teilnehmen.

Das ist nicht nur an und für sich zu wenig Brennstoffzufuhr, um die Flamme der Weiterentwicklung in der Profession zu nähren. Es wirkt sich auch so aus, dass gerade in höheren Führungsebenen mit längerer Verweildauer und wenig Aufstiegsmöglichkeiten besonders wenig Auseinandersetzung und Weiterentwicklung zum Thema Führung stattfindet. Das bedeutet, dass gerade die Ebenen, die im Unternehmen die weichenstellenden Entscheidungen treffen, häufig noch ein überkommenes Führungsverständnis praktizieren. Sie haben in punkto Führungsverständnis zudem oft auch wenig Koordination untereinander oder zu darunterliegenden Hierarchieebenen. Führung läuft so Gefahr, zu einer Frage der Person bzw. des persönlichen Stils zuwerden, weit entfernt von einer Corporate Leadership Brand.

Klassische Ansätze der Managemententwicklung bieten neben einem Spektrum von Einzelseminaren und -Trainings meist mehrere curriculare Management-Programme an, die sich an Positionsinhaber unterschiedlicher Hierarchieebenen richten. Das Konzept des Personal Lab verabschiedet sich mit Ausnahme einer integrierten Management-Basisausbildung von klassischen hierarchiebezogenen Management-Programmen. Warum?

In diesen curricular aufgebauten Programmen wird einerseits Management-Grundlagenwissen an hierarchisch homogen zusammengesetzte Teilnehmergruppen vermittelt; andererseits setzt das Unternehmen darauf, dass sich durch das lange Beisammensein und die gemeinsamen Erfahrungen in den einzelnen Modulen soziale Verbindungen zwischen gleichen Funktionsträgern in unterschiedlichen Unternehmensbereichen entwickeln, die später als Netzwerke die informelle Organisation bereichern.

Beide Funktionen schreiben ein Führungsverständnis fort, das den heutigen Anforderungen an Organisationen und Führung nicht mehr entspricht. Die Management-Themen unterscheiden sich inhaltlich nicht wirklich stark von Hierarchieebene zu Hierarchieebene, wohl aber die Einstellungen und Haltungen. Es gibt wirkungsvollere Entwicklungssettings für die Sozialisation von Einstellungen und Haltungen als – von allgemeinen Inhalten überfrachtete – Curricula: Angeleitete Selbstbeobachtung – z. B. Reflexion in bestimmten Selbstlernangeboten oder Peer to Peer Settings – im Personal Lab oder in den anlassbezogenen Kommunikationsräumen des Community Lab (siehe S. 197).

Klassisches Management-Development versus Personal Lab

Weg von ..	Hin zu...
Person als Fokus von Leadership-Entwicklungsmaßnahmen	Person als *ein* Fokus von Leadership-Entwicklungsmaßnahmen, neben Entwicklungsräumen wie Team Lab und Community Lab
selektiver Zugang zu Leadership-Development-Maßnahmen alle paar Jahre	viele niederschwellige Angebote des Leadership Development für breite Zielgruppe, offener, kontextnaher Zugang
Management-Klassiker und hierarchiebezogene Management-Programme als Kern	Management-Basisausbildung, Management-Evergreens und Transformationsthemen, Peer-to-Peer-Lernsettings und Tools zur Selbstbeobachtung sowie Reflexion als Kern
Präsenzveranstaltungen	Präsenzveranstaltungen und individuelle Selbstlernangebote
Teilnahme meist per Nominierung	Teilnahme aufgrund eigener Motivation
externe Trainer als vorrangige Umsetzer	Mischung aus internen Führungsverantwortlichen (Leaders develop Leaders) und externen Trainern

Tab. 2: Einige Unterschiede zwischen klassischen Management-Development-Zugängen und dem Personal Lab

Auch die zweite Funktion solcher Curricula, die Bildung von sozialen Netzwerken über verschiedene Unternehmensbereiche auf gleicher Hierarchieebene, mag letztlich eher die Bildung von Silos unterstützen. Die *Netzwerke*, die Organisationen heute benötigen, sind zum einen Anliegen-basiert, dann streuen sie in ihrer Zusammensetzung über Funktionsbereiche und Hierarchieebenen. Oder sie sind sozial basiert um neue Lernformen wie Erfahrungsaustausch, kollegiale Fallsupervision, Leaders develop Leaders usw.; dann bewirken sie hierarchieübergreifend vertrauensvolle Beziehungen im sozialen Umfeld und stärken die informelle Organisation.

Weitere Gründe sprechen für eine Eindämmung der hierarchiebezogenen Management-Curricula. Diese Programme müssen langfristig geplant werden, sie sind kostenintensiv im Verhältnis zu ihrer Wirkung und erreichen nur wenige Nominierte. In der Praxis stellt sich immer wieder das Problem der Abwesenheiten; kaum ein Teilnehmer, der – aus kurzfristigen Businessgründen – nicht wenigstens eines von meist fünf Modulen versäumt. In diesem Sinn setzt das Personal Lab neben einer curricularen Basisausbildung auf ein breites Präsenzangebot zu

Management-Evergreens und Transformationsthemen einerseits und auf Peer-to-Peer-Lernsettings und Anleitungen zur Selbstbeobachtung und Reflexion andererseits. Insgesamt bietet es viele leicht erreichbare, meist kürzere Angebote für eine breite Zielgruppe, die immer wieder die im Leadership Canvas definierten Schlüsselfähigkeiten in den Fokus nehmen.

3.1.3 Der Beitrag des Personal Lab zu einer Corporate Leadership Brand

Das Personal Lab ist der größte Entwicklungsraum im Leadership Development. Hier werden in einer breiten Abdeckung der Zielgruppe der Führungsverantwortlichen verschiedene Formate und Inhalte für persönliches Lernen angeboten – und damit eine wesentliche Grundlage für eine Corporate Leadership Brand gelegt.

Die Auswahl der inhaltlichen Themen im Angebotsportfolio, sei es in der Basisausbildung, den Präsenzangeboten zur Vertiefung oder in den Selbstlern-Angeboten, prägt die Sprache und vergemeinschaftet, aufbauend auf dem Leadership Canvas, die Bilder zu Führung. Die gewählten Formate und Methodiken im Personal Lab fordern und unterstützen Führungsverantwortliche in ihrer Eigenverantwortung, ihren (lebenslangen) Entwicklungsweg im Thema Führung bewusst zu gestalten, sich Unterstützung dabei zu holen und diese selber anderen zu geben. Damit liefert das Personal Lab das unternehmensspezifisch erforderliche professionelle Fundament für die Corporate Leadership Brand.

3.1.4 Aufgaben und Verantwortung für das Professionsfeld Leadership Development im Personal Lab

Wie oben erläutert, ist und bleibt das Personal Lab die ursprüngliche Aufgabe der Funktion Leadership Development – mit allen Unterschieden gegenüber klassischen Development-Zugängen.

Das Leadership Development muss sich vertieft der Aufgabe widmen, welche *Inhalte* in den unterschiedlichen Angebotsformaten aufbereitet und breit verfügbar gemacht werden können. Es braucht eine intensive Beobachtung und eine gute Vernetzung mit der Leadership Community, um zu entscheiden, welche Schlüsselfähigkeiten durch welche Angebotsformate bei welchen Zielgruppen besonders gestärkt werden müssen. Zudem muss es sich bei der Ausgestaltung des Angebotsportfolios zur Vermeidung von Redundanzen mit anderen Aufgabenbereichen im Unternehmen gut vernetzen, die für die Zielgruppe der Führungsverantwortlichen auch Weiterbildungen anbieten; gemeint sind etwaige Maßnahmen des Finanzbereichs oder des Gesundheitsmanagements.

Um den Leaders-develop-Leaders-Ansatz zum Laufen zu bringen, ist eine enge Vernetzung mit Führungsverantwortlichen aufzubauen. Es braucht in diesem Feld einen Anschub durch die Funktion Leadership Development, um die richtigen Menschen zu gewinnen, für ihre jeweilige Rolle zu befähigen und in ihrem Einsatz bei Bedarf zu begleiten. Ansonsten besteht das Risiko, dass der operative Alltag sie davon abhält, sich hier zu engagieren, obwohl sie ein starkes Interesse an dieser Aufgabe haben. Es muss zum neuen Alltag von Führungsverantwortlichen werden, sich selbstverständlich in geeigneter Form für andere in ihrem Entwicklungsweg einzusetzen.

Dazu muss das Leadership Development eine gute Form des Marketings und der Kommunikation aufbauen, insbesondere für die Angebote im Personal Lab. Die neuen Selbstlernformate, Workbooks und Template, müssen bekannt werden, die speziellen Transformationsthemen brauchen eine gesamthafte Geschichte.

3.2 Das Themenportfolio im Personal Lab

Das Personal Lab bietet neben einer Basisausbildung für alle, die neu in Führungsverantwortung sind, allen Führungsverantwortlichen Management-Evergreens und Transformationsthemen an.

PERSONAL LAB – Themenangebote		
Basisausbildung	Management-Evergreens	Transformations-Themen
Themen wie • Basisausbildung für neue Führungs-verantwortliche • Refresher-Angebote für Erfahrene	Themen wie • Performance Management • Umgang mit Konflikten • Projektmanagement • ...	Themen wie • Leadership Canvas • Design Thinking • Neue Formen der Kollaboration • Agile Management • ....

Abb. 14: Das Themen-Portfolio im Personal Lab (Eissing/Stettler)

3.2.1 Die Basisausbildung

Die *Basisausbildung* ist das Fundament für die Menschen, die in der Profession Führung neu starten. Genauso kann ein ähnliches Angebot sinnvoll sein für erfahrene Führungsverantwortliche, die in einem Präsenztraining bestimmte Themen wiederholen oder auffrischen möchten.

Wem und wie man diese Basisausbildung anbietet, prägt das Selbstverständnis von Führung im Unternehmen stark. Da aus unserer Sicht viele Menschen zur Führungswirkung beitragen, ist Führung heute viel breiter zu definieren und allen Menschen, die neu in eine Führungsverantwortung kommen, eine Basisausbildung anzubieten.

Die Entwicklungsstrecke in dieser Basisausbildung ist im hohen Ausmaß selbstorganisiert zu gestalten. Es braucht Zeiträume, in denen auch ein professioneller Trainer zur Seite steht. Aber vieles können die Führungsverantwortlichen unter Nutzung von Selbstlernmedien eigenständig vorbereiten oder unter Nutzung von Collaboration-Tools[1] wie z. B. Skype und SharePoint, selbst gestalten und sich in Form von Lerngruppen und Peer Coaching gegenseitig unterstützen.

Im folgenden Beispiel zeigen wir auf, wie eine solche Basisausbildung strukturiert werden kann (Abb. 15). Sie kann folgende *Elemente* umfassen:

- Fachwissen in Form von *Selbstlernmedien,* die die Vorteile der zeitlichen Flexibilität und Wiederholbarkeit haben
- wenige gemeinsame *Präsenztage* zum Kennenlernen und Vernetzen der Teilnehmer und zur Vertiefung von Fragestellungen aus der Praxis
- definierte, kleine *Lerngruppen* für die vertiefte Vernetzung und zum Aufbau der Fähigkeit von Peer Coaching/kollegialer Fallberatung
- regelmäßige Online Meetings, aufbauend auf den Selbstlern-Inhalten.
- direkte Einbindung der jeweiligen Vorgesetzten in die Kommunikation zum Vorgehen und zu speziellen Entwicklungsthemen der Teilnehmenden
- indirekte Einbindung der jeweiligen Mitarbeitenden (durch Fragestellungen, die Teilnehmende mit ihnen bearbeiten)

Der Ansatz – weniger Präsenztage, mehr Eigenverantwortung – entlastet die Kostensituation zugunsten einer breiter aufgestellten Basisausbildung. Wesentlich ist, dass Führungsverantwortliche hier von Beginn an lernen, dass und wie sie sich auch im Alltag, unter Einbezug von Kollegen entwickeln können. Neben dem erforderlichen Fachwissen, welches in Form von Selbstlernmedien verfügbar sein sollte, ist der *Fokus* dieser Basisausbildung daher

- Wahrnehmen lernen: sich selbst und andere verstehen
- Führungsfähigkeiten durchdringen: sich selbst den Leadership Canvas erschließen

- Fragen lernen: die eigene Rolle finden und ihr Raum geben
- Lernen lernen: Lernen als Haltung und laufenden Prozess sehen – eine absolut essenzielle Fähigkeit für den Umgang mit dem laufenden Wandel in der Führungsaufgabe

Selbstverständlich sind in diese Basisausbildung die vorhandenen Tools wie der Leadership Explorer, die Leadership Personas sowie ergänzende Tools (siehe S. 242) integriert. Die Teilnehmer werden nach Abschluss einer Ausbildungsgruppe in die virtuelle Lerngruppe aufgenommen – ein Netzwerk von Führungsverantwortlichen, die sich gegenseitig unterstützen.

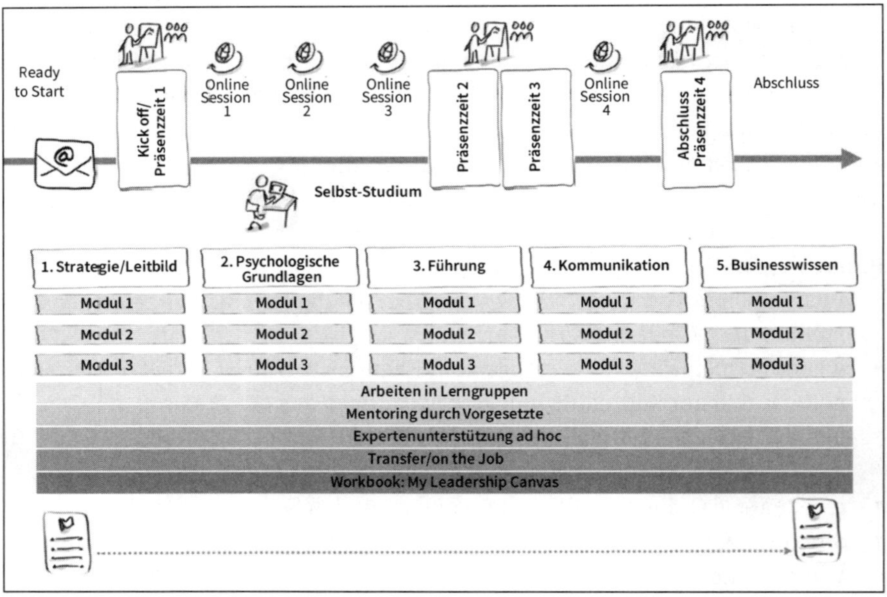

Abb. 15: Beispiel für eine Basisausbildung (Swisscom AG)

Es macht Sinn, die jeweiligen Ausbildungsgruppen heterogen zusammenzusetzen, Linienverantwortliche, Projektleiter und Fach-Verantwortliche aus verschiedenen Unternehmensbereichen zu mischen; so bildet sich die Vielfalt der Führungsherausforderungen ab.

3.2.2 Evergreens der Führung

Es gibt sie schon lang und es wird sie weiterhin geben: Standardthemen, die bestimmte Zielgruppen immer wieder als *Präsenzangebote* zur Vertiefung brauchen. Themen wie Performance Management, Verhandlungen führen, Konfliktmanagement, schwierige Gespräche führen, Umgang mit Stress, Projektmanagement usw. – Themen, die nicht nur im Selbstlernmodus bearbeitet werden können. In diesem Bereich gibt es die höchste Überlappung mit klassischen Ansätzen des Leadership Development; diese Themen werden heute mehr oder weniger in allen Organisationen angeboten. Auch hier lässt sich über Selbstlernmaterialien und den Verweis auf Web-Lectures von Business Schools aber ein bestimmter Bedarf abdecken. Präsenzveranstaltungen haben Vorteile, weil an eigenen Fallbeispielen gearbeitet werden kann und die Teilnehmenden sich vernetzen können. Viele Themen wird man ›von der Stange‹ bei externen Trainern einkaufen können.

Im Fall, dass bestimmte klassische Themen wichtig für eine Schlüsselfähigkeit sind, z. B. in unserem Beispiel das Thema Konfliktmanagement, sollte das Angebot spezifisch für das Unternehmen entwickelt bzw. angepasst werden. Solche Themen können aber auch im Team Lab (siehe Wette Nr. 3) bearbeitet werden; sie richten sich dann nicht nur an die Person des oder der Führungsverantwortlichen, sondern bringen das ganze Team in Entwicklung.

3.2.3 Transformations-Angebote

Der Transformationsbedarf des Unternehmens zieht unmittelbar einen Entwicklungsbedarf der Person in Führungsverantwortung nach sich. Eine wesentliche Angebotsschiene des Personal Lab sind deshalb *Transformationsthemen*, d. h. alle Themen, die zentrale Aspekte der Entwicklung und Transformation des Unternehmens betreffen bzw. eine maßgebliche Hebelwirkung dafür haben. Transformationsthemen leiten sich aus den aktuellen Herausforderungen ab und nehmen spezifische Fähigkeiten der Leadership Canvas im ganzen Unternehmen in den Fokus. Je nach Thema kann es eine Ergänzung der Maßnahmen im Team Lab oder im Community Lab geben.

Da Transformationsthemen am Kern der aktuellen Herausforderungen ansetzen, erzielen sie eine hohe Resonanz und Nachfrage im Unternehmen. Eine Voraussetzung dazu ist allerdings, dass ein neues Angebot bei Einführung mit einer guten Kampagne breit bekannt gemacht wird; dazu braucht es eine Geschichte, begleitende Kommunikation, Arbeitsmaterialien, die die Teilnehmenden mit in ihren Alltag, zu ihren Teams nehmen können, sowie eine Evaluation der Angebote im Nachgang, ein Dranbleiben z. B. in Form von Interviewbotschaften der Teilnehmenden nach einer bestimmten Zeit, um die Ernsthaftigkeit in diesen Themen zu betonen und zu stützen.

Der folgende Kasten zeigt Beispiele für Transformations-Angebote.

Beispiele für Transformations-Angebote

Beispiel 1

Stellen wir uns vor: ein Unternehmen hat durch die Entwicklung eines Leadership Canvas ein neues Führungsverständnis entwickelt. Dieses gilt es nun breit zu verankern. Die maßgebliche Schlüsselfähigkeit, in die man investieren möchte, heißt ›Mich führen‹. Sie stellt die grundlegende Fähigkeit zur Verankerung des gesamten Leadership Canvas dar. Hierzu werden für die kommenden beiden Jahre Angebote entwickelt, die, unterstützt durch die Kommunikations-Klassiker wie Intranet-News und Video-Botschaft des CEO, die Auseinandersetzung stärken.

Mögliche Formate können sein:

- *Learning Lunches* = kurze ein- bis zweistündige Austauschformen in hoher zeitlicher Dichte für größere Gruppen, die idealerweise vom (oberen) Management selber durchgeführt werden;
  Ziel: Schaffen eines ersten gemeinsamen Verständnisses zu den Begriffen des Leadership Canvas, Sprache prägen, das Thema zum Thema machen, bereichsübergreifende Diskussionen öffnen;
  kann in Abständen wiederholt werden.
- *MyLeadership Canvas* = eintägige Präsenzangebote für die gesamte Zielgruppe auf Basis des Workbooks (siehe S. 248), auch am besten durchgeführt von eigenen Führungsverantwortlichen (Ansatz des Leaders develop Leaders);
  Ziel: vertiefte Auseinandersetzung mit dem Leadership Canvas, Fokus auf ›Mich führen‹, den eigenen Lernweg ausarbeiten
- Daneben findet die Verankerung des Leadership Canvas in den weiteren Angeboten in den Labs sowie in den relevanten Prozessen (z. B. Recruiting, Performance, Talent Management) statt.

Beispiel 2

Intelligentes Kostenmanagement ist immer wieder ein Thema in Unternehmen. Der Kostendruck nimmt zu, die erforderlichen Mittel für Innovationen werden nicht weniger. Immer wieder meint man, durch pauschale Kürzungen die Kostenexplosion vermeiden zu können, sieht aber auch die Schäden, die daraus entstehen. Eigentlich geht es aber um das Schaffen von Freiräumen – wir nennen es Operational Excellence. *Operational Excellence* ist nicht das Ziel, sondern die Folge von unternehmerischem Handeln. In diesem Sinne bedeutet Operational Excellence, Möglichkeiten zu schaffen (im Sinne von Kapazitäten), die ich unternehmerisch investieren kann – in Wachstum, in Leistung oder in Profit. Fazit: Die Schlüsselfähigkeit ›Unternehmer‹ muss gestärkt werden. Zusammen mit dem Controlling und ggfs. weiteren im Unternehmen vorhandenen Initiativen, wie z. B. zum Thema Lean, werden Angebote im Personal Lab entwickelt, so beispielsweise:

- *Operational Excellence* = 1- bis 2-tägige Präsenzangebote für Führungsverantwortliche, idealerweise durchgeführt mit Führungsverantwortlichen bzw. Mitgliedern aus diesen Initiativen oder begleitet durch sie in der Rolle als Mentoren/Coaches;
  Ziel: bearbeiten der Cases aus der eigenen Praxis, verstehen der eigenen Hebel, Aufbau von Lerngruppen/Peer Coaching
- *Leadership Circles* = Präsenzangebot über einen längeren Zeitraum (mehrere Präsenztage über 6 bis 12 Monate) für eine kleinere Gruppe von Führungsverantwortlichen, die ein gemeinsames, komplexes Kostenthema haben;
  Ziel: Lernen am gemeinsamen Case, Netzwerkbildung, Kreativität außerhalb des direkten Alltags schaffen
- *Nuggets* = Konzept-Bausteine zu verschiedenen Facetten dieses Themas, welche im Rahmen von Leadership-Anlässen oder im Führungsalltag (Teambesprechungen) eingesetzt werden können
- *Aufbau einer Diskussionsplattform*/Etablierung einer Lerngruppe

Bei diesen Transformationsthemen ist wichtig, dass sie eine gute Abdeckung bei der Zielgruppe ermöglichen, um Wirkung im System zu erzeugen.

Für die Funktion Leadership Development ist es wichtig, im Rahmen dieser Transformations-Angebote die Muster im Unternehmen zu beobachten. Entstehen durch die Diskussionen der Teilnehmer neue Erkenntnisse, in welcher Form das System die Entwicklung dieser Schlüsselfähigkeit ver- bzw. behindert? – Dann macht es Sinn, diese Beobachtungen im Community Lab zu bearbeiten und zusammen mit dem Topmanagement *am System* der Organisation Veränderungen vorzunehmen (siehe Wette Nr. 4).

Wie alle Angebote im Personal Lab richten sich auch die Transformationsthemen an Personen, an Führungsverantwortliche, die in ihre persönliche Entwicklung investieren wollen. Bei den Transformations-Angeboten im Personal Lab zeigt sich bereits, was bei den Angeboten des Team Lab und des Community Lab noch deutlicher wird: der Trend, dass die Professionsfelder Organisationsentwicklung bzw. interne Organisationsberatung und Leadership Development unter dem Aufgabengebiet des Leadership Development zusammenwirken und zusammenwachsen.

Hier lässt sich ein Bezug herstellen zu den Trends im HR, durch Integration der einzelnen Praxisfelder neue integrierte Leistungen bereitzustellen, denen Kunden einen hohen Wert für das Business zusprechen (siehe S. 150).

3.3 Selbstorganisierte Entwicklungsräume im Personal Lab

Das Personal Lab setzt neben buchbaren Präsenzveranstaltungen zu Basisthemen, Management-Evergreens und Transformationsthemen auf selbstorganisierte und selbstorganisierende Entwicklungsräume in Form von Selbstlernangeboten und Peer-to-Peer-Lernen.

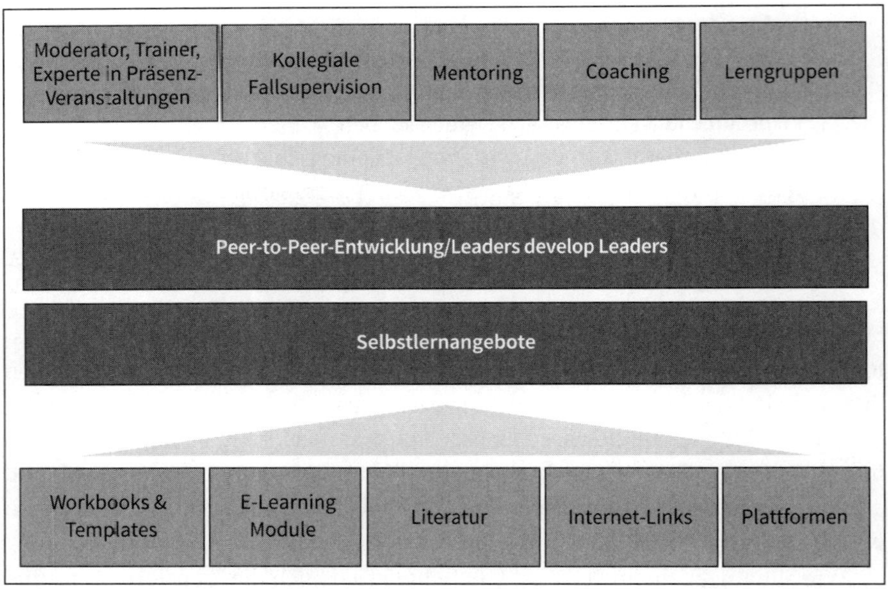

Abb. 16: Selbstorganisierte Entwicklungsräume im Personal Lab (Eissing/Stettler)

Diese Angebote tragen zum einen dazu bei, dass die Entwicklungsangebote des Personal Lab niederschwellig und kontextnah in Anspruch genommen werden können. Zum anderen erfüllen sie ganz wesentliche Funktionen in der Entwicklung von Leadership.

Wirkungsvolle Führung hat ihren Ursprung in Haltungen, Einstellungen und Fähigkeiten. Wirkungsvolles Leadership Development schafft Räume, in denen genau diese Haltungen und Einstellungen entwickelt werden können, und zwar unter besonderer Ausrichtung auf die Leadership-Schlüsselfähigkeiten. Die wichtigsten Lernhebel für die Entwicklung von Haltungen, Einstellungen und Fähigkeiten sind einerseits Sozialisationsprozesse, in denen Gruppenmitglieder einander wechselseitig auf ihre Werte, Normen und bewährten Praktiken prägen und andererseits Prozesse der Selbst- und Fremdbeobachtung, die Feedback über eigene Fähigkeiten geben. Aus diesem Grund sind Peer-to-Peer-Entwicklungsräume und Selbstlernangebote mit Tools zur Unterstützung der Selbst- und Fremdwahrnehmung und der eigenen Reflexion zentrale Säulen eines Leadership Development. Abb. 16 zeigt die Landschaft der selbstorganisierten Entwicklungsräume.

3.3.1 Peer-to-Peer-Entwicklung – an der Erfahrung anderer partizipieren

Fragt man Führungsverantwortliche, was ihnen in ihrem Alltag am besten hilft, hört man häufig: der Austausch mit Kollegen. Fragt man sie dann, ob sie das regelmäßig tun, kommt oft ein Kopfschütteln. Fragt man weiter, warum sie das nicht machen, wenn es doch hilft, kommt dann meist ein hilfloses Schulterzucken und der Hinweis, dass man dazu irgendwie keine Zeit findet. Und dann kommt die Bitte, ob man das vom Leadership Development nicht organisieren könne, da man es selbst nicht hinbekäme.

Wie auf den Seiten 221 und 228 bereits ausgeführt, stellt eine wesentliche Säule für die Entwicklung der persönlichen Führungswirkungen das *Peer-to-Peer-Lernen* dar. Führungsverantwortliche sind grundsätzlich aufgefordert, sich selbst zu ihren Praxisthemen Lerngruppen oder einen Austausch in virtuellen Meetings zu organisieren, Peer-Coaching-Ansätze, Community-Gruppen aktiv zu nutzen bzw. selbst zu gestalten. Vor allem sind sie eingeladen, die Möglichkeiten für ein Leaders-develop-Leaders-Format auszuschöpfen und hervorragende Führungskräfte als Trainer, Auftraggeber für ein Thema, Mentor oder Coach, als Experten im Rahmen eines Angebotes oder als Trainer oder Komoderatoren bei einem Angebot zu gewinnen (siehe S. 229).

Wie die Praxis zeigt, braucht es für die Peer-to-Peer-Entwicklung – wie auch für das komplementäre Konzept des Leaders develop Leaders – eine *Anlaufunterstützung* und ein ständiges Augenmerk von allen Seiten auf dieses Thema, ein Sprechen darüber, damit sich bestehende kulturelle Hemmschwellen, gerade in Fragen der Führung untereinander Hilfe zu suchen, abbauen können.

Ein großer Beitrag zum Entstehen solcher Strukturen ist aber schon dadurch gemacht, dass die sozialen Formate bekannt und klar sind. Was versteht man unter Coaching, Mentoring, kollegialer Fallsupervision? Wer sind die Personen, die als Coaches/Mentoren im Rahmen von Leaders develop Leaders agieren? Wie kann man sie abrufen? Wo gibt es Lerngruppen, mit welchen Themen setzen sie sich auseinander, wen kann man ansprechen?

Anlaufunterstützung kann gegeben werden, indem in vielen Präsenzsettings auch Lern- und Erfahrungsaustauschgruppen aufgesetzt werden, z. B. in der Basisausbildung oder bei Transformationsthemen. Eine weitere Möglichkeit ist, regelmäßig moderierte Plattformen zu Führungsfragen anzubieten, zu speziellen neuen Fragestellungen, wie z. B. neue Arbeitsformen wie Agile Teams, oder offene Plattformen, in denen das geschieht, was die Mitglieder mitbringen. Wenn sich Führungsverantwortliche mit ähnlichen Anliegen treffen, können sich selbstorganisierte Entwicklungsräume bilden.

Ebenso nötig ist die Vermittlung von Methoden wie der kollegialen Fallberatung, die Ausarbeitung von Rollenvorgaben und Prozessen.

Gerade in den Anliegen-basierten Lerngruppen, die sich eines Transformationsthemas annehmen, bauen die Personen Kontakte außerhalb des eigenen direkten Arbeitsfeldes auf, die mehr Offenheit und Vertraulichkeit ermöglichen sowie die Gesamtsicht auf die Vielfältigkeit von Führungsherausforderungen im Unternehmen fördern und einen Perspektivenwechsel für die Reflexion der eigenen Aufgabe schaffen. Best Practices werden damit breiter zugänglich. Für das Unternehmen entsteht ein Zusatznutzen dahingehend, dass sich Netzwerke und Communities mit Problemlösungspotenzial ausbilden können. Da solche Communities sich z. B. mit Mustern in Entwicklungsfeldern des Unternehmens auseinandersetzen, können ihre Erkenntnisse im Community Lab aufgenommen und bearbeitet werden (siehe Wette Nr. 4) und für alle nützlich werden.

3.3.2 Selbstlernangebote – Lernen wann und wie oft ich will

Eine Vielzahl von *Selbstlernformaten* – E-Learning, Workbooks und Templates, Links zu ausgewählten Websites mit inspirierenden Inputs usw. – fördern eine niedrige Einstiegshürde und machen es Führungsverantwortlichen leicht, sich bedarfsorientiert Wissen anzueignen, wann und zu welchen Themen sie es brauchen. Auch Menschen mit langjähriger Erfahrung können so bestimmte Themen selbstverantwortlich wiederholen. Als Entwicklungssäule setzen Selbstlernformate Eigenverantwortung voraus, unterstützen diese aber auch.

Viele Themen lassen sich über Selbstlernformate fassen, vor allem wenn es um die Aneignung von Wissen und Kenntnissen geht. Es kann sich um alle in der Basisausbildung angebotenen Inhalte handeln – Strategie & Leitbild des Unternehmens, psychologische Grundlagen der Führung, Grundlagen der Führung, Businessthemen wie Systeme, Prozesse und Instrumente der Führung im Unternehmen usw. – oder um vertiefende Programme z. B. zur Erstellung eines Businessplans.

Selbstlernformate sind für das Unternehmen billiger und leichter als Ressource vorzuhalten als Präsenzangebote und lassen sich mit Letzteren gut kombinieren. Mit welchem Aufwand diese Lernmodule unternehmensspezifisch erstellt werden oder ob Standardangebote von externen Firmen genutzt werden, ist die Entscheidung jedes Unternehmens. Inzwischen bieten auch viele Business Schools offene Vorlesungen und Programme im Internet an; eine Recherche lohnt.

Ideal ist es, wenn das Unternehmen die Fähigkeit zur pragmatischen Erstellung dieser Formate selbst hat, um sie flexibel und zeitnah bei neu entstehenden Inhalten entwickeln und bei Bedarf sehr unternehmensspezifisch prägen zu können.

Eine besondere Bedeutung haben Selbstlernformate, die zur persönlichen Auseinandersetzung mit der eigenen Führungswirkung einladen und helfen, diese zu reflektieren. Diese Tools können selbst von den Verantwortlichen im Leadership Development entwickelt und bereitgestellt werden. Idealerweise können sich Führungsverantwortliche – aufbauend auf ihrem anhand des Workbooks MyLeadership Canvas erarbeiteten persönlichen Entwicklungsplan – ihre persönliche ›Playlist‹ im Intranet zusammenstellen. Modular aufgebaute Bausteine zu Basis- und Vertiefungsinhalten können ergänzt werden mit bestimmten Tools und Arbeitstemplates sowie ausgewählten Tipps zu Büchern und Videos. Dadurch entsteht ein solides Fundament zur Selbstentwicklung im Unternehmen.

3.4 Unterstützende Tools im Personal Lab

Eine zentrale Rolle für die selbstorganisierte Leadership-Entwicklung kommt im Personal ab der Schiene der unterstützenden Workbooks und Tools zu (siehe Abb. 17).

Sie haben entweder die Schlüsselfähigkeiten des Leadership Canvas zum Gegenstand; Leadership Explorer, Leadership Personas und MyLeadership Canvas unterstützen Führungsverantwortliche bei ihrer Standortbestimmung und bei der Ableitung eines persönlichen Entwicklungsplanes. Oder sie leiten in Form von Workbooks und Templates zur Durchführung bestimmter Aufgaben an, indem sie ein Design für den Prozess und die notwendigen Arbeitsschritte vorgeben. Führungsverantwortliche haben damit eine Leitplanke für den Umgang mit bestimmten Situationen, und für das Unternehmen ergibt sich der Vorteil, dass sich Standards für Führungspraktiken in bestimmten Situationen etablieren.

Es macht Sinn, wenn die Funktion Leadership Development solche Workbooks und Templates für Führungskontexte bereitstellt, die für die Personen und/oder das Unternehmen wichtig sind. Das betrifft auf jeden Fall den Umgang mit Transformationsthemen oder sonstige Anlässe, in denen das Format Leaders develop Leaders zum Einsatz kommt. Es können aber auch Alltagskontexte der Führung sein, wie die Gestaltung der ersten 100 Tage nach Antritt einer Führungsposition, ein Vorgehen zur Aufnahme von Mitarbeitenden ins Team, zur Moderation eines Kick-offs für ein wichtiges Projekt usw. Im Folgenden finden Sie zwei Beispiele für solche, die Führungsarbeit unterstützende Workbooks und Templates.

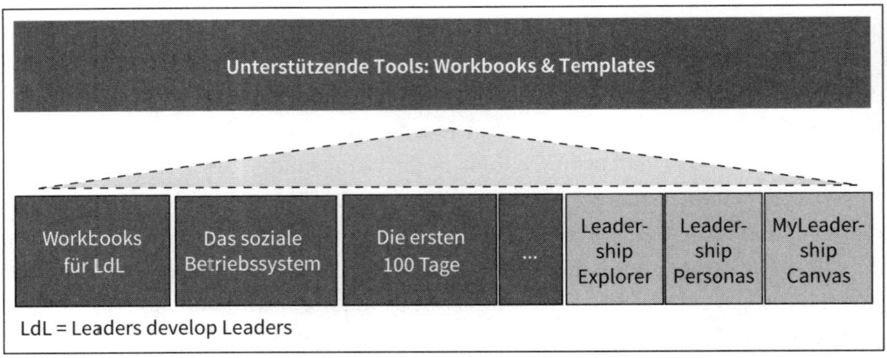

Abb. 17: Workbooks und Templates als unterstützende Werkzeuge im Personal Lab (Eissing/Stettler)

3.4.1 Workbooks – Beispiel »Die nächsten 100 Tage«

Die ersten 100 Tage eines neuen Funktionsinhabers werden allgemein als eine Probezeit behandelt, in der Führungsverantwortlichen ein Vertrauensvorschuss und gewisse Freiräume gegeben werden. Es handelt sich aber auch um eine Prägezeit, in der sich sich Dynamiken und Strukturen einspielen, die später fortlaufen.

Zum Thema der ›ersten 100 Tage‹ gibt es zahlreiche Bücher, die Ratschläge zur Gestaltung dieser Zeitspanne geben. Zudem bieten viele Unternehmen heute schon Führungsverantwortlichen Coachings durch einen externen Partner an, der sie die ersten drei bis sechs Monate oder auch länger begleitet.

Das Workbook »Die nächsten 100 Tage« stellt Führungsverantwortlichen eine Roadmap bereit, die sich für viele Situationen eines Neuanfangs eignet – nicht nur nach Antritt einer neuen Führungsverantwortung.

Roadmap für die nächsten 100 Tage bei einem Neuanfang (Eissing/Stettler)

1. *das Team erkunden:* Zunächst geht es darum, die Menschen im und außerhalb des eigenen Teams kennenzulernen und die Basis für Vertrauen zu schaffen. Die Kultur und die Spielregeln des Teams zu verstehen, wahrzunehmen, was man (nicht) sieht, hört oder fühlt, sind wichtige Beobachtungspunkte für die ersten Tage.

2. *Gesamtbild verstehen und Sinn stiften:* Der Wertbeitrag des Teams im Gesamtkontext ist gemeinsam zu verstehen: das Was, Wie und Warum. In welchen Rahmen sind die Aufgaben des Teams eingebettet, was ist der Betrag zum Ganzen, welche Erwartungen liegen vor, welche Ambitionen will sich das Team geben und wie gehen wir es an?
3. *Team etablieren:* Die Art und Weise der Zusammenarbeit ist zu gestalten – Führung wird als ›sozialer Architekt‹ gefordert: Braucht es Änderungen in der Struktur, bei den Prozessen? Hier kann der Organization Explorer (siehe S. 300) zum Einsatz kommen. Zudem stellt sich die Frage, ob die Rollen im Team richtig verteilt sind. Und: Wie gestalten wir unser soziales Betriebssystem – die Architektur der Zusammenarbeit, den Rahmen für Dialog, Lernen, Gemeinschaft und die Erarbeitung von Ergebnissen?
4. *Team trainieren:* Wichtig ist es, die Fähigkeiten im Team zu verstehen und Entwicklungsfelder zu vereinbaren. Es braucht die gemeinsame Auseinandersetzung darüber, wie das erforderliche Lernen insbesondere im Alltag stattfinden kann. Wie muss das soziale Betriebssystem dazu ausgebaut werden, welche besonderen Aktivitäten braucht es zusätzlich? Hier kann der Leadership Explorer zur Analyse mit genutzt werden (siehe S. 242).
5. *Netzwerk gestalten:* Kein Team ist heute mehr unabhängig wirksam. Ein gutes Verständnis vom relevanten Netzwerk ist die Basis, um die Verbindungen zu stärken und ein gutes Zusammenwirken zu vereinbaren.
6. *sich selbst führen:* Last but not least: Führung fängt bei sich selbst an. Der oder die Führungsverantwortliche sollte die eigenen Lernfelder erkennen, und schauen, wie er bzw. sie sich selbst organisiert mit der neuen Verantwortung. Hier ist die Verlinkung zu dem Workbook MyLeadership Canvas (siehe S. 247).

Als Selbstlernformat kann ein unternehmensspezifisches Workbook zur Gestaltung der ersten oder nächsten hundert Tage eine kostengünstige, niederschwellige, auf breiter Ebene nutzbare Unterstützung von Führungsverantwortlichen bewirken. Es kann Orientierung nicht nur für den klassischen Kontext des Antretens einer neuen Führungsposition, sondern für viele Kontexte von Neustart geben: wenn Teams zusammengelegt oder neu aufgesetzt werden, neue Aufgabengebiete eingeführt werden, nach einer Eingliederung in einen anderen Unternehmensbereich usw.

Das Workbook »Die nächsten 100 Tage« legt die Roadmap für den Neubeginn aus, es konkretisiert die Gestaltungsfelder und liefert für manche dieser Gestaltungsfelder Templates für konkrete Aufgaben mit. Es ist verbunden mit anderen Tools wie MyLeadership Canvas, Organization Explorer oder dem ›sozialen Betriebssystem‹, das im nächsten Unterkapitel vorgestellt wird. Es kann auch hilfreich sein für Führungsverantwortliche, die schon länger in einer Verantwortung sind und einen Refresher brauchen. ›Die nächsten 100 Tage‹ beginnen jeden Tag neu und können vielleicht besser verlaufen, wenn man zwischendurch innehält und eine Neusortierung vornimmt.

Das Selbstlernformat kann ergänzt werden durch begleitende Maßnahmen auf Peer-to-Peer-Ebene, durch externe Coaches oder durch ein darauf aufbauendes Präsenzangebot.

3.4.2 Arbeitstemplates – Beispiel »Soziales Betriebssystem«

Das Template »Soziales Betriebssystem« ist Teil des Bausteins »Team etablieren« im Workbook »Die nächsten 100 Tage«. Es ist aber auch unabhängig davon einsetzbar.

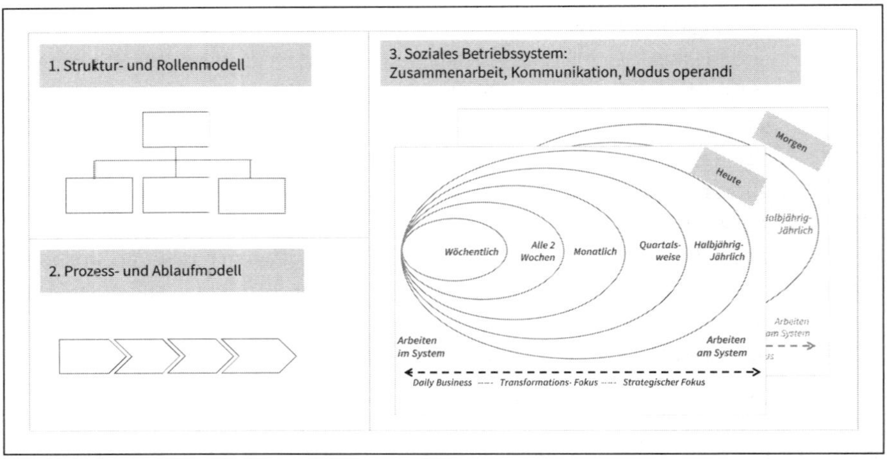

Abb. 18: Elemente der Organisation von Zusammenarbeit (Swisscom AG)

Ausgehend von der Frage, wie die Zusammenarbeit in Teams zu organisieren ist, wird ein Modell vorgeschlagen (siehe Abb. 18), das

- ein Struktur- und Rollenmodell umfasst und Antworten gibt auf die Fragen: Welche interne Struktur ist in einem Team zweckmäßig, wie ist es im Gesamtsystem eingebunden? Welche Rollen müssen von den Mitarbeitenden übernommen werden, um die Aufgaben bearbeiten zu können?
- außerdem ein Prozess- und Ablaufmodell bereitstellt, das die wesentlichen Prozesse und Abläufe innerhalb des Teams und zu anderen Bereichen definiert.
- schließlich auch ein soziales Betriebssystem beinhaltet, das den Modus operandi miteinander festschreibt und insbesondere festhält, was wann wo und wie behandelt wird.

Damit Führungsverantwortliche ihre Fähigkeit als ›soziale Architekten‹ entwickeln und das Spielsystem in ihrem Bereich gestalten, soll die soziale Architektur und Systematik der konkreten Zusammenarbeit im Team professionell und explizit ausgestaltet werden. Das soziale Betriebssystem stellt die Rahmenbedingungen und Kommunikationsgefäße bereit, die Art und Weise, wie und wann die Teammitglieder zusammenarbeiten, diskutieren, auf neue Ideen kommen, die Performance steigern, Entscheidungen fällen, Resultate erzeugen und wo Lernen bewusst geschehen kann.
Durch das Konzept des sozialen Betriebssystems wird der Rahmen gelegt: Welche Arten von Zusammenkünften werden benötigt, in welcher Abfolge, Häufigkeit und mit welchen aufeinander aufbauenden Wechselwirkungen? Auf der Makro-Ebene wird mit dem sozialen Betriebssystem die Systematik oder Architektur der Zusammenarbeit gestaltet und auf der Mikro-Ebene das Design der einzelnen Gefäße und Formate. Wie wird das Gemeinschaftsgefühl im Team gestärkt, wie die wichtigen Verbindungen im Netzwerk? Neben den einzelnen Formaten im sozialen Betriebssystem ist darauf zu schauen, wie die Art der Durchführung Vertrauen entstehen lässt, Energie spendet, wie Lernen passiert – und natürlich, wie die gemeinsame Leistung steigen kann.

Das Arbeitstemplate »Soziales Betriebssystem« bietet dem Führungsverantwortlichen das erforderliche Arbeitsmaterial sowie Informationen und Tipps, wie er das soziale Betriebssystem für sich und mit seinem Team bearbeiten kann. Der nachfolgende Kasten zeigt ein Beispiel.

Arbeitstemplate »Soziales Betriebssystem« (Swisscom AG)
Information
Das soziale Betriebssystem stellt die Architektur und Systematik der Zusammenarbeit in deinem Bereich oder Team bereit. Gestalte dein soziales Betriebssystem als ein durchdachtes System mit Zeiten erhöhter Bewusstheit neben dem Alltag, als eine wirkungsvolle Abfolge von Meetings und Ritualen. Schaffe eine Systematik, die Raum und Zeit lässt für eure Themen und Businessherausforderungen und die auf die Größe, Art und Arbeitsweise deines Teams abgestimmt ist. Eine Systematik, in der Probleme gelöst, Lernen befördert, das Gemeinschaftsgefühl gestärkt, Informationen ausgetauscht, gemeinsame Werte bewusst und die Vision lebendig gemacht, gemeinsame Ziele erarbeitet, Initiativen geplant und Verbindungen über Grenzen hinweg geschaffen werden. Merke: Nicht alle Meetings müssen geplant und ›getaktet‹ sein – aber jede soziale Gruppe braucht auch Routinen und Rituale, die du als Führungskraft klug prägen kannst.

Anleitung

1. Überlege dir, wie es heute ist: Welche Arten von Zusammenkünften (Meetings, Treffen, Rituale) existieren und in welcher Abfolge (geplant vs. ad hoc), Häufigkeit und aufeinander aufbauenden Wechselwirkung finden sie statt?
2. Überlege dir, wie es idealerweise sein sollte: Welche Arten von Zusammenkünften werden in deinem Bereich benötigt und in welcher Abfolge, Häufigkeit und aufeinander aufbauenden Wechselwirkung sollten diese stattfinden? Wo arbeiten wir im System (operative Aufgaben), wo am System (transformative, strategische Aufgaben)? Denke in Prototypen, probiere verschiedene Formate aus. Hole Feedback ein. Hinterfrage, was und warum es gut oder weniger gut funktioniert hat.
3. Überlege dir, wie du die Standardelemente eures neuen Betriebssystems lebendig gestaltest: Wie gestaltest du eine Rücksprache mit einem Mitarbeitenden, ein Meeting, einen Workshop, damit Vertrauen gebildet und Energie gestiftet wird? Wie kannst du diese Anlässe gestalten, damit gemeinsam gelernt werden kann? Welche Rituale oder Spielregeln willst du einführen? Wie sieht die Agenda eines Standard-Meetings aus?
4. Frage dich, was du tun kannst, um ein guter ›Gastgeber‹ dieser Dialoge zu werden. Überlege, wie du dein Team oder deine Mitarbeitenden in die Gestaltung einbeziehst und sie damit in die Verantwortung nimmst. Gibt es z. B. Anlässe und Inhalte, die von Mitarbeitenden gestaltet werden könnten?

Tipps

- Mehr Energie entsteht durch Bewegung, neue Zusammensetzungen von Arbeitsgruppen, kürzere Timeslots für die Bearbeitung von Themen.
- Achte auf den Raum und die Sitzordnung: Der Kreis ohne Tisch fokussiert Energie und kann eine optimale Form für Kommunikation sein.
- Vermeide ›Misch-Meetings‹, in denen du Top-down informieren, kreative Lösungen suchen und gemeinsames Lernen ermöglichen willst. Trenne Meetings, in denen ›am System‹ von solchen, in denen ›im System‹ gearbeitet wird.
- Nutze kleine Rituale, die Bewusstheit und ein Mit-sich- und Miteinander-in-Kontakt-Kommen fördern, wie z. B. Momente der Präsenz vor einem Meeting (Moment der Stille etc.), Check-In-/Check-Out-Runden zu Beginn bzw. am Ende des Meetings, in denen jeder kurz zu Wort kommt, oder setze Zeitmesser (Sanduhren) ein, um die Redezeiten zu steuern.
- Nutze für Arbeiten *am* System spezielle Dialog-Methoden, wie z. B. Open Space, World Café etc.

Anmerkung

1 Collaboration Tools sind Anwendungen und Tools, die zeitlich oder räumlich getrennte Teams bei der gemeinsamen Arbeit unterstützen.

4. Kapitel: Das Team Lab – die Führungswirkung in Teams entwickeln

Schon mal gehört?
»Meine Chefin war letztens bei einem Führungsseminar. Jetzt versucht sie uns mit irgendwelchen neuen Modellen verzweifelt in ein Team zu verwandeln. Wie oft muss ich das noch erleben?«
»Mir ist am wichtigsten, wie gut ich mit den Kollegen aus den anderen Bereichen zusammenarbeite. Mit denen habe ich fast mehr zu schaffen als mit meinem eigenen Team.«
»Unsere Gremien brauchen immer endlos lang für ihre Entscheidungen. Irgendwie kommen da meist Kompromisse raus, die für keinen optimal sind. Die sollte man einfach mal so lange zusammensperren, bis sie ihre Egos ablegen.«

Im Personal Lab fokussiert man auf die definierte Zielgruppe der Führungsverantwortlichen. Führung wird aber erst dann wirklich wirksam, wenn sie in Teams gemeinsam verstanden und gelebt wird. Mit Teams – aus Linieneinheiten, Projekt- oder Netzwerk-Verbindungen – erreicht das Leadership Development im Team Lab eine breitere Zielgruppe, kommt man tiefer in die Kapillaren des Unternehmens, auf die Ebene der Mitarbeitenden. Daher ist die Unterstützung von Teams durch das Team Lab ein wichtiger Hebel in der Entwicklung der Führungswirkungen im Unternehmen.

DEFINITION

Die dritte Wette zum Team Lab lautet:
Wir setzen darauf, dass Führung zunehmend keine rein individuelle Fähigkeit einer bestimmten, autorisierten Führungsperson ist. Wirksamkeit in der Zusammenarbeit, und damit erfolgreiche Führung, erfordert die Fähigkeit des gesamten Teams, wenn es z. B. darum geht, Entscheidungen zu treffen, mit Konflikten umzugehen, die Form der Zusammenarbeit weiterzuentwickeln. Teams sind das Bindeglied zwischen Person und Organisation – hier prägen wir Verhalten von Personen und zugleich die Verhältnisse der Teams.

Auch hier braucht es das ausgewogene Angebot von klassischen Teamentwicklungs- und Transformations-Angeboten für die unternehmensspezifischen Bedürfnisse. Ergänzt wird dies durch längerfristige Begleitung von besonders herausgeforderten Teams. Die Aufgaben der Professionsfelder Leadership Development und Organisationsentwicklung wachsen hier zusammen.
Dazu braucht es einen realen, vom Unternehmen bereitgestellten Raum, in dem sich die schwierigen Themen der Zusammenarbeit angemessen bearbeiten lassen – und das nicht nur für klassische Linienteams, sondern auch für Teams, die Silo-übergreifend die Themen umsetzen müssen.

In diesem Kapitel erläutern wir das Konzept zum *Team Lab,* dem Labor für Teams. Elementarer Bestandteil des Team Lab ist der Team Space, ein Raumkonzept, welches je nach Anforderung des Unternehmens unterschiedlich ausgestaltet werden kann. Damit verbunden ist die inhaltliche Ausprägung der Angebote im Push-Modus oder im Pull-Modus. Es folgt eine Beschreibung des Team-Lab-Portfolios mit seinen standardisierten, halbstandardisierten und individualisierten Formaten, die thematisch neben den Evergreens der Teamentwicklung auch spezifische Transformationsthemen und längere Teamentwicklungs-Beratungsprozesse umfassen.

4.1 Das Team Lab – Entwicklungsraum für Teams

Die Anforderungen, die jeweils optimale Organisationsform zu finden, ändern sich laufend und mit zunehmender Geschwindigkeit. Nicht selten wechselt innerhalb von weniger als zwei Jahren die Zusammensetzung von Teams und damit die Bindung zwischen Vorgesetzten und Mitarbeitenden. Dies betrifft Linien-, Projektteams und Gremien. Die Rüstzeit für eine neue Teambildung ist zunehmend überproportional lang im Vergleich zur eingeschwungenen Phase und kostet alle Mitarbeitenden und das Unternehmen viel Energie und Zeit. Dies einfach hinzunehmen, kann unternehmerisch gesehen, insbesondere in komplexen Teamkonstellationen kritisch sein.

Neben diesen aufwendigen Rüstzeiten sind auch die Fragestellungen, die Teams bearbeiten sollen, zunehmend komplex. Wie ist die Zusammenarbeit zu gestalten, wie lassen sich performante Kooperationsmuster und mehr strategische Leadership-Intelligenz in Teams (siehe S. 191) erzielen?

Daher glauben wir, dass ein ›Labor für Teams‹ fundamental wichtig für die Entwicklung von Führungswirkungen im Unternehmen ist. In der Arbeit mit Teams kommen wir stärker an die realen herausfordernden Führungssituationen heran und können über die Bearbeitung dieser intensiver auf das Gesamtsystem Einfluss nehmen.

Mit dem Labor für Teams ist hier – im Gegensatz zum Personal Lab – ein realer Raum gemeint, der emotional das Führungsverständnis des Unternehmens ausdrückt und dem Thema Führung auch physisch eine Bedeutung gibt. Hier können Teams ihre Lernerlebnisse, ihre Gedanken und Geschichten für nachfolgende Teams hinterlassen und damit gemeinsame Erfahrungsanschlüsse ermöglichen. Abb. 19 zeigt die Elemente der dritten Wette im Einzelnen.

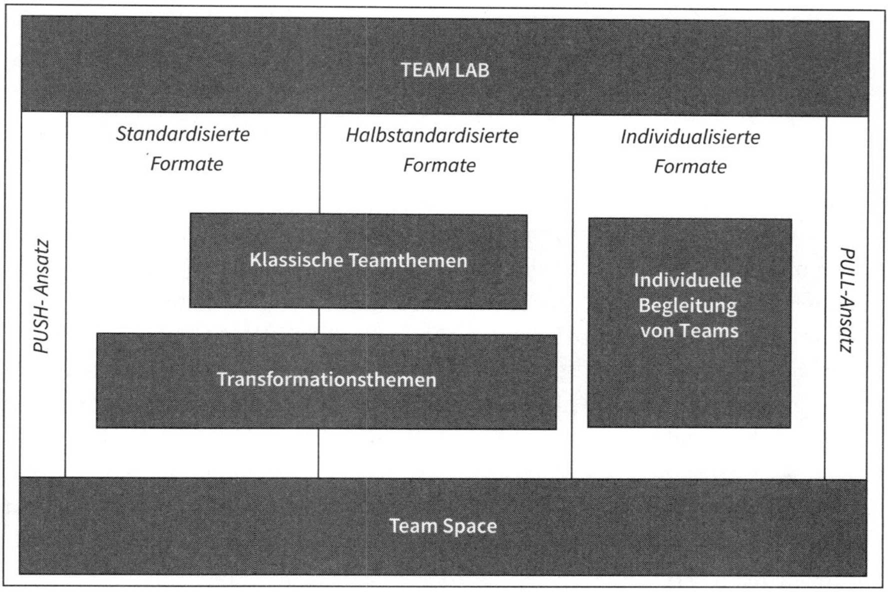

Abb. 19: Die dritte Wette – der Entwicklungsraum des Team Lab (Eissing/Stettler)

Welche Funktionen hat das Team Lab im Leadership Development? Wie spielen die Professionsfelder Leadership Development und Organisationsentwicklung bzw. interne Organisationsberatung im Team Lab zusammen und welcher Beitrag zu einer Corporate Leadership Brand kann sich daraus ergeben?

4.1.1 Funktionen des Team Lab im Leadership Development

Das Team Lab ist das Entwicklungslabor für Teams – und zwar für solche, die es wirklich sein müssen. Denn die ihm zugrunde liegende Annahme ist nicht mehr: »Befähige die Führungskraft und das Team wird dann schon geführt. Und wenn dann Konflikte entstehen, gibt es eine Teamentwicklung.« Sie wandelt sich zunehmend in: »Führung ist eine Fähigkeit von Vielen, die gemeinsam verstanden sein muss, und in der jeder einen bestimmten Teil der Verantwortung trägt. Die Entwicklung dieser gemeinsamen Führung, des wirksamen Führungssystems, ist ein laufender Lernprozess«.

Ein neues Verständnis von Team

Mit dem Begriff ›Team‹ werden in Unternehmen meist immer noch die definierten Teile der Aufbauorganisation benannt, das organisatorische Cluster ›Führungskraft und Mitarbeitende‹. Dieses drückt implizit den immer noch vorherrschenden Glauben aus, dass Linienstrukturen allein für Führungswirkung sorgen. Die Realität geht heute aber weit darüber hinaus. Für viele grundsätzliche Entscheidungen ist die Linien-/Matrixorganisation eher hinderlich als fördernd. Diese historisch gewachsenen Strukturen prägen immer noch stark das Silo-Denken im eigenen Kästchen und die Entscheidungen im eigenen Handlungsfeld.

Die wichtigsten *Entscheidungsprozesse* und die Umsetzung von kniffligen Themen finden heute quer durch das Unternehmen verteilt statt. Um abteilungsübergreifende Themen zu bearbeiten, bilden sich im Unternehmen viele Gremien, in denen Vertreter der formalen Struktur sitzen. Diese Gremien verstehen sich meist nicht als Teams, sondern als Versammlung entsandter Vertreter ihrer Linienteams; häufig werden hier eher Interessen verhandelt, als dass gemeinsame Entscheidungen gesucht werden. Damit die Appelle, agil, pragmatisch und im Netzwerk zu arbeiten, in der Praxis gelebt werden können, damit Entscheidungen sich auf die Gesamtinteressen ausrichten, muss hier vorrangig Teamarbeit gestärkt werden. Daher spricht das Team Lab neben den klassischen Teams auch diese Form von Teams an – in Projekten, Prozessen, fachlichen Themen, Gremien.

Durch das Team Lab wird das gemeinsame Führungsverständnis, das Verständnis einer möglichst guten Form der Zusammenarbeit, vertieft. Organisation, d. h. die Verhältnisse, und Person, d. h. Verhalten und Haltung, werden gemeinsam bearbeitet. Zudem werden durch die Auswahl der Angebote im Team Lab Botschaften gegeben, welche Fähigkeiten der Zusammenarbeit im Unternehmen besonders von Bedeutung sind und entwickelt werden sollen. Sie werden dadurch enttabuisiert und ansprechbar, zum Beispiel wenn es ein Angebot mit Namen »Detox« zur Bereinigung von schwierigen Teamkonflikten gibt.

Der Team Space als Erfahrungsraum

Die klassischen Sitzungszimmer in Unternehmen sind immer noch sehr funktional ausgestattet: ein großer Tisch, umstellt mit Stühlen, Beamer, Flipchart. Jeder verschanzt sich in Meetings hinter seinem Laptop. Diese Räume schaffen selten eine Atmosphäre, die Nähe, Austausch und Ko-Kreation fördert. Daher arbeiten

Teams an komplexen Themen eher außerhalb des Unternehmens, in Hotels. Gelingende *Teamentwicklungsprozesse* sind in hohem Maße sinnstiftend, emotional befriedigend für die Teammitglieder; Letztere sprechen oft noch Jahre später über diese gemeinsamen Erfahrungen – und verbinden ihre positiven Emotionen mit einem fremden Ort. Dem Unternehmen geht emotionale Bindung verloren, die leicht und mit Zusatzgewinn in der eigenen Bezugswelt gehalten werden kann.

Um der gemeinsamen Entwicklung von Führungsfähigkeiten einen gemeinsam geteilten emotionalen Rahmen zu geben, halten wir es für förderlich, hierzu unternehmensintern einen Raum zu schaffen, der einen Namen hat – der *Team Space*. Die Gestaltung dieses Raums schafft emotionale Bilder zu Führungsthemen, sie inspiriert, kann die Bearbeitung kniffliger Fragen erleichtern, eine Atmosphäre von Nähe und Vertrauen schaffen, Energie geben – wortwörtlich: Raum geben, öffnen.

Raum ist heute meist eine teure und knappe Ressource. Es signalisiert Ernsthaftigkeit und Wertschätzung für das Thema Führung und Teams, wenn das Unternehmen eine repräsentative Fläche für diese Form von Teamentwicklung zur Verfügung stellt.

4.1.2 Der Beitrag des Team Lab zu einer Corporate Leadership Brand

Die neuen Ansätze des Team Lab zur Entwicklung der Führungswirkung von unternehmensweit agierenden Teams sind ein wichtiger Hebel zur Ausbildung eines neuen Führungsverständnisses im Sinn eines postheroischen verbindenden Leaderships. Dabei geht es nicht nur um die gemeinsame Lösung übergreifender Probleme und die Entwicklung neuer Kooperationsmuster, sondern um die Verankerung *gemeinsamer Identität* als Führungsverantwortliche in emotional bedeutungsvollen Erfahrungen.

So kann eine kraftvolle Corporate Leadership Brand entstehen, die von Menschen innerhalb und außerhalb des Unternehmens erkannt und geschätzt wird. Der Team Space kann zu einem ›Kulturraum‹ der Corporate Leadership Brand werden – einem gemeinsamen Erfahrungs- und Gestaltungsraum, an dessen Artefakten man die Führungskultur ablesen kann.

4.1.3 Zusammenwachsen der Professionsfelder Organisationsentwicklung und Leadership Development

In den Angeboten des Team Lab verschmelzen auch die Aufgaben der Professionsfelder Leadership Development und Organisationsentwicklung. Mitarbeitende der Organisationsentwicklung bzw. der internen Organisationsberatung übernehmen Moderationsaufgaben in standardisierten Transformations-Angeboten. Sie führen Teamentwicklungen durch, entweder für klassische Teamtrainings oder als Beratende in längeren Teamentwicklungsprozessen.

Der gemeinsame Nenner der Funktionen Leadership Development und Organisationsentwicklung ist die Stärkung eines gemeinsamen Führungsverständnisses und der Schlüsselfähigkeiten in der Führung, damit die Corporate Leadership Brand im Unternehmen gesamthaft spürbar entwickelt und erlebt wird.

4.2 Räume für Push und Pull im Team Space

Das Team Lab kann standardisierte, halbstandardisierte und individuell maßgeschneiderte Entwicklungsangebote für Teams beinhalten.

Es vermittelt vonseiten des Unternehmens eingeleitete Botschaften und Veränderungsimpulse, z.B. führungsrelevante Aspekte einer neuen Strategie, die in standardisierter Form implementiert werden sollen; in diesem Fall sprechen wir von *Push-Angeboten*. Meist werden Teamentwicklungsmaßnahmen aber von den Teams nachgefragt, entweder in halbstandardisierter Form für klassische Themen und Transformationsthemen oder als individuell maßzuschneidernde Entwicklungsprozesse für Teams in besonderen Business-Herausforderungen; in diesem Fall sprechen wir von *Pull-Angeboten*.

Der Team Space gibt dem Leadership Development eine räumliche Dimension. Das konkrete Raumkonzept, die Auslegung und Gestaltung der Räume, ist eng mit dem inhaltlichen Angebot der Team-Entwicklungsräume verbunden. Pull-Angebote erfordern einen Raum mit möglichst flexiblen Nutzungsoptionen.

4.2.1 Der Push-Ansatz: Wenn Unternehmensthemen gezielt in Teams gestärkt werden sollen

Unsere Überlegungen zum *Push-Ansatz* im Team Lab wurden angeregt durch das Konzept ›Treffpunkt Führung‹ der BMW Group, das damals die Umsetzung der neuen Unternehmensstrategie transportieren sollte. Ein erster Konzeptansatz[1] mit dem Fokus auf Führungsteams aus der Linie wurde ab 2010 realisiert; 2013 wurde eine zweite Version mit noch stärkerer inhaltlicher Prägung auch international implementiert.

Worum geht es hier? Stellen wir uns vor, ein Unternehmen steht vor einer besonders relevanten Transformation; das kann ein Merger sein oder eine strategische Neuausrichtung. Im Rahmen dieser Veränderungen muss Führung mit einem neuen Selbstverständnis agieren; bestimmte, führungsrelevante Fähigkeiten sind dafür besonders erfolgskritisch. Ganz generell kann ein Unternehmen zentrale Botschaften und Veränderungsimpulse, z. B. zur Implementierung einer neuen Unternehmensstrategie, einer neuen Policy oder eines neuen Management-Konzeptes in Form standardisierter Maßnahmen über das Team Lab verbreiten. Sich gleich an Teams statt an einzelne Führungspersonen zu richten, ist effizienter und effektiver, da der Zwischenschritt der Weitervermittlung zwischen Führungsverantwortlichem und Teammitgliedern eingespart wird, mehr Personen in kürzerer Zeit erreicht werden und Veränderungsfelder wie Teamziele, Normen, Rollen und Kooperationsmuster in standardisierter Form bearbeitet werden können.

Die Auseinandersetzung eines Teams mit den Themenfeldern erfolgt nach einem standardisierten Procedere unter Moderation. Hier ist die gut durchdachte Erarbeitung des standardisierten Ablaufdesigns wesentlich: Welche Themen und Führungsfähigkeiten sollen durch welche Dramaturgie, Bilder und Sprache geprägt und bei den Menschen verankert werden?

Eine ganz wesentliche Rolle spielt dabei die Ausgestaltung der Räume. Zu jedem Themenfeld wird ein eigener Erlebnis- und Erfahrungsraum gestaltet, durch den alle Teams gleichermaßen geführt werden. Im Fall einer neuen Strategie z. B. erlebt ein Team einen hoch standardisierten Ablauf durch die verschiedenen Gestaltungsräume der Strategie. Vielleicht verbringt es in einem der Zimmer weniger oder keine Zeit, da dessen Themen weniger relevant für den eigenen Bereich ist. Dafür geht es ein anderes Thema etwas vertiefter an.

In der Konzeptarbeit müssen die Professionsfelder Leadership Development und Organisationsentwicklung eng zusammenwirken. Wenn der Fahrplan steht, benötigt die eigentliche Moderation der Teams nicht unbedingt die Expertise eines Personal- und Organisationsentwicklers, der das Unternehmen gut kennt. Hier können als Moderatoren Führungsverantwortliche aus dem internen Ansatz Leaders develop Leaders rekrutiert werden oder der Moderationsbedarf kann durch externe Trainer abgedeckt werden.

4.2.2 Der Pull-Ansatz: Wenn Teams bedarfsorientiert unterstützt werden sollen

Wenn die Nachfrage eher vonseiten eines Teams erfolgt, sprechen wir von einem *Pull-Ansatz*. Konkret kann es dabei um Teamentwicklungen zu klassischen Teamthemen – den Evergreens der Teams – oder um Transformations-Angebote gehen (siehe unten), die in Form halb-standardisierter Formate durchgeführt werden, oder um individuell maßgeschneiderte, längere Teambegleitungen.

Für die Moderation dieser Formate braucht es professionell ausgebildete Trainer und Berater, die das Unternehmen gut kennen, um auf die individuellen Aspekte der Teams gut eingehen zu können. Bei den halb-standardisierten Themen kann durch gute Konzeption einiges vorweggenommen werden. Insbesondere aber bei der individuellen Begleitung von Teams braucht es eine intensive Vor- und Nachbereitung – hier sprechen wir von *gezielter Teamentwicklung*, ein angestammtes Tätigkeitsfeld der Organisationsentwicklung. Je nach Thema können die internen Berater und Beraterinnen durch Führungsverantwortliche aus dem Ansatz Leaders develop Leaders unterstützt werden. Ansonsten muss das Leadership Development eng mit einem dem Unternehmen vertrauten Trainer-Pool zusammenarbeiten.

Im Team Lab sind die Muster des Unternehmens im Thema Zusammenarbeit und Führung hautnah zu erleben – auch ein wichtiges Lernfeld für Verantwortliche im Leadership Development, welches sie intensiv nutzen sollten für ihren eigenen Entwicklungsprozess.

4.2.3 Der Team Space als Erfahrungsraum im Team Lab

Der *Team Space* soll zu einem emotionalen Erfahrungsraum für Teams werden, er soll die Energie gemeinsamer Entwicklung, Inspiration und Ko-Kreation von Teams im Unternehmen halten und umgekehrt einen hürdenfreien Zugang zu Team-Entwicklungsräumen öffnen. Statt des Erlebens von Vereinzelung in fremden Hotels oder Tagungsstätten soll er Teams das Gefühl vermitteln, zu einer breiten Basis von Teams im Unternehmen zu gehören, die aneinander anschließen und sich wechselseitig anregen können. Im Team Space können Teams in einem realen Raum Spuren hinterlassen, nachfolgenden Teams etwas mitgeben; andere können sich dadurch inspirieren und berühren lassen. Der Raum bietet einen Orientierungspunkt in dem Austausch zu Erlebtem – »Weißt du noch, im Team Lab…? Habt ihr dort auch dieses Thema bearbeitet…?« Kurz: Der Team Space soll kulturprägend für ein neues Führungsverständnis werden.

Gute Gründe, ihn achtsam auszugestalten. Dabei wird schnell deutlich, dass die üblichen Besprechungszimmer dafür nicht geeignet sind und dass auch die *Raumgestaltung* für standardisierte Push-Angebote völlig anders aussieht als die für halbstandardisierte bis individuell gestaltete Pull-Angebote (siehe Abb. 20).

Für standardisierte Entwicklungsangebote nach dem Push-Modus ist planbar, welche Teams man wie ansprechen will, für welche grundsätzliche Größe von Teams man den Raum bzw. die einzelnen Zimmer ausrichten muss, ob es einen oder mehrere Moderatoren gibt – oder ob vielleicht Teams diesen Raum auch ohne Begleitung nutzen können. Für *Push-Angebote* sind einzelne Räume so zu gestalten, dass sie in analoger Form die Aspekte des jeweiligen Entwicklungsfeldes transportieren. Dann trägt die konkrete Gestaltung des Raumes durch Bilder, Modelle, Arbeitsflächen usw. einerseits zur Erlebnisqualität und zur Kulturprägung bei, andererseits trägt ein gleichbleibender räumlicher Rahmen dazu bei, dass die Entwicklungsinhalte von verschiedenen Teams, die sie durchlaufen, ähnlich verstanden und erlebt werden können.

Nehmen wir als Beispiel den von der BMW Group entwickelten »Treffpunkt Führung« an. Hier war für die Themen »Führung beginnt bei mir«, »ohne Herkunft keine Zukunft«, »die Grundüberzeugungen, mit denen wir führen«, »Führung ist das Rückgrat der Strategieentwicklung«, »unser Weg zur Exzellenz der Führung« usw. jeweils ein Raum gestaltet. Ein Team verbringt einen Tag, um unter Moderation in den einzelnen Räumen zu arbeiten.

Für einen *Pull-Ansatz* braucht es ein anderes Raumkonzept. Hier ist die Anforderung an einen Raum maximale Flexibilität für die verschiedenen Angebote. Ist eine große, flexibel aufteilbare Fläche sinnvoll? Braucht es abgetrennte, kleinere Räume für Einzelarbeit, Ruheflächen für Besinnung? Wird eine Fläche gewünscht, in der Teams ihre Spuren für andere hinterlassen durch Bilder, Video-Botschaften, Geschichten? Oder soll es einen abgedunkelten Raum geben, den Menschen betreten, um zur Ruhe, zum Hineinspüren in ihre aktuelle Herausforderung zu kommen. Ideal ist eine flexible Fläche, welche diese Anforderungen alle erfüllt.

Neben flexibel einsetzbaren Sitz- und Wandelementen ist der Einrichtungsstil zu beachten. Auch wenn das Unternehmen vielleicht eine etwas kühlere Corporate Identity hat, dient es dem Teamprozess, wenn hier eine warme Atmosphäre gestaltet wird, in der Menschen einander näherkommen können. Der Team Space sollte grundsätzlich gut erreichbar und gut ausgestattet sein; er darf kein elitärer, abgeschlossener Raum werden, den man nur betreten darf, wenn man zu einem berufenen Kreis gehört.

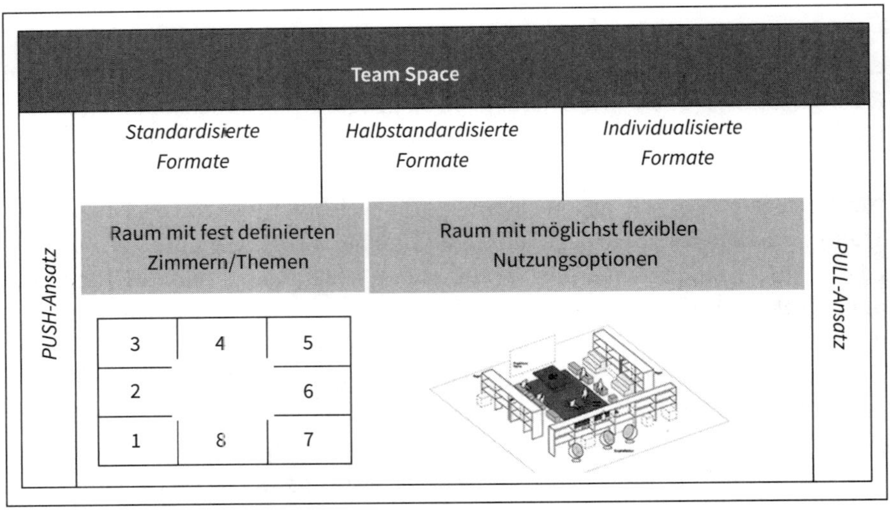

Abb. 20: Raumkonzepte im Team Space (Eissing/Stettler)

4.3 Das Angebotsportfolio im Team Lab

Im Folgenden wird insbesondere auf ein mögliches Angebotsportfolio im Rahmen des Pull-Ansatzes eingegangen (siehe Abb. 21). Im Push-Ansatz muss das inhaltliche Konzept konkret auf den spezifischen Bedarf des Unternehmens hin entwickelt werden. Auch hier wird es voraussichtlich neben den speziellen Transformationsthemen das eine oder andere klassische Teamthema geben, welches unterstützt und mit einem standardisierten Format an die Zielgruppe herangebracht werden soll.

Inhaltlich unterstützt das Team Lab im Pull-Ansatz die Entwicklungsreise von Teams im Thema Führung durch Angebote für die klassischen Teamprobleme einerseits und durch solche mit Schwerpunkt auf die Transformation des Unternehmens andererseits. Neben kürzeren Formaten werden auch Teams mit kniffligen Herausforderungen längerfristig begleitet.

Sowohl bei den Team-Evergreens als auch bei den Transformationsthemen ist es sinnvoll, mit halbstandardisierten Konzepten zu arbeiten, die bei Bedarf einfach an die individuellen Anforderungen der Teams angepasst werden können. Wichtig ist es, das Portfolio im Team Lab im Gesamtbild mit dem des Personal Lab thematisch abzustimmen. Auch im Team Lab kann je nach Thema der Ansatz Leaders develop Leaders ein wichtiges Element sein. Insbesondere bei halbstandardisierten Formaten können Führungsverantwortliche Rollen nach ihren individuellen Fähigkeiten und Möglichkeiten übernehmen.

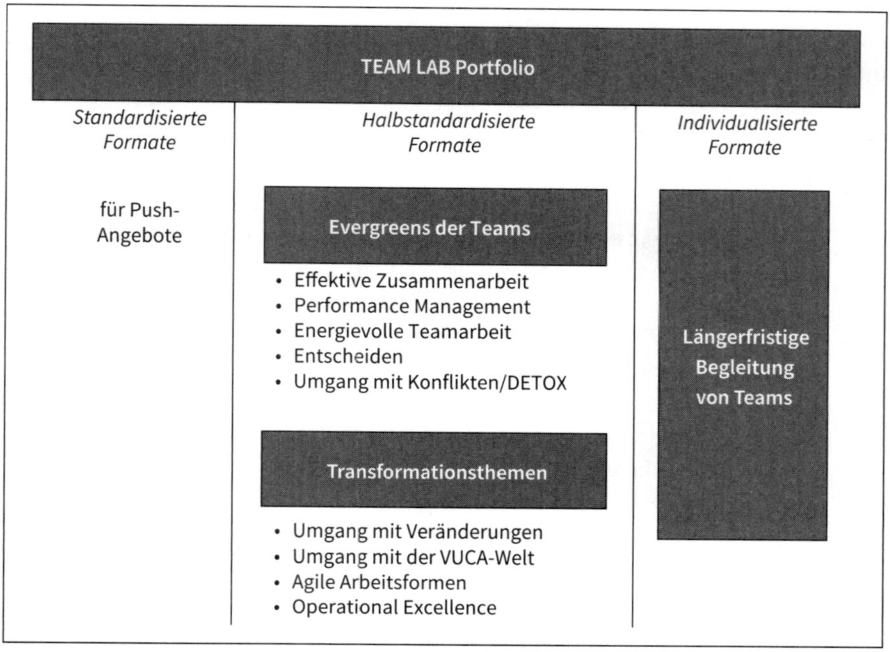

Abb. 21: Das Angebotsportfolio im Team Lab (Eissing/Stettler)

Im Folgenden zeigen wir einige Angebote und Inhalte auf, die in vielen Unternehmen sinnvoll sein können. Aber: So wie der Leadership Canvas für ein spezifisches Unternehmen einen eigenen Inhalt hat, so muss für jedes Unternehmen das Portfolio individualisiert werden.

4.3.1 Evergreens der Teams

Es ist nicht das Ziel, für alle möglichen Fragestellungen von Teams ein Angebot im Team Lab zu entwickeln. Bei der Erarbeitung des Leadership Canvas werden sich aber Schlüsselfähigkeiten herauskristallisieren, die heutige schwierige Muster im Unternehmen betreffen, die auch oder insbesondere in der Teamarbeit zu finden sind. Diese Muster gezielt durch offizielle Angebote zu thematisieren und damit besprechbar zu machen, unterstützt Teams in der Entwicklung ihrer gemeinsamen Führungsfähigkeiten – und hilft, die ungehobenen Schätze in der aktuellen Zusammenarbeit zu heben.

Die im folgenden Kasten kurz skizzierten Angebote für Teams machen Themen besprechbar, die in Teams immer wieder eine wirkungsvolle gemeinsame Arbeit behindern. Zu diesen Themen können gut halbstandardisierte Konzepte entwickelt werden, die für das jeweilige Unternehmen passende Denkmodelle und eine entsprechende Sprache prägen können.

Beispiele für halbstandardisierte Angebote

- *effektive Zusammenarbeit*: Aufbauend auf das Angebot im Personal Lab »Effektiv in einer neuen Rolle« kann ein Angebot im Team Lab mit dem gleichen Fokus sinnvoll sein. In diesem Konzept können Teams für sich eine Standortbestimmung machen und z.B. ihr ›soziales Betriebssystem‹, d.h. Regeln der Zusammenarbeit gemeinsam erarbeiten, welche für sie sinnvoll sind (siehe S. 270). Je nach Situation kann dieses Angebot eingegrenzt für ein durch die Linienorganisation definiertes Team durchgeführt werden oder auch gleich oder in einem zweiten Schritt zusammen mit den wichtigsten Netzwerkpartnern.
- *Performance Management:* Üblicherweise finden heute noch oft Zielvereinbarungen bilateral zwischen Führungsverantwortlichen, insbesondere dem Linienvorgesetzten und dem oder der einzelnen Mitarbeitenden statt. Wir denken, dass die Entwicklung von gemeinsamen Zielen für ein Team in der heutigen Zeit sinnvoller ist. Die Ausarbeitung der Beiträge, welche die Mitarbeitenden individuell hierzu leisten, und die gemeinsame Verhandlung dieser schaffen ein tieferes Wir-Gefühl und ein besseres Verständnis der einzelnen Abhängigkeiten. Hier besteht die Möglichkeit, dieses Angebot gleich mit mehreren Teams durchzuführen, die miteinander arbeiten müssen und die damit gleichzeitig ihre Beiträge und gegenseitigen Erwartungen besprechen können. Auch können Teams mit diesem Angebot dabei unterstützt werden, eine gemeinsame Analyse zu machen, in welchen Feldern sie ihr Potenzial noch nicht genügend nutzen. Dies kann sich z. B darin äußern, dass sie bestimmte Themenfelder noch nicht ausreichend vernetzen, mit bestimmten Partnern wirkungsvoller arbeiten könnten oder die einzelnen Aufgaben noch nicht ihren individuellen Fähigkeiten und Erfahrungen entsprechend verteilt haben.
- *energievolle Teamarbeit:* Wer kennt sie nicht: die energielosen Regel-Meetings und Workshops, aus denen jeder müde und etwas frustriert geht und sich fragt, ob er nichts Besseres mit der Zeit hätte anfangen können. In diesem Angebot üben Teams mit der Haltung der Gastfreundschaft Methoden und Praktiken, die ihnen helfen, energievoller zusammenzuarbeiten.
- *Entscheiden:* Oft werden in Teams oder Gremien Entscheidungen gefällt, die wenig Energie in der Umsetzung erfahren. Es waren zwar alle dabei, aber wirklich verpflichtet fühlt sich kaum jemand. In diesem Angebot trainieren Teams Entscheidungsformen und -Prozesse, die ihnen helfen, die kritischen Themen auf den Tisch zu bringen und nachhaltige Vereinbarungen zu tref-

fen. Je nachdem, wie die Ausgangslage von diesen Teams ist, braucht dieses Angebot eine vertiefende Vorarbeit. Oft sind es tiefer liegende Themen, die ein Team an guten Entscheidungen hindert – hier sind bestimmte Methoden erst der zweite Schritt.

- *Umgang mit Konflikten:* Der Umgang mit Konflikten braucht viel Verständnis dafür, welchen Blick ein Team auf Konflikte hat. Das bessere Verstehen, woher Konflikte kommen, welche Glaubenssätze zum Umgang mit den Konflikten beitragen, welches kreative Potenzial sie eigentlich haben – alles das sind Themen, die in einem Team aufgedeckt und damit besprechbar werden können. Je nachdem, wie provokant und fokussiert man dieses Thema im Unternehmen platzieren will, kann man dieses Angebot auch ›*Detox*‹ nennen: in bestimmten Fällen braucht es erst einmal eine ›Entgiftung‹, damit nachfolgend mit Konflikten wirklich kreativ umgegangen werden kann – jeder von Ihnen wird solche Beispiele kennen.

4.3.2 Transformations-Angebote für Teams

Der Transformationsbedarf von Organisationen zieht nicht nur einen Qualifizierungsbedarf auf der Ebene von Personen, sondern auch auf der von Teams nach sich. Das kann dieselben Entwicklungsfelder oder auch speziellere Fragestellungen von Teams betreffen. Insbesondere Themen, die neue Formen von Zusammenarbeit, neue Organisationsformen betreffen, können hier gezielt in das Unternehmen gebracht werden. Beispiele sind hier je nach Situation: Kundenorientierung, Innovation, neue Formen von agiler Zusammenarbeit wie Squads bzw. Tribes, Themen wie Kostenmanagement/Verständnis von Kostentreibern oder auch die gezielte Begleitung von organisatorisch neuen Strukturen bei massiveren Veränderungen.

In diesem Feld gilt es, insbesondere zusammen mit den Angeboten im Personal Lab eine bewusste Auswahl für die Entwicklung von Fähigkeiten für die Zukunft zu treffen. Welche Schlüsselfähigkeiten des Leadership Canvas sollen bewusst im Unternehmen als Schwerpunkte gesetzt werden, auf was soll die Aufmerksamkeit gelenkt werden? Ist es sinnvoller, wenn sich direkt ganze Teams damit auseinandersetzen? Wo braucht es ergänzend zum Personal Lab auch Angebote im Team Lab? Der Kasten führt einige Beispiele für mögliche relevante Themen für ›morgen‹ an.

Beispiele für Transformations-Angebote für Teams

- *Umgang mit Veränderungen:* Bei größeren Veränderungen, wie sie insbesondere durch Umorganisationen passieren, verlieren Teams oft den Blick, welches Potenzial in diesem Umbruch liegt. Teams können hier, auch direkt zusammen mit weiteren, mit ihnen verbundenen Teams, die neue Organisation umfassend verstehen und gestalten.
- *VUCA:* Mit steigender Volatilität und Komplexität unserer Umwelt sind wir als Einzelpersonen und Teams zunehmend mehrschichtigen Situationen ausgesetzt: Unsicherheit wird zur neuen Unternehmensrealität. Teams werden in komplexe Kontexte bzw. Aufgabenstellungen gebracht, können die Wirkungen von VUCA persönlich und als Team erleben und mit neuen Formen den Umgang mit Komplexität ›üben‹, Erwartungsenttäuschung und die Schaffung von Erwartungsvielfalt erleben.
- *Operational Excellence:* Ergänzend oder alternativ zum Transformationsangebot im Personal Lab können Teams sich hier damit auseinandersetzen, was ihr unternehmerischer Spielraum ist und wie sie diesen gemeinsam wirkungsvoll nutzen können.
- *agile Arbeitsformen:* In vielen Unternehmensbereichen werden zunehmend agile Arbeits- oder Organisationsformen ausprobiert, wie z. B. Squads/Tribes, Scrum. Über ein solches Angebot können bestimmte Modelle im Unternehmen eingeführt und es kann direkt aus den förderlichen oder hinderlichen Mustern und Rahmenbedingungen gemeinsam gelernt werden.

4.3.3 Längerfristige Begleitung von Teams

Manchmal ist eine kurze Teamentwicklung von ein bis zwei Tagen nicht ausreichend. Große Herausforderungen bestimmter Teams brauchen eine spezifischere und längere Begleitung – einen tieferen Bewusstseinsprozess im Lernen des Miteinander.

Bei dieser Angebotsform im Leadership Development geht die Verschmelzung der Aufgabenbereiche von Leadership Development und Organisationsentwicklung am weitesten. Abhängig von den Erfordernissen, eine Organisationseinheit gesamthafter zu begleiten, kann diese Angebotsform im Team Lab ein Baustein einer umfassenderen Transformationsarchitektur sein oder ein separater, eigenständiger Prozess.

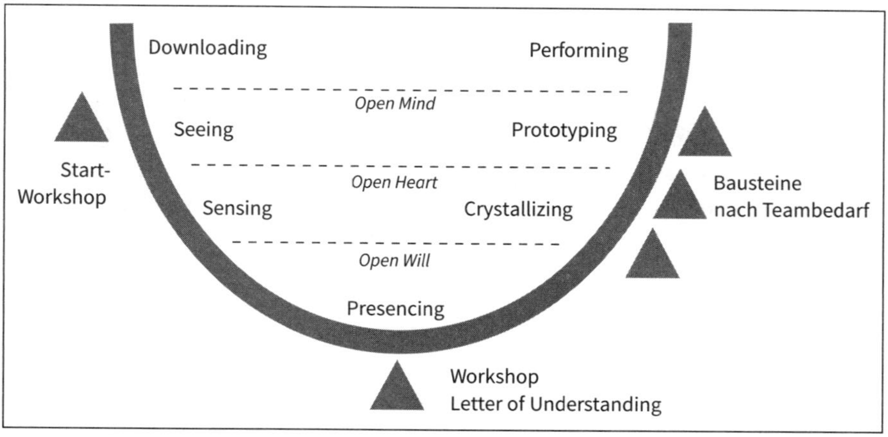

Abb. 22: Methodische Vorgehensweise bei Team-Beratungsprozessen (Swisscom AG 2015; nach Claus Otto Scharmer, adaptiert von Espinoza[2])

Wir glauben, dass die Investition in einen längeren Teamprozess nur etwas bewirken kann, wenn das ganze Team sich gemeinsam ein detailliertes Bild dazu macht, um was es denn eigentlich *wirklich* geht, und darauf aufbauend für sich gemeinsam vereinbart, woran es *wirklich* arbeiten will, wo Energie, Frust oder Lust liegen. Es braucht einen Erfahrungs- und Experimentierraum für die Auseinandersetzung mit der spezifischen Situation im jeweiligen Kontext. Längerfristige Teamentwicklungsprozesse benötigen also wie jeder Organisationsberatungsprozess eine Diagnosephase und eine möglichst klare Beauftragung.

Methodisch lehnen wir uns bei Team-Beratungsprozessen an die *Theorie U* der Gestaltung von Innovationsprozessen von Claus Otto Scharmer an (siehe Abb. 22). Wie können Teams aus ihrer Vergangenheit lernen? Wie können sie aus der im Entstehen begriffenen Zukunft lernen?

In der ersten Phase wird die linke Seite mit dem Team erarbeitet. Vorbereitend finden eine Auftragsklärung und Diagnosephase über verschiedene Interviews mit einzubeziehenden Personen aus dem Team, aber möglicherweise auch von außerhalb statt. Im Start-Workshop wird das Team über verschiedene Formate bis in die Ebene des *Presencing* geführt. Hier wird im *Letter of Intent* gemeinsam festgelegt, ob es einen weiteren Prozess gibt und zu welchen Themen Energie zum Arbeiten besteht.

Im Nachgang dieser ersten Phase wird in einem kürzeren Workshop ein *Letter of Understanding* gemeinsam beschlossen und die nächsten Schritte und Themen werden gemeinsam erarbeitet. In der zweiten Phase werden je nach Bedarf die verschiedenen Entwicklungsthemen miteinander bearbeitet und ausprobiert.

Hier können Angebotsmodule zum Einsatz kommen, die auch als Standard- oder Transformations-Angebote vorhanden sind.

Diese Form der Teambegleitung im Team Lab erfordert die größte Professionalität des Beraterteams. Je nach der Verfügbarkeit von intern gut ausgebildeten Personal- und Organisationsentwicklern ist dieses Angebot möglichst intern durchzuführen, um selbst von den Erfahrungen zu lernen, oder aber in Kombination mit externen Beratern, die das Unternehmen sehr gut kennen.

Anmerkungen

1 vgl. Pichler 2012.

2 Das Team Lab wurde massgeblich von Franziska Espinoza und ihrem Team konzipiert (siehe Danksagung).

5. Kapitel: Das Community Lab – die Führungswirkung der Leadership Community entwickeln

Schon mal gehört?
»Mir wird immer gesagt, dass ich Verantwortung übernehmen und meine Themen pragmatisch umsetzen soll. Und dann will mein Chef immer alles ganz genau wissen und ich muss mich in endlosen Abstimmungen absichern. Mehrwert bringt das nicht.... .«
»Wir haben Regelungen im Unternehmen, die irgendwie nicht mehr hilfreich sind: Wir sollen alle im Netzwerk flexibel zusammenarbeiten – aber ich muss jede Minute im System reporten, die ich arbeite. Und mit meinem Bonus hat das auch nichts zu tun.«
»Wir arbeiten neu in Tribes & Squads zusammen. Unsere Prozesspartner verstehen das noch irgendwie nicht – dauernd kommt es zu Unstimmigkeiten. Unsere Chefs müssten da mal was klären.«

Die Art, wie wir zusammenarbeiten und Führung verstehen, ist im Wandel. Oft passen die alten Glaubenssätze und Regelungen dazu nicht mehr – aber wir wissen noch nicht genau, wie es denn anders besser wäre. Das *Community Lab* ist das Format, um diese Fragestellungen gemeinsam zu erkunden.

DEFINITION

Die vierte Wette zum Community Lab lautet:
Wir setzen darauf, dass Unternehmen ihr Verständnis von Führung und die Art, wie sie Zusammenarbeit gestalten, zunehmend bewusster verstehen, explorieren und weiterentwickeln. Wir erleben erste Anzeichen eines größeren Paradigmenwandels, in der Ausprägung von Führung dahingehend, wer diese Funktion für sich beansprucht, wer Verantwortung für Führung trägt.
Die heute schon ausgesprochenen Anforderungen, wie z. B. agiler und effizienter zu arbeiten, eine höhere Innovationskraft zu schaffen, mehr in Netzwerken

zu gestalten, erfordern neue strategische Kompetenzen im Thema Führung und mehr Selbstbeobachtung und Reflexion mit Blick auf ungehobene Potenziale und neue Herausforderungen.
Dazu braucht es geeignete Kommunikationsräume, um die Leadership Community of Practice ›in Schwingung‹ zu bringen, diese Selbstbeobachtung zu stärken und gemeinsam die Verantwortung für die Weiterentwicklung des Systems zu übernehmen.

Im Kapitel 5 lernen Sie das Konzept zum Community Lab kennen, dem Labor für die Leadership Community of Practice. Zunächst werden die Funktionen des Community Lab und dessen Wirkung auf die Corporate Leadership Brand vorgestellt. Nachfolgend werden die Bauteile des Community Lab, die Community Foren und die Camps, erläutert und unterstützende Tools, vor allem der Organization Explorer, vorgestellt.

5.1 Das Community Lab – Entwicklungsraum für eine Community of Practice für Leadership

Im *Community Lab* wird gemeinsam die ›DNA‹ des Unternehmens erkundet, die Strategie zu Führung und Organisation entwickelt – also: *am* System gearbeitet. Hier geht es um die strategische Leadership-Entwicklung und den ›Blick in die Glaskugel‹, der noch unbestimmten Zukunft des Unternehmens einerseits, und um gelebte, zukunftsrelevante Best Practices andererseits. Im Gegensatz dazu wirken Personal Lab und Team Lab mit ihren Angeboten auf die operative und transformationale Excellenz des Unternehmens (siehe S. 218).

Mit dem Community Lab bieten wir regelmäßige Kommunikationsräume an, in denen vom Grundsatz her die gesamte Leadership Community, aber insbesondere die oberen Führungsebenen zusammenkommen. Abb. 23 zeigt die Elemente des Community Lab im Einzelnen.

Hier lässt sich ein Bezug herstellen zu den Aussagen der Management-Theoretiker Hamel und Prahalad, die darauf hingewiesen haben, dass die Ausbildung von Kernkompetenzen bzw. der Fähigkeit, durch Innovationen die Regeln der Branche neu zu schreiben, einen langfristigen kollektiven Management-Fokus und Austausch voraussetzen. Im Community Lab lassen sich diese Prozesse organisieren, durch die die Führung – insbesondere in Technologie- und Innovationen-basierten Unternehmen – ›Foresight‹ entwickeln kann, jene Fähigkeit, durch Zusammenführen kollektiven Wissens, durch tiefes Verstehen der Umfelder und durch die Reflexion der eigenen mentalen Modelle immer wieder den ›genetischen Code‹ der Organisation umzuschreiben, um nachhaltig Kernkompetenzen auszuprägen, Innovationen zu generieren oder gar die Regeln ihrer Branche umzuschreiben (siehe S. 80 f.).

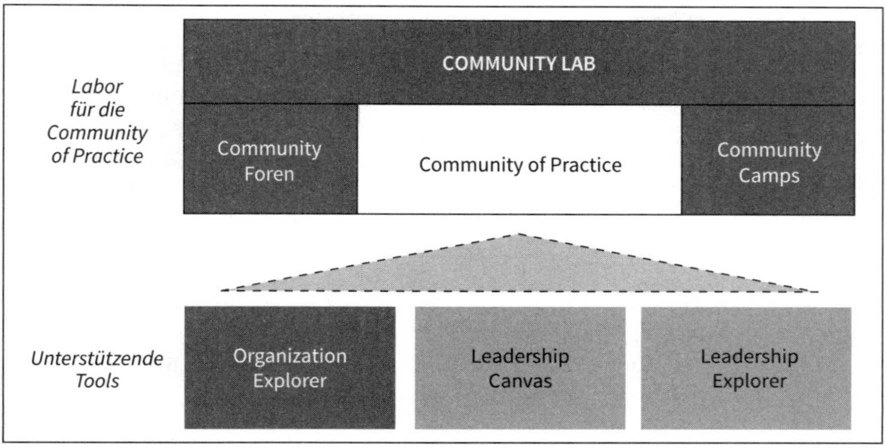

Abb. 23: Die vierte Wette – der Entwicklungsraum des Community Lab (Eissing/Stettler)

5.1.1 Funktionen des Community Lab

Das Community Lab ermöglicht es den oberen Führungsebenen, die Themen Führung und Organisation vorausschauend zu entwickeln, mit ihrer eigenen Leadership-Entwicklung in Kontakt zu bleiben und die Führungsverantwortlichen zu einer Community mit gemeinsamen Aufgaben und Interessen zu verbinden, um den normativen Rahmen für das eigene Selbstverständnis und ihre Praxeologie laufend zu schärfen.

Kommunikationsräume statt Trainingsangebote

Das Community Lab macht kein Trainingsangebot, aus dem man einen Kurs buchen kann. Vielmehr stellt es der Gemeinschaft der Führungsverantwortlichen *Kommunikationsräume* zur Verfügung für die gemeinsame Auseinandersetzung mit Fragen von Führung und Organisation.

Viele Unternehmen, insbesondere global tätige Konzerne haben inzwischen regelmäßig Zusammenkünfte der oberen Führungsebenen. Denn die Praxis zeigt, dass es nicht ausreicht, die heutigen übergreifenden Unternehmensthemen nur in den jeweiligen Leitungsteams der Linie zu bearbeiten. In diesen Settings der Regelkommunikation geht es ja per Definition um arbeitsteilig-bereichsbezogene Problemstellungen, die vorab definieren, wer sich wann womit auseinandersetzt.

Die Zusammenkünfte der oberen Führungsebenen, die Unternehmen zunehmend organisieren, werden allerdings zumeist ausschließlich dazu genutzt, frontal über die Unternehmensstrategie, das Wettbewerbsumfeld und wichtige Innovationen zu berichten. Selten wird gemeinsam an den Themenfeldern Organisation und Führung gearbeitet, in dem Sinn, dass für komplexe Problemstellungen oder neue Entwicklungen gemeinsam Bedeutungen ausgehandelt werden.

Das Community Lab ist daher wohl eines der Elemente im neuen Leadership Development, das für ein Unternehmen in seiner Stringenz am deutlichsten ist. Das Neue ist nicht, dass man sich mit den Themen Organisation und Führung an sich beschäftigt – das passiert gezwungenermaßen immer wieder reaktiv in Form von strukturellen Umorganisationen. Neu ist aus unserer Sicht die Beständigkeit und Tiefe der vorausschauenden Auseinandersetzung, der dialogische Charakter, in dem verschiedene Perspektiven bewusst zusammenspielen sollen und die Wirkung, dass sich die Führungsverantwortlichen als Kollektiv mit gemeinsamen Anliegen und Zukunftsverantwortung verbunden fühlen.

Führung als strategisches Handlungsfeld – Führung als Profession proaktiv stärken

Die Anforderungen an Führung, die jeweils bestmögliche Organisation und das wirkungsvollste Führungsverständnis zu gestalten, wachsen und Paradigmen verändern sich. Es bedeutet oft, eine größere Diversität an Organisationsformen zu gestalten und neue Regeln und Glaubenssätze auszuprobieren. Im Community Lab werden Schlüsselfähigkeiten und Entwicklungsfelder vertieft erkundet und Vorschläge erarbeitet zu Veränderungen im Führungssystem.

Das Community Lab bietet kein Themenportfolio an; es gibt Raum für die *Arbeit am Führungssystem* selbst. Diese Themen können sich direkt, also Topdown, aus der Strategie des Unternehmens ableiten, wie z. B. neue Kooperationsformen. Sie können aber auch aus Erfahrungen und Erkenntnissen entstehen, die in den einzelnen Angeboten des Personal Lab oder Team Lab gemacht werden. Wenn hier Bottom-up bestimmte Muster deutlich werden, welche die Arbeit im Unternehmen behindern, können diese im Community Lab bearbeitet werden.

Die *Entwicklungsräume* des Community Lab stellen einen sozialen und zeitlichen Rahmen für verschiedene Zwecke bereit. Die *Foren* geben Raum für Erfahrungsaustausch und Reflexion. Die *Camps* ermöglichen es, gemeinsam zu ergründen, wie die Elemente einer Organisation für welche Kontexte auszugestalten sind bzw. wie sie verändert werden müssen, um neue Prototypen zu entwickeln. Die Formate des Community Lab erleichtern es, gemeinsam über die Realität im Unternehmen zu sprechen. Dies hat eine entlastende Wirkung und bietet eine bessere Verhandlungsbasis über Elemente, die in eine neue Richtung entwickelt werden sollen – gerade weil es ein Loslassen von Vertrautem bedeuten kann.

Kontakt zur eigenen Leadership-Entwicklung für die oberen Führungsebenen

Gerade im oberen Management ist es oft lange Zeit her, dass sich die Führungsverantwortlichen im Rahmen einer Basisausbildung oder weiterbildender Angebote mit neueren Entwicklungen zu den Themen Organisation und Führung auseinandergesetzt haben. Die obersten Leitungsgremien zeigen häufig *Führungsverhaltensmuster*, die geprägt sind von Wissen und Haltungen, die sie sich vor Jahrzehnten angeeignet haben. Anlass zur Auseinandersetzung mit und zu Änderungen in ihrem Führungsverständnis geben dann nur radikale Veränderungsprozesse und/oder neue Personen in der CEO-Position. Und meist spielt sich danach schnell wieder eine selbstbestätigende Rekursivität ein, die zudem die Annahme bestätigt, dass Führung im Unternehmen maßgeblich an wenigen Personen hängt.

Die oberste Leitungsebene ist in der Regel unter hohem Zeitdruck mit hoch komplexen Problemlösungen für das Business ausgelastet und hat wenig Kontakt zu den vielen täglichen Erschütterungen und Innovationen im Geschäft; das Berichtswesen in Unternehmen hat außerdem die Übereinstimmung mit Plänen und Erwartungen im Blick und spielt frühe Abweichungen und weiche Signale nur gefiltert nach oben. In den meisten Unternehmen ist es gängiges Gesprächsthema in Kaffeeküchen und Gängen, was »die da oben wieder mal verschlafen«.

Gerade für die oberen Managementebenen braucht es deshalb eine ständige Verbindung, ein immer neues Verstehen der Kontexte und ihrer Herausforderungen. Insbesondere das obere Management muss neue Perspektiven einnehmen – es muss selbst an seiner Professionalität der Führung arbeiten, auf sich selbst und die eigene Führungsverantwortung schauen lernen. Hierfür bietet das Community Lab als Trainingslabor den Raum, um von internen und externen Beispielen zu lernen.

Von der Vereinzelung der Hierarchie zur Verbindung in der Community of Practice

In der Höhe ist nicht nur die Luft dünner, es heißt auch: An der Spitze ist man einsam. Besonders zwischen der zweiten und der dritten Führungsebene gibt es oft ein ›Aquaplaning‹: Während das oberste Leitungsgremium noch relativ effektiv mit der Ebene der Direct Reports kommunizieren kann – das lässt sich von der Anzahl der Teilnehmenden gleichzeitig oder zeitnah bewerkstelligen – geht bei vielen Themen der Gesamtzusammenhang beim Übergang von der zweiten auf die dritte Ebene und die nachfolgende arbeitsteilige Regelkommunikation verloren.

Im Community Lab soll die *Gemeinschaft der Führungsverantwortlichen* vor allem der oberen Leitungsebenen in ihrem Zusammengehörigkeitsgefühl und ihren gemeinsamen Interessen für Führung gestärkt werden. Sie soll in einem Labor gemeinsam die heutigen Muster im Führungssystem erkennen, Erfahrungen austauschen, implizites Wissen explizit machen und experimentieren können. Sie soll die gelebten Best Practices und die ungehobenen Schätze identifizieren und gemeinsam Bilder zur zukünftigen Form von Zusammenarbeit und Führung im Unternehmen entwickeln. Auf diese Weise wird der normative Rahmen für das Selbstverständnis als Führungsverantwortliche immer wieder nachgeschärft.

Das Community Lab ist deshalb ein Kernbeitragg, um das Management-Genom laufend umschreiben und Management-Innovationen entwickeln zu können (siehe S. 123).

Wenn sich Führung als Kollektiv mit *gemeinsamer Zukunftsverantwortung* erlebt, hat dies viele Vorteile in sozialer Hinsicht: das Zusammenkommen in dialogischen Settings fördert Vernetzung und Vertrauensbildung, liefert den Kitt gemeinsamer bedeutungsvoller Erfahrungen, gibt den einzelnen Personen die Möglichkeit der Selbst- und Fremdbeobachtung und des Lernens am Modell. Letztlich fördert das Community Lab also die Sozialisation auf das *gemeinsame Führungsverständnis*. Außerdem gibt es Energie und Entlastung durch das Erleben von Gemeinsamkeit, das Finden von Sprache und die Entdeckung von Ressourcen und ungehobenen Schätzen, die vielen Führungspraktiken implizit zugrunde liegen.

Weiterentwicklung des Leadership Canvas – das Selbstverständnis laufend schärfen

Im Community Lab wird der Leadership Canvas erstmalig erarbeitet; später ist das Community Lab auch der Raum, in dem die Schlüsselfähigkeiten im Leadership Canvas weiterentwickelt werden. Passen die im Leadership Canvas festgelegten Prinzipien noch in allen Facetten, gibt es Schlüsselfähigkeiten, die verändert werden müssen? Die Themenschwerpunkte des Community Lab ergeben sich auf einer ersten ›Flughöhe‹ aus dem Leadership Canvas. Wenn die erarbeiteten Schlüsselfähigkeiten keine Herausforderungen darstellen, die vertieft verstanden und geknetet werden müssen – dann sind sie wahrscheinlich keine. Die Ergebnisse aus dem Community Lab fließen dann wieder in die Grundlagen des Leadership Canvas und die Angebote der verschiedenen Labs ein und werden über diese transportiert.

5.1.2 Prägung der Corporate Leadership Brand durch das Community Lab

Nur wenn es ein gemeinsames Führungsverständnis und Führungssystem gibt, welches sich mit den Anforderungen an das Unternehmen bewusst mitentwickelt, kann es eine wirkungsvolle Corporate Leadership Brand geben. Durch das Community Lab steuert die Funktion Leadership Development diese Arbeit *am* System, hier werden die Verhältnisse exploriert, das Führungssystem, welches das Unternehmen für eine optimale Form von Zusammenarbeit braucht bzw. nicht mehr braucht. Hier wird das Führungsverständnis, der Leadership Canvas weiterentwickelt. Die normative Grundlage wird laufend in Beobachtung gehalten und geschärft. Führung ist nicht mehr Wirkung einiger weniger Personen, sondern gemeinsames Interesse und Zukunftsaufgabe einer Gemeinschaft von Führungsverantwortlichen, die hier in Austausch, Bewegung und Verbindung bleiben, einander stimulieren und die gemeinsame Sache vorantreiben.

5.1.3 Aufgaben und Verantwortung für das Professionsfeld Leadership Development im Community Lab

Im Community Lab muss das Leadership Development eng mit der Unternehmensführung zusammenarbeiten. Die Gestaltung der Organisation und die Ausrichtung des Führungsverständnisses für das Unternehmen sind und bleiben Chefsache. Die Unternehmensleitung hat die Verantwortung, den normativen Rahmen zu definieren. Konkret ist die Unternehmensleitung Auftraggeberin für das gesamte Leadership Development und legt das Führungsverständnis und die Schwerpunktthemen fest, die im Community Lab, d. h. in den Community Foren und den Camps, bearbeitet werden. Zudem hat sie als Auftraggeber die Verantwortung, über das Angebotsportfolio des Team Lab und des Personal Lab zu entscheiden, d. h., in welche Themen und für welche Zielgruppen investiert werden wird.

Die Entscheidungen über den Leadership Canvas, d. h. die zu stärkenden Schlüsselfähigkeiten, müssen hier fallen und von der Unternehmensleitung als oberste Instanz mitgetragen und eingefordert werden. Auch Veränderungen im Führungssystem, die Einfluss auf die Funktion von Führung haben, sind so grundsätzlich, dass sie hier zu entscheiden sind. Des Weiteren ist diesem Gremium regelmäßig vorzulegen, wie die Wirksamkeit der verschiedenen Maßnahmen des Leadership Development eingeschätzt wird, welche Muster aus diesen erkennbar sind und welche Konsequenzen daraus für das weitere Angebotsportfolio zu ziehen sind (siehe auch die fünfte Wette, den Leadership Evolution Process).

Inhaltlich hat die Funktion Leadership Development eine beratende und challengende Funktion und kann Auskunft geben, wie solche Probleme in anderen Unternehmen gelöst werden. In ihrer Verantwortung für Best Practices haben die Mitarbeitenden im Leadership Development – wie andere vergleichbare interne Experten und Beratungsfunktionen (siehe S. 74 f.) – Konzepte und Prozesse bereitzustellen, grundsätzliche inhaltliche Vorschläge erarbeiten zu lassen, Letztere sprachlich und konzeptionell auszuarbeiten und dem Topmanagement zur Entscheidung vorzulegen. Zu ihren Aufgaben gehört es außerdem, Entwicklungen im Gebiet der gelehrten und im Unternehmen gelebten Führung in geeigneter Form zu bündeln und regelmäßig Feedback darüber an das Topmanagement zu geben. Im Betreiben dieser Vorgänge kommt der Funktion Leadership Development hier eine Governance-Funktion zu, man muss viel bestimmter als bisher den Dialog einfordern und die Führungsverantwortlichen strategisch zum Verstehen und Gestalten des Führungsthemas befähigen.

Da die Veranstaltungen des Community Lab außerdem in der einen oder anderen Form immer die persönliche Teilnahme des Topmanagements voraussetzen, sind hierfür auf operativer Ebene auch Ziele und eventuell Ablaufdesigns zu klären und Briefings vorzunehmen. Daher ist es erforderlich, dass in diesem Gremium das Thema Leadership Development regelmäßig Raum bekommt.

5.2 Bausteine des Community Lab

Es ist das Ziel des Community Lab, die *Community of Practice* für Leadership zu entwickeln. Führungsverantwortliche brauchen dazu Austauschplattformen, die sie inspirieren, ihnen neues Wissen vermitteln, die Möglichkeit geben, sich zu ihren Erfahrungen auszutauschen und mit neuen Ansätzen im Labor zu experimentieren. Das Format der *Community-Foren* gibt Raum für den regelmäßigen Erfahrungsaustausch. Das Format der *Community Camps* stellt einen Experimentierraum dar, in dem neue Fragestellungen exploriert und zu ersten Prototypen ausgearbeitet werden können.

Für das Community Lab lässt sich, wie gesagt, – anders als beim Team oder Personal Lab – kein inhaltliches Portfolio beschreiben. Das Angebot besteht aus der Konzeption zweckmäßiger Kommunikationsräume und Prozesse im Vorfeld und Nachgang. Es braucht auch eine gute zeitliche Vernetzung der einzelnen Aktivitäten – was in einem Camp erarbeitet wurde, braucht zeitnah Platz in einem Forum und in der Unternehmensleitung.

Im Rahmen der folgenden Ausführungen wird daher nur skizziert, welche Funktion die einzelnen Bestandteile haben und wie sie ausgestaltet werden können. Zusätzliche Inspirationen zum Thema Organisation und Führung werden durch Blogs, externe Inputs, Community-Plattformen zu bestimmten Themen angeregt. Auch der grundsätzliche Development-Ansatz des Leaders develop Leaders leistet einen zentralen Beitrag zur Ausbildung einer Leadership Community of Practice. Durch all diese Maßnahmen kommen Führungsverantwortliche in Kontakt mit ihrer Praxis im Unternehmen und treten in den Dialog.

5.2.1 Community Forum

Wie oben ausgeführt, gibt es heute in den meisten Unternehmen vielzählige Anlässe, zu denen sich insbesondere das obere Management zum Austausch zusammenfindet. Meist handelt es sich dabei um Frontalveranstaltungen, in denen die Unternehmensleitung Botschaften sendet. Zunehmend sind es aber auch Workshops, in denen zu bestimmten Themen des Unternehmens auch konkret gearbeitet wird. Häufig liegt der inhaltliche Fokus auf Businessthemen, z. B. auf Produkten, Marktentwicklungen etc. Um die Themen Organisation und Führung hier regelmäßig in den Fokus zu bringen, ist es zweckmäßig, bei diesen Businessthemen immer auch einen Bezug zum Verständnis von Organisation und Führung herzustellen bzw. herauszuarbeiten.

Solche Community-Foren lassen sich aber auch zu einer regelmäßigen Veranstaltungsschiene ausbauen, um Austausch und gemeinsame Sprache zu den Themen Leadership und Organisation zu organisieren. Zu diesem Zweck sollten diese Themen immer wieder als eigene Agendabestandteile eingebracht werden. Das kann rein zu Informationszwecken sein, indem z. B. das Angebotsportfolio zum Leadership Development mit seinen Möglichkeiten für die Bereiche aufgezeigt wird oder externe Inputs als Anregungen eingebracht werden. Im Fokus liegt aber die Auseinandersetzung über strategische Fragestellungen zur Gestaltung der Organisation und zum Führungsverständnis.

Die in den Community Camps erkannten Muster und Vorschläge zur Weiterentwicklung können hier eingebracht und gemeinsam diskutiert werden, um Feedback einzuholen. In den Camps können sich auf freiwilliger Basis auch Netzwerke bilden, die bestimmte Themen in darauf aufbauenden Camps weiter vorantreiben.

Die Foren des Community Lab bieten dialogische Kommunikationsformate an, die zu dichter Kommunikation, Austausch und Vernetzung anregen. Die Methoden der Großgruppenveranstaltungen liefern dazu einen reichen Fundus. Je nach den Gegebenheiten sind Frequenz und Dauer der Foren zu bestimmen. Wichtig ist es, neue Begriffe, neue Sprache, nachzuhalten, d. h. in die Kommunikationskanäle der Leadership-Entwicklungsräume einzuspielen.

5.2.2 Community Camps

Die Community Camps sind das Workshop-Format im Community Lab, in dem herausfordernde Fragestellungen zu Organisation und Führung in einem Kreis ausgewählter Führungsverantwortlicher bearbeitet werden und zwar nach dem Motto: Wenige denken vor für viele.

Der Teilnehmerkreis setzt sich aus Vertretern der für das Thema relevanten Perspektiven zusammen, je nach Thema werden auch Mitarbeitende einbezogen. Die in den Camps erarbeiteten Ergebnisse werden in die Community-Foren und in die Unternehmensleitung zur breiteren Diskussion und zur Entscheidung eingebracht. Wenn zwei oder drei Camps in einem Jahr stattfinden, ist das viel – ein Unternehmen muss die Ergebnisse, die neuen Gedanken, erst einmal ›verdauen‹ und umsetzen können.

Wie sieht die Arbeit in den Camps aus? Der Kreis der eingeladenen Führungsverantwortlichen exploriert, wie einzelne Elemente einer Organisation – das sind Themenfelder wie z. B. Entscheidungen treffen, Kommunikation usw. – für bestimmte Kontexte oder Änderungen auszugestalten sind bzw. verändert werden müssen. Dazu braucht es ein vertieftes Verständnis vom Heute, von den Schalthebeln für Entwicklungen mit ihren möglichen Handlungsoptionen. Dann kann man mit Organisationslösungen experimentieren und Prototypen für das Morgen ausarbeiten. Die Arbeit wird unterstützt durch das Tool des *Organization Explorer*, das die Teilnehmer durch die Gestaltungsfelder und -Kriterien führt.

Neben der Bearbeitung einer Fragestellung ist der gewollte und wichtige Nebeneffekt im Verlauf eines Camps, dass die Führungsverantwortlichen, die zumeist aus verschiedenen Aufgabengebieten kommen, einander näherkommen, neue Perspektiven erkennen und voneinander und miteinander lernen. Durch die gemeinsame Arbeit wird implizites Wissen expliziert und verteilt sowie Selbstbeobachtung gestärkt.

Idealerweise tragen einzelne Führungsverantwortliche selbst ein Thema für ein Camp an Verantwortliche im Leadership Development heran; sie werden damit zum Owner der zu bearbeitenden Fragestellung. Zum Beispiel könnte ein Führungsverantwortlicher, der sich in seinem Verantwortungsbereich mit neuen Formen der agilen Zusammenarbeit beschäftigt, dieses Thema einbringen. Was bedeuten die neuen Ansätze für das Unternehmen? Was spricht dafür/dagegen, welche Auswirkungen hat es auf Nachbarbereiche, die noch eher klassisch organisiert und geführt sind?

Bei der Auswahl der Teilnehmer ist darauf zu schauen, dass die Stakeholder repräsentativ vertreten sind und unterschiedliche, auch konfliktäre Sichtweisen eingebracht werden. Wesentlich für das Gelingen der Camps ist aber die intensive, enge Form der Zusammenarbeit in diesem Format. Deshalb möchten wir im nächsten Unterkapitel das Format anhand eines Beispiels erläutern.

5.3 Unterstützende Tools

Bei der Erkundung der heutigen Muster im Unternehmen und für die strategische Ausarbeitung von neuen Ansätzen zu Organisation und Führung können verschiedene Tools und Ablaufdesigns eingesetzt werden, um Sprache und Aufmerksamkeitsfokus geben. Im Folgenden beschreiben wir den Ablauf eines Camps und das dort eingesetzte Tool des Organization Explorers.

Daneben ist der Leadership Canvas mit seinen verbundenen Tools, insbesondere dem Leadership Explorer (siehe S. 242), ein wichtiges Fundament im Community Lab. Er ist sowohl Ergebnis des Community Lab als auch Reflexionsinstrument für die Arbeit am System des Unternehmens. Welche Schlüsselfähigkeiten sind besonders relevant? Welche Rahmenbedingungen verhindern oder fördern, dass diese Fähigkeiten in der Realität entwickelt und gelebt werden können?

5.3.1 Der Ablauf eines Community Camps

In den Community Camps werden naturgemäß herausfordernde, meist neue Fragestellungen behandelt. Darum ist ein intensives, gut durchdachtes Konzept, welches die Teilnehmenden mit einem Spannungsbogen durch die Hürden führt, die bei solchen Themen schnell die Energie herabsetzen, ein Schlüsselfaktor. Zudem müssen sich die Teilnehmer aus dem oberen Management, ihren Kalender oft mit Mühe frei räumen. Sie erwarten zu Recht Inspiration und Ergebnisse, die den Aufwand lohnen.

Es ist daher wichtig, sehr gut vorbereitet zu sein, den Teilnehmerkreis gut auszuwählen und dem Konzept eine gute ›Gewürzmischung‹ zu verpassen: ein Teil Speed, ein Teil Humor, viel Selbstverantwortung und schnelles Entwickeln von Prototypen – möglichst wenig Frontalvortrag.

Ablaufdesign für ein Community Camp (Swisscom AG)
Fragestellung: Wie verändern sich Organisation und Führung der Zukunft in Bezug auf zwei bedeutsame Kompetenzfelder des Unternehmens: Kundenservice und Produktinnovation?
Teilnehmer: 24 Vertreter/Stakeholder der Themen, maßgeblich aus der Ebene 1 und 2 unterhalb der Unternehmensleitung, aufgeteilt in 4 Arbeitsgruppen (2 Produktinnovation/2 Kundenservice)
Moderation: je Gruppe 1 Moderator aus dem Bereich Leadership Development
Zeitraum: ein Tag, nachmittags und vormittags mit gemeinsamem Abend

Ablauf Tag 1:

- direkter Start in den 4 Gruppen, keine ermüdende Begrüßung
- Prototyp 1: Auftrag, Organisation der Zukunft zu entwerfen (basteln, malen, skizzieren); kurze Arbeitszeit – anschließend: kurzer Steh-Input für alle
- Prototyp 2: Auftrag, Prototyp weiterzuentwickeln; kurze Arbeitszeit – anschließend: kurzer Steh-Input für alle
- Prototyp 3: Auftrag, Prototyp weiterzuentwickeln; kurze Arbeitszeit;
- kurzer Austausch der Prototypen innerhalb der jeweiligen Profession und zwischen diesen
- Nutzung des Organization Explorers, um den jeweiligen Prototyp zu konkretisieren, ein Organisationsprofil auszuarbeiten

Ablauf Tag 2:

- Verschmelzung der beiden Prototypen pro Kompetenzfeld – gibt es einen, der sich herauskristallisiert oder mehrere? Vertiefte Diskussion zwischen den Gruppen
- Aufbereitung der Kernerkenntnisse, der offenen Fragen, der Handlungsempfehlungen für die Unternehmensleitung, für die Teilnehmenden im Community Forum (oder was auch immer als Nachfolgeformat geplant ist)
- Vorstellung der Ergebnisse vor Vertretern der Unternehmensleitung, Diskussion der nächsten Schritte

Der ganze Ablauf kann gesteuert werden über einige Elemente zur spielerischen Verfremdung, wie z. B. Arbeitsanweisungen im Umschlag, mit humorvoll herausfordernden Fragen, Joker, die genutzt werden können, um Kollegen aus anderen Teams abzuwerben oder sich Beratung zu holen. Wichtig ist dabei, den Abend zu nutzen zum gemeinsamen Verarbeiten und ›Setzen-lassen‹ über Nacht. Wenn die Fragestellung eine wirklich herausfordernde ist, werden konfliktäre Meinungen entstehen – und die brauchen eine Ruhephase.

5.3.2 Der Organization Explorer – Leitfaden zur Erkundung der Organisation

Der *Organization Explorer* bietet einen einfachen Zugang zur komplexen Frage, wie die Organisation der Zukunft beschaffen sein kann und soll. Er ist ein Werkzeug, ein Design-Baukasten für Führungsverantwortliche. Er stellt die verschiedenen Elemente einer Organisation zum gemeinsamen und effizienten Erörtern, Analysieren, Gestalten und Entscheiden von Organisations-Designs bereit. Zudem ist er eine Art Lernspiel, welches das Wissen, die gemeinsamen Annahmen und die Sprache zum Thema Organisation schärft.

Der Organization Explorer hilft Führungsverantwortlichen, selbst die nützliche Organisation für ihre anstehenden Herausforderungen zu gestalten, statt unreflektiert extern entwickelte, organisatorische Lösungen einzuführen, die von Beratern angeboten werden nach dem Motto: »Wir haben eine Lösung, die passt bestimmt für euer Problem«. Aber auch neue Managementkonzepte, die gerade en vogue sind, lassen sich im Community Camp auf die Rüttelstrecke stellen, bevor eine Lösung eingeführt wird, ohne dass das zu lösende Problem wirklich schon verstanden worden wäre.
Der Organization Explorer ist wie der Leadership Explorer ein Kartenset (siehe Abb. 24). Er beinhaltet die verschiedenen Aspekte, die es bei der Ausgestaltung einer Organisation zu betrachten gilt. In unserem Beispiel sind es die folgenden vierzehn Themen: Entscheidungen treffen, Vorgehen planen und synchronisieren, Leistungserbringung steuern und regeln, Informieren und kommunizieren, Verantwortungen zuweisen, Leistungen bewerten, Aufgaben und Verantwortungen strukturieren, verändern und lernen, Konflikte lösen, Netzwerke schaffen und nutzen, Kultur entwickeln, personelle Ressourcen beschaffen, finanzielle Ressourcen zuteilen, Projekte managen.

Zu jedem dieser Bausteine gibt es eine Karte, auf der jeweils drei verschiedene Ausprägungen aufgezeigt sind. Hier ist es im Gegensatz zum Leadership Explorer kein ›weniger – mehr‹ sondern ein ›es geht so – oder auch so‹. Je nach Kontext in der jeweiligen Fragestellung kann die eine oder andere dieser unterschiedlichen Ausprägungen sinnvoll sein. Zum Beispiel stellt man sich bei der Strukturierung von Aufgaben und Verantwortungen die Frage, ob es in einem bestimmten Organisationsbereich sinnvoll ist, einheitliches Spezialwissen in Teams gebündelt mit möglichst tiefer Detailverantwortung zu strukturieren oder unterschiedliches Spezialwissen in gemischten Teams mit möglichst breiter End-to-End-Verantwortung.
Mit dem dazu erhältlichen *Template zum Organisationsprofil* kann festgehalten werden, wie die einzelnen Bausteine für eine Organisation bzw. einen Organisationsbereich ausgestaltet werden sollen. Es bietet einen guten Überblick, um Inkonsistenzen festzustellen oder auch verschiedene Organisationsdesigns miteinander bezüglich ihrer Kompatibilität anzuschauen. Solche Organisationsprofile können auch mit unterschiedlichen Zeithorizonten nebeneinander gelegt werden – für das kommende Jahr oder für die strategische Vorschau auf die nächsten Jahre.

Der Organization Explorer kann für unterschiedliche Organisationsebenen genutzt werden: Unternehmen, Bereich, Abteilung, Team, Projekte. Er kann sowohl für die Analyse von bestehenden Organisationsformen als auch für die Weiterentwicklung oder Neugestaltung der Organisation verwendet werden. Daher ist der Organization Explorer ein Tool, welches sowohl im Community Lab als auch im Team Lab genutzt werden kann – oder einfach eigeninitiativ von Führungsverantwortlichen in der Arbeit mit dem eigenen Team bzw. im Rahmen von Präsenzangeboten.

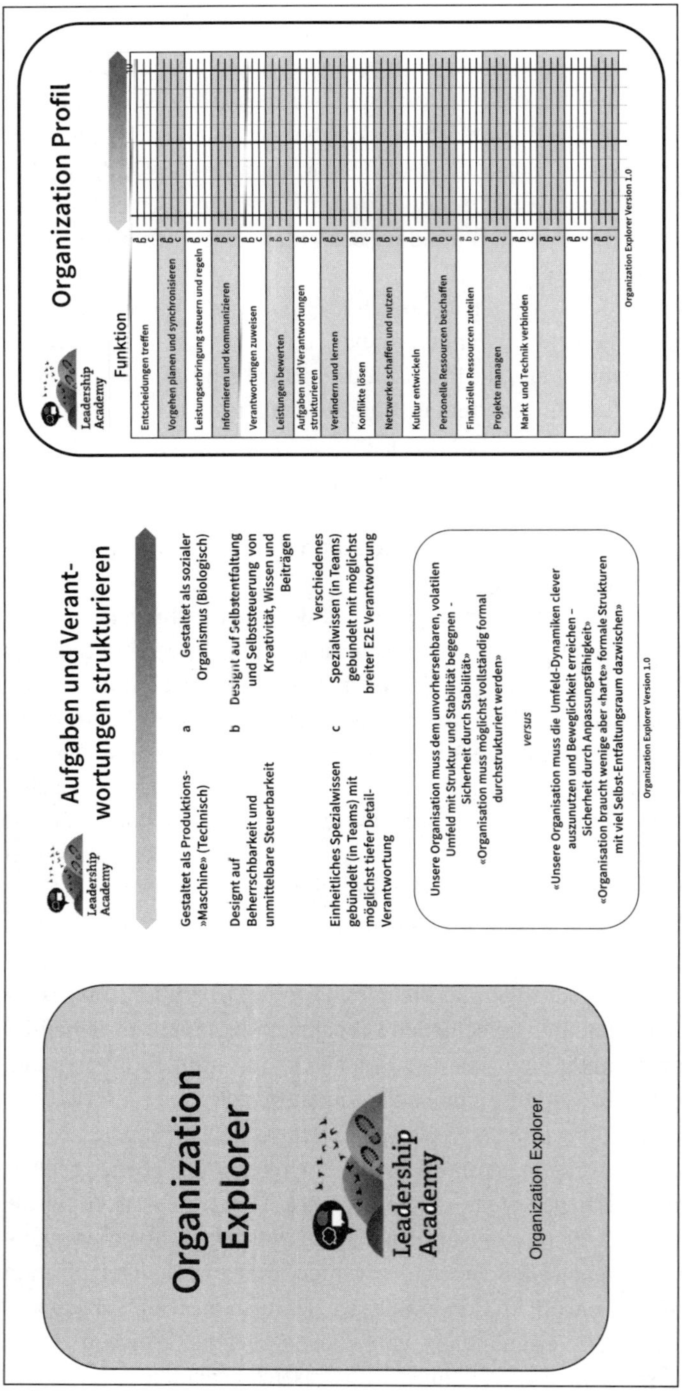

Abb. 24: Der Organization Explorer (Swisscom AG)

6. Kapitel: Der Leadership Evolution Process – die Weiterentwicklung von Leadership sicherstellen

Schon mal gehört?
»Sind wir uns sicher, dass wir mit unseren Angeboten im Leadership Development am Puls der Zeit sind? Brauchen die Geschäftsbereiche nicht was anderes? Weiß HR eigentlich, was erforderlich ist? Was machen wir da eigentlich?«
»Wir investieren ja so einiges in die Entwicklung unserer Führungskräfte. Davon könnten wir doch mal die nächsten Jahre 30 % einsparen, so wichtig wird das ja nicht sein.«
»Bei meiner früheren Firma machen die gerade was ganz Neues in dem Thema. Das sollten wir auch machen. Ich weiß aber nicht, ob es bei uns reinpasst – wen kann ich da eigentlich ansprechen? Egal – ich mach das einfach in meinem Bereich selbst.«

Wenn man im ersten Schritt in der Erarbeitung des Leadership Canvas ordentliche Arbeit geleistet und darauf basierend ein profundes Angebotsportfolio entwickelt hat, kann man sich erstmal etwas zurücklehnen im Leadership Development. Aber – woher weiß man, ob es ordentlich und profund ist? Und für wie lange kann man sich ausruhen? Man kommt nicht darum herum: Es braucht einen guten Prozess zur Evaluation und Weiterentwicklung des Leadership Development, den *Leadership Evolution Process*.

DEFINITION

Die fünfte Wette zum Leadership Evolution Process lautet:
Wir setzen darauf, dass die Wege, wie Leadership und damit auch das Leadership Development wirksam wird, sich stärker und schneller verändern werden. Auf der inhaltlichen Ebene muss die Funktion Leadership Development sich immer wieder auf den Prüfstand stellen, flexibel auf Bedürfnisse des Unternehmens eingehen und sie mit antizipieren können. Auf der Formatebene wird

durch Digitalisierung und Stärkung von unternehmensinternen Leadership Communities und Netzwerken das Portfolio, welches das Leadership Development gestalten muss, breiter werden.
Dazu evaluieren wir bewusst über verschiedene Wege die heutigen Interventionen und gestalten ein Eco-System aus internen und externen Mitgliedern, welches gemeinsam aufgrund eigener Entwicklungserfahrungen die Innensicht des Unternehmens mit der Außensicht auf Leadership kombiniert und Vorschläge für die Schwerpunkte und Formate im Leadership Development entwickelt.
Evaluation und Weiterentwicklung des Leadership Development sind keine reine Aufgabe für das Professionsfeld Leadership Development, sondern benötigen immer wieder die Zusammenarbeit mit engagierten Führungsverantwortlichen.
In der Verantwortung für den Leadership Evolution Process kommt der Funktion Leadership Development eine stärkere Governance-Rolle zu: Sie muss den Prozess organisieren und selbstverständlich Handlungsfelder im Unternehmen aufzeigen – und so gezielte Beiträge zum Aufbau einer Corporate Leadership Brand leisten.

Das Kapitel 6 schildert die Funktionen des Prozesses, insbesondere seinen Beitrag zu einer Corporate Leadership Brand und die Auswirkungen auf das Selbstverständnis im Professionsfeld Leadership Development. Der Beschreibung der zu adressierenden Gestaltungsebenen für Evaluierung und Weiterentwicklung – das sind die Mysterien, Heuristiken und Algorithmen – folgt eine Skizze zum Ablauf des Prozesses.

6.1 Leadership und Leadership Development weiterentwickeln

Der Leadership Evolution Process ist der Lernprozess, der die vorherigen vier Wetten integriert anschaut und weiterentwickelt; und der im Unternehmen Transparenz und Wertschätzung schafft über das Was, Wie und Warum der Maßnahmen im Leadership Development.

In einer Zeit des intensiven Wandels und zunehmender Umweltkomplexität entwickelt sich auch die Funktion Führung weiter – und Gleiches gilt für die Schwerpunkte eines wirksamen Leadership Development. Ein auf lange Jahre stabiles Angebotsportfolio ist heute sowohl inhaltlich als auch in Bezug auf die Lernformate nicht mehr hinreichend. Vielmehr braucht es auch für das Gestaltungsfeld Organisation und Führung eine laufende ›Beobachtung 2. Ordnung‹, die

Beobachtung und Reflexion der gelebten Praktiken und Handlungsmuster im Leadership Development.

Mit dieser Wette setzen wir auf einen integrierten, bewusst gestalteten Prozess zur *Evolution* – d. h. der Weiterentwicklung: Machen wir das Richtige? – und zur *Evaluation* – d. h. der Wirksamkeitsbetrachtung: Machen wir es richtig? – des Leadership Development – sowohl auf inhaltlicher als auch auf Formatebene. Dieser Prozess integriert sowohl Innen- und Außenperspektiven als auch verschiedene Stakeholder-Perspektiven im Leadership Development.

Damit sich die Corporate Leadership Brand gezielt weiterentwickeln kann, muss regelmäßig geprüft werden, ob die zugrunde liegenden Mysterien, Heuristiken und Algorithmen noch richtig sind oder der Veränderung bedürfen. Dazu sollten Vertreter aus HR, den Geschäftsbereichen und von außerhalb zusammenkommen und ihre Erkenntnisse teilen. Abbildung 25 veranschaulicht die Zusammenhänge.

Diese fünfte Wette ist der *Motor für den Entwicklungsprozess* des integrierten Leadership Development und damit der Corporate Leadership Brand. Im Folgenden wird darauf konkreter eingegangen: Welche Funktionen hat der Leadership Evolution Process im Leadership Development? Welcher Beitrag zu einer Corporate Leadership Brand kann sich daraus ergeben? Welche Aufgaben und Verantwortung kommen dem Professionsfeld des Leadership Development in dieser Wette zu?

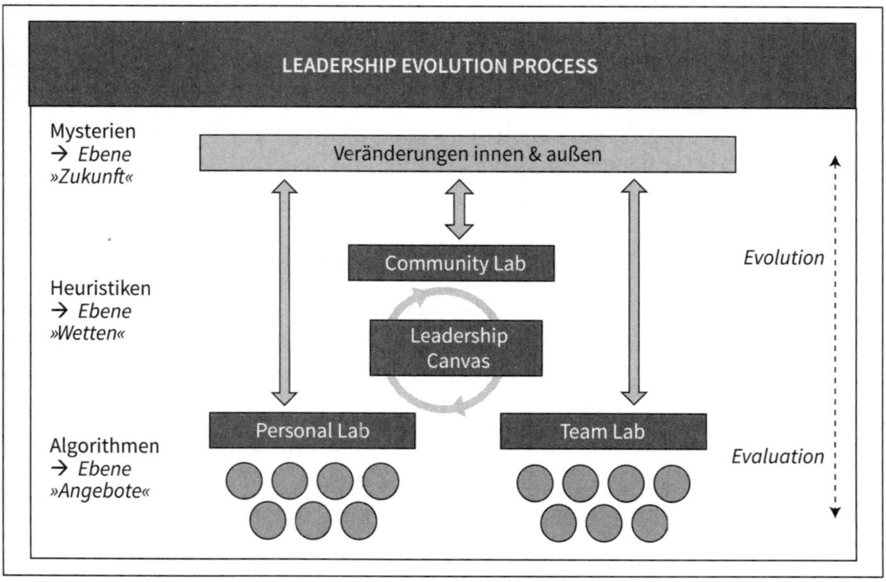

Abb. 25: Die fünfte Wette – der Leadership Evolution Process (Eissing/Stettler)

6.1.1 Funktionen des Leadership Evolution Process

Leadership Evolution ist ein Gestaltungsfeld im Leadership Development, das den Wertbeitrag der Maßnahmen evaluieren und eine intelligente Basis für Investitionsentscheidungen bereitstellen soll. Die Anforderungen gehen über klassische Evaluierung hinaus: Es soll ein Eco-System geschaffen und unterhalten werden, das sich mit Prämissen des praktizierten Leadership Development auseinandersetzt, um Leadership und Development bewusst weiterzuentwickeln.

Den Wertbeitrag des Leadership Development evaluieren

Alle Interventionen im Leadership Development kosten Zeit und Geld. Daher muss sorgfältig auf die Wirksamkeit geschaut werden. Die Zeiten reiner Präsenzangebote und ihrer Nutzen-Evaluierung mittels ›Happy Sheets‹[1] sind dankenswerterweise vorbei.

Welche Wirkungen haben die praktizierten Leadership-Development-Maßnahmen? Was sind die Investitionen ins Leadership Development wert? Das eingesetzte Budget und die Ressourcen sind leicht messbar – der Return on Investment (ROI) ist es nicht, auch wenn es dazu viele Bemühungen gibt. Uns interessiert mehr der ROE: der *Return on Expectations*.

Verschiedene Anspruchsgruppen haben unterschiedliche Erwartungen an Ergebnisse. Dementsprechend stehen folgende Fragen im Zentrum: Was genau erwarten die verschiedenen Anspruchsgruppen im Hinblick auf die Leistungen des Leadership Development? Wie gut können wir diese Erwartungen erfüllen? Wie können wir die Leistungsfähigkeit des Leadership Development im Hinblick auf diese Erwartungen kontinuierlich verbessern? Eine wichtige Funktion des Leadership Evolution Process ist daher, aussagekräftige Ergebnisse zur Wirkung bzw. zum Return of Expectations der Maßnahmen des Leadership Development zu erhalten. Da in unserem Entwicklungskonzept viele Maßnahmen selbstorganisierend vonstatten gehen, ist es gar nicht möglich, sie alle zu erfassen. Interventionen und Wirkungen hängen außerdem ohnedies nicht kausal und linear zusammen, sondern sind immer kontextbezogen mit einer Fülle von Einflussgrößen verbunden. Versuche, die Wirkungen von Leadership-Development-Maßnahmen über Quantifizierungen zu evaluieren, können also grundsätzlich nicht besonders aussagekräftig sein.

Zweckmäßiger ist es, Leadership-Development-Erfahrungen zum Thema zu machen, über Erfahrungen aus den Angeboten zu kommunizieren, die Erzählungen der Teilnehmer zu verbreiten – z. B. durch kurze Interviews, Newsfeeds oder Blogs. Durch die Weitergabe von Erfahrungen wird zudem der ›Pay-it-Forward‹[2]-Gedanke gestärkt: Führungsverantwortliche teilen Erfahrungen, die sie durch die

Investitionen in das Leadership Development machen durften und geben einen Teil davon an andere Menschen im Unternehmen weiter.

Vom On-off-Spiel zur intelligenten Entscheidungsbasis

Leadership Development ist eine Investition in die Zukunft eines Unternehmens. Je bewusster hier über den Sinn und Unsinn von Maßnahmen gesprochen, diskutiert und gestritten wird, umso besser. Nur eine laufende Auseinandersetzung kann eine intelligente Entscheidungsbasis für Investitionen gewährleisten. Diese hängt dann nicht von Statistiken ab, sondern wird durch das Bewusstsein, das die laufende Auseinandersetzung bei den Beteiligten erzeugt, getragen.

In der Praxis erleben wir häufig ein On-off-Spiel: In Zeiten von Fülle wird Geld ausgegeben für teure Business Schools und aufwendige Corporate Academies; wenn es finanziell eng wird, gehört das Budget für Leadership Development zu den ersten, die massiv zusammengestrichen werden.

Ein Eco-System schaffen – bewusst für Leadership Evolution sorgen

Heute sind es maßgeblich die HR-Bereiche, die einzelne Maßnahmen, meist Präsenzangebote, einzeln evaluieren und sich Gedanken um die Weiterentwicklung des Angebotsportfolios machen. Hier wollen wir bewusster ein *Eco-System* fördern, das sich mit der Wirksamkeit von Development-Maßnahmen und der Notwendigkeit der Weiterentwicklung des Führungsverständnisses beschäftigt. Denn für und durch den Leadership Evolution Process soll ein Eco-System für Leadership Development entstehen.

Das Konzept des Eco-Systems[3] geht von einer Wirtschaftsgemeinschaft aus, die werthaltige Güter und Dienstleistungen für ihre Kunden produziert, die selbst Teilnehmer des Eco-Systems sind, zu der außerdem externe Stakeholder wie Lieferanten und Mitbewerber gehören. Die Mitglieder eines Eco-Systems durchlaufen eine Koevolution, im Verlauf derer sie eine gemeinsame *Vision* verfolgen, Rollen und Fähigkeiten ausprägen und Investitionen abstimmen.

Es braucht aus unserer Sicht einen *Think Tank*, bestehend aus Personen mit Herzblut und gutem Beurteilungsvermögen für den Leadership Evolution Process: Vertreter aus der Leadership Community, vorzugsweise auch jemand aus der Unternehmensleitung, sowie Vertreter des Professionsfelds Leadership Development und weiterer relevanter Funktionen und externe Mitglieder, z. B. aus der Wissenschaft oder Lead-Partner für Trainings usw.

Im Leadership Evolution Process werden die Ebenen – Mysterien, Heuristiken und Algorithmen – gezielt mit relevanten internen und externen Stakeholdern angeschaut. Sie beobachten und reflektieren die Maßnahmen und Wirkungen im Leadership Development. Dieser Think Tank erarbeitet aufgrund der wahrgenommenen Veränderungen im Umfeld und im Unternehmen sowie der Erfahrungen aus den bisherigen Angeboten Vorschläge zur Weiterentwicklung der Wetten in Bezug auf Schwerpunktthemen im Angebotsportfolio. Dazu können sich aus dieser Arbeit Themen für das Community Lab ergeben, die z. B. in einem Camp zu vertiefen sind. Diese Ergebnisse des Leadership Evolution Process sind in geeigneter Form im Unternehmen zu kommunizieren.

6.1.2 Der Beitrag des Leadership Evolution Process zu einer Corporate Leadership Brand

Der Leadership Evolution Process ist das Gestaltungsfeld, das das Was, Wie und Warum des Leadership Development in Beobachtung und Weiterentwicklung hält. Er ist damit grundlegend für die Entwicklung einer Corporate Leadership Brand, die von der Voraussetzung ausgeht, dass sich das Verständnis von Führung als zentrale Unternehmensfunktion in volatilen Umfeldern immer wieder verschiebt und verändert.

Je mehr das Thema Führungsentwicklung von einem Auszeit-Thema zu einem zentralen, viel besprochenen und -beobachteten Alltagsthema wird, desto mehr wird es die Haltungen und Verhaltensweisen im Kollektiv der Führungsverantwortlichen zu einem erkennbaren eigenen Profil ausrichten. Der besondere Beitrag zur Ausprägung einer Corporate Leadership Brand besteht jedoch in einem bewusst gestalteten Lern-Eco-System aus internen und externen Teilnehmenden. Denn damit es gelingen kann, Leadership zu einem zentralen Thema zu machen, das nachhaltig Aufmerksamkeit findet, braucht es mehr als die Expertise-Funktion einer Spezialabteilung wie der des Leadership Development. Es braucht – wie weiter oben beschrieben – einen Think Tank, um die Wirkung von Leadership-Development-Maßnahmen zu bewerten und das Selbstverständnis, die Stellgrößen, Rahmenbedingungen und Maßnahmen weiterzuentwickeln.

6.1.3 Aufgaben und Verantwortung für das Professionsfeld Leadership Development im Leadership Evolution Process

Wie in den anderen Wetten dargestellt, denken wir, dass die Funktion Leadership Development die eigene Rolle als Inspirationsquelle, Sprachgeber und Community-Gestalter ausbauen sollte. Dazu muss sie viel mehr als bisher systematisch verstehen, welche Bedürfnisse das jeweilige Unternehmen hat.

Die besondere Anforderung an die Funktion Leadership Development besteht darin, dauerhaft das passende *Lern-Eco-System* schaffen, d. h. die Rahmenbedingungen dafür zu schaffen, dass sich Personen hier engagieren. Dazu gilt es, das

Leadership-Wissen aus Büchern, YouTube-Angeboten, Blogs und Konferenzen aufzusaugen, das Richtige für eine Vertiefung herauszufiltern, aber nicht jedem Trend freudig nachzufolgen. Eine weitere wichtige Aufgabe besteht darin, sich regelmäßig mit wichtigen Stakeholdern im Unternehmen zu vernetzen, die mit ihrer Arbeit indirekt oder direkt die Ausbildung einer Corporate Leadership Brand prägen. Gemeint sind hier z. B. benachbarte HR-Professionsfelder wie Compensation & Benefits, Performance Management, Talent Management, aber auch andere Funktionen, wie Controlling, Lean-Initiativen, Design Thinking, Innovation. Mit diesen ist eine gemeinsame Sicht auf die Mysterien heute und in der nahen Zukunft zu schaffen und damit eine konsistente Basis für die Corporate Leadership Brand sicherzustellen.

6.2 Mysterien, Heuristiken und Algorithmen revisited

Der Leadership Development Process stellt den erstmaligen Entwicklungsprozess des Leadership-Development-Systems sozusagen auf Dauerbetrieb. Das bedeutet nichts anderes, als dass der Prozess der Entwicklung auch für die Evaluation der Leadership-Interventionen und für die Weiterentwicklung des Systems zu durchlaufen ist – wenn auch sicherlich in wesentlich weniger aufwendigem Ausmaß.

Wieder dient also das Modell des *Knowledge Funnel* (siehe S. 202) dazu, eine gemeinsame Sicht auf Mysterien, Heuristiken und Algorithmen zu finden, um schrittweise eine Evolution zu durchlaufen. Diese Reflexion ist im Professionsfeld Leadership Development quasi laufend zu praktizieren.

6.2.1 Die Ebene der Mysterien – der Blick in die Glaskugel

Die spannendste Frage lautet: Welche Herausforderung bringt die Zukunft? Und wie kann das Unternehmen ihr am besten begegnen – oder sie am besten noch selbst gestalten durch eine innovative Form von Organisation und Führung?

An und für sich sind die normativen Rahmensetzungen in Unternehmen langfristig ausgelegt und bleiben relativ stabil. Gerade beim Thema Leadership ist dies aber zu überprüfen. Ein Technologiesprung kann die Kommunikations- und Zusammenarbeitsmuster im Unternehmen auf den Kopf stellen, neue Produkte, neue Kunden können es notwendig machen, ein neues Selbstverständnis als Unternehmen auszubilden. Führung ist immer zuoberst gefragt, die Weichen zu stellen. Um sich von der Lähmung durch überholte, aber täglich reproduzierte Haltungen und Verhaltensweisen zu befreien, um dem Kollektiv aller Führungsverantwortlichen Alignment und den einzelnen Personen Orientierung zu geben, ist es wichtig, frühzeitig auf kleine Verschiebungen zu achten.

Eine Überprüfung der Grundsatzfragen und des normativen Rahmens des Leadership Canvas ist deshalb entweder anlassbezogen und Top-down oder regelmäßig und Bottom-up durch die Verantwortlichen im Leadership Development zu initiieren und vorzunehmen, um die zentrale Funktion Führung proaktiv und im Sinn einer *lernenden Organisation* zu gestalten.

Der herausfordernde Teil besteht darin, die richtigen Menschen zusammen zu bringen, die spezifisch auf das Unternehmen in seiner Entwicklung mit Fokus auf das Thema Leadership Development schauen – und dazu von der Unternehmensleitung den Auftrag bekommen. Dieser Think Tank hinterfragt aufgrund der wahrgenommenen Veränderungen im Umfeld und im Unternehmen die Prämissen des bestehenden Modells und sucht die grundlegenden Fragen zu beantworten: Ist die grundsätzliche Ausrichtung des Leadership Canvas richtig? Bildet der Leadership Canvas die relevanten Schlüsselfähigkeiten für heute im Übergang zu morgen noch angemessen ab? Oder braucht es neue Inhalte, andere Betonungen der Schlüsselfähigkeiten? Welche Fragestellungen sind in einem Community Camp zu erkunden? Aus Antworten auf dieser Ebene der Mysterien können sich Themen für das Community Lab ergeben, die in einem Camp zu vertiefen sind.

6.2.2 Die Ebene der Heuristiken – die Weiterentwicklung der Wetten

Auf der Ebene der Heuristiken schauen wir insbesondere auf die Weiterentwicklung der Wetten. Dabei unterscheiden wir folgende Dimensionen:

- Effektivität im Leadership Development: Tun wir das Richtige?
- Rahmenbedingungen: Stimmt der Rahmen dafür?

Die Weiterentwicklung der Wetten ist eine Resultierende aus der vorherigen Ebene der Mysterien, basierend auf den Fragen nach der grundsätzlichen Ausrichtung des Leadership Canvas und der Inhalte/Betonung der Schlüsselfähigkeiten. Ist die grundsätzliche inhaltliche Ausrichtung des Personal Lab und des Team Lab richtig? Wurden Führungsverantwortliche tatsächlich befähigt für die Herausforderungen, denen sie begegnen? Erreichen wir die richtigen Zielgruppen? Welche dieser Fragestellungen sind gegebenenfalls in einem Community Camp zu erkunden? Hat das Thema Organisation und Führung genügend Aufmerksamkeit im oberen Management? Wie wird die Corporate Leadership Brand durch die Maßnahmen geprägt, welche Veränderungen sind erkennbar? Und auch grundsätzlich: Wird man weiterhin auf die Entwicklungsräume des Personal Lab, Team

Lab und Community Lab setzen? Haben die einzelnen Entwicklungsräume ihre Wirkungen erfüllt, sind die Wetten aufgegangen? Oder müssen die verschiedenen Labs ganz anders ausgerichtet werden, um wirksam zu werden?
Es ist auch wichtig, auf die Rahmenbedingungen zu schauen, die der Ansatz der fünf Wetten im Leadership Development braucht. Insbesondere die progressiven bis innovativen Ansätze brauchen Aufmerksamkeit; das betrifft die Prinzipien der Eigenverantwortung, des Peer-to-Peer-Lernens und den Ansatz des Leaders develop Leaders. Gibt es Freiräume für informelles und gemeinsames Lernen? Bekommt das Engagement im Leaders develop Leaders genügend Wertschätzung im Unternehmen? Wie kann und muss die kontextspezifische Lernkultur weiterentwickelt werden? Welche Aktivitäten von anderen Professionsfeldern, wie z. B. Recruiting oder Controlling, unterstützen die angestrebte Corporate Leadership Brand oder widersprechen ihr?

Ein Weg, diese Fragestellungen für sich zu beantworten ist, die Erkenntnisse aus der Ebene der Mysterien und auch aus der konkreten Evaluation der Angebote, der Ebene der Algorithmen, zusammenzubringen. Ein ergänzender Weg ist, zu schauen, wie Bottom-up Bedarfe der Leadership Community aufgenommen werden können. Auf Basis des Leadership Canvas kann z. B. eine Umfrage gemacht werden, welche Schwerpunkte wünschenswert für das Personal Lab oder auch Team Lab wären. Oder auch die Frage an die Leadership Community gestellt werden, welche Themen für ein Community Camp sinnvoll wären.

6.2.3 Die Ebene der Algorithmen – die Evaluation der Angebote und Portfolien in den Labs

Auf der Ebene der Algorithmen sind wohl die meisten Fragen zu stellen, Prämissen zu überprüfen und Ableitungen vorzunehmen. Dabei schauen wir auf folgende Dimension:

Effizienz im Leadership Development: Tun wir, was wir tun, richtig?

Hier landen wir bei der eher bekannt-bewährten Form der Evaluation. Wir fokussieren uns bei dem Evolution Process konsequent auf die Erwartungen relevanter Anspruchsgruppen – dem Return on Expectations. Auf allen drei Lab-Ebenen bestimmen und evaluieren wir die relevanten Ziele und den Wertbeitrag der Maßnahmen des Leadership Development. Müssen die Angebote in den verschiedenen Labs anders ausgerichtet werden in der Art, wie sie Wirksamkeit erzeugen? Stimmen das Angebotsportfolio, die Ausgestaltung der einzelnen Formate, die eingesetzten Methodiken? Braucht es eine andere Form der Kommunikation, des Marketings der einzelnen Angebote? Welche Rahmenbedingungen sind nicht ausreichend vorhanden, wodurch die Wirksamkeit der Angebote in der Praxis verhindert oder geschmälert wird?

Es gibt zahlreiche Stakeholder, die unterschiedliche Ansprüche an das Leadership Development haben. Relevante Stakeholder sollen systematisch eingebunden werden, bezüglich ihrer Erwartungen an Qualifizierung und Wertbeitrag, wie auch hinsichtlich ihrer Bereitschaft zur Übernahme und Mitverantwortung – z. B. über den Leaders-develop-Leaders-Ansatz. Das ist die Basis für eine systematische Ableitung von Maßnahmen. Gerade im Bereich der Transformations-Angebote wird es immer wieder Verschiebungen in der Nachfrage geben. Die Evaluationsergebnisse müssen schließlich Stakeholder-angemessen kommuniziert werden, d. h. in einen Kontext gestellt, interpretiert und verständlich gemacht werden, durch neue Dialogformen, Storytelling, Dashboard, Learning Report ...

Bei der Frage, wer welche Angebote und das aktuelle Angebotsportfolio evaluiert, sind verschiedene Perspektiven zu betrachten. In der Funktion Leadership Development sind einzelne Mitarbeitende als Produktverantwortliche zuständig für die verschiedenen Maßnahmen. Sie erstellen grundsätzlich auch das konkrete Evaluationskonzept dafür – nach einem gemeinsamen Kriterienkatalog. Die Produktverantwortlichen organisieren auch die Aktivitäten der Evaluation, sei es die Durchführung von Interviews, schriftliche Befragungen oder auch Review Meetings nach Ablauf eines bestimmten Zeitraums. Je nach Konzept führen sie diese Tätigkeiten nicht selbst durch, sondern lassen sie von Personen vor Ort, z. B. als Trainer oder Coaches, durchführen. Bei Zielabweichungen und Auffälligkeiten verbessern sie unterjährig das Angebot. In einem regelmäßigen Abstand (quartalsweise oder halbjährlich) werden die einzelnen Evaluierungsergebnisse vergemeinschaftet und ausgewertet. Darauf aufbauend wird entschieden, welche Angebote ausgeweitet, verringert oder gegebenenfalls aus dem Portfolio herausgenommen werden. Die neu überarbeiteten Angebotsschienen und -portfolien müssen dann wieder von höherer Instanz freigegeben werden.

6.3 Der Ablauf im Leadership Evolution Process

Die einzelnen Ebenen im Leadership Evolution Process sind im Jahresverlauf miteinander zu synchronisieren (siehe Abb. 26); die Governance für den Prozess liegt bei der Funktion Leadership Development.

Die Evaluation der einzelnen Angebote ist ein laufender Prozess. Die einzelnen Erfahrungen werden regelmäßig, z. B. im Rahmen eines Jour fixe, zusammengebracht, um Muster zu erkennen und erforderliche Maßnahmen zu treffen. Das könnte z. B. ein verstärktes Marketing der Angebote sein, um den Bekanntheitsgrad zu fördern. Oder es kann sich ergeben, dass bestimmte Rahmenbedingungen nicht ausreichend erfüllt sind. So kann z. B. die Einbindung der Vorgesetzten in der Umsetzung des Lerntransfers in der Praxis noch nicht ausreichend verankert sein.

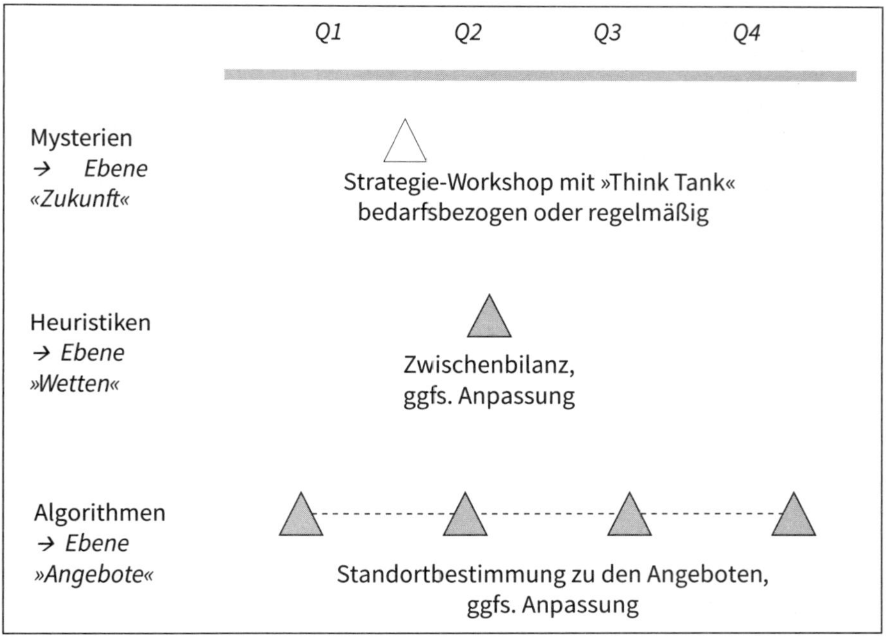

Abb. 26: Ein möglicher Ablauf des Leadership Evolution Process (Eissing/Stettler)

Auf der Ebene der Mysterien ist es sinnvoll, sich anlassbezogen, z. B. nach einem Auftrag der Unternehmensleitung, oder jährlich im Rahmen einer Strategieklausur zu treffen, um gemeinsam den Blick nach außen und nach innen zu richten. Ergebnisse dieser Strategie-Workshops mit dem Think Tank sind Zukunftsbilder zu kommenden Inhalten und Formaten im Leadership Development, die durch Weiterentwicklung der Wetten, der Ebene der Heuristiken, gestärkt werden müssen. Diese fließen in ein aktualisiertes Konzept zum Leadership Development ein, das der Unternehmensleitung zur Entscheidung vorgelegt wird.

Anmerkungen

1 Happy Sheets sind schriftliche Rückmeldebögen, die z. B. am Ende eines Seminars an die Teilnehmer ausgeteilt werden und die Zufriedenheit der Teilnehmer abfragen. Dabei wird abgestellt auf die Übereinstimmung von Erwartungen vor Seminarbesuch und den angetroffenen Leistungen bezüglich der Kompetenz der Trainer, der praktischen Verwertbarkeit, der Qualität von Didaktik, Unterlagen usw. Die Kritik an dieser Evaluierungsmethode führt an, dass wirksames Lernen neuer Haltungen immer aus der individuellen Komfortzone herausführen und die Teilnehmer mit einem Anteil Irritation zurück in die Praxis entlassen sollte, damit diese auch an ihrer Praxis etwas ändern.

2 Mit Pay-it-Forward ist hier gemeint, dass Menschen, in die investiert wurde (z. B. durch ein Training im Personal Lab oder eine Begleitung in ihrem Teamprozess im Team Lab), einen Teil ihres Gelernten an andere weitergeben, z. B. durch Aktivitäten im Peer-to-Peer-Konzept.

3 vgl. Moore 1996, S. 26.

7. Kapitel: Erfolgsfaktoren für das Redesign des Leadership Development nach dem Fünf-Wetten-Modell

Bevor die verschiedenen Wetten in den vergangenen Kapiteln vorgestellt wurden, haben wir in Kapitel 1 einige wesentliche Gedanken und Rahmenbedingungen für die Entwicklung des Fünf-Wetten-Modells herausgearbeitet. Deren konsequente Berücksichtigung stellt für uns an sich schon einen wesentlichen Erfolgsfaktor dar – sie sollen hier nicht noch einmal wiederholt werden.

Im Folgenden konzentrieren wir uns daher zunächst auf die Erfolgsfaktoren, die wir für den Entwicklungsprozess dieses integrierten Ansatzes im Leadership Development sehen. Darauf folgend werden wir einige Aspekte herausarbeiten, welche wir innerhalb der Profession von HR gesamt und konkret für das Professionsfeld Leadership Development als erfolgskritisch ansehen, um die fünf Wetten wirksam in die Realität zu bringen. Ein Exkurs fasst noch einmal zusammen, wie das Modell der fünf Wetten zu einer Corporate Leadership Brand beitragen kann. Zum Abschluss erörtern wir die Frage, für wen das Fünf-Wetten-Modell geeignet ist.

7.1 Erfolgsfaktoren für den Entwicklungsprozess

Je nach Ausgangssituation des Leadership Development im Unternehmen stellt das Konzept der fünf Wetten einen mehr oder weniger fundamentalen Wandel zu einem postheroischen, verbindenden Management dar. Um den Entwicklungsprozess erfolgreich gestalten zu können, sehen wir die Beachtung von einigen Aspekten als förderlich an, um eine gute Energie für diesen Wandel bei den relevanten Stakeholdern zu erzeugen.

7.1.1 Mutig Aufmerksamkeit lenken – im oberen Management neue Erfahrungen ermöglichen

Führung ist ein Thema, zu dem man unendlich und unverbindlich viel reden kann – mit der Wirkung von ›folgenlos richtig‹, d. h., ohne wirklich Veränderungen zu bewirken. Neue Perspektiven entstehen erst, wenn man bewusst konkrete Modelle anbietet und einen Dialog darüber in Gang setzt.

Gerade zu Beginn einer Konzeptentwicklung, auf Ebene der Mysterien, sind grundsätzliche Fragen zu beantworten, die in ihrer Offenheit und Komplexität das obere Management oft überfordern und dann erst recht stereotype Antworten mit überlebten Bildern von Führung festschreiben. In der anfänglichen Explorationsphase mit dem oberen Management, im Community Lab, aber auch in der Zusammenarbeit mit anderen Zielgruppen, kann das Einspielen von konkreten, rahmensetzenden Modellen (siehe S. 207 f.) die Auseinandersetzung befeuern sowie neue Perspektiven und Deutungsmöglichkeiten eröffnen.

Häufig nutzen die Verantwortlichen aus dem Leadership Development das obere Management vorrangig in dessen managerialer Funktion, d. h. zum ›Abnicken‹ von Konzepten und zur Freigabe von Budgets. Vom aktuellen Wandel im Thema Organisation und Führung ist das obere Management aber stark betroffen und hat selbst einen Entwicklungsprozess zu gehen. Daher ist es absolut erfolgskritisch, es in seiner gestaltenden und entwickelnden Rolle einzubinden, z. B. durch Leadership Forum, Community Camp, Einsatz im Ansatz Leaders develop Leaders usw.

7.1.2 Think Big, Start Small – rasch eine breite Ansprache der Zielgruppe erreichen

Für die Ausarbeitung und Umsetzung der fünf Wetten braucht es die Mitarbeit von Vertretern unterschiedlicher Aufgabengebiete im Unternehmen. Ein Ziel ist, viele Perspektiven zusammenzubringen, um gute und breit akzeptierte Lösungen zu finden. Ein weiteres Ziel ist, dabei gemeinsam ein Lern-Eco-System aufzubauen, das dem Leadership Development ein breites Fundament verschafft.

Wenn der Auftrag zu einem Redesign der Leadership Development Aktivitäten erteilt wurde, macht es zu Beginn des Projektes Sinn, erst einmal mit einem sehr kleinen, fokussierten Projektteam zu starten. Hierdurch kann vertieft am grundsätzlichen Konzeptdesign für das Unternehmen gearbeitet werden, ohne dass sofort zu viele Widerstände entstehen und sich Ambitionen und Denkhorizonte unter basisdemokratischem Gruppendruck nivellieren und dadurch von Anfang an die Weichen auf die Weiterführung der bestehenden mentalen Modelle – auch was das Verständnis von Führung und Organisation betrifft – gestellt sind. In der Folge sollte es aber immer wieder einen guten Wechsel von ›Öffnen‹ und ›Schließen‹ geben: Arbeitsstände, Skizzen, Prototypen sind frühzeitig mit wichtigen Stakeholdern zu testen und Erfahrungen aufzunehmen. Wenn der grobe Rahmen steht, sind die erforderlichen Menschen mit an Bord zu holen.

Das umfassende Gesamtkonzept zum integrierten Ansatz gibt den Rahmen vor, dessen Wetten anschließend iterativ entwickelt und konkretisiert werden. Dieser umfassende Rahmen löst zwar Erwartungshaltungen aus, die nicht durch ein ›Big Bang‹ erfüllt werden können – schon aus Ressourcensicht nicht –, aber auch deshalb nicht, weil es Zeit benötigt, die Inhalte des Leadership Development für das Unternehmen zu konkretisieren. Dieser Erwartungsdruck muss ausgehalten werden, wie auch die Spannung des eigenen Innovationsprozesses. Das schrittweise Ausprobieren und Lernen, wie z. B. im Team Lab oder auch beim Entwickeln von Prototypen anderer Formate, ist wichtig, um die wirklich relevanten Inhalte zu ›kneten‹.

Oft vernetzt man sich bei der Entwicklung von neuen Konzepten mit den bekannten Lieblings-Führungsverantwortlichen, die einem Zuspruch geben und offen für das Thema sind. Häufig lässt man sich damit die eigenen Annahmen bestätigen, übersieht aber andere Realitäten im Unternehmen. Um eine große Kontaktfläche im Unternehmen zu schaffen, macht es Sinn, frühzeitig mit unterschiedlichen Kontaktformen und Formaten viele Menschen aus der gesamten Zielgruppe in die Konzeptions- und Testphasen einzubeziehen. Einladungen zur Ko-Kreation, die Nutzung von interessierten Testgruppen für Prototypen, das Aufsetzen von Fokusgruppen zu bestimmten Themen – all das ist zwar aufwendig in der Koordination, ermöglicht aber eine viel reichhaltigere Sicht auf die Zielgruppe und die Passung von Konzepten, Tools und Angeboten. Zudem entsteht dadurch eine breite Sensibilisierung und Orientierung für das neu entstehende Angebot. Erwartungshaltungen verschieben sich, wenn die Beteiligten die Komplexität der Materie selbst erfahren und erkennen, dass es erst ein kohärentes Ganzes, ein Gesamtkonzept geben muss, bevor auf Ebene der Algorithmen einzelne Angebote entwickelt werden können.

Unsere Erfahrung ist, dass Führungsverantwortliche sich gern und meist begeistert einbringen, ihren ureigenen Nutzen schnell erkennen und bereitwillig Zeit und Ideen investieren. Unsere Erfahrung ist weiter, dass sie verstehen und teilen wollen, was in ihrem Unternehmen gute Führung ausmacht – sie sind ja auch nicht zufällig Führungsverantwortliche geworden, sondern deshalb, weil dieser Aufgabenbereich, der Wertekodex der Profession Führung, wesentlicher Kern ihrer persönlichen Identität ist. Und unsere Erfahrung ist, dass wir von ihnen Dinge lernen, die wir vorher nicht wussten und ohne sie vielleicht nicht entdeckt hätten.

7.1.3 Angemessen verstören, Neues bewusst markieren und: Kommunizieren!

Es ist entscheidend, bei der Entwicklung eines Führungsselbstverständnisses die *Sprache* im Blick zu behalten und auf die sprachliche Anschlussfähigkeit der Zielgruppen zu achten. Das kann aber nicht bedeuten, dass man sich nur innerhalb der sprachlichen Gewohnheiten der Zielgruppe bewegen dürfe. Neues benötigt neue Sprache und Bilder, um es von Bekanntem abzugrenzen, wirklich zu berühren und die Auseinandersetzung zu befeuern. Neue Inhalte benötigen deshalb neue Namen und Begriffe, sonst werden bestehende Worte auch weiter mit bestehenden Bedeutungen gefüllt. Im besten Fall irritieren neue Begriffe die Sprach- und Denkgewohnheiten und machen neugierig – ohne abzuschrecken.

Zugleich muss sehr bewusst und reflektiert mit den *Rückmeldungen* zu Innovationen umgegangen werden – nicht jede Rückmeldung ist mit Blick auf das Neue sinnvoll und einzuarbeiten. Es ist wichtig zu erkennen, wo Feedbacks aus dem Denkrahmen des Bekannten und Bisherigen kommen und diesen weiterschreiben und wo es wirklich um bedachte, kritische Feedbacks zum Neuen geht. Im ersteren Fall entsteht die Gefahr von Stabilisierung des Bisherigen, von einem ›Weichspülen‹ der Veränderung.

Gerade bei den Schlüsselfähigkeiten von Führung heute im Übergang zu morgen zeigt sich, dass sich deren Transformationspotenzial erst erschließt, wenn die Differenz zum Heute greifbar wird. Unterschiedliche ›Tiefbohrungen‹ – z. B. im Leadership Explorer, der konkrete Entwicklungsrichtungen »von → zu« beschreibt, oder in den Leadership Personas, die zukünftige Alltagssituationen aus der Ich-Perspektive skizzieren – geben Zündstoff, um das Neue zu verstehen.

Der Übergang vom Bisherigen in das neue Angebotsportfolio darf nicht unbemerkt, schleichend, erfolgen, sondern sollte bewusst markiert werden. Es braucht eine gute *Aufmerksamkeit,* um den Wandel im Ansatz des Leadership Development erkennbar zu machen. Dies kann durch den Stopp bestehender, lang tradierter Angebote erreicht werden, auch und gerade, wenn dadurch Phasen von Unsicherheit entstehen, wenn die Frage im Raum steht: Was kommt jetzt da? Entscheidend für das Verständnis des neuen Leadership-Zugangs ist also, das Neue angemessen zu markieren, und ansonsten gilt: kommunizieren, kommunizieren, kommunizieren.

Alle Angebote, die für die Führungsverantwortlichen in ihrer Selbstreflexion und der eigenständigen Entwicklung ihrer Führungsfähigkeiten erstellt wurden – z. B. Workbooks, Explorer, Personas, Selbstlernmedien, Literaturtipps –, sind über eine Intranet-Plattform für alle Mitarbeitenden zugänglich. Auch Unterlagen, die Basis für bestimmte Präsenzangebote sind, gehören dazu. Wir sind überzeugt, dass ein *Open-Book-Ansatz* Menschen dazu anregt, sich mit dem Thema Führung auseinanderzusetzen. Geheimnisse, Exklusivität oder den Anstrich des Elitären darf es dort nicht geben.

Ganz wichtig ist das persönliche Gespräch. Neues kann man nicht über Schriftlichkeit vermitteln, Sinn entsteht beim *miteinander Reden*. Ein neuer Ansatz löst Fragen aus, Unsicherheit, Zuspruch und auch Abwehr. Sowohl die Zielgruppe der Führungsverantwortlichen als auch insbesondere die Businesspartner aus dem HR-Bereichen brauchen Orientierung über das Vorgehen und über die neuen Ansätze. Hier müssen die Verantwortlichen des Professionsfelds Leadership Development eine neue Rolle als Kommunikatoren einnehmen.

Neben Gruppenkontexten, in denen Betroffene und Interessierte zusammenkommen, sind besonders in den Anfangsphasen *bilaterale Gespräche* mit einzelnen Führungsverantwortlichen entscheidend. Wenn es um wirkliche Innovationen geht, kann das Gegenüber diese nicht inhaltlich verstehen; die Projektverantwortlichen haben immer mehr Durchdringungstiefe als andere, die sich nicht so tief mit der Materie auseinandergesetzt haben. Es ist gar nicht möglich, die Zusammenhänge im Detail zu vermitteln und alle Beteiligten auf dem gleichen Kenntnisstand mitzunehmen. Immer wenn es um wirkliche Innovationen geht, sind es letztlich die persönliche Glaubwürdigkeit und Überzeugungskraft der handelnden Personen, die bei ihren Gesprächspartnern Vertrauen und Zustimmung aufbauen – nicht die Programme selbst. Glaubwürdigkeit und Überzeugungskraft hängen wiederum stark davon ab, wie viel Kompetenz Führungsverantwortliche ihrem Gegenüber zuschreiben. Wie die HRCS-Umfragen empirisch belegen, gilt ein Auftreten als ›Credible Activist‹ – als initiativer, proaktiver Gestalter, der seine Aufgaben erkennbar ›with an attitude‹ verfolgt – selbst als erfolgskritische Kompetenz für die Profession HR.

7.2 Erfolgsfaktoren für die Profession von HR

Was bedeuten nun die fünf Wetten für das Professionsfeld Leadership Development und auch im weiteren Sinne für die Profession HR in einem Unternehmen? Die Ausgangslage und Ausstattung dieser Profession ist in jedem Unternehmen unterschiedlich. Daher werden die spezifischen Konsequenzen für das eine Unternehmen fundamentaler, für das andere geringer sein.

Im Kern müssen Verantwortliche im Professionsfeld Leadership Development die – vielleicht neue – Haltung einnehmen, sich als Vordenker, Vernetzer, Übersetzer und Impulsgeber zu verstehen. Sie müssen Empathie für die Realität der Führungsverantwortlichen aufbauen, auf Augenhöhe mit ihnen handeln und hilfreich für die Bewältigung der Herausforderungen in der Führung des Unternehmens sein. Das bringt auch großen Veränderungsbedarf innerhalb des Bereichs der Human Resources mit sich, da hier die Teilfunktionen mit neuem Fokus auf neue Art zusammenspielen, kollaborieren, müssen.

Es sind für uns folgende Erfolgsfaktoren, mit denen man sich in der Profession HR auseinandersetzen muss:

7.2.1 Professionelles Fundament aufbauen – eine Transformationsphase innerhalb von HR auslösen

Eigentlich eine Selbstverständlichkeit: Verantwortliche für das Leadership Development brauchen ein tiefes Wissen zu den Themen Organisation und Führung und ein Verständnis dafür, wie diese Themen für die Zukunftsfähigkeit des Unternehmens weiterentwickelt werden müssen. Sie müssen reflektieren, auf welchen Mysterien und Heuristiken das heutige Leadership Development aufbaut und welche Hebel neu gestaltet werden müssen. Sie müssen inhaltlich tiefer in die Themen einsteigen, diese angemessen über klare Heuristiken platzieren und bestimmte Angebote ausarbeiten – und dabei virtuos neue Lernformate nutzen. Es braucht Kompetenz und Mut, um hier zu prägen.

Zudem sind neben dem Leadership Development andere HR-Professionsfelder vom neuen, integrierten Ansatz des Fünf-Wetten-Modells betroffen. Sie müssen ihr grundlegendes Verständnis von Führung überarbeiten, ihre jeweiligen Beiträge zur Umsetzung dieses Verständnisses verstehen und untereinander in Alignment bringen. Häufig arbeiten die jeweiligen HR-Funktionen in der Praxis ohne expliziertes gemeinsames Verständnis von Führung und Organisation mehr oder weniger vor sich hin. Im Bereich der Human Resources zeigt sich also dasselbe Bild wie bei den Führungsverantwortlichen: Jeder schließt beim eigenen Handeln rekursiv an die eigenen, impliziten, mentalen Modelle, Prämissen und gelebten Praktiken an. Ein Redesign des Leadership Development nach dem Fünf-Wetten-Modell bringt also auch die Notwendigkeit einer mehr oder weniger tief gehenden Transformation im HR-Bereich mit sich.

7.2.2 Das Zusammenwirken innerhalb von HR sicherstellen

Aber auch auf operativer Ebene benötigt es zur Umsetzung und zum späteren Betrieb des Leadership Development neue Formen der Zusammenarbeit zwischen den HR-Teilfunktionen – beispielsweise um den Anteil klassischer Präsenztrainings abzubauen und neue Lernformate wie Communities, Leaders develop Leaders, Community Labs aufzubauen.

Das betrifft in besonderem Maß die Funktion der *Organisationsentwicklung (OE)*. In den Entwicklungsräumen des Team Lab und des Community Lab liegen große Anteile der Leistungserbringung und der dazu nötigen Kompetenz in der Verantwortung interner Organisationsberater. Beim Aufbau dieser Entwicklungsräume und in der Arbeit in diesen Labs verschmelzen die HR-Professionsfelder Leadership Development und Organisationsentwicklung. Aus Sicht der Führungsverantwortlichen, der Kunden, werden sich bei konkreten Maßnahmen wie Teamentwicklung, Teambegleitung, Community Foren, Camps usw. die Profile dieser beiden Teilfunktionen überlappen. Kunden differenzieren oft nicht zwischen diesen beiden Aufgabenbereichen – sie wollen einfach Unterstützung bei ihren Herausforderungen.

Gegenwärtig gibt es in HR-Bereichen diesbezüglich häufig – bewusst oder unbewusst – Gräben, die zugeschüttet werden sollten. Falls es im Unternehmen keine OE-Funktion gibt, sondern externe Partner diese Rolle einnehmen, sind diese entsprechend eng einzubinden.

Ein weiterer wichtiger Netzwerkpartner sind die *HR-Businesspartner*. Diese haben eine Beratungsrolle in den Bereichen für individuelle und strategische Fragestellungen, und damit eine gute Spürnase für Bedarfe und Entwicklungen in den Businessbereichen. Dieses Wissen und Verständnis des Unternehmens ist gut gemeinsam zu nutzen. Dazu sind die HR-Businesspartner wichtige Berater, um die Angebote der Labs in den Bereichen bekannt zu machen und Führungsverantwortliche als Promotoren/Trainer zu gewinnen.

7.2.3 Enge Vernetzung mit der Leadership Community leben – ein Lern-Eco-System aufbauen

Versteht sich die Funktion Leadership Development als reiner Dienstleister oder hat diese Funktion eine Verankerung als wirklicher Businesspartner, der Fragen stellen bzw. den Spiegel vorhalten darf? Um das Fünf-Wetten-Modell realisieren zu können, braucht es die Erlaubnis und die Fähigkeit zu Letzterem, das tiefe Business-Verständnis und die Neugierde für den Blick in die Zukunft, um den Spiegel an die richtigen Stellen zu halten. Insbesondere die Entwicklung des Leadership Canvas und der Aufbau des Community Lab sind ohne diese Voraussetzungen nicht zu leisten.

Die Verantwortlichen für das Leadership Development brauchen eine gute Präsenz in der Leadership Community, um selbst am Puls zu sein, Promotoren zu gewinnen und auch Kritiker zu hören. Persönliche Präsenz in den Angeboten, Ansprechbarkeit durch Blogs und Newsfeeds, persönliche Kontakte zu wichtigen Stakeholdern – es gibt verschiedene Wege, wie die HR-Funktion Leadership

Development vernetzt sein kann. Dies kann ein großer Unterschied zur bestehenden gelebten Praxis sein: In vielen Unternehmen steht diese Funktion gegenwärtig im Hintergrund und ist für die Führungsverantwortlichen kaum mit Personen und Gesichtern verbunden.

Welche Themen in Summe für das Leadership Development intern und welche extern konzipiert und/oder umgesetzt werden, ist unternehmensspezifisch. Wir halten es für relevant, dass die Verantwortlichen aus dem Leadership Development die Inhalte und Modelle mit prägen und mit den Partnern intensiv zusammenarbeiten – und nicht nur Trainings beauftragen und verwalten. Wir haben oft erlebt, dass Trainerpartner Angebote durchführen und hier – nach bestem Wissen und Gewissen – dabei ihre persönlich bevorzugten Modelle vermitteln. Aus eigener fachlicher Unsicherheit sind Leadership-Development-Verantwortliche mitunter versucht, Kooperationspartner mit großen Namen und damit deren Lösungen einzukaufen – ohne verstanden zu haben, für welche Probleme sich diese Lösungen de facto eignen und welche Lösungen die eigenen Probleme wirklich bräuchten.

Abhängig von der Ausgangssituation im Portfolio der Trainerpartner ist frühzeitig zu schauen, welche Partner sich als Lead-Partner für die Entwicklung der verschiedenen Labs eignen. Hier ist eine fokussierte Mischung aus bewährten Partnern, die das Unternehmen sehr gut kennen, und gegebenenfalls neuen Partnern sinnvoll. Wenn der Ansatz Leaders develop Leaders stärker im Unternehmen verankert werden soll, braucht es zudem eine andere Priorisierung des Partnerportfolios. Externen Beratern und Trainern kommt dann in einem Leadership Development nach dem Fünf-Wetten-Modelle eine andere Rolle zu. Wenn Führungsverantwortliche in bestimmten Angeboten selbst in die Trainer- oder Kotrainer-Rolle gehen, braucht es eher Train-the-Trainer-Maßnahmen bzw. willige, externe Partner, die offen sind, ihr Wissen weiterzugeben.

Grundsätzlich geht der Trend aber in die Richtung, dass das Professionsfeld Leadership Development sich für die Definition der Entwicklungsfelder und -Themen selbst als zuständig ansieht und diese Aufgaben nicht an Außenstehende delegiert. Das geht natürlich nur mit entsprechender Unterstützung von vielen Seiten. Dazu tragen externe Lead-Partner genauso bei, wie Führungsverantwortliche aus unterschiedlichen Unternehmensbereichen und Kollegen aus benachbarten HR-Funktionen. Letztlich hat die Leadership-Development-Funktion die Aufgabe, ein lebendiges Lern-Eco-System zum Leadership Development aufzubauen und in Gang zu halten, Leadership Development zu einem breiten, gelebten Anliegen im Unternehmen zu machen.

7.3 Unterwegs zu einer Corporate Leadership Brand

Wie in den einzelnen Kapiteln ausgeführt, kann ein Leadership Development nach dem Fünf-Wetten-Modell in vielfältiger Weise zur Ausbildung einer Corporate Leadership Brand beitragen, die aber letztlich nur entstehen kann, wenn auch andere HR-Teilfunktionen und andere Unternehmensfunktionen sich zu diesem Zweck gemeinsam auf ein neues Verständnis von Führung und Organisation ausrichten.

7.3.1 Die fünf Wetten und ihre Beiträge zu einer Corporate Leadership Brand

Bei den einzelnen Wetten ist jeweils kurz beleuchtet worden, welche Beiträge diese Entwicklungsräume zur Ausbildung einer Corporate Leadership Brand leisten. Diese Gedanken sollen an dieser Stelle zusammengetragen werden.

Der Beitrag des Leadership Canvas

- Der Leadership Canvas ist das Kernelement zur *inhaltlichen* Prägung der Corporate Leadership Brand im Unternehmen. Er definiert mit den Schlüsselfähigkeiten die erwünschte Führungswirkung und die wichtigsten Anforderungen an Führung. Er bildet damit den normativen Rahmen zu Führung und formt die Sprache zu diesem Thema im Unternehmen.
- Auf Basis dieser Schlüsselfähigkeiten werden Entscheidungen zur Investition in das Leadership Development getroffen. Und im Kern ist der Leadership Canvas der Spiegel zur Selbstbeobachtung für die persönliche und kollektive Entwicklung von Leadership im Unternehmen.

Der Beitrag des Personal Lab

- Das Personal Lab macht niederschwellige Entwicklungsangebote für eine breite Zielgruppe von Führungsverantwortlichen aus Linie, Projekten oder Fachbereichen. In Selbstlernformaten, durch das Prinzip Leaders develop Leaders und in Form selbstorganisierter Peer-to-Peer-Lernsettings setzt das Personal Lab auf Eigenverantwortung und Vernetzung.
- Das Personal Lab vermittelt Handwerkszeug zur Profession Führung in Form einer Basisausbildung und der Unterstützung bei Management-Evergreens. Genauso prioritär ist die Vermittlung des Rüstzeugs für die Transformationsthemen der Organisation.

Der Beitrag des Team Lab

- Das Team Lab ist der Raum zur Entwicklung der Führungswirkungen von Teams. An die Stelle der Annahme: »Befähige die Führungskraft und das Team wird dann schon geführt. Und wenn dann Konflikte entstehen, gibt es eine Teamentwicklung«, tritt die proaktive Förderung von Teams vielfacher Provenienz: klassische Teams der Linienorganisation, Projektteams, Gremien und Netzwerke, die Anliegen-bezogen übergreifende Themen der Organisation bearbeiten.
- Führungswirkung entsteht in der Interaktion und Zusammenarbeit. Genau auf diesen Kern fokussieren die Angebote des Team Lab. Thematisch betreffen sie die Evergreens der Teamentwicklung, Teamentwicklungen für Transformationsthemen oder längere Team-Begleitungen im Rahmen von Anforderungen aus Businessthemen.
- In den Angeboten des Team Lab spielen die Funktionen Leadership Development und Organisationsentwicklung eng zusammen. Der Team Space gibt Teams einen Ort im Unternehmen, der die Bedeutung dieses Entwicklungsraumes signalisiert, einen Erfahrungs- und Gestaltungsraum, der zum Artefakt für eine neue Führungskultur werden kann.

Der Beitrag des Community Lab

- Das Community Lab stellt mit den Community Foren und Camps eigene Kommunikationsräume bereit, in denen Führungsverantwortliche der oberen Ebenen untereinander und mit anderen Führungsverantwortlichen zusammenkommen, um in Sachen Leadership und Organisation ›am System‹ zu arbeiten. Hier werden die Verhältnisse exploriert, hier wird das Führungsverständnis, der Leadership Canvas, weiterentwickelt.
- Die normative Grundlage wird laufend in Beobachtung gehalten und geschärft. Führung ist nicht mehr Wirkung einiger weniger Personen, sondern gemeinsames Interesse und Zukunftsaufgabe einer Gemeinschaft von Führungsverantwortlichen, die hier in Austausch, Bewegung und Verbindung bleiben, einander stimulieren und die gemeinsame Sache vorantreiben.
- In dieser Hinsicht hat das Community Lab die Funktion, Leadership zu einer Community of Practice zu machen, in der sich Führungsverantwortliche über Best Practices und neue Herausforderungen austauschen, sich vernetzen und sich gegenseitig auf gemeinsame Einstellungen und Haltungen, auf eine gemeinsame Identität sozialisieren.

Der Beitrag des Leadership Evolution Process

- Der Leadership Evolution Process hält Was, Warum und Wie des Leadership Development unter Beobachtung und in Weiterentwicklung.

- Zentral dafür ist ein bewusst gestaltetes, lebendiges Lern-Eco-System aus internen und externen Teilnehmenden, die eine gemeinsame Vision für Leadership Development verfolgen und ihre Ressourcen abstimmen, um werthaltige Dienstleistungen bereitzustellen, die sie teilweise selbst als Kunden nutzen.
- Dieses Eco-System stellt einen Think Tank bereit, in dem – anlassbezogen oder in geeigneten Abständen – Menschen mit verschiedenen Perspektiven und gleichermaßen mit Herzblut für das Thema zusammenkommen, um die Wirkung von Leadership-Development-Maßnahmen zu bewerten und das Selbstverständnis, die Stellgrößen, Rahmenbedingungen und Maßnahmen weiterzuentwickeln.

Das Fünf-Wetten-Model stellt Leadership Development inhaltlich in den Rahmen eines postheroischen, verbindenden Verständnisses von Führung. Führungswirkung ist nicht mehr Attribut einiger weniger Personen. Sie wird vielmehr von vielen ausgeübt; sie entsteht in den Mustern der Zusammenarbeit, in der Verbindung und im Verbundensein einer Community. Leadership geht über die Aufgabe der Optimierung eines Bereiches hinaus; es betrifft die zukunftsweisende Behandlung von Herausforderungen, die gemeinsame Lösung übergreifender Probleme, eine Praxis effektiver Kooperationsmuster und die Verankerung gemeinsamer Identität als Führungsverantwortliche in emotional bedeutungsvollen Erfahrungen. Nur wenn es ein gemeinsames Führungsverständnis gibt, welches sich mit den Anforderungen an das Unternehmen bewusst mitentwickelt, kann es eine wirkungsvolle Corporate Leadership Brand geben. Denn durch seine Einbettung in volatile Umfelder verschiebt sich auch das Verständnis von Führung als zentrale Unternehmensfunktion immer wieder. Damit eine kraftvolle Corporate Leadership Brand entstehen kann, die von Menschen innerhalb und außerhalb des Unternehmens erkannt und wertgeschätzt wird, braucht es neben einem richtungsweisenden Leadership Development aber auch den Beitrag und das Alignment anderer Unternehmensfunktionen.

7.3.2 Beiträge anderer HR-Funktionen zu einer Corporate Leadership Brand

Zu Ende gedacht, müssen zuerst einmal alle Funktionen ein gemeinsames Verständnis von Führung und Organisation haben. Das betrifft insbesondere ein geteiltes Verständnis der Inhalte und Bedeutung des Leadership Canvas. Daraus leitet sich ab, worauf die einzelnen Funktionen fokussieren sollen: Wer wird warum als Talent gefördert, in der Nachfolgeplanung berücksichtigt? Auf was wird die Aufmerksamkeit im Blick auf Leistung gelenkt und warum? Wie wird reales Handeln gelobt oder sanktioniert? Warum wird wer finanziell honoriert? Nach welchen Kriterien wird rekrutiert? Was und wer wird in der Kommunikation im Unternehmen besonders erwähnt? Alles das sind Themen, die Führung manchmal mehr prägen als alle Maßnahmen des Leadership Development – auf die die Funktion Leadership Development aber keinen direkten Einfluss hat. Wenn das Führungsverständnis des Unternehmens zum Prisma für die gemeinsame Ausrichtung der Funktionen auf eine Corporate Leadership Brand wird, kann es angemessen sein, die Funktion Leadership Development zu diesem Zweck offiziell mit einer Governance-Funktion auszustatten. Sie muss eng zu diesem Thema mit den anderen Funktionen zusammenarbeiten und die Erlaubnis haben, Inkonsistenzen in der Prägung der Brand aufzuzeigen.

Auch andere Unternehmensfunktionen nehmen indirekt oder direkt Einfluss auf eine Corporate Leadership Brand. Finance stellt die Weichen dafür, wie und nach welchen Kriterien Budgets verteilt werden, wer was finanziell entscheiden darf, was im Controlling wie bewertet wird. Die interne Kommunikation verantwortet die Policies, die den Rahmen dafür setzen, wie über was gesprochen bzw. informiert wird. Funktionen, die einen Transformationsauftrag haben, wie z. B. Design Thinking und Innovationsforen geben auch Prozedere für Organisation und Zusammenarbeit vor. Die Liste lässt sich fortsetzen.

7.4 Gedanken zum Schluss – für wen eignet sich das Fünf-Wetten-Modell für ein Leadership Development?

Das Konzept der fünf Wetten bietet einen umfassenden Ansatz für ein integriertes Leadership Development. Ist es damit nur für große Unternehmen geeignet, die eine schlagkräftige Abteilung in dieser Profession und ein großes Budget für dieses Thema verfügbar haben? Wir denken: Nein.

Die verschiedenen Wetten geben einen Rahmen, den auch kleinere Unternehmen für sich ausgestalten können – vielleicht sogar einfacher als die großen Konzerne. Die Elemente der Wetten fördern die Auseinandersetzung im Unternehmen über die wirklich relevanten Fähigkeiten, in die das Leadership Development investieren muss. Das ist erst einmal unabhängig von der Unternehmensgröße. Zudem unterscheiden sich viele grundlegende Herausforderungen und Fragestellungen zum Thema Leadership nicht wirklich in Unternehmen unterschiedlicher Größe. Ob groß oder klein: Sie müssen für sich erarbeiten, welche Wirkungen Führung erzielen soll, wie sich Mitarbeitende mit Führungsverantwortung für diese Profession befähigen können, wie Teams gemeinsam zur Entfaltung kommen, welche Form von Organisation und Führungssystem sinnvoll für die Zukunft des Unternehmens ist – und ob das alles, was und wie man hier investiert, etwas bringt. Voilà: Da ist es, das Fünf-Wetten-Modell.

Unterscheiden werden sich die inhaltliche Ausgestaltung und die dafür zu tätigenden Investitionitionen, die internen Ressourcen für Konzeption und Betrieb, für die Ausstattung eines Team Space für das Team Lab z. B., das erforderliche Partnerportfolio usw. Welche Transformation hat das Unternehmen vor sich, wie revolutionär oder evolutionär sind Führungsfähigkeiten zu entwickeln? Was ist das aktuelle Führungsverständnis? Ist man international organisiert? Wie fördert oder behindert die bisherige Unternehmenskultur einen solchen integrierten Ansatz? Ist es heute schon üblich, dass Führungsverantwortliche sich gegenseitig stützen oder leben sie stark in ihren eigenen Silos? Welche Erfahrungen haben die Gestaltenden im Leadership Development, welches Wissen muss selbst erst einmal aufgebaut werden? Wie ist die Stellung der Profession HR im Unternehmen? Welche Infrastruktur – Räumlichkeiten, Intranet, Collaboration-Technik – liegt im Unternehmen vor?

Abschließend ein paar Gedanken zum Thema *Kosten und Ressourcen*. Wie viele Unternehmensfunktionen steht auch der Aufgabenbereich Leadership Development meist unter Budgetdruck. Als wir die fünf Wetten in der Praxis aufgebaut haben, wurde das externe Budget für die Maßnahmen im laufenden Leadership Development nicht wirklich größer. Es gab ein Sonderbudget für den Aufbau des Konzeptes, alles andere haben wir aus vorhandenen Budgets und Ressourcen umgewidmet. Die Streichung der hierarchiebezogenen Managementprogramme setzte den größten Topf frei. Dazu wurden z. B. interne Ressourcen aus der Organisationsentwicklung für das Team Lab eingesetzt. Und der Ansatz Leaders develop Leaders schaffte Raum, das Budget für externe Partner anders einzusetzen. Und am wichtigsten: Durch die neuen Formate werden häufiger und viel mehr Führungsverantwortliche als früher erreicht, d. h. die durchschnittliche Investition pro Person reduzierte sich stark.

Nicht angesprochen sind im Rahmen dieses Buches die vielen Varianten, wie das Betriebskonzept im Leadership Development ausgestaltet werden kann und muss. Ist die Funktion Leadership Development als Service Center oder als Profit Center zu definieren? Gibt es ein zentrales Budget, eine Umlage oder die Verrechnung von Teilnahmekosten? Werden administrative Tätigkeiten ausgesourct? Arbeitet man in Kooperation mit Bildungsinstituten oder anderen Unternehmen?

Bei der Entwicklung eines integrierten Leadership-Development-Ansatzes sind viele Fragen zu stellen und Antworten zu finden. Wir wünschen uns, dass wir durch dieses Buch Denkräume öffnen konnten, die Sie bei der Weiterentwicklung dieser spannenden und herausfordernden Profession der Führung begleiten werden.

Literatur

Ansoff, Harry I. (1988): Corporate Strategy. Harmondsworth: Penguin. New York: McGraw-Hill. Erstauflage 1965.

Antonakis, John (2012): Transformational and Charismatic Leadership. In: Day, David V./ Antonakis, John: The Nature of Leadership. 2. Aufl., Thousand Oaks: Sage, S. 256–288.

Antonakis, John/House, Robert, J. (2014): Instrumental Leadership. Measurement and Extension of Transformational-transactional Leadership Theory. In: The Leadership Quarterly. 25. Jg., Nr. 4, S. 746–771.

Antonakis, John/Bastardoz, Nikolas/Jacquart, Phillippe/Shamir, Boas (2016): Charisma. An Ill-defined and Ill-measured Gift. In: Annual Review of Organizational Psychology and Organizational Behavior. 3. Jg., S. 293–319.

Antonovsky, Anton (1997): Salutogenese. Zur Entmystifizierung der Gesundheit. Tübingen: dgvt.

Babbage, Charles (1832): On the Economy of Machinery and Manufactures. London: Charles Knight. Reprint (2000). Fairford: Echo Library.

Baecker, Dirk (2005): Wer rechnet schon mit Führung? In: OrganisationsEntwicklung, H. 2/05, S. 23 f.

Barnard, Chester (1938): The Functions of the Executive. USA. 1968 veröffentlicht zum 30jährigen Jubiläum. Cambridge (MA): Harvard University Press.

Bass, Bernhard M. (1985): Leadership and Performance Beyond Expectations. New York: Free Press

Bass, Bernhard M./Avolio, Bruce J. (1994): Improving Organizational Effectiveness Through Transformational Leadership. Thousand Oaks (CA): Sage.

Bass, Bernhard M./Avolio, Bruce J. (1997): MLQ Multifactor Leadership Questionnaire for Research: Permission Set. Redwood City (CA): Mindgarden.

Bauer, Joachim (2006a): Über die Neurobiologie zwischenmenschlicher Beziehungen – Was bedeutet das für Führung? Vortrag anlässlich des Trainerdialogs des Hernstein Instituts am 25.11.2006 in Wien.

Bauer, Joachim (2006b): Prinzip Menschlichkeit. Warum wir von Natur aus kooperieren. Hamburg: Hoffmann und Campe.

Bauer, Joachim (2008): Das kooperative Gen. Abschied vom Darwinismus. Hamburg: Hoffman und Campe.

Beckhard, Richard (1969): Organization Development. Strategies and Models. Boston (MA): Addison-Wesley. Dt. Ausgabe (1972): Organisationsentwicklung – Strategien und Modelle. Bad Homburg: Gehlen.

Bennett, Nathan/Lemoine, G. James (2014): What VUCA Really Means for You. In: Harvard Business Review, January-February 2014.

Bennis, Warren, G. (2008): Das Konzept der Organisationsgesundheit. In: Profile – Internationale Zeitschrift für Veränderung, Lernen, Dialog. H. 15, S. 5–15.

Bennis, Warren/Nanus Burt (1985): Leaders. The Strategies for Taking Charge. New York: Harper & Row.

Bennis, Warren G. (1989): On Becoming a Leader. Reading (MA): Addison-Wesley. Dt. Ausgabe (1990): Führen lernen. Führungskräfte werden gemacht, nicht geboren. Frankfurt a. M.: Campus.

Bennis, Warren G./Biederman, Patricia W. (1998): Geniale Teams. Das Geheimnis kreativer Zusammenarbeit. Frankfurt a. M.: Campus. Amerikan. Originalausgabe (1997): Organizing Genius. The Secrets of Creative Collaboration. Boston (MA): Basic Books.

Berman, Saul (2010): Capitalizing on Complexity. Somers: IBM Global Business Services.

Blake, Robert R./Mouton, Jane, S. (1964): The Managerial Grid. The Key to Leadership Excellence. Houston (TX): Gulf Publishing.

Brodbeck, Felix C. (2008): Die Suche nach universellen Führungsstandards. Herausforderungen im globalen Dorf. In: Wirtschaftspsychologie aktuell, 1/2008, S. 19–22.

Brodbeck, Felix C./Frese, M./Javidan, M (2002): Leadership Made in Germany. Low on Compassion, High on Performance. In: Academy of Management: Executive, 16. Jg., Nr. 1, S. 16–29.

Bryman, Alan (1992): Charisma and Leadership in Organizations. London: Sage.

Buckingham, Marcus/Clifton, Donald O. (2007): Entdecken Sie Ihre Stärken jetzt. Das Gallup Prinzip für individuelle Entwicklung und erfolgreiche Führung. Frankfurt a. M.: Campus. Amerikan. Originalausgabe: The Gallup Organization (2001): Now, Discover your Strengths. New York: Gallup Press.

Burns, James (1978): Leadership. New York: Harper & Row.

Cameron, Kim S. (2008): Positive Leadership. Strategies for Extraordinary Performance. San Francisco: Berrett-Koehler.

Chandler, Alfred D. Jr. (1962): Strategy and Structure. Chapters in the History of the American Industrial Enterprise. Cambridge (MA): MIT Press.

Chandler, Alfred D. Jr. (1997): The Visible Hand: The Managerial Revolution in American Business. Cambridge (MA): Harvard University Press. Erstauflage 1977.

Charan, Ram/Drotter, Stephen/Noel, James (2001): The Leadership Pipeline. How to Build the Leadership-Powered Company. San Francisco (CA): Wiley & Sons.

Collins, Jim (2001): Good to Great: Why Some Companies Make the Leap … And Others Don't. New York: HarperBusiness.

Collins, Jim/Porras, Jerry I (1994): Built to Last: Successful Habits of Visionary Companies. New York: HarperBusiness.

Conger, Jay A./Kanungo, Rabrindra N. (1998): Charismatic Leadership in Organizations. Thousand Oaks (CA): Sage.

Cooperrider, David L./Sorensen, Peter F./Withney, Diana/Yaeger, Therese F. (1999): Appreciative Inquiry. Rethinking Human Organization Toward a Positive Theory of Change. Champaign (Il): Stipes Publishing.

Crainer, Stuart (1997): Die ultimative Managementbibliothek. 50 Bücher, die Sie kennen müssen. Frankfurt a. M.: Campus.

Csíkszentmihályi, Mihály (1997): Kreativität. Wie Sie das Unmögliche schaffen und Ihre Grenzen überwinden. Stuttgart: Klett-Cotta. Amerikan. Erstausgabe 1996.

Deal, Terrence E./Kennedy, Allan A. (1982): Corporate Cultures. The Rites and Rituals of Corporate Life. New York: Basic Books.

Doblhofer, Stefan (Hrsg.) (2008): Management-Navigator. Managementtheorien im Praxis-Check. Wien: Goldegg.

Doppler, Klaus/Lauterburg, Christoph (1994): Change-Management. Den Unternehmenswandel gestalten. Frankfurt a. M.: Campus.

Downton, James V. (1973): Rebel Leadership. Commitment and Charisma in the Revolutionary Process. New York: Free Press.

Drucker, Peter F. (1946): The Concept of the Corporation. New York: John Day and Co.

Drucker, Peter F. (1956): Die Praxis des Managements. Ein Leitfaden für die Führungsaufgaben in der modernen Wirtschaft. Übersetzt von Drucker selbst. Düsseldorf: Econ. Amerikanische Erstausgabe (1954): The Practice of Management. New York: Harper & Row.
Drucker, Peter F. (1969): The Age of Discontinuity. Guidelines to Our Changing Society. New York: Harper & Row.
Drucker, Peter F. (1973): Management: Tasks, Responsibilities, Practices. New York: Harper & Row.
Drucker, Peter F. (1989): Neue Realitäten: Wertewandel in Politik, Wirtschaft und Gesellschaft. Düsseldorf: Econ. Amerikan. Originalausgabe (1989): New Realities, in Government and Politics, in Economy and Business, in Society and World View. New York: Harper & Row.
Drucker, Peter F. (1992a): Managing for the Future. The 1990s and Beyond. New York: Penguin.
Drucker, Peter F. (1992b): The New Society of Organizations. In: Harvard Business Review, September-October 1992.
Drucker, Peter F. (1993): Die postkapitalistische Gesellschaft. Düsseldorf: Econ.
Drucker, Peter F. (1998): Peter Drucker on the Profession of Management. Cambridge (MA): Harvard Business Publishing.

Eberhardt, Daniela/Majkovic, Anna-Lena (2015): Die Zukunft der Führung. Eine explorative Studie zu den Führungsherausforderungen von morgen. Wiesbaden: Springer Fachmedien.
Eck, Claus D./Leidenfrost, Jana/Küttner, Andrea/Götz, Klaus (2014): Führungskräfteentwicklung. Angewandte Psychologie für Managemententwicklung und Performance-Management. Heidelberg: Springer.

Fayol, Henri (1916): Administration Industrielle et Générale. Paris: Dunod.

Glasl, Friedrich/Sassen, Hans von (1983): Standortklärung der Organisationsentwicklung. Reformstrategien und Organisationsentwicklung. In: Glasl, Friedrich (Hrsg.): Verwaltungsreform durch Organisationsentwicklung. Bern: Haupt.
Glasl, Fritz/Lievegoed, Bernhard C.J. (2004): Dynamische Unternehmensentwicklung. Grundlagen für nachhaltiges Change Management. Bern: Haupt. Erstausgabe 1993.
Glasl, Fritz/Kalcher, Trude/Piber, Hannes (2005): Professionelle Prozessberatung. Das Trigon-Modell der sieben OE-Basisprozesse. Bern: Haupt.
Gosling, Jonathan/Mintzberg, Henry (2003): The Five Minds of a Manager. In: Harvard Business Review, November 2003.
Grawe, Klaus (2004): Neuropsychotherapie. Göttingen: Hogrefe.
Grubendorfer, Christina (2012): Leadership Branding. Wie Sie Führung wirksam und ihr Unternehmen zu einer starken Marke machen. Wiesbaden: Springer Gabler.

Hamel, Gary/Prahalad, Coimbatore K. (1994): Competing for the Future. Cambridge (MA): Harvard Business Review Press.
Hamel, Gary/Breen, Bill (2007): The Future of Management. Cambridge (MA): Harvard Business Review Press. Dt. Ausgabe (2007): Das Ende des Managements. Unternehmensführung im 21. Jahrhundert. Berlin: Econ.
Hammer, Michael/Champy, James (2001): Reengineering the Corporation. A Manifesto for Business Revolution. London: Hodder & Stoughton.
Handy, Charles (1989): The Age of Unreason. Harmondsworth: Hutchinson.
Handy, Charles (1994): The Age of Paradox. Cambridge (MA): Harvard Business Review Press.
Handy, Charles (1995): Die Fortschrittsfalle. Wiesbaden: Gabler. Engl. Originalausgabe (1994): The Empty Raincoat. Harmondsworth: Hutchinson.
Heitger, Barbara/Jarmai, Heinz (1994): Landkarten zur Orientierung im Dschungel der Organisationsmodelle. In: Heitger, Barbara/Boos, Frank (Hrsg.): Organisation als Erfolgsfaktor. Wien: Service-Fachverlag.

Hersey Paul/Blanchard, Kenneth H. (1969): Management of Organizational Behavior. Englewood Cliffs (NJ): Prentice-Hall.
Hickson, David J./Pugh, Derek S. (2001): Management Worldwide. Distinctive Styles Among Globalization. London: Penguin.
House, Robert J. (1977): A 1976 Theory of Charismatic Leadership. In: Hunt, James G./Larson, Lars L. (Hrsg.): Leadership: The Cutting Edge. Carbondale (IL): Southern Illinois University Press, S. 189–207.
House, Robert J./Hanges, Paul J./Javidan, Mansour/Dorfman, Peter W./Gupta, Vipin (Hrsg.). (2004): Culture, Leadership, and Organizations: The GLOBE Study of 62 Societies. Thousand Oaks (CA): Sage.
Hüther, Gerald (2011): Was wir sind und was wir sein können. Ein neurobiologischer Muntermacher. Frankfurt a. M.: S. Fischer.

Kennedy, Carol (1993): Guide to the Management Gurus. Shortcuts to the Ideas of Leading Management Thinkers. London: Random House. Dt. Ausgabe (1998): Management Gurus. 40 Vordenker und ihre Ideen. Wiesbaden: Gabler.
Kohlberg, Lawrence (1996): Die Psychologie der Moralentwicklung. Frankfurt a. M.: Suhrkamp.
Komus, Ayelt/Kuberg, Moritz (2015): Status Quo Agile. Studie zu Verbreitung und Nutzen agiler Methoden. Nürnberg: GPM Deutsche Gesellschaft für Projektmanagement e. V.
Königswieser, Roswita (2011): Das Überbringen schlechter Nachrichten. In: Hillebrand, Martin/Sonuc, Ebru/Königswieser, Roswita (Hrsg.): Essenzen der systemischen Organisationsberatung. Heidelberg: Carl-Auer.
Königswieser, Roswita/Lutz, Christian (Hrsg.) (1992): Das systemisch-evolutionäre Management. Der neue Horizont für Unternehmer. 2. Aufl., Wien: Orac.
Kotler, Philip (1967): Marketing Management. Analysis, Planning and Control. Englewood Cliffs (NJ): Prentice-Hall.
Kotler, Philip (2009): Peter Drucker. The Grandfather of Modern Marketing. Präsentation auf dem Druckerforum in Wien am 20.11.2009.
Kotter, John (1978): Organizational Dynamics: Diagnosis and Intervention. Reading (MA): Addison Wesley.
Kotter, John (1990): What Leaders Really Do. In: Harvard Business Review, 68. Jg., H. 3.
Kotter, John (1996): Leading Change. Wie Sie Ihr Unternehmen in acht Schritten erfolgreich verändern. München: Vahlen. Amerikan. Originalausgabe (1994): Leading Change. Boston (MA): Harvard Business Review Press.
Kouzes, James M./Posner, Barry, Z. (2007): Leadership Challenge. How to Make Extraordinary Things Happen in Organizations. San Francisco (CA): Jossey-Bass. Dt. Ausgabe (2009): Leadership Challenge. Weinheim: Wiley-VCH.
Krizanits, Joana (2009): Die systemische Organisationsberatung – wie sie wurde, was sie wird. Eine Einführung in das Professionsfeld. Wien: Facultas.
Krizanits, Joana (2011): Professionsfeld Inhouse Consulting. Praxis und Theorie der internen Organisationsberatung. Heidelberg: Carl-Auer.
Krizanits, Joana (2012): Denken, Kommunizieren, Entscheiden in hoher Komplexität – wie man's macht. In: Graf, Jürgen (Hrsg): Das Jahrbuch der Management-Weiterbildung. Bonn: managerSeminare.
Krizanits, Joana (2015): Der Tanz mit der Komplexität. Tools für Teams. In: OrganisationsEntwicklung, H. 04/15, S. 42–49.

Lewin, Kurt (1947): Frontiers in Group Dynamics. In: Human Relations, 1. Jg., Nr. 2, S. 5–41.
Lewin, Kurt/Lippitt, Ronald/White, Ralph K. (1939): Patterns of Aggressive Behavior in Experimentally Created »Social Climates«. In: Journal of Social Psychology, 10. Jg., H. 2, S. 271–301.

Lievegoed, Bernhard C. J. (1974): Organisationen im Wandel. Die praktische Führung sozialer Systeme in der Zukunft. Bern: Haupt. Niederländ. Originalausgabe (1969): Organisaties in Ontwikkeling. Rotterdam: Lemniscaat.
Luhmann, Niklas (2000): Organisation und Entscheidung. Opladen: Westdeutscher Verlag.

Malik, Fredmund (1984): Strategie des Managements komplexer Systeme. Bern: Haupt.
Malik, Fredmund (1993): Systemisches Management, Evolution, Selbstorganisation. Grundprobleme, Funktionsmechanismen und Lösungsansätze für komplexe Systeme. Bern: Haupt.
Malik, Fredmund (1996): Strategie des Managements komplexer Systeme. 5. erweiterte Aufl., Bern: Haupt.
Marrow, Alfred, J. (1977): Kurt Lewin, Leben und Werk. Stuttgart: Klett.
Martin, Roger (2009): The Design of Business. Why Design-Thinking is the Next Competitive Advantage. Boston (MA): Harvard Business Review Press.
Maslow, Abraham (1943): A Theory of Human Motivation. In: Psychological Review, 50. Jg., H. 4, S. 370–396.
McGregor, Douglas (1960): The Human Side of Enterprise. New York: McGraw-Hill.
McLaughlin, Virginia/Mott, Christina (2010): Leadership Brand Equity. HR Leaders' Role in Driving Economic Value. In: Strategic HR Review, 9. Jg., H. 4, S. 13–19.
Mintzberg, Henry (1983): Structure in Fives. Designing Effective Organizations. Englewood Cliffs (NJ): Prentice-Hall.
Mintzberg, Henry (1994): The Rise and Fall of Strategic Planning: Reconceiving the Roles for Planning, Plans, Planners. Harmondsworth: Simon and Schuster.
Mintzberg, Henry (2005a): Managers statt MBAs. Eine kritische Analyse. Frankfurt a. M.: Campus. Amerikan. Originalausgabe (2004): Managers not MBAs: A Hard Look at the Soft Practice of Managing and Management Development. San Francisco (CA): Berrett-Koehler.
Mintzberg, Henry/Ahlstrand, Bruce/Lampel, Joseph (1998): Strategy Safari: A Guided Tour Through The Wilds of Strategic Management. New York: Free Press.
Moore, James F. (1996): The Death of Competition. Leadership & Strategy in the Age of Business Eco-Systems. New York: HarperBusiness.
Moss-Kanter, Rosabeth (1989): When Giants Learn to Dance. Mastering the Challenge of Strategy, Management, and Careers in the 1990s. New York: Simon & Schuster.

Nonaka, Ikurjirō/Takeuchi, Hirotaka (1995): The Knowledge Creating Company. Oxford: Oxford University Press.

Osterwalder, Alexander/Pigneur, Yves (2010): Business Model Generation. A Handbook for Visionaries, Game Changers, and Challengers. Hoboken (NJ): Wiley.
Ouchi, William G. (1981): Theory Z. How American Management Can Meet the Japanese Challenge. Reading (MA): Addison-Wesley.

Pascale, Richard/Athos, Tony (1982): The Art of Japanese Management. Applications for American Executives. New York: Warner Books.
Penrose, Edith (1959): The Theory of the Growth of the Firm. New York: John Wiley and Sons.
Peters, Theo/Ghadiri, Argang (2011): Neuroleadership – Grundlagen, Konzepte, Beispiele. Erkenntnisse der Neurowissenschaften für die Mitarbeiterführung. Wiesbaden: Gabler.
Peters, Tom/Waterman, Robert H. (1983): Auf der Suche nach Spitzenleistungen. Was man von den bestgeführten US-Unternehmen lernen kann. Landsberg am Lech: mvg. Amerikan. Originalausgabe (1982): In Search of Excellence. New York: Harper & Row.
Pfläging, Niels (2009): Die 12 neuen Gesetze der Führung. Der Kodex: Warum Management verzichtbar ist. Frankfurt a. M.: Campus.

Pichler, Martin (2012): Chief Learning Officer 2011. In: Wirtschaft und Weiterbildung, H. 01/2012, S. 18–23.
Prahalad, Coimbatore K./Hamel, Gary (1990): Core Competence of the Corporation. Harvard Business Review, May-June 1990.
Rifkin, Jeremy (2011): Die dritte industrielle Revolution. Die Zukunft der Wirtschaft nach dem Atomzeitalter. Frankfurt a. M.: Campus.

Scharmer, C. Otto (2009): Theorie U. Von der Zukunft her führen. Presencing als soziale Technik. Heidelberg: Carl-Auer. Amerikan. Originalausgabe (2007): Theory U. Leadings From the Future as it Emerges. Oakland (CA): Berrett-Koehler.
Schein, Edgar (1980): Organisationspsychologie. Wiesbaden: Gabler. Amerikan. Originalausgabe (1965): Organizational Psychology. Upper Saddle River (NJ): Prentice Hall.
Schein, Edgar (1985): Organizational Culture and Leadership. A Dynamic View. San Francisco (CA): Jossey-Bass.
Schein, Edgar (1992): The Ed Schein Corporate Culture Survival Guide. Bergisch Gladbach: EHP.
Schein, Edgar (1999): The Corporate Culture Survival Guide. San Francisco (CA): Jossey-Bass. Dt. Ausgabe (2003): Organisationskultur. The Ed Schein Corporate Culture Survival Guide. Bergisch Gladbach: EHP.
Seliger, Ruth (2008): Dschungelbuch der Führung: Ein Navigationssystem für Führungskräfte. Heidelberg: Carl-Auer.
Seliger, Ruth (2014): Positive Leadership: Die Revolution in der Führung. Stuttgart: Schäffer-Poeschel.
Seligman, Martin E. P. (2005): Der Glücksfaktor. Warum Optimisten länger leben. Bergisch Gladbach:Bastei Lübbe.
Senge, Peter M. (1990): The Fifth Discipline. The Art and Practice of the Learning Organization. New York: Doubleday/Currency.
Shamir, Boas/House, Robert, J./Arthur, Michael, B. (1993): The Motivational Effects of Charismatic Leadership: A Self-concept Based Theory. In: Organization Science, 4. Jg., H. 4, S. 577–594.
Smallwood, Norm (2010): Define Your Personal Leadership Brand in Five Steps. In: Harvard Business Review, March 2010.
Smallwood, Norm/Ulrich, Dave (2007): Building a Leadership Brand. In: Harvard Business Review, July-August 2007.
Snowden, David, J./Boone, Mary E. (2007): Entscheiden in chaotischen Zeiten. In: Harvard Business Manager, Dezember 2007.
Staehle, Wolfgang H./Conrad, Peter/Sydow, Jörg (1999): Management. 8. Aufl., München: Vahlen.
Stafford Beer, Anthony (2003): Diagnosing the System for Organizations. Companion Volume to: Brain of the Firm, the Heart of Enterprise. Chichester: Wiley. Erstausgabe 1985.
Storch, Maja (2005): Das Geheimnis kluger Entscheidungen: Von somatischen Markern, Bauchgefühl und Überzeugungskraft. München: Goldmann.
Storch, Maja (2009): Motto-Ziele, S.M.A.R.T.-Ziele und Motivation. In: Birgmeier Bernd (Hrsg.): Coachingwissen. Denn sie wissen nicht, was sie tun? Wiesbaden: VS.
Storch, Maja/Krause, Frank (2002): Selbstmanagement – ressourcenorientiert. Theoretische Grundlagen und Trainingsmaterial für die Arbeit mit dem Zürcher Ressourcen Modell (ZRM). Bern: Huber.

Tannenbaum, Robert/Schmidt, Warren H. (1958): How to Choose a Leadership Pattern. In: Harvard Business Review, 36/1958, S. 95 ff.
Taylor, Frederick Winslow (1911): The Principles of Scientific Management. New York: W. W. Norton & Company.

Tuckman, Bruce W. (1965): Development Sequence in Small Groups. In: Psychological Bulletin, 63. Jg., H. 6, S. 384–399.

Ulrich, Dave (1997): Human Resource Champions. The Next Agenda for Adding Value and Delivering Results. Boston (MA): Harvard Business Review Press.

Ulrich, Dave/Smallwood, Norm (2007): Leadership Brand. Developing Customer-Focused Leaders to Drive Performance and Build Lasting Value. Boston (MA): Harvard Business Review Press.

Ulrich, Dave/Brockbank, Wayne/Johnson, Dani/Sandholtz, Kurt/Younger, Jon (2008): HR Competencies. Mastery at the Intersection of People and Business. SHRM – Society for Human Resource Management.

Ulrich, Dave/Allen, Justin/Brockbank, Wayne/Younger, Jon/Nyman, Mark (2009): HR Transformation. Building Human Resources from the Outside In. New York: McGraw-Hill Education.

Ulrich, Dave/Younger, Jon/Brockbank, Wayne/Ulrich, Mike (2012): HR Talent and the New HR Competencies. In: Strategic HR Review, 11. Jg., Nr. 4, S. 217–222.

Von Foerster, Heinz (1999): Sicht und Einsicht. Versuche zu einer operativen Erkenntnistheorie. Heidelberg: Carl-Auer.

Weber, Max (1980): Wirtschaft und Gesellschaft: Grundriß der verstehenden Soziologie. 5. Aufl., Tübingen: Mohr Siebeck. Erstausgabe 1921.

Wenger, Etienne (1998): Communities of Practice: Learning, Meaning, and Identity, Cambridge: Cambridge University Press.

Weick, Karl, E. (1976): Educational Organizations as Loosely Coupled Systems. In: Administrative Science Quarterly, 21. Jg., H. 1, S. 1–19.

Weick, Karl. E./Sutcliffe, Kathleen, M. (2001): Managing the Unexpected: Assuring High Performance in an Age of Complexity. 2. Aufl., San Francisco (CA): Jossey-Bass.

Wimmer, Rudolf (2002): Aufstieg und Fall des Shareholder Value-Konzepts. In: Organisations-Entwicklung, H. 04/02, S. 70–83.

Wohland, Gerhard/Huther-Fries, Judith/Wiemeyer, Matthias/Wilmes, Jörg (2004): Vom Wissen zum Können. Merkmale dynamikrobuster Höchstleistung. Eine empirische Untersuchung auf systemtheoretischer Basis. Eschborn: Detecon & Diebold Consultants.

Womack, James P./Jones, Daniel T./Roos, Daniel (1992): Die zweite Revolution in der Autoindustrie. Konsequenzen aus der weltweiten Studie des Massachusetts Institute of Technologie. Frankfurt a. M.: Campus. Amerikan. Originalausgabe (1990): The Machine that Changed the World. New York: HarperCollins.

Zaleznik, Abraham (1977): Manager and Leaders? Are They Different? In: Harvard Business Manager, May-June 1977, S. 67–78.

Online-Quellen

Bennis, Warren (1990): Managing the Dream, Training Magazine. Übernommen aus Wikipedia. https://de.wikipedia.org/wiki/Warren_Bennis#cite_note-Bennis1990-4 (Abrufdatum 02.12.2015).

Bowman, Eric (2016): Radical Agility 101: Study Notes. Blog vom 17.08.2016.
https://tech.zalando.com/blog/radical-agility-study-notes/ (Abrufdatum: 05.12.2016).

DDI/The Conference Board (2014/2015): Ready-now Leaders: 25 Findings to Meet Tomorrows Business Challenges. Global Leadership Forecast 2014/2015. http://www.ddiworld.com/ddi/media/trend-research/global-leadership-forecast-2014-2015_tr_ddi.pdf?ext = .pdf (Abrufdatum: 09.11.2016).

Fandel-Meyer, Tanja/Meier, Christoph (2016): Führungskräfteentwicklung mit Zukunft. Trends, Herausforderungen & Gestaltungsmöglichkeiten – ein Praxisbericht für FührungskräfteentwicklerInnen. Scil Arbeitsbericht Nr. 25. St. Gallen: Swiss Centre for Innovations in Learning (scil). Download möglich unter: http://www.scil.unisg.ch/de/scil + vortraege + publikationen/arbeitsberichte (Abrufdatum: 01.09.2016).

GPM – Deutsche Gesellschaft für Projektmanagement e. V. (2015): Status Quo Agile. Studie zu Verbreitung und Nutzen agiler Methoden. https://www.gpm-ipma.de/fileadmin/user_upload/Know-How/studien/Studie_Agiles-PM_web.pdf (Abrufdatum 23.11.2016).

Hamel, Gary/Zanini, Michelle (2016): Bureaucracy's $3 Trillion Price Tag. http://www.managementexchange.com/sites/default/files/three-trillion-dollars.pdf (Abrufdatum: 02.12.2016).

Haufschild, Mareen: Die Branding Family. Marke hat viele Gesichter. LEA – Leadership Equity Association Gmbh Berlin. http://leadership-branding.de/files/110919-lea-branding_family_1.pdf (Abrufdatum: 01.09.2016).

Hay Group (2011): Führungskräfte für eine neue Welt. Was die Zukunft von Führungskräften verlangt. http://haygroup.comhttp://www.haygroup.com/downloads/de/Leadership_2030_Whitepaper_DE_web.pdf (Abrufdatum: 30.11.2016).

Hoppe, Michael, H./Eckert, Regina (2012): Leader Effectiveness and Culture: The GLOBE Study, Centre for Creative Leadership. https://gdl29.files.wordpress.com/2014/03/globe-study.pdf (Abrufdatum: 01.02.2016).

James, William (1902): The Varieties of Religious Experience. A Study in Human Nature by William James. http://www.gutenberg.org/ebooks/621 (Abrufdatum: 16.11.2016).

Leitl, Michael (2015): Woran agiles Management scheitern kann. In: Harvard Business Manager, Blog vom 12.5.2016. http://www.harvardbusinessmanager.de/blogs/woran-agiles-management-scheitern-kann-a-1091729.html (Abrufdatum: 21.11.2016).

Mercer (Hrsg.) (o. J.): The Economic Value of Leadership Brand. White Paper. http://www.mercer.com/content/dam/mercer/attachments/global/Talent/human-capital-agenda/Berlin%20Talent%20Forum/the-economic-value-of-leadership-brand-equity.pdf (Abrufdatum: 01.09.2016).

Mintzberg, Henry (2005b): Management lässt sich nicht im Klassenzimmer lernen. Interview mit Bärbel Schwertfeger am 22.04.2005. http://www.ingenieur.de/Arbeit-Beruf/Management/Management-laesst-im-Klassenzimmer-lernen (Abrufdatum: 27.08.2016).

Scaled Agile Framework (SAFe) (o. J.): www.scaledagileframework.com (Abrufdatum 09.09.2016).

Scrum.Org and ScrumInc. (2013): Der Scrum Guide. http://www.scrumguides.org/docs/scrumguide/v1/Scrum-Guide-DE.pdf (Abrufdatum: 23.11.2016).

Scrum Guide deutsche Übersetzung mit Kommentar (2010): http://www.mohnhaupt.de/files/scrum.pdf (Abrufdatum: 01.09.2016).

Stangl, W. (o. J.): Governance. Zum Begriff. www.stangl.eu/paedagogik/artikel/governance.shtml (Abrufdatum:23.11.2016).

Transformationale Führung. https://de.wikipedia.org/wiki/Transformationale_Führung (Abrufdatum: 06.12.2015).

Ulrich, Dave/Younger, John/Brockbank, Wayne/Ulrich, Mike (2012): HR Talent and the New HR Competencies. The RBL White Paper Series. https://rbl-net.s3.amazonaws.com/hrcs/2012/HRtalent-HRcompetencies.pdf (Abrufdatum: 01.03.2016).

Ulrich, Mike/Kryscynski, David/Ulrich, Dave/Brockbank, Wayne/Slade, Jacqueline (2016): 2016 HR Competency Model, vorgestellt von der RBL-Group auf der Human Resource Competency Conference 2016. http://www.apg.pt/downloads/file954_pt.pdf (Abrufdatum: 01.09.2016).

VUCA-tools.com (2016) bietet einen Überblick über die Entwicklungen im VUCA-Konzept (Abrufdatum: 30.11.2016).

Wartzman, Rick (2014): Was schon Peter Drucker über das Jahr 2020 wusste, In: Harvard Business Manager, Blog vom 14.11.2014. http://www.harvardbusinessmanager.de/blogs/a-1000774.html (Abrufdatum: 23.11.2016).

WEF – World Economic Forum (2016): Future of Jobs. http://www3.weforum.org/docs/WEF_Future_of_Jobs.pdf (Abrufdatum: 01.09.2016).

Wolf, Thom (2006): Book Review: Culture, Leadership and Organizations. The Globe Study of 62 Societies [review] / House, R. J., Hanges, P.J., & Javidan, M., Eds. In: Journal of Applied Christian Leadership, 1. Jg., Nr. 1, S. 55–71. http://digitalcommons.andrews.edu/cgi/viewcontent.cgi?article=1005&context=jacl (Abrufdatum: 02.12.2016).

Yi-Cing Wu (2011): Peter F. Druckers The Practice of Management, BUS 8010. Folienset, verfügbar unter: http:/www.de.slideshare.net/CatherineWu3/the-practice-of-management (Abrufdatum 01.11.2015).

Stichwortverzeichnis

Die AutorInnen

Martina Eissing, Bern, Diplom-Kauffrau mit Führungserfahrung in verschiedenen Personalfunktionen und Konzernen (Bertelsmann, Cap Gemini, BMW Group, Swisscom AG). Zuletzt war sie verantwortlich für das Neudesign der Leadership Academy der Swisscom AG. Nach der Ausbildung zur Schneiderin studierte Martina Eissing Wirtschaftswissenschaften
Kontakt: Eissing@bluewin.ch

Joana Krizanits, Wien, Mag. Psychologie, systemische Organisationsberaterin mit den Schwerpunkten Unternehmensentwicklung, Management Development, Coaching, Beraterausbildung und Lehraufträge. Sie ist Autorin mehrerer Fachbücher zur Profession der systemischen Organisationsberatung.
Kontakt: joana.krizanits@aon.at

Kurt Stettler, Derendingen/Solothurn, Nachrichteningenieur (FH), war in leitenden Funktionen in der Entwicklung von Telekommunikations-Endgeräten tätig, bevor er in der Swisscom AG die Leitung von Change-Projekten, den Aufbau der HR-Businesspartner-Funktion sowie die Neuausrichtung der Organisationsentwicklung hin zum Leadership Development übernahm.
Kontakt: Kurt.Stettler@swisscom.ch